现代数学基础

71

调和映照讲义

■ 丘成桐　孙理察　著

■ 忻元龙　译

中国教育出版传媒集团
高等教育出版社·北京

International Press

图字：01-2022-3849 号

Lectures Harmonic Maps

图书在版编目（CIP）数据

调和映照讲义 /（美）丘成桐，（美）孙理察著；忻元龙译. -- 北京：高等教育出版社，2022. 11
（现代数学基础）
书名原文：Lectures on Harmonic Maps
ISBN 978-7-04-059226-9

Ⅰ. ①调… Ⅱ. ①丘… ②孙… ③忻… Ⅲ. ①调和函数 Ⅳ. ① O174. 3

中国版本图书馆 CIP 数据核字（2022）第 152171 号

调和映照讲义
Tiaohe Yingzhao Jiangyi

策划编辑 和 静　　责任编辑 和 静　　封面设计 王 琰　　版式设计 李彩丽
责任校对 刘丽娴　　责任印制 刁 毅

出版发行	高等教育出版社	网　　址	http://www.hep.edu.cn
社　　址	北京市西城区德外大街4号		http://www.hep.com.cn
邮政编码	100120	网上订购	http://www.hepmall.com.cn
印　　刷	河北鹏盛贤印刷有限公司		http://www.hepmall.com
开　　本	787mm × 1092mm　1/16		http://www.hepmall.cn
印　　张	19.75		
字　　数	390 千字	版　　次	2022 年 11 月第 1 版
购书热线	010-58581118	印　　次	2022 年 11 月第 1 次印刷
咨询电话	400-810-0598	定　　价	79.00 元

本书如有缺页、倒页、脱页等质量问题，请到所购图书销售部门联系调换

物 料 号　59226-00

序 言

对流形之间的映照可以很自然地引入能量的概念. 这种能量泛函的临界点称为调和映照. 开始, 调和映照的研究是和极小曲面的理论联系在一起的. Bochner 首先将调和映照理论作为广义极小曲面而独立出来. 但是, 重要的存在性和正则性理论一直等到 C. Morrey 在二十世纪四十年代晚期解决著名的 Plateau 问题后才建立起来. Morrey 的理论深刻地影响了后来所有在二维曲面上调和映照的工作. 其中包括 Sacks-Ulenbeck 在极小球面的基本工作和不可压缩极小曲面的工作. 在二十世纪七十年代中期, 我们已认识到调和映照理论可用于研究 Teichmüller 理论和 Kähler 几何.

本书的第一部分关注 Riemann 面上的调和映照, 讨论了我们感到有意义的内容, 概不能全地忽略了很多重要发展. 调和映照作为恰好可解的模型是最令人注目的.

高维流形上的调和映照理论直到二十世纪六十年代中期才由 Eells 和 Sampson 取得主要突破. 他们不用变分法, 而用后来对几何产生深刻影响的热方程法. 当目标流形不一定是负曲率的时候, 正则性理论的建立要晚得多. 在本书第二部分的头两章中, 我们展开了这种正则性理论, 其中目标空间可以不是良好的流形. 这样框架下的正则性理论是由本书第一作者, 以及后来第一作者和 N. Korevaar 的合作发展起来的. 在二十世纪七十年代初, 第二作者意识到 Eells 和 Sampson 的定理可以用来重新证明 Mostow 的著名刚性定理和 Margulis 的超刚性定理.

但是, 这个目标的大部分直到二十世纪八十年代末才达到. 本书第二部分的最后一章展开这部分内容, 这是 J. Jost 和第二作者的合作的工作. 在二十世纪七十年代中, 我们已经成功地将调和映照理论应用于负曲率流形拓扑的研究; 那些工作也在第二部分. 我们很遗憾, 由于时间限制而没有做更多的应用.

1985 年, 我们在加州大学圣迭戈分校对调和映照研究课题作了系列演讲. 演讲的大部分内容都收录在这里, 作为本书的第一部分. 第二部分最近才加进去, 收集了第一作者博士论文的部分内容, N. Korevaar 的工作和第二作者的工作, 以及我们将调和映照应用于几何方面的工作. 最后一章来自 J. Jost 和第二作者*.

作者特别感谢崔嘉勇, 他为我们的演讲做了翔实的记录, 从而形成本书的第一部分.

孙理察　　丘成桐
斯坦福大学　哈佛大学

*本书各章写于不同的时期, 各成体例, 为方便读者查找引用原书, 译文在体例风格上与原书保持一致, 不再全书统一, 特此说明. —— 编注

目　录

第一部分

第一章　曲面的调和映照

---

§1. 映照的能量

设 (M^n,g), (N^k,h) 是 Riemann 流形, u 是从 M^n 到 N^k 的 C^1 映照, 度量 g 和 h 为

$$ds_M^2=\sum g_{\alpha\beta}(x)dx^\alpha dx^\beta,\qquad ds_N^2=\sum h_{ij}(u(x))du^i du^j.$$

度量 h 在映照 u 下的拉回 $u^*(ds_N^2)$ 是一个对称二次型:

$$u^*(ds_N^2)=\sum_{\alpha,\beta}\left(\sum_{i,j}h_{ij}(u(x))\frac{\partial u^i}{\partial x^\alpha}\frac{\partial u^j}{\partial x^\beta}\right)dx^\alpha dx^\beta.$$

选取正交向量场以及它们的对偶 1–形式 $\omega^1,\cdots,\omega^n$, 我们可以将 $u^*(d\,s_N^2)$ 对角化, 使 $u^*(d\,s_N^2)=\sum_{\alpha=1}^n\lambda_\alpha(\omega^\alpha)^2$. 那么, 有意义的不变量是 $\lambda_1,\cdots,\lambda_n$ 的对称函数, 其中一个对称函数是它们的迹:

$$|du|^2\equiv\mathrm{Tr}_{ds_M^2}(u^*ds_N^2)=\sum_{\alpha=1}^n\lambda_\alpha.$$

我们称 $|d\,u|^2$ 为映照 u 的**能量密度**, 它在局部坐标系的表示为

$$|du|^2=\sum_{i,j,\alpha,\beta}g^{\alpha\beta}(x)h_{ij}(u(x))\frac{\partial u^i}{\partial x^\alpha}\frac{\partial u^j}{\partial x^\beta}.$$

注意到 u 的能量密度不依赖于 M^n 中的坐标选取.

λ_α 的另外一个对称函数, 例如 $\prod\lambda_\alpha$ 看来没有导致有几何意义的变分问题.

我们定义**能量泛函** $E(u)$ 为

$$E(u)=\int_M |du|^2 dv_M,$$

其中 $dv_M=(\det g)^{\frac{1}{2}}dx$ 是 M^n 的体积元. 那么, 在映照空间中 E 的临界点称为**调和映照**.

附注 (1) 如果 $N^k=\mathbb{R}^k$ 并且 $h_{ij}=\delta_{ij}$, 那么

$$E(u)=\sum_{i=1}^k\int|\nabla u^i|^2 dv_M.$$

所以, u 是调和的充要条件是 $\Delta_M u^i=0,\ i=1,\cdots,k$, 即每一个坐标函数是调和的.

(2) 如果 $M=[0,1]$ (换言之, u 是 N 中的曲线), 那么, u 的能量是 $E(u)=\int_0^1\|\frac{du}{dt}\|^2dt$, 并且 E 的临界点是具有常速率参数化的测地线. 注意到另一个能量泛函 E', 定义为 $E'(u)=\int_0^1\|\frac{du}{dt}\|\,dt$, 它给我们相同的临界点 —— 测地线. 但是, 那些测地线不具有常速率参数化, 因为 E' 和参数选取无关.

§2. 调和映照的方程

假定将 N 等距地嵌入到欧氏空间 $\mathbb{R}^k$. 我们可以将映照 u 看作对任何 $x\in M$ 满足逐点限制 $u(x)\in N$ 的坐标函数 $u=(u^1,\cdots,u^k)$. 因此,

$$E(u)=\sum_{i=1}^k\int_M|\nabla u^i|^2 dv_M.$$

考察调和映照的一个好观点是考察 E 在限制条件 $u(x)\in N,\ \forall x\in M$ 下的极值. 从而, 我们得到**调和映照方程**

$$\Delta u^i-g^{\alpha\beta}A^i_{u(x)}\left(\frac{\partial u}{\partial x^\alpha},\frac{\partial u}{\partial x^\beta}\right)=0,\quad i=1,\cdots,k, \tag{$*$}$$

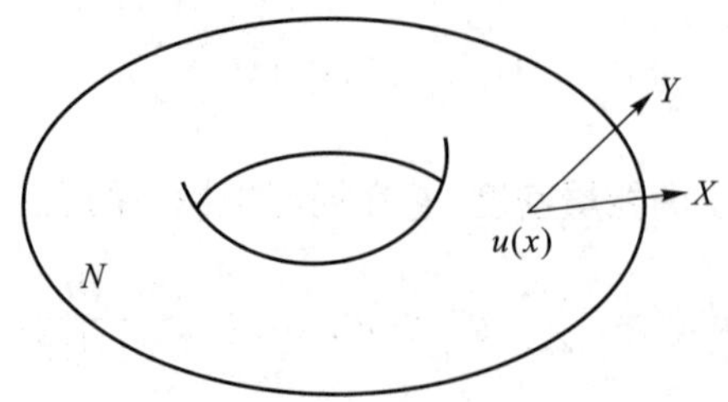

其中 A 是 N 的第二基本形式, 定义为 $A_u(X,Y)=(D_XY)^{\perp}$. 由于 $(*)$ 中的第二项是 N 的法向, 我们可以将 $(*)$ 简单地写为 $(\Delta u)^{T_uN}\equiv 0$ 并满足约束条件. 在 N 的局部坐标下, 方程 $(*)$ 变为

$$\Delta u^i+g^{\alpha\beta}\Gamma^i_{jl}(u(x))\frac{\partial u^j}{\partial x^\alpha}\frac{\partial u^l}{\partial x^\beta}\equiv 0,\quad i=1,\cdots,k,$$

其中 Γ^i_{jl} 表示 N 的 Christoffel 记号.

§3. 曲面上的问题

在本章的其余部分我们限于研究 $n=2$ 的情形. 这种情形的最显著特征是能量的共形不变性: 如果 M 上赋予度量 $g=g_{\alpha\beta}dx^\alpha dx^\beta$ 并且令 $\tilde{g}=e^{2v}g$, $v\in C^\infty(M)$, 那么 $|\widetilde{du}|^2=e^{-2v}|du|^2$ 并且 $\sqrt{\det\tilde{g}}=e^{2v}\sqrt{\det g}$, 所以, $\tilde{E}(u)=E(u)$, 即能量在共形变换下不变.

选取 M 上的等温坐标系 (x,y) 使 $g=\lambda(x,y)(dx^2+dy^2)$, $\lambda>0$. 设 $z=x+iy$. 那么, 由正定向的等温坐标系所定义的共形结构定义了一个复结构, 从而使 (M,z) 是一个具有 Kähler 度量 $g=\lambda(z)|dz|^2$ 的 Riemann 面. 能量的共形不变性意味着 $E(u)$ 只依赖于M 的复结构而不依赖于 M 的度量 g.

§4. Rado 定理

定理 (Rado, 1930) 设 $\Omega\subset\mathbb{R}^2$ 是具有光滑边界 $\partial\Omega$ 的凸区域. 对任意给定的同胚 $\phi:S^1\to\partial\Omega$, 存在唯一的调和映照 $u:D\to\Omega$, 使在 $\partial D=S^1$ 上 $u=\phi$, 并且 u 是一个微分同胚.

附注 在所有保定向的, 在边界 ∂D 上是 $1-1$ 并且连续的同胚 $D\to\Omega$ 中, Riemann 映照定理的那个映照是能量极小的. 如果 Ω 不是凸的, 那么上述定理就不成立, 因为如果映照 ϕ 将 ∂D 中一点的一个小邻域映照到 $\partial\Omega$ 的一大段凹进去部分, 那么在 $\partial\Omega$ 的凹部附近就发生折叠, 如下图所示.

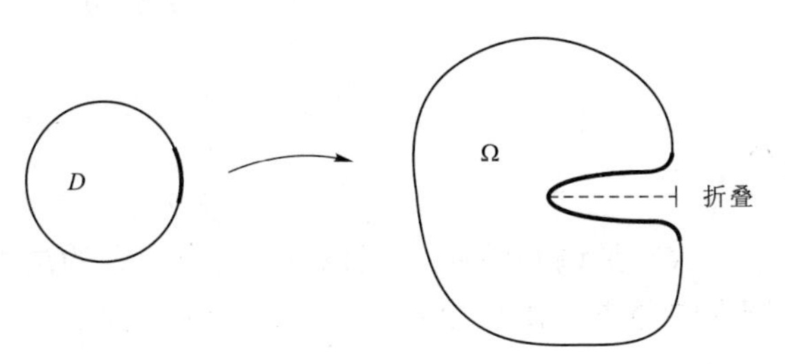

证明 u 的存在唯一性从标准的偏微分方程理论得到. 因此, 还要证明 u 是微分同胚 (注意到调和映照不一定保持定向). 只要说明, 在 D 中 $\det J(u) \neq 0$, 其中 $J(u)$ 是 u 的 Jacobi 行列式. 否则, 假定在 $(x_0, y_0) \in D$,

$$\det \begin{pmatrix} \frac{\partial u_1}{\partial x} & \frac{\partial u_2}{\partial x} \\ \frac{\partial u_1}{\partial y} & \frac{\partial u_2}{\partial y} \end{pmatrix} = 0.$$

这里, 我们假定 $u = (u_1, u_2)$, $\phi = (\phi_1, \phi_2)$, 并且 u_1, u_2 分别是 ϕ_1, ϕ_2 的调和延拓, 即在 D 中, $\Delta u_i = 0$ 并且在 S^1 上 $u_i = \phi_i$. 那么, 存在 $(a, b) \neq (0, 0)$, 使得在 (x_0, y_0)

$$\frac{\partial}{\partial x}(a\,u_1 + b\,u_2) = 0, \quad \frac{\partial}{\partial y}(a\,u_1 + b\,u_2) = 0.$$

令 $h = a\,u_1 + b\,u_2$. 那么, h 是调和的并且在 (x_0, y_0) 点 $\nabla h = 0$. 设

$$S = \{(x, y) : h(x, y) = h(x_0, y_0)\}.$$

如果 $D \setminus S$ 有一个和边界 ∂D 不相交的连通分支 K, 那么, 在 ∂K 上 $h = 0$, 从而根据极值原理, 在 K 中 $h = 0$. 这是不可能的. 在 (x_0, y_0) 的一个小邻域内至少有 4 条从 (x_0, y_0) 出发的曲线都延伸到边界, 因此, $\partial D \cap S$ 至少包含 4 个点. 另一方面, S 是直线 $a\,x + b\,y = 0$ 在映照 u 下的原像. 由于 Ω 是凸的, 直线和 $\partial\Omega$ 的交只有 2 个点. 这样, u 将 ∂D 上的 4 个点映到 $\partial\Omega$ 中的 2 个点, 与 ϕ 是 1 − 1 的假定矛盾. 所以 u 是局部微分同胚, 它又是逆紧的, 从而是微分同胚.

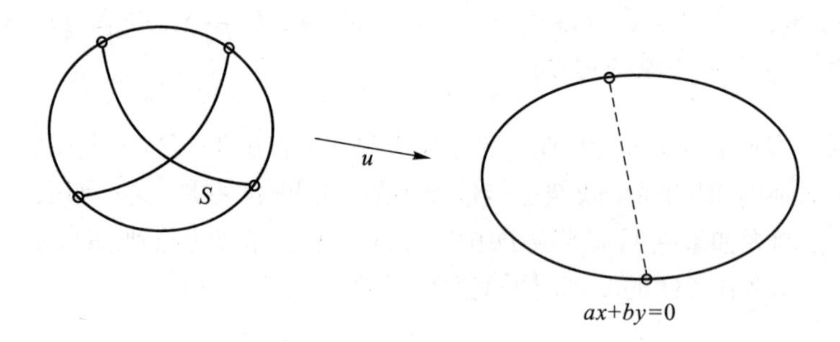

§5. Hopf 微分

设 $u : M^2 \to N^k$ 是调和映照. 在以 $u(x)$ 为中心的法坐标系中, 由于 $\Gamma^i_{jk}(u(x)) = 0$, 调和映照方程化为 $\Delta u^i(x) = 0$. 另一方面, $\Delta u^i = 4\frac{\partial^2 u^i}{\partial z \partial \bar{z}}$. 如果

我们定义

$$\varphi(z)=\left\langle\frac{\partial u}{\partial z},\frac{\partial u}{\partial z}\right\rangle,$$

或者等价地

$$\varphi(z)=\sum_{i,j}h_{ij}(u(z))\frac{\partial u^i}{\partial z}\frac{\partial u^j}{\partial z},$$

考虑到 $\varphi(z)$ 和坐标选取无关, 而在法坐标中 ∇h_{ij} 为零, 那么 $\frac{\partial\varphi(z)}{\partial\bar{z}}=0$ (即 $\varphi(z)$ 是全纯的). 定义 $\Phi=\varphi(z)\,dz^2$, 它称为 **Hopf 微分.** 注意到 Φ 和局部坐标 z 的选取无关, 而 φ 则不然. 当 u 是调和的时候, Φ 是一个**全纯二次微分.** 由于

$$\varphi(z)=\left\langle\frac{\partial u}{\partial z},\frac{\partial u}{\partial z}\right\rangle=\frac{1}{4}\left(\left|\frac{\partial u}{\partial x}\right|^2-\left|\frac{\partial u}{\partial y}\right|^2-2i\left\langle\frac{\partial u}{\partial x},\frac{\partial u}{\partial y}\right\rangle\right),$$

我们看到 $\varphi(z)\equiv 0$ 的充要条件为 u 是共形的. 因此, $\Phi\equiv 0$ 的充要条件为 $u(M)$ 是 N 中的**分支极小曲面** (调和并且共形等价于极小).

命题 从球面出发的调和映照 $u:S^2\to N^k$ 一定是共形映照.

证明 我们来说明 S^2 上没有非零的全纯二次微分. 假定 $\Phi=\varphi(z)\,dz^2$ 是 S^2 上的全纯二次微分. 那么, φ 是 $\mathbb{C}=S^2\setminus\{\infty\}$ 上的整函数, 并且 $\varphi\,dz^2$ 在无穷远处是正则的. 设 $w=\frac{1}{z}$, 并且 $\Phi=\varphi(z(w))\,w^{-4}dw^2$. 这样, $\varphi(z(w))\,w^{-4}$ 在 $w=0$ 处是正则的, 在 $w=0$ 附近 $\varphi(z(w))\leqslant c|w|^4$, 因此, 在 $z=\infty$ 附近 $\varphi(z)\leqslant c|z|^{-4}$. 根据极大模原理 $\Phi\equiv 0$. u 是共形的.

推论 (1) 从球面到球面的调和映照 $u:S^2\to S^2$ 一定是全纯映照, 如果它保持定向, 否则它是反全纯映照. (2) 不存在从球面 S^2 到正亏格的曲面 N^2 的非平凡的调和映照, 不论 N^2 上的度量如何.

证明 (1) 应用上述命题 u 是全纯映照或反全纯映照.

(2) 设 $\tilde{N}$ 是 N 的单连通覆盖空间, $\tilde{u}$ 是 u 的提升 (即 $P\circ\tilde{u}=u$). 那么 $\tilde{N}$ 共形等价于 $\mathbb{C}$ 或 D, 并且 $\tilde{u}$ 也是全纯映照或反全纯映照. 不管何种情形, $\tilde{u}$ 产生了一个 S^2 上的全纯函数, 由极值原理, 它一定是常数.

附注 可以构造从环面 T^2 到任何曲面的调和映照.

§6. 方程的复形式

设 M, N 是紧致无边定向的曲面, u 是 M 到 N 的映照. 设 $z=x+iy$, $u=u_1+i\,u_2$ 分别是 M, N 的复坐标. 那么, M, N 上的度量分别是 $\lambda(z)|dz|^2$, $\rho(u)|du|^2$.

映照 u 局部表示为 $u=u(z)$. 记

$$\frac{\partial}{\partial z}=\frac{1}{2}\Big(\frac{\partial}{\partial x}-i\frac{\partial}{\partial y}\Big),\quad \frac{\partial}{\partial \overline{z}}=\frac{1}{2}\Big(\frac{\partial}{\partial x}+i\frac{\partial}{\partial y}\Big).$$

那么,

$$\begin{aligned}
\frac{\partial u}{\partial z}&=\frac{1}{2}\Big[\Big(\frac{\partial u_1}{\partial x}-i\frac{\partial u_1}{\partial y}\Big)+i\Big(\frac{\partial u_2}{\partial x}-i\frac{\partial u_2}{\partial y}\Big)\Big]\\
&=\frac{1}{2}\Big[\Big(\frac{\partial u_1}{\partial x}+\frac{\partial u_2}{\partial y}\Big)+i\Big(\frac{\partial u_2}{\partial x}-\frac{\partial u_1}{\partial y}\Big)\Big],\\
\frac{\partial u}{\partial \overline{z}}&=\frac{1}{2}\Big[\Big(\frac{\partial u_1}{\partial x}-\frac{\partial u_2}{\partial y}\Big)+i\Big(\frac{\partial u_1}{\partial y}+\frac{\partial u_2}{\partial x}\Big)\Big],\\
|du|^2&=\frac{\rho(u(z))}{\lambda(z)}\Big(\Big|\frac{\partial u}{\partial x}\Big|^2+\Big|\frac{\partial u}{\partial y}\Big|^2\Big)\\
&=2\frac{\rho(u(z))}{\lambda(z)}\Big(\Big|\frac{\partial u}{\partial z}\Big|^2+\Big|\frac{\partial u}{\partial \overline{z}}\Big|^2\Big)=2(|\partial u|^2+|\overline{\partial}u|^2),\\
J(u)&=\frac{\rho}{\lambda}\Big(\frac{\partial u_1}{\partial x}\frac{\partial u_2}{\partial y}-\frac{\partial u_2}{\partial x}\frac{\partial u_1}{\partial y}\Big)=|\partial u|^2-|\overline{\partial}u|^2,
\end{aligned}$$

其中 $J(u)$ 是 u 的 Jacobi 行列式. 因此

$$|du|^2=2(2|\partial u|^2-J(u))=4|\partial u|^2-2J(u).$$

现在, 我们来推导**调和映照方程的复形式.** 设 $u_t=u+t\eta$, 这里 η 是具紧支集的 C^∞ 复值函数. 那么,

$$\begin{aligned}
E(u_t)&=2\Big(\int_M|\partial u_t|^2\lambda dxdy+\int_M|\overline{\partial}u_t|^2\lambda dxdy\Big)\\
&=4\int_M|\partial u_t|^2\lambda dxdy-2\int_M J(u_t)\lambda dxdy.
\end{aligned}$$

注意到 $\int_M J(u_t)\lambda\, dxdy=\deg(u_t)\cdot \mathrm{Vol}(N)$. 所以, 对任何 η

$$\begin{aligned}
\frac{d}{dt}E(u_t)\Big|_{t=0}&=\frac{d}{dt}4\int_M|\partial u_t|^2\lambda dxdy\Big|_{t=0}\\
&=4\int(\rho_u\eta+\rho_{\overline{u}}\overline{\eta})|u_z|^2+\rho(\eta_z\overline{u}_{\overline{z}}+u_z\overline{\eta}_{\overline{z}})dxdy\\
&=8\int \mathrm{Re}(\rho(u)u_z\overline{\eta}_{\overline{z}}+\rho_{\overline{u}}\overline{\eta}|u_z|^2)dxdy\\
&=8\int \mathrm{Re}[\{-(\rho_u u_{\overline{z}}+\rho_{\overline{u}}\overline{u}_{\overline{z}})u_z-\rho u_{z\overline{z}}+\rho_{\overline{u}}|u_z|^2\}\overline{\eta}]dxdy\\
&=8\int \mathrm{Re}[(-\rho u_{z\overline{z}}-\rho_u u_{\overline{z}}u_z)\overline{\eta}]dxdy\\
&=0.
\end{aligned}$$

从而, 我们得到调和映照方程

$$u_{z\bar{z}} + (\log\rho)_u u_z u_{\bar{z}} = 0, \tag{$*$}$$

或者

$$\overline{u}_{\bar{z}z} + (\log\rho)_{\bar{u}} \overline{u}_{\bar{z}} \overline{u}_z = 0,$$

它是前者的复共轭.

§7. Bochner 公式

设 K_M, K_N 分别是 M, N 的 Gauss 曲率. 那么

$$K_M = -\frac{1}{2}\Delta_M \log\lambda, \qquad K_N = -\frac{1}{2}\Delta_N \log\rho,$$

其中 $\Delta_M = \frac{4}{\lambda}\frac{\partial^2}{\partial z \partial \bar{z}}$. 注意到

$$|\partial u|^2 = \frac{\rho}{\lambda}|u_z|^2, \qquad |\overline{\partial} u|^2 = \frac{\rho}{\lambda}|u_{\bar{z}}|^2.$$

所以, 我们有

$$(\log|\partial u|^2)_{z\bar{z}} = (\log\rho - \log\lambda + \log u_z + \log \overline{u}_{\bar{z}})_{z\bar{z}}.$$

我们还有

$$\begin{aligned}
(\log\rho)_{z\bar{z}} &= ((\log\rho)_u u_z + (\log\rho)_{\bar{u}}\overline{u}_z)_{\bar{z}} \\
&= (\log\rho)_{uu} u_z u_{\bar{z}} + (\log\rho)_{u\bar{u}} u_z \overline{u}_{\bar{z}} + (\log\rho)_u u_{z\bar{z}} + ((\log\rho)_{\bar{u}}\overline{u}_z)_{\bar{z}}, \\
-(\log\lambda)_{z\bar{z}} &= \frac{\lambda}{2}K_M, \\
(\log u_z)_{z\bar{z}} &= \left(\frac{u_{z\bar{z}}}{u_z}\right)_z = -((\log\rho)_u u_{\bar{z}})_z \qquad (\text{应用}(*)) \\
&= -(\log\rho)_{uu} u_z u_{\bar{z}} - (\log\rho)_{u\bar{u}} \overline{u}_z u_{\bar{z}} - (\log\rho)_u u_{z\bar{z}}, \\
(\log\overline{u}_{\bar{z}})_{z\bar{z}} &= \left(\frac{\overline{u}_{\bar{z}z}}{\overline{u}_z}\right)_{\bar{z}} = -((\log\rho)_{\bar{u}}\overline{u}_z)_{\bar{z}}. \qquad (\text{应用}(*))
\end{aligned}$$

将上述式子相加, 我们得到

$$\begin{aligned}
(\log|\partial u|^2)_{z\bar{z}} &= \frac{\lambda}{2}K_M + (\log\rho)_{u\bar{u}}\overline{u}_{\bar{z}} u_z - (\log\rho)_{u\bar{u}}\overline{u}_z u_{\bar{z}} \\
&= \frac{\lambda}{2}K_M - \frac{\rho}{2}K_N(|u_z|^2 - |\overline{u}_z|^2) \\
&= \frac{\lambda}{2}[K_M - K_N J(u)],
\end{aligned}$$

从而, 得到相应的 **Bochner 公式**:

$$\boxed{\begin{aligned}\Delta_M \log|\partial u| &= -K_N J(u) + K_M,\\ \Delta_M \log|\bar{\partial} u| &= K_N J(u) + K_M.\end{aligned}}$$

命题 函数 $|\partial u|$ 和 $|\bar{\partial} u|$ 或者恒等于零或者只有孤立零点, 并且零点阶数是确定的.

证明 设 $h = u_z$. 那么, $h_{\bar{z}} = -(\log\rho)_u u_{\bar{z}} h$. 定义 $g(z) = -(\log\rho)_u u_{\bar{z}}$ 并且设 $\zeta(z)$ 是 $\frac{\partial\zeta}{\partial\bar{z}} = -g(z)$ 的一个局部解; 如

$$\zeta(z) = \int_{\mathbb{C}} \frac{\chi(\zeta)g(\zeta)}{z-\zeta} d\zeta d\bar{\zeta},$$

其中 χ 是原点附近一个坐标邻域中的具紧支集的实函数. 那么,

$$(he^{\zeta})_{\bar{z}} = ge^{\zeta}h - e^{\zeta}hg = 0,$$

这说明 he^{ζ} 是全纯的, 并且 $he^{\zeta} = z^{n_p}f(z)$, 其中 n_p 是 he^{ζ} 在 p 的阶数, $f(z)$ 在 p 附近没有零点. 证毕.

定理 假定 M, N 是闭的. 如果 $|\partial u|$ 不是恒等于零, 那么

$$\sum_{\substack{p\in M\\ |\partial u|(p)=0}} n_p = -\deg(u)(2g_N - 2) + (2g_M - 2).$$

如果 $|\bar{\partial} u|$ 不是恒等于零, 那么

$$\sum_{\substack{p\in M\\ |\bar{\partial} u|(p)=0}} m_p = \deg(u)(2g_N - 2) + (2g_M - 2),$$

其中n_p, m_p 分别是 $|\partial u|, |\bar{\partial} u|$ 在 p 的阶数.

证明 由于 $|\partial u|$ 的零点是孤立的而 M 是紧的, 在 M 中存在有限个零点 $p_1, \cdots, p_k$. 对 $\varepsilon > 0$ 充分小, 设 $M_\varepsilon = M \setminus \cup_{j=1}^k D_\varepsilon(p_j)$, 这里 $D_\varepsilon(p_j)$ 是以 p_j 为中心、ε 为半径的圆盘. 由 Bochner 公式, 我们有

$$\int_{M_\varepsilon} \Delta \log|\partial u| dv_M = -\int_{M_\varepsilon} K_N J(u) dv_M + \int_{M_\varepsilon} K_M dv_M.$$

根据散度定理, 我们有

$$\int_{M_\varepsilon}\Delta\log|\partial u|dv_M=-\sum_{j=1}^{k}\int_{C_\varepsilon(p_j)}\frac{\partial}{\partial r}\log|\partial u|rd\theta,$$

其中 $\frac{\partial}{\partial r}$ 是径向导数且 $C_\varepsilon(p_j)=\partial D_\varepsilon(p_j)$. 而在 $D_\varepsilon(p_j)$ 中 $|\partial u|=|z|^{n_{p_j}}g_j(z)$, 这里 $g_j(z)$ 是 C^∞ 正函数. 所以, 对每个 j,

$$\int_{C_\varepsilon(p_j)}\frac{\partial}{\partial r}\log|\partial u|rd\theta=2\pi\cdot n_{p_j}+O(\varepsilon).$$

令 $\varepsilon\to 0$, 我们得到

$$\int_M\Delta\log|\partial u|dv_M=-2\pi\sum_{j=1}^{k}n_{p_j}=-2\pi\sum_{\substack{p\in M\\|\partial u|(p)=0}}n_p.$$

另一方面,

$$\begin{aligned}&-\int_M K_N J(u)dv_M+\int_M K_M dv_M\\&=-2\pi\deg(u)\cdot(2-2g_N)+2\pi(2-2g_M).\end{aligned}$$

所以,

$$\sum_{\substack{p\in M\\|\partial u|(p)=0}}n_p=-\deg(u)(2g_N-2)+(2g_M-2).$$

类似地可得到第二个结论.

推论 设 $N=S^2$, 并且 M, S^2 被赋予任意度量. 如果 $u:M\to S^2$ 是调和映照, 并且 $\deg(u)>g_M-1$, 那么, u 是全纯的.

证明 假定 $|\bar\partial u|\neq 0$, 那么

$$\begin{aligned}0\leqslant\sum_{\substack{p\in M\\|\bar\partial u|(p)=0}}m_p&=\deg(u)(0-2)+(2g_M-2)\\&<-2(g_M-1)+(2g_M-2)=0,\end{aligned}$$

这就得到矛盾. 所以, $|\bar\partial u|\equiv 0$, 从而 u 一定是全纯的.

推论 不存在 T^2 到 S^2 的映照度为 1 的调和映照.

证明 假如 u 是这样一个调和映照. 由于 $\deg(u) = 1 > \text{genus}(T^2) - 1 = 0$, 根据前面的推论, u 是全纯的, 即 $|\bar{\partial}u| \equiv 0$. 所以, $J(u) \geqslant 0$. 由于映照 u 的度数为 1, 对任何正则值 $q \in S^2$, $\#(u^{-1}(q)) = 1$. 另一方面, u 是全纯的, 所以是一个分支覆盖, 从而 $J(u) > 0$ 处处成立. 这说明 u 是 T^2 和 S^2 之间的微分同胚. 这是不可能的.

下列结果说明保持定向的调和映照一定是分支覆盖.

命题 设 $u: \Omega \subset M \to N$ 是 M 的连通开集 Ω 上的调和映照. 如果 $J(u) \geqslant 0$ 并且 $J(u)$ 在 Ω 中不恒等于零, 那么 $J(u)$ 的零点是孤立的. 如果存在数 l, 对任何正则值 $q \in N$, $\#(u^{-1}(q)) \leqslant l$, 那么, $J(u)$ 的任一零点是 u 的非平凡分支点.

证明 根据 Bochner 公式

$$\Delta \log \frac{|\partial u|}{|\bar{\partial} u|} = -2K_N J(u), \quad \text{只要 } |\partial u|,\ |\bar{\partial} u| \neq 0.$$

假定 p 是 $J(u)$ 的零点. 由于 $J(u) = |\partial u|^2 - |\bar{\partial} u|^2$, 我们得到 $|\partial u(p)|^2 = |\bar{\partial} u(p)|^2$. 我们断言 $\partial u(p) = \bar{\partial} u(p) = 0$. 为此, 假定在 p 的一个邻域中 $|\partial u|^2 > 0$, $|\bar{\partial} u|^2 > 0$. 我们再用公式

$$\Delta \log \frac{|\partial u|}{|\bar{\partial} u|} = -2K_N |\bar{\partial} u|^2 \Big(\frac{|\partial u|^2}{|\bar{\partial} u|^2} - 1\Big).$$

由于 $J(u) \geqslant 0$, $\frac{|\partial u|^2}{|\bar{\partial} u|^2} \geqslant 1$. 存在正常数 $\bar{c}$, c 使在 p 的一个邻域中

$$-2K_N J(u) \leqslant \tilde{c}\Big(\frac{|\partial u|^2}{|\bar{\partial} u|^2} - 1\Big) \leqslant c\Big(\log \frac{|\partial u|^2}{|\bar{\partial} u|^2}\Big).$$

所以, 我们有

$$\Delta \log \frac{|\partial u|^2}{|\bar{\partial} u|^2} \leqslant c\Big(\log \frac{|\partial u|^2}{|\bar{\partial} u|^2}\Big), \qquad c > 0.$$

那么, 根据文献 [Heinz] 中引理 6′ (J. D'Analy, Math. 5(1956/57)), 存在正常数 c', R 有

$$\int_{|z| \leqslant R} \log \frac{|\partial u|^2}{|\bar{\partial} u|^2} dv \leqslant c' \log \frac{|\partial u(0)|^2}{|\bar{\partial} u(0)|^2} = 0.$$

由于 $\log \frac{|\partial u|^2}{|\bar{\partial} u|^2} \geqslant 0$, $\log \frac{|\partial u|^2}{|\bar{\partial} u|^2} \equiv 0$. 这就得到在 p 的一个邻域内 $J(u) \equiv 0$. 由 Ω 的连通性, 我们得到在 Ω 中 $J(u) \equiv 0$. 这样, 我们证明了我们的断言 $\partial u(p) =$

$\bar{\partial}u(p)=0$. 这意味着 $J(u)$ 的零点集和 $|\bar{\partial}u|$, $|\partial u|$ 的公共零点集是一样的. 从前面的命题知 $|\bar{\partial}u|$, $|\partial u|$ 的零点是孤立的, $J(u)$ 的零点也是孤立的.

现在假定 p 是 $J(u)$ 的孤立零点. 那么, 在 p 的一个穿孔邻域中 $J(u)>0$. 根据假定, p 是 $u^{-1}(u(p))$ 的孤立点. 令 V 是 p 的邻域, 在 $V\setminus\{p\}$ 中 $J(u)>0$ 并且 $V\cap u^{-1}(u(p))=\{p\}$. 根据 Lewy 的一个定理, 如果 $u|_V$ 有映照度 1, 那么 $J(p)>0$, 这得到矛盾. 所以, 在 V 中 $\deg(u)>1$, 从而 p 是 u 的非平凡分支点.

附注 (1) 虽然没有 T^2 到 S^2 的度数为 1 的调和映照, 我们可以构造映照序列 $u_i:T^2\to S^2$, 它们的能量趋于极小 $(=4\pi)$.

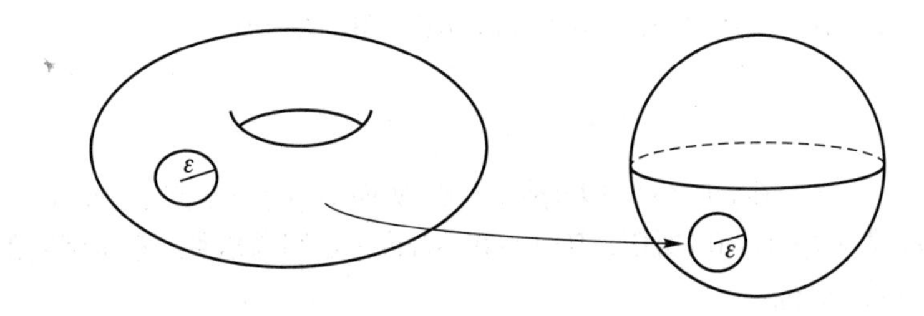

设 D_{ε_i}, D'_{ε_i} 分别是 T^2, S^2 中以 ε_i 为半径的圆盘. 令映照 $u_i:T^2\to S^2$ 满足 $u_i(D_{\varepsilon_i})=S^2\setminus D'_{\varepsilon_i}$ 并且 $u_i(T^2\setminus D_{\varepsilon_i})=D'_{\varepsilon_i}$. 当 $\varepsilon_i\to 0$ 时, 映照 u_i 的能量趋于 4π, 但是 $\{u_i\}$ 没有收敛子序列.

(2) 从 T^2 到 S^2 的度数为零的调和映照在 $\mathbb{R}^3$ 中的常平均曲率曲面论中起重要的作用, 因为它们是这类曲面在共形参数下的可能的 Gauss 映照. 鉴于 Wente 等人关于 $\mathbb{R}^3$ 中常平均曲率环面的构造, 更透彻地理解从环面到球面度数为零的调和映照是很有意义的.

§8. 何时调和映照为微分同胚?

下列定理给出了曲面间调和映照是微分同胚的一般准则.

定理 假定 $g_M=g_N=g$, $\deg(u)=1$, u 是调和映照, 并且 $K_N<0$. 那么, u 是一个微分同胚.

证明 令 $w=\log\frac{|\partial u|}{|\bar{\partial}u|}$, 那么

$$\begin{aligned}\Delta w&=-2K_N(|\partial u|^2-|\bar{\partial}u|^2)\\&=-2K_N|\partial u|\cdot|\bar{\partial}u|\Big(\frac{|\partial u|}{|\bar{\partial}u|}-\frac{|\bar{\partial}u|}{|\partial u|}\Big).\end{aligned}$$

如果用下式定义 w

$$e^w = \frac{|\partial u|}{|\bar{\partial} u|} \qquad \text{并注意到} \qquad \frac{1}{4}|\phi| = |\partial u| \cdot |\bar{\partial} u|$$

(回想 Hopf 微分的定义 $\Phi = \phi(z)dz^2$), 我们导出公式

$$\Delta w = -K_N |\phi| \sinh w.$$

现在, 我们断言 $J(u) \geqslant 0$, i.e. $w \geqslant 0$. 从 §7 的定理的第一个公式, 我们看到 $|\partial u|$ 没有零点. 据此, w 有下界而达到极小值 (除非 $\bar{\partial} u \equiv 0$, 这时, 定理是显然成立的). 令 p_0 是 w 的极小点. 那么, $\Delta w(p_0) \geqslant 0$. 从而有

$$-K_N(u(p_0))|\phi(p_0)| \sinh w(p_0) \geqslant 0.$$

又由于 w 在 p_0 是有限的, 必有 $|\bar{\partial} u(p_0)| > 0$. 从而 $\phi(p_0) \neq 0$ 并且 $w(p_0) \geqslant 0$. 应用强极值原理, $w(p_0) > 0$. 所以, $J(u) > 0$, 从而 u 是覆盖映照, 考虑到它的映照度为 1 而为微分同胚.

§9. 双曲曲面的映照

下列定理是 J. Sampson 的结果, 说明了对双曲曲面的调和微分同胚, Hopf 微分确定了像曲面 (相差一个等距).

定理 设 u_1, u_2 分别是从 (M, z) 到 (M, ρ_1) 和 (M, ρ_2) 的度数为 1 的调和映照. 假定 $K_{\rho_1} \equiv K_{\rho_2} \equiv -1$. 如果 $\Phi_{u_1} \equiv \Phi_{u_2}$, 那么 $(u_1 \circ u_2^{-1})^* \rho_1 = \rho_2$, 即 (M, ρ_1) 等距于 (M, ρ_2) (不要求 u_1 和 u_2 同伦于单位映照).

证明 令

$$w_1 = \log \frac{|\partial u_1|}{|\bar{\partial} u_1|}, \qquad w_2 = \log \frac{|\partial u_2|}{|\bar{\partial} u_2|}.$$

由假定, 我们有 $\phi(z) = 4\rho_1(u_1(z)) u_{1_z} \bar{u}_{1_z} = 4\rho_2(u_2(z)) u_{2_z} \bar{u}_{2_z}$. 所以, $\Delta w_i = |\phi| \sinh w_i$, $i = 1, 2$. 注意到 w_1, w_2 的极点产生于 ϕ 的零点. 我们有 $\frac{|\partial u_i|}{|\bar{\partial} u_i|} = |a(z)| \cdot |z - p|^{-m_p}$, 这里 $a(z)$ 是光滑的并且 $a(p) \neq 0$. 所以, $w_i(z) = m_p \log \frac{1}{|z-p|} +$ 正则函数. 从而 $v \equiv w_1 - w_2$ 是光滑的. 我们来证明 $v \equiv 0$. 否则, 假定 v 在某些点是正的. 令 $\Omega_+ = \{x \in M, v(x) > 0\}$. 在 Ω_+ 中, $\Delta v = |\phi|(\sinh w_1 - \sinh w_2) > 0$. 并且, Δv 是光滑的 (因为 $\sinh w_1 - \sinh w_2$ 由 Jacobi 行列式和曲率项所组成). 所以, v 是次调和的并且在 $\partial \Omega_+$ 中 $v \equiv 0$. 根据强极值原理, 在 Ω_+ 中 $v \equiv 0$, 得

到矛盾. 所以, 处处有 $v \leqslant 0$. 类似地, $v \geqslant 0$ 处处成立. 因此, $v \equiv 0$, $w_1 \equiv w_2$, 即 $\frac{|\partial u_1|}{|\bar{\partial} u_1|} \equiv \frac{|\partial u_2|}{|\bar{\partial} u_2|}$. 另一方面, 因为 $\phi(z) \equiv 4\rho_1 u_{1_z} \bar{u}_{1_z} \equiv 4\rho_2 u_{2_z} \bar{u}_{2_z}$, 有 $|\partial u_1| \cdot |\bar{\partial} u_1| \equiv |\partial u_2| \cdot |\bar{\partial} u_2|$. 所以, 我们得到

$$|\partial u_1| \equiv |\partial u_2| \quad \text{和} \quad |\bar{\partial} u_1| \equiv |\bar{\partial} u_2|. \tag{$*$}$$

所以, u_1 和 u_2 的能量密度作为函数是相等的.

现在, 令 $u : (M, z) \to (M, \rho)$, $\rho = \rho(u)|du|^2$. 那么,

$$\begin{aligned}
u^*\rho &= \rho(u(z))|u_z dz + u_{\overline{z}} d\overline{z}|^2 \\
&= \rho(u(z))(|u_z|^2 + |u_{\overline{z}}|^2)|dz|^2 + \rho(u(z))(u_z \overline{u}_z dz^2 + \overline{u}_{\overline{z}} u_{\overline{z}} (d\overline{z})^2) \\
&= \rho(|u_z|^2 + |u_{\overline{z}}|^2)|dz|^2 + \frac{1}{2}\mathrm{Re}(\Phi).
\end{aligned}$$

(注意: 这是引进 Hopf 微分很好的办法. 这个公式很清楚表明 Hopf 微分等于零等价于 u 是共形映照的条件.) 所以,

$$\begin{aligned}
u_1^*\rho_1 &= \lambda(z)(|\partial u_1|^2 + |\bar{\partial} u_1|^2)|dz|^2 + \frac{1}{2}\mathrm{Re}(\Phi_{u_1}), \\
u_2^*\rho_2 &= \lambda(z)(|\partial u_2|^2 + |\bar{\partial} u_2|^2)|dz|^2 + \frac{1}{2}\mathrm{Re}(\Phi_{u_2}).
\end{aligned}$$

根据假定和这一节的公式 $(*)$, 在 M 上 $u_1^*\rho_1 = u_2^*\rho_2$. 又由于 u_1, u_2 是微分同胚, 因此 $\rho_2 = (u_2^*)^{-1}(u_1^*)\rho_1 = (u_1 \circ u_2^{-1})^*\rho_1$.

§10. Picard 型问题

Picard 曾说明从 $\mathbb{C}$ 到 $S^2 \setminus \{p, q, \infty\}$ 的任何复解析函数一定是常数. 因为任何这样的函数可以提升为一个从 $\mathbb{C}$ 到 D 的全纯映照, 而得到矛盾. 更一般地, 自然要问在调和微分同胚下, $\mathbb{C}$ 和 D 是否是等价的.

(1) E. Heinz (1950's) 证明不存在从 D 到具平坦度量的 $\mathbb{C}$ 上的调和微分同胚. 注意到这个结果是他的关于 $\mathbb{R}^3$ 中极小曲面的 Bernstein 定理的证明的关键.

(2) 猜测: 不存在从 $\mathbb{C}$ 到 (D, ρ) 的调和微分同胚, 这里关于度量 ρ 的截面曲率 $K_\rho = -1$.

附注 还有另一个猜想来推广上述 Heinz 定理: 不存在从 D 到具平坦度量的 $\mathbb{C}$ 的逆紧调和映照. 这样的映照 $u = (u_1, u_2)$ 将给出从 D 到 $\mathbb{C}^2$ 的映照 $v = (v_1, v_2)$, 其中 $\mathrm{Re}\, v_i = u_i$. 事实上, 存在解析函数 v_1, v_2, 使 $(v_1, v_2) : D \to \mathbb{C}^2$

是逆紧的. 这个猜想和极小曲面论中的一些问题相关. 如对这个问题的肯定回答将意味着 $\mathbb{R}^3$ 中双曲极小曲面不可能逆紧地投影到 $\mathbb{R}^2$.

定理　不存在从 D 到 (N,ρ) 的调和微分同胚, 其中 (N,ρ) 是完备的, 且曲率 $K_\rho \geqslant 0$.

证明　假定 u 是从 D_r 到 (N,ρ) 的调和微分同胚并且 $\operatorname{dist}(u(0),\partial(u(D_r))) \geqslant R$. 那么, 只要说明

$$|du|^2(0) \geqslant \frac{CR^2}{r^2},$$

其中 C 是普适常数. 根据假定, 我们有 $|\partial u|^2 > |\bar{\partial} u|^2$, 以及

$$\Delta \log|\partial u| = -K_\rho J(u) \leqslant 0. \tag{$*$}$$

如果我们用 $\lambda = |\partial u|^2|dz|^2$ 在 D_r 上定义 Riemann 度量 λ, 那么, $(*)$ 意味着它的曲率 $K_\lambda \geqslant 0$. 设 γ 是 D_r 中的曲线. 那么, γ 在 (D_r,ρ) 中的长度为

$$L_\lambda(\gamma) = \int_\gamma |\partial u| ds.$$

另一方面, $u(\gamma)$ 在 (N,ρ) 中的长度为

$$\begin{aligned} L_\rho(u(\gamma)) &= \int_\gamma \left|\frac{du}{ds}\right| ds \leqslant \int_\gamma |du| ds \\ &= \int_\gamma (2|\partial u|^2 + 2|\bar{\partial} u|^2)^{\frac{1}{2}} ds \leqslant 2\int_\gamma |\partial u| ds = 2L_\lambda(\gamma). \end{aligned}$$

所以, $\operatorname{dist}_\lambda(0,\partial D_r) \geqslant \frac{1}{2}\operatorname{dist}_\rho(u(0),\partial(u(D_r))) \geqslant \frac{1}{2}R$. 我们现在需要下列调和函数关于曲率的估计 (Cheng-Yau, CPAM 28, 333–354 (1975)):

梯度估计　假定在 B_σ 上 $\mathrm{Ricci}_M \geqslant -k$, $k \geqslant 0$, 即 Ricci 张量关于度量的最小特征值至少是 $-k$. 如果 $h > 0$, 在 B_σ 上 $\Delta h = 0$, 那么, 存在常数 $C = C(n)$ 使在 B_σ 的每一点

$$\frac{|\nabla h|^2}{h^2} \leqslant \frac{C(n)(1+k\sigma^2)}{(\sigma-r)^2},$$

这里 $r = \operatorname{dist}(0,p) < \sigma$. 我们将这个估计应用于 $h(x,y) = x + r$. 根据上面估计,

$$\frac{1}{|\partial u|^2(0)} \leqslant C\frac{r^2}{R^2} \quad 或 \quad |\partial u|^2(0) \geqslant C^{-1}\frac{R^2}{r^2}.$$

这就证明了定理.

第二章　Teichmüller 空间的紧化

§1. 引言

考虑亏格为 g 的拓扑曲面 M 上的共形 (复) 结构的全体, 如果对任何两个结构, 它们间有一个同伦于恒等映照的共形映照, 那么这两个结构是等价的. M 上这样的共形结构的空间称为 Teichmüller 空间 $\Im_g$. Teichmüller 证明了当 $g \geqslant 2$ 时, $\Im_g$ 同胚于一个 $6g-6$ 维的开球. 他的证明还说明了在 $\Im_g$ 上给一个度量, 这个同胚可被沿某固定基点出发的测地射线的径映照所实现.

特别地, 这样的同胚给出了将 $\Im_g$ 紧化的自然方法, 这就是在每条射线上加上一个终点. 记所得到的 $6g-6$ 维的闭球为 $\bar{\Im}_g^T$. 一个自然的问题是 $\bar{\Im}_g^T$ 在多大的程度上依赖于这个基点, 据此, $\Im_g$ 可被紧化, 并且, 映照类的群作用 Γ 是否可连续地延拓到 $\bar{\Im}_g^T$. Kerckhoff [K] 说明了沿某些射线的几何十分依赖它们的基点, 并当 $g \geqslant 2$ 时不存在 Γ 到 $\bar{\Im}_g^T$ 的连续延拓.

另一方面, Thurston (见[T], [FLP]) 在曲面双曲几何的基础上发展另一套方法. 他运用**可测叶状结构,** 这是该曲面的拓扑对象, 并可从**全纯二次微分**得到, 而不依赖于曲面的共形结构. Thurston 描述了下列方法: 双曲度量决定了可测叶状结构, 他用这个从度量到可测叶状结构的映照将射影可测叶状结构的拓扑球面黏合到拓扑实心球 $\Im_g$. 他实际上说明了在 $\Im_g$ 中趋向于无穷远时曲线的双曲长度很好地近似于它们和一个可测叶片的相交数.这就给出了 $\Im_g$ 的一种用双曲长度比来定义的紧化 $\bar{\Im}_g^{Th}$. 它的边界是叶状结构的射影等价类空间. 因为 $\Im_g$ 的 Thurston 紧化是用合痕下不变的内蕴量定义的, $\bar{\Im}_g^{Th}$ 不依赖于曲面的共形结构而被映照类的群 Γ 所连续地作用. 从而, $\bar{\Im}_g^T$ 和 $\bar{\Im}_g^{Th}$ 是不同的, 尽管二次微分的射线可以决定射影可测叶状结构, 并且 Teichmüller 已经描述了从 $\Im_g$ 到全纯二次微分空间的同胚. Thurston 用 Γ 在 $\bar{\Im}_g^{Th}$ 的不动点 (根据 Brouwer 不动点定理, 它一定存在), 给出了 $\mathrm{Diff}^+(M)$ 的每个连通分支典范元的几何刻画.

同时, 曲面间的调和映照已被用来研究 Teichmüller 空间: 从一个双曲闭曲面到另一双曲闭曲面的恒等映照同伦类中存在唯一的调和映照, 而与这样一个映照相联系的是始曲面上的全纯二次微分. 始曲面上固定一个基度量, 而将靶曲面的度量在 $\Im_g$ 上变化, 可以得到从 $\Im_g$ 到 $\mathbb{Q}_0$ 的映照 $\mathcal{H}$, 其中 $\mathbb{Q}_0$ 表示关于固定基度量的全纯二次微分的空间. 我们将看到这是一个到关于基度量的全纯二次微分的空间同胚. 从而 $\mathbb{Q}_0$ 提供了 $\Im_g$ 的一个参数化. 在 M. Wolf 的博士论文 [W] 中, 他证明了用在全纯二次微分的空间射线加上无穷远点的紧化和 $\Im_g$ 的 Thurston 紧化是一致的: 对一个双曲度量, Wolf 确定了对应于该调和映照的二次微分的可测叶状结构, 并且证明曲线的合痕类的射影长度的集合和曲线的合痕类的射影测度渐近一致. 在以后的几节中, 我们将详细研究 Wolf 的工作.

§2. Teichmüller 空间

设 M 是亏格为 $g>1$ 的光滑定向闭曲面, 度量为 ρ. 那么, 我们可以找到唯一的 M 上的函数 σ, 使得曲率 $K_{e^\sigma\rho}\equiv -1$, 或 $(M, e^\sigma\rho)$ 有双曲度量. 这意味着 M 上的复结构确定了 M 上的唯一双曲度量. 从而我们定义下列记号:

$\mathcal{M}=M$ 上 Riemman 度量的空间.

$\mathcal{M}_{-1}=M$ 上双曲度量的空间.

$\mathrm{Diff}^+(M)=M$ 上保持定向的微分同胚群.

$\mathrm{Diff}_0(M)=M$ 上合痕于恒等元的微分同胚群.

$\Gamma=\mathrm{Diff}^+(M)/\mathrm{Diff}_0(M)$, 离散商群.

我们有下列事实:

$\mathcal{M}$ 是 M 上二阶对称张量丛 $\Gamma(T^*M\bigodot T^*M)$ 的开子集.

$\mathcal{M}_{-1}$ 是 $\mathcal{M}$ 中的无限维超曲面.

$\mathrm{Diff}_0(M)$ 是包含恒等变换的 $\mathrm{Diff}^+(M)$ 的连通分支.

$\mathrm{Diff}^+(M)$ 和 $\mathrm{Diff}_0(M)$ 在 $\mathcal{M}_{-1}$ 上的作用由下列方式定义:

$$\varphi:\mathcal{M}_{-1}\to\mathcal{M}_{-1},\quad \varphi[\rho]=\varphi^*\rho,\quad K_{\varphi^*\rho}=K_\rho\circ\varphi.$$

由于这个作用, $\mathcal{M}_{-1}$ 是无限维的.

这样, **Teichmüller 空间**定义为商空间

$$\Im_g = \mathcal{M}_{-1}/\mathrm{Diff}_0(M),$$

而**模空间**定义为商空间

$$\mathcal{R}_g = \mathcal{M}_{-1}/\mathrm{Diff}^+(M).$$

由于 Γ 在 $\Im_g$ 上的作用, Teichmüller 空间和模空间的关系为

$$\mathcal{R}_g = \frac{\mathcal{M}_{-1}/\mathrm{Diff}_0(M)}{\mathrm{Diff}^+(M)/\mathrm{Diff}_0(M)} = \Im_g/\Gamma.$$

我们的目的是证明 Teichmüller 空间微分同胚于 M 上的**全纯二次微分空间** $\mathbb{Q}_M^{6g-6}$. 在这一节, 我们构造一个从 $[\rho] \in \Im_g$ 的一个邻域到 $\mathbb{R}^{6g-6}$ 中一个开集的局部微分同胚. 在每一点 $\rho \in \mathcal{M}_{-1}$ 作用的截面 $S_\rho \subset \mathcal{M}_{-1}$ 是 $\mathcal{M}_{-1}$ 的 C^∞ 子流形, 它横截于 (或关于 $\mathcal{M}_{-1}$ 上某度量正交于) 通过 ρ 的 $\mathrm{Diff}_0(M)$ 的轨道 $\mathcal{O}_\rho = \mathrm{Diff}_0(M)\cdot\rho$. $\mathcal{O}_\rho$ 是 C^∞ 闭子流形, 它的切空间为

$$T_\rho\mathcal{O}_\rho = \{h \in \Gamma(T^*M \odot T^*M) : h = L_X\rho,\ X \text{ 是 } M \text{ 上的光滑向量场}\},$$

即关于光滑向量场的 ρ 的李导数的 $(0,2)$ 型对称张量. 注意到

$$L_X\rho = \frac{d}{dt}(e^{tX})^*(\rho)|_{t=0} = \sum_{i,j}(X_{i;j} + X_{j;i})dx^i dx^j.$$

设 $\rho \in \mathcal{M}$, $\rho_t = \sum g_{ij}^t dx^i dx^j$. 那么, $\dot\rho_t|_{t=0} \in \Gamma(T^*M \odot T^*M)$, 并且 $\dot\rho_t|_{t=0} := h = \sum h_{ij}dx^i dx^j$. 我们现在在 $\mathcal{M}$ 和 $T_\rho\mathcal{M}$ 上引入 Riemann 度量 $\langle h_1, h_2\rangle = \int \langle h_1, h_2\rangle_\rho dv_\rho$. 从而 $\mathcal{M}$ 和 $T_\rho\mathcal{M}$ 成为无限维 Riemann 流形. 那么, 在这个度量下, 截面 S_ρ 正交于 $T_\rho\mathcal{O}_\rho$. 设 $h \in S_\rho$ 并且 $X^* = \sum X_i dx^i$ 是对偶于向量场 X 的 1–形式. 如果, 对任何 X, $h \perp L_X\rho$, 我们有 (运用关于 ρ 的正交基)

$$0 = \int_M \sum_{i,j} h_{ij}(X_{i;j} + X_{j;i})dv = 2\int_M (\sum h_{ij}X_{i;j})dv.$$

用分部积分, 我们得到, 对任何 X

$$\int_M \sum_i (\sum_j h_{ij;j})X_i dv = 0.$$

从而, $\sum_{j=1}^2 h_{ij;j} \equiv 0$ (无散度条件).

另一方面,

$$K_\rho = -\frac{1}{2}g^{-1}(g_{11,22} - 2g_{12,12} + g_{22,11}) + 关于 \nabla g_{ij} 的二次项,$$

其中 $\rho = \sum_{i,j} g_{ij}dx^i dx^j \in \mathcal{M}_{-1}$, $g = \det(g_{ij})$. 由于 $K_\rho \equiv -1$, 并且 ∇g_{ij} 的二次项在法坐标中一点为零, 我们得到

$$g := \det(g) = \frac{1}{2}(g_{11,22} - 2g_{12,12} + g_{22,11}).$$

进而, $\dot{g} = g\,\mathrm{Tr}_\rho(h)$, 其中 $h_{ij} = \dot{g}_{ij} = \frac{d}{dt}g^t_{ij}|_{t=0}$. 所以 $g\,\mathrm{Tr}_\rho(h) = \frac{1}{2}(h_{11,22} - 2h_{12,12} + h_{22,11})$. 又因为 $h_{12,12} + h_{22,22} = 0$, $h_{12,12} + h_{11,11} = 0$, 在一点 $g = 1$, 我们有 $\mathrm{Tr}_\rho(h) = \frac{1}{2}(h_{11,22} + h_{22,22} + h_{11,11} + h_{22,11})$. 所以, $\Delta_\rho \mathrm{Tr}_\rho(h) = 2\,\mathrm{Tr}_\rho(h)$. 根据闭曲面上的极大值原理, 我们得到 $\mathrm{Tr}_\rho(h) \equiv 0$ (无迹条件). 注意到这个条件表示了体积形式在精确到一阶量下是逐点保持的. 因此

$$T_\rho S_\rho = \{h \in \Gamma(T^*M \odot T^*M) : \sum_{j=1}^{2} h_{ij;j} \equiv 0, \mathrm{Tr}_\rho h \equiv 0\},$$

对 $h = h_{11}dx^2 + 2\,h_{12}dxdy + h_{22}dy^2 \in T_\rho S_\rho$, $z = x + i\,y$, 定义 $\Phi_h = (h_{11} - i\,h_{12})dz^2$. 容易说明 Φ 是良定的并且是全纯的. 反之, 如果 Φ_h 是全纯的, 那么, h 是无散度和无迹的. 设 $\mathbb{Q}_\rho$ 表示 (M, ρ) 上全纯二次微分空间. 我们知道

$$\dim_{\mathbb{C}}\mathbb{Q}_\rho = 3\,g - 3, \quad \dim_{\mathbb{R}}\mathbb{Q}_\rho = 6\,g - 6, \quad g = M 的亏格.$$

所以, 不难看出 $\Im_g$ 有 $6\,g-6$ 维的光滑流形结构. 进而, 在 $\mathcal{M}$ 上的度量 $\langle h_1, h_2\rangle = \int_M \langle h_1, h_2\rangle_\rho dv_\rho$ 给出了 $\Im_g$ 上的自然 Riemann 度量 (Weil-Peterson 度量). 这是不完备的.

§3. $\Im_g$ 微分同胚于 ${\mathbb{Q}_0}^{6g-6}$

设 ϕ 是从 (M, ρ_0) 到 (M, ρ) 的度数为 1 的映照. 如果 $K_\rho \leqslant 0$, 那么根据后面将要证明的 Eells, Sampson 和 Hartman 的定理, 存在同伦于 ϕ 的唯一调和映照 u_ρ. 设 $K_\rho \equiv -1$, P 是 (M, ρ) 在 $\Im_g$ 中的等价类. 定义从 $\Im_g$ 到 (M, ρ_0) 上的全纯二次微分空间 ${\mathbb{Q}_0}^{6g-6}$ 的映照 $\mathcal{H}$ 为 $\mathcal{H}(P) = \Phi_{u_\rho}$. 我们来说明 $\mathcal{H}$ 是良定的. 设 $\phi \in \mathrm{Diff}_0(M)$, 那么 $u_{\phi^*\rho} = \phi^{-1} \circ u_\rho$. 由于 ϕ^{-1} 是从 (M, ρ) 到 $(M, \phi^*\rho)$ 的等距, 我们看出 $\Phi_{u^*_\phi \rho} = \Phi_{u_\rho}$, 所以 $\mathcal{H}$ 是良定的. 进而, 根据第一章, §9 的一个定理, $\mathcal{H}$ 是 $1 - 1$ 的.

定理 $\mathcal{H}$ 是微分同胚.

证明 $\mathcal{H}$ 的光滑性留作习题. 只要证明 $\mathcal{H}$ 是逆紧的 (由于 $\Im_g$ 和 $\mathbb{Q}_0$ 是 C^∞ 相同维数有限维流形, 逆紧性意味着 $\mathcal{H}$ 是满的). 设 $\{P_j\}$ 是 $\Im_g$ 中的发散序列. 我们来证明 $\{\mathcal{H}(P_j)\}$ 在 $\mathbb{Q}_0$ 中发散于无穷. 否则, 我们有有界序列 $\{\mathcal{H}(P_j)\}$. 设 u_j 是从 (M,ρ_0) 到 (M,ρ_j) 的调和映照, 其中 (M,ρ_j) 是 P_j 的一个表示. 由假定, $\{\Phi_{u_j}\}$ 在 $\mathbb{Q}_0$ 中有界. 因此, 对任何 j

$$|\Phi_{u_j}| = |\partial u_j| \cdot |\bar{\partial} u_j| \leqslant C.$$

我们现在用 Bochner 公式来证明 $\{u_j\}$ 一阶导数的一致有界性. 首先将极小值原理用于公式 $\Delta \log|\partial u| = J(u) - 1 \leqslant |\partial u|^2 - 1$ 得到 $|\partial u| \geqslant 1$ 处处成立. 将此式和上式联立得到 $|\bar{\partial} u_j| \leqslant C$. 将同一公式在 $|\partial u_j|$ 的极大点 p_0 取值, 我们得到

$$|\partial u_j|^2(p_0) \leqslant |\bar{\partial} u_j|^2(p_0) + 1 \leqslant C + 1.$$

所以, u_j 的能量密度有界. 这意味着, 对任意两个点 $x, y \in M$, $u_j(x)$ 和$u_j(y)$ 在 (M,ρ_j) 中的距离是一致有界的. 换言之, $\mathrm{diam}(M,\rho_j) \leqslant C'$. 注意到 $K_C = \{(M,\rho) \in \mathcal{R}_g : \mathrm{diam}(M,\rho_j) \leqslant C\}$ 在模空间 $\mathcal{R}_g$ 中是紧的, 即直径是模空间中的逆紧函数. 设 π 是 $\Im_g$ 到 $\mathcal{R}_g$ 的投影. 假定在 $\Im_g$ 中 $P_j \to \infty$. 由于 $\{\pi(P_j)\}$ 落在$\mathcal{R}_g$ 的一个紧集中, 存在一个子序列 $\{j'\}$, 并且$\{\gamma_{j'}\} \subset \Gamma$, 使得 $\{\sigma_{j'} := \gamma_{j'}^* \rho_{j'}\}$ 收敛于一个双曲度量 σ. 映照序列 $v_{j'} := \gamma_{j'}^{-1} \circ u_{j'}$ 是从 (M,ρ_0) 到 $(M,\sigma_{j'})$ 的具一致有界一阶导数的调和映照序列. 从而, 有子序列一致收敛于一个极限映照. 特别地, 在同一个同伦类中, 有无穷多个 $\{v_{j'}\}$. 由于 $v_{j'}$ 同伦于 $\gamma_{j'}^{-1}$, 而与 $\{\gamma_j\}$ 在 Γ 趋于无穷相矛盾. 证毕.

§4. Teichmüller 空间的紧化

Thurston 用黏合一个射影可测叶状结构于 $\Im_g$ 的方法得到 $\Im_g$ 的紧化 $\bar{\Im}_g^{Th}$ (关于这方面内容的参考文献见 Fathi, A., Laudenbach, F. 和 Poenaru, V., Traveaux de Thurston sur les surfaces, Astersque (1979): 66–67). $\Im_g$ 的 Thurston 紧化不依赖于 $\Im_g$ 中基点的选取, 并且 Γ 在 $\Im_g$ 的作用可延拓到 $\bar{\Im}_g^{Th}$. 应将它和 $\Im_g$ 的 Teichmüller 紧化相对照: 将无穷远点添加到 $\Im_g$ 在 $\mathbb{Q}_0$ 的嵌入就得到一个紧化 $\bar{\Im}_{g,0}^{T}$ (不同于前面的描述). 这依赖于 $\Im_g$ 中基点的选取, 并且 Γ 在 $\Im_g$ 中的作用不能连续延拓到 $\partial\bar{\Im}_{g,0}^{T}$ (Kerckhoff, S., The asymptotic geometry of Teichmüller space, Topology 19 (1980), 23–41). Michael Wolf 在他的博士论文中

(Stanford University, 1986) 讨论了两种紧化的关系. 利用前节描述的嵌入, 在 $\mathbb{Q}_0$ 的射线上加上无穷远点得到的 Teichmüller 空间紧化和 Thurston 的 Teichmüller 空间紧化是一致的. 这里来详细说明. 定义

$$\begin{aligned} B\,\mathbb{Q}_0 &= \{\Phi \in \mathbb{Q}_0 : \|\Phi\|_2 \leqslant 1\}, \\ S\,\mathbb{Q}_0 &= \{\Phi \in \mathbb{Q}_0 : \|\Phi\|_2 = 1\}, \\ \overline{B\,\mathbb{Q}_0} &= B\mathbb{Q}_0 \cup S\mathbb{Q}_0 \text{ 并用 } \mathbb{Q}_0 \text{ 的拓扑}, \end{aligned}$$

并且以

$$\tilde{\mathcal{H}}(P) = \frac{4\mathcal{H}(P)}{1 + 4\|\mathcal{H}(P)\|} \quad \left(= \frac{4\Phi_{u_\rho}}{1 + 4\|\Phi_{u_\rho}\|} \right)$$

定义映照 $\tilde{\mathcal{H}} : \Im_g \to B\mathbb{Q}_0$. 显然, $\tilde{\mathcal{H}}$ 是到 $B\mathbb{Q}_0$ 的同胚. 用 $\tilde{\mathcal{H}}$ 将 $\Im_g$ 等价于 $B\mathbb{Q}_0$, 我们定义 $\Im_g$ 的新的紧化为

$$\overline{\Im}^h_{g,0} = \Im_g \cup S\mathbb{Q}_0 = \overline{B\mathbb{Q}_0}.$$

那么, $\overline{\Im}^h_{g,0}$ 同胚于 $\Im^{Th}_g$. 因此, $\overline{\Im}^h_{g,0} = \overline{\Im}^h_g$ 和基点 (M, ρ_0) 的选取无关, 并且 Γ 在 $\Im_g$ 上的作用能连续延拓到 $\overline{\Im}^h_g$. 当然, $\overline{\Im}^h_g \not\approx \overline{\Im}^T_g$. 这个构造给出了 Teichmüller 空间 $\Im_g$ 的从 $\Im_g$ 的每一点 P 的 Thurston 紧化的内射线结构.

§5. 可测叶状结构

设 M 是紧致无边的亏格为 $g > 1$ 的 C^∞ 曲面. M 上的**可测叶状结构** F 是具有不变横截测度 (具有限奇点) 的叶状结构. 这意味着如果局部坐标系将 F 的叶片映到 $\mathbb{R}^2$ 的水平弧, $\mathbb{R}^2$ 上的转换函数具形式 $\phi_{ij} = (f(x,y), c \pm y)$, 这里 c 是常数. 可允许奇点是 “p–尖点马鞍形”, $p \geqslant 3$. 它们在拓扑上是将 p 个矩形沿着水平边沿黏合的结果 (见下图). 值得指出那些奇点在拓扑上和线场 $z^{p-2}dz^2 > 0$ 在 $z = 0$ 发生的奇点是一样的.

如果 F 是可测叶状结构, γ 是简单闭曲线, 那么 $\int_\gamma F$ 被定义为 “y–方向” γ 的全变分, 即 γ 关于横截测度的积分. $i(F, \gamma)$ 是 $\int_{\gamma'} F$ 当 γ' 在合痕于 γ 的所有简单闭曲线变化时的下确界. 它称为 γ 和 F 的**相交数**. 对两个可测叶状结构 F 和 F', 如果对所有的简单闭曲线 γ, $i(F, \gamma) = i(F', \gamma)$, 那么, F 和 F' 是**测度等价的**. 记 $\mathcal{MF}$ 为叶状结构的测度等价类空间. 如果存在常数 b, 使对任何 γ, $i(F, \gamma) = b\, i(F', \gamma)$, 那么, F 和 F' 是**射影等价的**. 叶状结构的射影等价类空间记为 $\mathcal{PF}$.

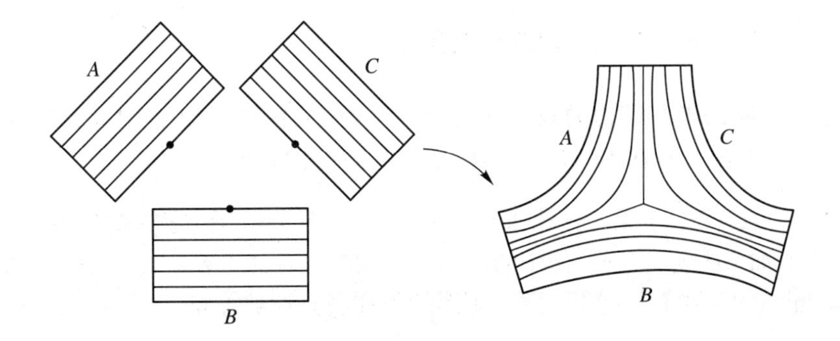

定理 (Thurston) $\mathcal{MF}$ 同胚于 $6g-6$ 维实心球; $\mathcal{PF}$同胚于 $6g-7$ 维球面.

对 $\mathbb{Q}_\sigma$ ((M,σ) 上全纯二次微分空间) 中的任何全纯二次微分 $\phi\,dz^2$, 自然存在对应于 $\phi\,dz^2$ 的平坦度量; 局部地它恰为 $|\phi(z)\,dz^2|$. 在 $\phi\,dz^2$ 奇点以外有一个自然的共形坐标 $w=u+i\,v$, 其中 $dw^2=\phi(z)\,dz^2$. "$u=$ 常数" 和 "$v=$ 常数" 的曲线分别定义了具有横截测度 $w^*|du|$ 和 $w^*|dv|$ 的叶状结构对. 它们不难被延拓到 $\phi(z)=0$ 处, 从而给出了一对附着于 $\phi\,dz^2$ 的横截 (奇异) 叶状结构对, 分别称为 $\phi\,dz^2$ 的水平叶状结构和垂直叶状结构. 在 $\phi\,dz^2$ 由调和映照确定的情况下, 如果 $z=x+i\,y$ 并且 $\frac{\partial}{\partial x},\frac{\partial}{\partial y}$ 在 $\phi(z)\neq 0$ 的邻域中和叶状结构相切, 那么, $\frac{\partial}{\partial x}$ 和 $\frac{\partial}{\partial y}$ 是微分 dw 的极大拉伸和极小拉伸方向, 并且

$$\phi\,dz^2=\frac{1}{4}\Big(\Big\|w_*\frac{\partial}{\partial x}\Big\|_\rho^2-\Big\|w_*\frac{\partial}{\partial y}\Big\|_\rho^2\Big)dz^2,$$

其中 dz^2 的系数为由 "$x=$ 常数" 和 "$y=$ 常数" 的叶状结构确定的横截测度.

定理 (Hubbard 和 Masur [HM]) 给定 Riemann 面 M 和可测叶状结构 F, 那么在 M 上恰好有一个二次微分, 它的垂直叶状结构测度等价于 F.

由于 $\mathcal{H}:\Im_g\to\mathbb{Q}_\sigma$ 是同胚, 向量空间 $\mathbb{Q}_\sigma$ 为 $\Im_g$ 以及其中的特殊子流形, 提供了以 σ 为中心的坐标. 特别地, 设 Φ_0 是 (M,σ) 上非零全纯二次微分. 那么 $t\Phi_0$, $t>0$ 是 $\mathbb{Q}_\sigma$ 中以 0 为顶点的一条射线. 借助于 $\mathcal{H}$, $t\Phi_0$ 确定了一族满足 $\mathcal{H}(\rho_t)=t\Phi_0$, $\rho_0=\sigma$ 的度量 $\{\rho^t\}$, 使得 ρ_t 在 $\Im_g$ 中是发散的. 另一方面, $t\Phi_0$ 也确定了 M 上的一族可测叶状结构. 令 $F_v(t\Phi_0)$ 和 $F_h(t\Phi_0)$ 分别表示由 $t\Phi_0$ 确定的垂直和水平叶状结构.

§6. $\{\rho_t\}$ 和 $\{F_v(t\Phi_0)\}$ 间的渐近关系

这一节我们考察带边的双曲柱面 M, 其中 $\{\rho_t\}$ 和 $\{F_v(t\Phi_0)\}$ 都有显式表示, 以此为例描述 $\{\rho_t\}$ 和 $\{F_v(t\Phi_0)\}$ 当 $t\to\infty$ 时的渐近关系.

例 1 设 (M,σ) 是 xy–平面中的矩形 $[-1,1]\times[0,1]$, 它的度量为 $ds^2=dx^2+dy^2$, 而 (M,ρ_t) 是 uv–面中的矩形 $[-\cosh^{-1}t,\cosh^{-1}t]\times[0,1]$, 它的度量为 $ds^2=du^2+\frac{\cosh^2 u}{t^2}dv^2$. 这里, 两个矩形的顶和底分别被等同. 于是有 $K_{\rho_t}=-1$ 以及 $K_\sigma=0$.

$$w(x,y)=(u,v),\qquad u=u(x),\qquad v=y$$

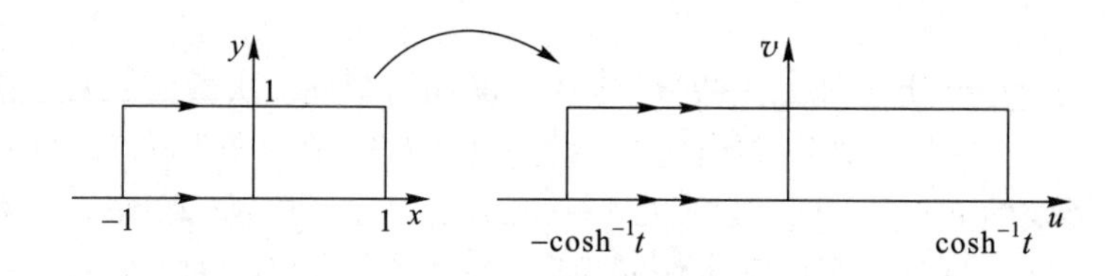

$$ds_\sigma^2=dx^2+dy^2 \qquad\qquad ds_{\rho_t}^2=du^2+\frac{\cosh^2 u}{t^2}dv^2$$

度量 ρ_t 已标准化, 使曲线 $u=\pm\cosh^{-1}t$ 有 ρ_t–长度 1, 而 $u=0$ 的曲线有 ρ_t–长度 $\varepsilon=\frac{1}{t}$. 我们寻找调和映照 $w:(M,\sigma)\to(M,\rho_t)$, 满足边界条件 $w(\pm1,y)=(\pm\cosh^{-1}t,y)$. 根据解的对称性, 所要求的调和映照有形式 $w=u+iv$, $v=y,u=u(x)$. 这样, Euler-Lagrange 方程化为

$$\begin{cases} u''(x)=\dfrac{1}{2t^2}\sinh 2u,\\ u(0)=0,\quad u(1)=\cosh^{-1}t. \end{cases}$$

令解为

$$\begin{cases} u(x)=x\cosh^{-1}t+\beta(x),\\ \beta(0)=0=\beta(1), \end{cases}$$

使 $\beta(x)$ 表示映照和仿射伸缩的变差. 那么, 对 $u\geqslant 0$,

$$\beta''(x)=\frac{1}{2t^2}\sinh 2u\geqslant 0.$$

从而 $\beta(x)$ 是 x 的凸函数, 并且 $\beta \leqslant 0$. 现在,

$$\begin{aligned}0 &\leqslant \int_0^1 \beta'' = \beta'(1) - \beta'(0) = u'(1) - u'(0)\\ &= \frac{1}{2t^2}\int_0^1 \sinh 2u dx \leqslant \frac{1}{2t^2}\int_0^1 \sinh(2x\cosh^{-1} t)dx \quad (\text{因 } \beta < 0)\\ &= \frac{1}{2t^2}\frac{1}{2\cosh^{-1} t}\cosh(2x\cosh^{-1} t)\Big|_0^1\\ &= \frac{1}{\cosh^{-1} t} - \frac{1}{t^2\cosh^{-1} t} \to 0 \quad (\text{当 } t\to\infty).\end{aligned}$$

所以, 我们有 $\beta(0) = \beta(1)$, $\beta \leqslant 0$, 并且 $0 \leqslant \beta'(1) - \beta'(0) \to 0$, 这意味着 $\beta'(1) \geqslant 0 \geqslant \beta'(0)$ 以及

$$|\beta'(1)| + |\beta'(0)| \to 0 \quad (\text{当 } t\to\infty).$$

考虑到 β 的凸性, 这意味着

$$\text{当 } t\to\infty \text{ 时 } \beta\to 0.$$

当 t 很大时, $w = u + i\,v$ 和仿射伸缩相差很小. 我们可用下列垂直可测叶状结构的语言来重新描述这点.

与 ρ_t 相关的全纯二次微分 $\mathcal{H}(\rho_t) = \Phi_t$ 由

$$\Phi_t = \frac{1}{4}\Big(\Big\|u_*\frac{\partial}{\partial x}\Big\|_{\rho_t}^2 - \Big\|v_*\frac{\partial}{\partial y}\Big\|_{\rho_t}^2\Big)dz^2$$

给出. 它有一个垂直叶状结构, 被 xy–平面中 “$x =$ 常数” 的曲线给出, 并且它的垂直横截测度是

$$\frac{1}{2}\Big(\Big\|u_*\frac{\partial}{\partial x}\Big\|_{\rho_t}^2 - \Big\|v_*\frac{\partial}{\partial y}\Big\|_{\rho_t}^2\Big)^{\frac{1}{2}}|dx|,$$

其中系数既是实的又是全纯的, 从而是常数. 这样, 给定一段水平线段 $\gamma: a \leqslant x \leqslant b$, 这条线段的垂直测度是

$$\begin{aligned}i(F_v(\Phi_t),\gamma) &= \int_a^b \frac{1}{2}\Big(\Big\|u_*\frac{\partial}{\partial x}\Big\|_{\rho_t}^2 - \Big\|v_*\frac{\partial}{\partial y}\Big\|_{\rho_t}^2\Big)^{\frac{1}{2}}dx\\ &= \int_a^b \frac{1}{2}\Big\|u_*\frac{\partial}{\partial x}\Big\|_{\rho_t}\Big(1 - \frac{\|v_*\frac{\partial}{\partial y}\|_{\rho_t}^2}{\|u_*\frac{\partial}{\partial x}\|_{\rho_t}^2}\Big)^{\frac{1}{2}}dx,\end{aligned}$$

其中当 $t \to \infty$ 时

$$\frac{\|v_* \frac{\partial}{\partial y}\|^2_{\rho_t}}{\|u_* \frac{\partial}{\partial x}\|^2_{\rho_t}} = \frac{\|\frac{\partial}{\partial v}\|^2_{\rho_t}}{\frac{\partial u}{\partial x}} = \frac{\frac{\cosh^2 u}{t^2}}{(\cosh^{-1} t + \beta')^2} = \frac{\cosh^2(x \cosh^{-1} t + \beta)}{t^2(\cosh^{-1} t + \beta')^2}$$
$$\sim \frac{e^{2x \log t}}{t^2(\cosh^{-1} t + \beta')^2} \sim \frac{t^{2x}}{t^2(\cosh^{-1} t + \beta')^2} \to 0.$$

另一方面, $w(\gamma)$ 的 ρ_t–长度是

$$\ell_{\rho_t}(w(\gamma)) = \int_a^b \left\| u_* \frac{\partial}{\partial x} \right\|_{\rho_t} dx.$$

所以

$$\frac{i(F_v(\Phi_t), \gamma)}{\frac{1}{2}\,\ell_{\rho_t}(w(\gamma))} \to 1.$$

由于 Φ_t 的关于 dz^2 系数是常数 (固定 t), 我们有

$$i(F_v(\Phi_t), \gamma) = i(c(t)|dx|, \gamma) = c(t)(b-a),$$

这里 $c(t)$ 是和 γ 无关的常数. 那么上述渐近公式意味着

$$\frac{1}{b-a}\,\ell_{\rho_t}(w(\gamma)) \to c.$$

所以, 我们能说 w 的变化和仿射映照相差很小: 概而言之, xy–平面中的在 $w^*(\rho_t)$ 度量下被等分的垂线将收敛于在横截度量 $|dx|$ 下被等分的垂线. 进而, 我们可以说明: 给定任何一段弧 γ, 它的 ρ_t–长度的一半和它关于 Φ_t 的垂线叶状结构的测度的比当 $t \to \infty$ 时趋向于 1. 这说明两条弧 γ_1 和 γ_2 的 ρ_t–长度的渐近比被它们的任何叶状结构 Φ_t 下的测度比所确定, 而后者是柱面上的拓扑对象. 后面, 我们将这种情形推广到亏格 $g \geqslant 2$ 的紧曲面.

§7. Thurston 和 Wolf 的紧化

我们首先描述 $\mathfrak{T}_g$ 的 Thurston 紧化 $\bar{\mathfrak{T}}_g^{Th}$ ([FLP]). 设 M 是亏格为 g 的 C^∞ 紧曲面, S 是 M 中同伦于非平凡的简单闭曲线的自由同伦类的集合. 设 $\mathcal{MF}^*$ 是 M 上的非平凡可测叶状结构空间, 至多只相差合痕和 Whitehead 运动. 下图描述了 Whitehead 运动.

设 $\pi : \mathbb{R}_+^S - \{0\} \to \mathbb{P}(\mathbb{R}_+^S)$ 是到泛函的射影空间 $\mathbb{P}(\mathbb{R}_+^S)$ 的自然投影. ρ 是 M 上的双曲度量. 那么, 对每类 $[\gamma] \in S$, 在 (M, ρ) 上存在唯一的代表 $[\gamma]$ 的 ρ–测

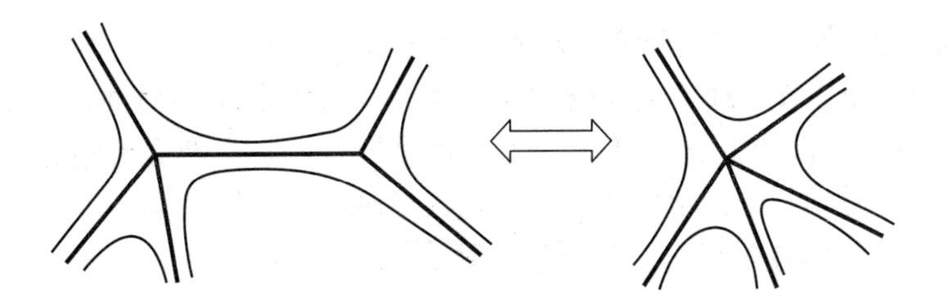

地线 γ, 它的 ρ–长度为 $\ell_\rho(\gamma)$. 这就给出一个映照

$$\ell : \Im_g \to \mathbb{R}_+^S - \{0\} \quad \text{使得} \quad \ell(\rho) = \ell_\rho : S \to \mathbb{R}_+.$$

所以, $\pi \circ \ell$ 是从 $\Im_g$ 到 $\mathbb{P}(\mathbb{R}_+^S)$ 中的映照. 事实上, ℓ 和 $\pi \circ \ell$ 都是单映照. 运用 γ 和可测叶状结构的相交数, 我们可以把每个非零可测叶状结构 $F \in \mathcal{MF}^*$ 对应于一个泛函 $I(F)$: 定义映照

$$I : \mathcal{MF}^* \to \mathbb{R}_+^S - \{0\} \quad \text{使得} \quad I(F)(\gamma) = i(F, \gamma).$$

那么, I 也是单射并且 $\mathcal{PF} = \pi \circ I(\mathcal{MF}^*) \subset \mathbb{P}(\mathbb{R}_+^S)$. 最后, Thurston 紧化是

$$\bar{\Im}_g^{Th} = \pi \circ \ell(\Im_g) \cup \mathcal{PF},$$

它具有从 $\mathbb{P}(\mathbb{R}_+^S)$ 诱导的拓扑. Thurston 说明 $\mathcal{PF} \approx S^{6q-7}$, 并且 $\bar{\Im}_g^{Th}$ 是有边的紧流形, 同胚于具边界球面 $\mathcal{PF}$ 的闭球. 根据构造, $\bar{\Im}_g^{Th}$ 不依赖于基点 $\sigma \in \Im_g$ 的选取, 又因为映照类群 Γ_g 连续地作用于 $\mathcal{MF}$, 它在 $\Im_g$ 上的作用可拓展到 $\bar{\Im}_g^{Th}$.

现在, 我们引入 $\Im_g$ 的另一紧化 $\bar{\Im}_g^h$. 定义

$$B\mathbb{Q}_\sigma = \{\Phi \in \mathbb{Q}_\sigma : \|\Phi\|_2 < 1\}, \qquad S\mathbb{Q}_\sigma = \{\Phi \in \mathbb{Q}_\sigma : \|\Phi\|_2 = 1\},$$

$$\overline{B\mathbb{Q}}_\sigma = B\mathbb{Q}_\sigma \cup S\mathbb{Q}_\sigma, \text{ 具有 } \mathbb{Q}_\sigma \text{ 拓扑},$$

并且由下式

$$\tilde{\mathcal{H}}(\rho) = \frac{4\mathcal{H}(\rho)}{1 + 4\|\mathcal{H}(\rho)\|_2}$$

定义映照

$$\tilde{\mathcal{H}} : \Im_g \to B\mathbb{Q}_\sigma.$$

显然, $\tilde{\mathcal{H}}$ 是到 $B\mathbb{Q}_\sigma$ 上的同胚. 利用 $\tilde{\mathcal{H}}$ 将 $\Im_g$ 和 $B\mathbb{Q}_\sigma$ 等同, 我们得到 $\Im_g$ 的新紧化

$$\overline{\Im}_g^h(\sigma) = \Im_g \cup S\mathbb{Q}_\sigma = \overline{B\mathbb{Q}}_\sigma.$$

附注 (1) 余下几节的目的是证明 $\overline{\Im}_g^h(\sigma) \approx \overline{\Im}_g^{Th}$, 从而 $\overline{\Im}_g^h(\sigma)$ 与基点 σ 的选取无关. 这就要求我们研究调和映照的 Beltrami 微分的渐近性质. 如果能够直接证明 $\overline{\Im}_g^h(\sigma)$ 不依赖于 σ, 而不借助于证明 $\overline{\Im}_g^h(\sigma) \approx \overline{\Im}_g^{Th}$ 将是有趣的.

(2) 假定 $\tilde{\mathcal{H}}_i$ 是从 $\Im_g$ 到 $B\mathbb{Q}_{\sigma_i}$ $(i=1,2)$ 的映照, 那么, $\overline{\Im}_g^h(\sigma)$ 不依赖于 σ 意味着 $\tilde{\mathcal{H}}_2 \circ (\tilde{\mathcal{H}}_1)^{-1}$ 将延拓为一个 $\overline{B\mathbb{Q}_{\sigma_1}}$ 到 $\overline{B\mathbb{Q}_{\sigma_2}}$ 上的同胚.

§8. 拉伸估计

w 的 **Beltrami 微分** ν 定义为

$$\nu = \frac{\bar{\partial} w}{\partial w}, \quad 从而 \quad |\nu|^2 = \frac{|\bar{\partial} w|^2}{|\partial w|^2}.$$

经典的 Teichmüller 理论很大程度依赖于 Beltrami 方程 $w_{\bar{z}} = \mu\, w_z$ 的研究, 其中 μ 属于某种无限维函数或张量空间: 为了从参数解空间过渡到 Teichmüller 空间, 常常要求有一定的等价关系. 这种参数化要与通过 $\mathbb{Q}_\sigma$ 的 $\Im_g$ 的参数化来对照, 其中参数空间是有限维的并且不再要求等价关系.

命题 设 $\Phi_o \in S\mathbb{Q}_\sigma$ 且设 $\rho_t = \mathcal{H}^{-1}(t\Phi_o)$, $t > 0$. 设 $\nu(t)$ 是由调和映照 $w_t : (M,\sigma) \to (M,\rho_t)$ 所确定的 Beltrami 微分族, $\nu = \frac{\bar{\partial} w_t}{\partial w_t}$.

(1) 如果 $\Phi_o(p) \neq 0$, 那么 $|\nu(t)(p)| \uparrow 1$.

(2) 当 $t \to \infty$ 且 $\Phi_0 \neq 0$ 时 $\frac{\|\frac{\partial}{\partial y}\|_{\rho_t}}{\|\frac{\partial}{\partial x}\|_{\rho_t}} \downarrow 0$.

(3) 当 $t \to \infty$ 且 $\Phi_0 \neq 0$ 时 $\frac{\|\frac{\partial}{\partial x}\|_{\mathcal{H}(\rho_t)}}{\frac{1}{2}\|\frac{\partial}{\partial x}\|_{\rho_t}} \uparrow 1$.

证明 (1) 我们有下列公式

$$\begin{aligned}
\Delta \log |\bar{\partial} w| &= |\bar{\partial} w|^2 - |\partial w|^2 - 1, \\
\Delta \log |\partial w| &= |\partial w|^2 - |\bar{\partial} w|^2 - 1, \text{ 因而} \\
\Delta \log |\nu(t)| &= 2(|\bar{\partial} w_t|^2 - |\partial w_t|^2) \\
&= 2|\partial w| \cdot |\bar{\partial} w| \cdot \Big(\frac{|\bar{\partial} w|}{|\partial w|} - \frac{|\partial w|}{|\bar{\partial} w|} \Big) \qquad (w_t \text{ 简记为 } w) \\
&= 2|t\Phi_0| \Big(|\nu(t)| - \frac{1}{|\nu(t)|} \Big).
\end{aligned}$$

记 $g = \log |\nu(t)|$, 那么

$$\begin{aligned}
\Delta g &= 2t|\Phi_0| \ (e^g - e^{-g}) \\
&= 4t|\Phi_0| \sinh g.
\end{aligned}$$

在第一章 §8, 我们有 $J=|\partial w|^2-|\bar{\partial}w|^2>0$. 所以

$$|\partial w|>0,\ 且\ g\leqslant 0.$$

由于 $t|\Phi_o|=|\partial w|\cdot|\bar{\partial}w|$, 我们有

$$\nu(t)=\frac{t|\Phi_0|}{|\partial w|^2}.$$

注意到 $|\Phi_o|$ 不依赖于 t, 不难得到 $\frac{dg}{dt}$ 非奇异并且

$$\left|\frac{dg}{dt}\right|<\infty.$$

由于求 Laplace 不依赖于 t, 我们得到

$$\Delta\Big(\frac{dg}{dt}\Big)=4|\Phi_0|\sinh g+4t(|\Phi_0|\cosh g)\frac{dg}{dt}.$$

因为 $g\leqslant 0$, 我们有

$$\Delta\Big(\frac{dg}{dt}\Big)\leqslant 4t(|\Phi_0|\cosh g)\frac{dg}{dt}.$$

那么根据对 $\frac{dg}{dt}$ 的强极小值原理, 得到 $\frac{dg}{dt}>0$ 并且 $|\nu(t)|$ 是满足 $0\leqslant|\nu(t)|<1$ 的增函数. 现在设 $M_\varepsilon=M\setminus\cup_{\Phi_o(p)=0}B_\varepsilon(p)$. 那么

$$\begin{aligned}\int_{M_\varepsilon}\frac{(1-|\nu(t)|^2)^{\frac{1}{2}}}{\mathrm{Area}(M_\varepsilon)}dv_\sigma&=\int_{M_\varepsilon}\frac{(|\partial w|^2-|\bar{\partial}w|^2)^{\frac{1}{2}}}{|\partial w|A(M_\varepsilon)}dv_\sigma\\&\leqslant\Big(\int\frac{|\partial w|^2-|\bar{\partial}w|^2}{A(M_\varepsilon)}dv_\sigma\Big)^{\frac{1}{2}}\Big(\int\frac{dv_\sigma}{|\partial w|^2A(M_\varepsilon)}\Big)^{\frac{1}{2}}\\&\leqslant\Big(\frac{4\pi(g-1)}{A(M_\varepsilon)}\Big)^{\frac{1}{2}}\Big(\int\frac{|\bar{\partial}w|^2dv_\sigma}{|\partial w|^2A(M_\varepsilon)}\Big)^{\frac{1}{4}}\\&\quad\cdot\Big(\int\frac{dv_\sigma}{|\bar{\partial}w|^2|\partial w|^2A(M_\varepsilon)}\Big)^{\frac{1}{4}}\\&\leqslant c\cdot c_\varepsilon\Big(\int\frac{dv_\sigma}{t^2|\Phi_0|^2}\Big)^{\frac{1}{4}}\quad\Big(因为\ \frac{|\bar{\partial}w|^2}{|\partial w|^2}<1\Big)\\&=ct^{-\frac{1}{2}}.\end{aligned}$$

所以, 当 $t\to\infty$ 时, 在 M_ε 上几乎处处 $|\nu(t)|\to 1$.

又注意到 g 在 M_ε 对所有 t 是超调和的. 所以, $\lim_{t\to\infty}\log|\nu(t)|$ 存在且等于 $\log|\nu(\infty)|$. 显然 $\log|\nu(\infty)|$ 还是超调和的. 由于在 M_ε 上几乎处处有 $\log|\nu(\infty)|=0$, 我们得到, 在 M_ε 上对任何 $\varepsilon>0$

$$\lim_{t\to\infty}|\nu(t)|=|\nu(\infty)|=1.$$

(2) 按照构造, $\mathcal{H}(\rho_t) = t\,\Phi_o$ 的叶状结构对任何 t 都是固定的, 但是, 从属于 $t\,\Phi_o$ 的可测叶状结构的测度改变了. 设 $\frac{\partial}{\partial x}$, $\frac{\partial}{\partial y}$ 是 (M,σ) 上的标架场 (在 Φ_0 的非零处), 分别切于水平叶片和垂直叶片. 那么, $\frac{\partial}{\partial x}$, $\frac{\partial}{\partial y}$ 也是可微映照 dw_t 的极大拉伸与极小拉伸方向, 在这坐标系中

$$t\Phi_0 = \frac{1}{4}\Big(\Big\|\frac{\partial}{\partial x}\Big\|_{\rho_t}^2 - \Big\|\frac{\partial}{\partial y}\Big\|_{\rho_t}^2\Big)dz^2.$$

进而,

$$|\partial w|^2 - |\bar{\partial} w|^2 = \text{Jacobian} = \Big\|\frac{\partial}{\partial x}\Big\|_{\rho_t}\Big\|\frac{\partial}{\partial y}\Big\|_{\rho_t},$$

$$|\partial w|^2 + |\bar{\partial} w|^2 = \frac{1}{2}\text{能量密度} = \frac{1}{2}\Big(\Big\|\frac{\partial}{\partial x}\Big\|_{\rho_t}^2 + \Big\|\frac{\partial}{\partial y}\Big\|_{\rho_t}^2\Big).$$

所以,

$$\nu(t) = \frac{|\bar{\partial} w|}{\partial w} = \frac{\frac{1}{2}(\|\frac{\partial}{\partial x}\|_{\rho_t} - \|\frac{\partial}{\partial y}\|_{\rho_t})}{\frac{1}{2}(\|\frac{\partial}{\partial x}\|_{\rho_t} + \|\frac{\partial}{\partial y}\|_{\rho_t})} = \frac{1 - \frac{\|\frac{\partial}{\partial y}\|_{\rho_t}}{\|\frac{\partial}{\partial x}\|_{\rho_t}}}{1 + \frac{\|\frac{\partial}{\partial y}\|_{\rho_t}}{\|\frac{\partial}{\partial x}\|_{\rho_t}}}.$$

再由 (1) 的结果就得到 (2).

(3) 设 $\|\nu\|_{\mathcal{H}(\rho_t)}$ 是对向量 $\nu \in T_pM$, $\Phi_0(p) \neq 0$ 由 (奇异) 平坦度量给定的模. 注意到

$$\Big\|\frac{\partial}{\partial x}\Big\|_{\mathcal{H}(\rho_t)}^2 = \frac{1}{4}\Big(\Big\|\frac{\partial}{\partial x}\Big\|_{\rho_t} - \Big\|\frac{\partial}{\partial y}\Big\|_{\rho_t}\Big).$$

所以从 (2) 我们得到所要的结果.

推论 (1) 对任何 ε, $\int_{M_\varepsilon} \Big\|\frac{\partial}{\partial y}\Big\|_{\rho_t} d\nu_\sigma \to 0$, 其中 $M_\varepsilon = M \setminus \bigcup_{\Phi_o(p)=0} B_\varepsilon(p)$.

(2) 如果 γ 是 $t\Phi_o$ 水平叶片的不通过 Φ_o 的零点的一段弧, 那么

$$0 < c_0 < \ell_{\rho_t}(\gamma)t^{-\frac{1}{2}} < c_1 < \infty,$$

这里 $\ell_{\rho_t}(\gamma)$ 表示 γ 的 ρ_t–长度, c_0, c_1 是只依赖于 γ 的常数.

(3) 如果 γ 是 $t\Phi_o$ 垂直叶片的一段弧, 那么

$$\text{当 } t \to \infty \text{ 时 } \ell_{\rho_t}(\gamma)t^{-\frac{1}{2}} \to 0.$$

证明 (1) 由于 $\|t\phi_o\| \leqslant \frac{1}{4}\left\|\frac{\partial}{\partial x}\right\|_{\rho_t}^2$, 我们有

$$\begin{aligned}4\pi(g-1) &= \int_M J(w_t)d\nu_\sigma = \int_M \left\|\frac{\partial}{\partial x}\right\|_{\rho_t}\left\|\frac{\partial}{\partial y}\right\|_{\rho_t} d\nu_\sigma \\ &\geqslant \int_M 2t^{\frac{1}{2}}|\Phi_0|^{\frac{1}{2}}\left\|\frac{\partial}{\partial y}\right\|_{\rho_t} d\nu_\sigma \\ &\geqslant 2t^{\frac{1}{2}}\delta\int_{M_\varepsilon}\left\|\frac{\partial}{\partial y}\right\|_{\rho_t} d\nu_\sigma,\end{aligned}$$

从此容易得到 (1).

(2)

$$\ell_{\rho_t}(\gamma) = \int_0^1 \|\dot{\gamma}\|_{\rho_t} d\,S_\sigma = \int_0^1 \left\|\frac{\partial}{\partial x}\right\|_{\rho_t} d\,S_\sigma = c\left\|\frac{\partial}{\partial x}\right\|_{\rho_t}.$$

由于 $\|\frac{\partial}{\partial x}\|_{\rho_t}^2 = 4\,t|\Phi_o| + \|\frac{\partial}{\partial y}\|_{\rho_t}^2$, 我们得到

$$2t^{\frac{1}{2}}|\Phi_0|^{\frac{1}{2}} \leqslant \left\|\frac{\partial}{\partial x}\right\|_{\rho_t} \leqslant 2t^{-\frac{1}{2}}|\Phi_0|^{\frac{1}{2}} + \left\|\frac{\partial}{\partial y}\right\|_{\rho_t}.$$

因而

$$\left\|\frac{\partial}{\partial x}\right\|_{\rho_t} \sim t^{\frac{1}{2}} \text{ 并且} \left\|\frac{\partial}{\partial y}\right\|_{\rho_t} = o\Big(\left\|\frac{\partial}{\partial x}\right\|_{\rho_t}\Big) = o(t^{\frac{1}{2}}).$$

这样我们分别得到 (2) 和 (3).

§9. $\Im_g$ 中发散序列 $\{\rho_n\}$ 的性质

设 $\beta : \mathbb{Q}_\sigma \to \mathcal{MF}$ 使 $\beta(\Phi)$ 是 Φ 的垂直可测叶状结构. 设 $\tilde{\beta} = \beta\circ\mathcal{H}\circ\tilde{\mathcal{H}}^{-1} : B\mathbb{Q}_\sigma \to \mathcal{MF}$. 那么, 对 $\tilde{\Phi} \in B\mathbb{Q}_\sigma$,

$$\tilde{\beta}(\tilde{\Phi}) = \beta\Big(\frac{\frac{1}{4}\tilde{\Phi}}{1-\|\tilde{\Phi}\|_2}\Big).$$

根据 Hubbard 和 Masur [HM] 的一个定理, β (相应 $\tilde{\beta}$) 是 $\mathbb{Q}_\sigma$ (相应 $B\mathbb{Q}_\sigma$) 到 $\mathcal{MF}$ 的同胚. 因而, 如果 $\|\tilde{\mathcal{H}}\circ\mathcal{H}^{-1}\Phi_n\|_2 \to 1$, 那么 Φ_n 在 $\mathbb{Q}_\sigma$ 的射影等价类空间中收敛 (其中两个元如果互为实数就为等价)

$$\begin{aligned}&\Longleftrightarrow \tilde{\mathcal{H}}\circ\mathcal{H}^{-1}\Phi_n \quad \text{在 } B\mathbb{Q}_\sigma \text{ 中收敛} \\ &\Longleftrightarrow \pi\circ I\circ\beta\Phi_n \quad \text{在 } P(\mathbb{R}_+^S) \text{ 中收敛.}\end{aligned}$$

引理 设 $\rho_n \to \partial\mathfrak{T}_g$. 那么, 对所有 $[\gamma] \in S$ 和充分大的 n, 存在依赖于 ρ_n 和 $[\gamma]$ 的 k_0, $\eta > 0$, 满足

$$k_0 i(\beta\mathcal{H}(\rho_n), [\gamma]) + \eta \geqslant \ell_{\rho_n}([\gamma]) \geqslant i(\beta\mathcal{H}(\rho_n), [\gamma]),$$

其中当 $n \to \infty$ 时 $k_0 \downarrow 1$ 且 $\eta\|(\rho_n)\|^{-\frac{1}{2}} \to 0$.

证明 我们先证明 $\ell_{\rho_n}([\gamma]) \geqslant i(\beta\mathcal{H}(\rho_n), [\gamma])$. 设 $\gamma : [0,1] \to M$ 是 ρ_n–测地线, $\dot{\gamma}_h, \dot{\gamma}_v$ 分别表示 $\dot{\gamma}$ 关于水平叶状结构和垂直叶状结构的水平分量和垂直分量. 那么

$$\begin{aligned}
\ell_{\rho_n}([\gamma]) = \ell_{\rho_n}(\gamma) &= \int_0^1 (\|\dot{\gamma}_h\|_{\rho_n}^2 + \|\dot{\gamma}_v\|_{\rho_n}^2)^{\frac{1}{2}} ds \\
&\geqslant \int_0^1 \|\dot{\gamma}_h\|_{\rho_n} ds \geqslant \int_0^1 \|\dot{\gamma}_h\|_{4\mathcal{H}(\rho_n)} ds \\
&\quad \left(\because \left\|\frac{\partial}{\partial x}\right\|_{\mathcal{H}(\rho_n)}^2 = \frac{1}{4}\left(\left\|\frac{\partial}{\partial x}\right\|_{\rho_n}^2 - \left\|\frac{\partial}{\partial y}\right\|_{\rho_n}^2\right)\right) \\
&= i(\beta\mathcal{H}(\rho_n), \gamma) \geqslant i(\beta\mathcal{H}(\rho_n), [\gamma]).
\end{aligned}$$

然后, 我们证明 $k_0 i(\beta\mathcal{H}(\rho_n), [\gamma]) + \eta \geqslant \ell_{\rho_n}([\gamma])$. 给定 $[\gamma] \in S$, 设 $[\gamma]$ 是分段光滑的曲线, 满足:

(i) γ 的所有段或者是水平的或者是垂直的,

(ii) 在 $\mathcal{H}(\rho_n)$ 零点附近 γ 是垂直的,

(iii) $i(\beta\mathcal{H}(\rho_n), \gamma) = i(\beta\mathcal{H}(\rho_n), [\gamma])$.

根据 [FLP, 5.II.6] 中的讨论, 条件 (i) 和 (iii) 总能满足. 下图说明我们如何修正不满足条件 (ii) 的曲线 (即其中一段水平弧包含 $\mathcal{H}(\rho_n)$ 的零点) 使之满足所有三个条件.

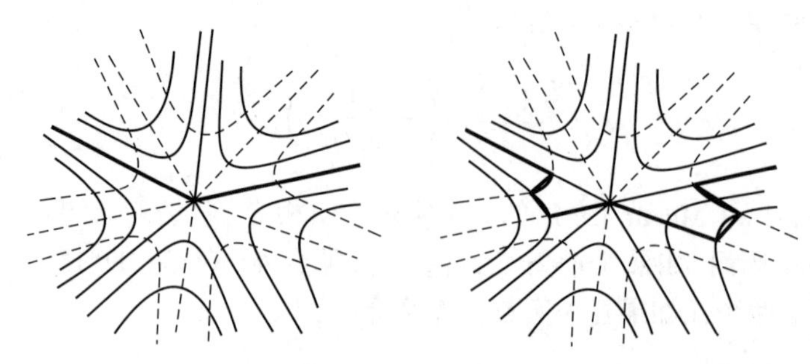

这样, 对每个 $\Phi_o \in S\mathbb{Q}_\sigma$, 我们可以找到 $[\gamma]$ 的 Φ_o–多边形表示, 它的所有水平弧在 M_ε 内. 因为 $S\mathbb{Q}_\sigma$ 是紧的, 我们可以找到依赖于 $[\gamma]$ 的 $\varepsilon > 0$, 使对任何

$\Phi \in \mathbb{Q}_\sigma$, 存在 $[\gamma]$ 的Φ–多边形表示, 它们的水平弧不在 $\bigcup_{\Phi(p)=0} B_\varepsilon(p)$ 中.

设 $\gamma_h : [a,b] \to M$ 是水平弧. 那么

$$\begin{aligned}\ell_{\rho_n}(\gamma_h) &= \int_a^b \|\dot{\gamma}_h\|_{\rho_n} ds \\ &= \int_a^b \|\dot{\gamma}_h\|_{4\mathcal{H}(\rho_n)} \cdot \frac{\|\dot{\gamma}_h\|_{\rho_n}}{\|\dot{\gamma}_h\|_{4\mathcal{H}(\rho_n)}} ds.\end{aligned}$$

根据构造, γ_h 和 $\bigcup_{\mathcal{H}(\rho_n)(p)=0} B_\varepsilon(p)$ 不交, 又由 §8 的命题

$$\frac{\|\dot{\gamma}_h\|_{\rho_n}}{\|\dot{\gamma}_h\|_{4\mathcal{H}(\rho_n)}} \downarrow 1$$

沿 γ_h 一致成立. 所以, 我们有

$$\begin{aligned}\ell_{\rho_n}(\gamma_h) &\leqslant \sup \frac{\|\dot{\gamma}_h\|_{\rho_n}}{\|\dot{\gamma}_h\|_{4\mathcal{H}(\rho_n)}} \int \|\dot{\gamma}_h\|_{4\mathcal{H}(\rho_n)} ds \\ &= k_0 \cdot i(\beta\mathcal{H}(\rho_n), \gamma_h),\end{aligned}$$

同时, 依赖于 ρ_n 和 $[\gamma]$ 的 $k_0 \downarrow 1$.

再令 $\gamma_v : [a,b] \to M$ 是垂直弧. 那么 $i(\beta\mathcal{H}(\rho_n), \gamma_v) = 0$. 另一方面, §8 的推论意味着, 当 $t \to \infty$ 时

$$\left[\ell_{\mathcal{H}^{-1}}(t\mathcal{H}(\rho_n)/\|\mathcal{H}(\rho_n)\|)(\gamma_v)\right] \cdot t^{-\frac{1}{2}} \to 0.$$

根据 $S\mathbb{Q}_\sigma$ 的紧性, 我们得到, 存在依赖于 ρ_n 和 $[\gamma]$ 的 $\eta > 0$, 满足

$$\sum_{\gamma_v} \ell_{\rho_n}(\gamma_v) < \eta \text{ 并且当 } \rho_n \to \partial\Im_g \text{ 时, } \eta \cdot \|\mathcal{H}(\rho_n)\|^{-\frac{1}{2}} \to 0.$$

$$\begin{aligned}\ell_{\rho_n}([\gamma]) \leqslant \ell_{\rho_n}(\gamma) &= \sum_{\gamma_h}(\gamma_h) + \sum_{\gamma_h} \ell_{\rho_n}\ell_{\rho_n}(\gamma_v) \\ &\leqslant k_0 \sum_{\gamma_h} i(\beta\mathcal{H}(\rho_n), \gamma_h) + \eta \\ &= k_0 i(\beta\mathcal{H}(\rho_n), \gamma) + \eta = k_0 i(\beta\mathcal{H}(\rho_n), [\gamma]) + \eta,\end{aligned}$$

同时 $k_0 \downarrow 1$ 并且当 $\rho_n \to \partial\Im_g$ 时 $\eta \cdot \|\mathcal{H}(\rho_n)\|^{-\frac{1}{2}} \to 0$.

引理 设 $\rho_n \to \partial\Im_g$. 那么$\pi \circ \ell(\rho_n)$ 收敛的充要条件是 $\pi \circ I \circ \beta \circ \mathcal{H}(\rho_n)$ 收敛, 并且在收敛的情形下, 两个序列有相同的极限.

证明 $\Im_g$ 的拓扑被有限条曲线 $\gamma_1, \cdots, \gamma_k$ 所定义, 对任何 $\Phi \subset S\mathbb{Q}_\sigma$, 有 δ 使 $\sum_j i(\beta\Phi, [\gamma_j]) > \delta > 0$ (事实上, (M, σ) 的共形结构被 $[\gamma_1], \cdots, [\gamma_k]$ 的长度所确定).

假定 $\pi \circ \ell(\rho_n)$ 收敛. 那么, 存在数列 $\lambda_n > 0$ 使 $\lambda_n \rho_n$ 收敛. 这意味着 $\sum_j \ell_{\rho_n}(\gamma_j) \to \infty$, 并且 $\sum_j \lambda_n \ell_{\rho_n}(\gamma_j)$ 收敛. 前一引理说明对 $[\gamma] \in S$,

$$|\lambda_n \ell_{\rho_n}([\gamma]) - \lambda_n i(\beta\mathcal{H}(\rho_n), [\gamma])| \to 0,$$

由于 $\lambda_n \eta \to 0$ 并且当 $\rho_n \to \partial\Im_g$ 时 $k_0 \to 1$. 因此, $\pi \circ I \circ \beta \circ \mathcal{H}(\rho_n)$ 和 $\pi \circ \ell(\rho_n)$ 收敛于同一极限. 反之, 可类似证明.

§10. 紧化定理的证明

定理 (Wolf)

$$\overline{\Im}_g^h(\sigma) \approx \overline{\Im}_g^{Th}.$$

证明 本证明的主要工具是 Hubbard 和 Masur 的定理和 §9 中的引理. 我们有 $\overline{\Im}_g^{Th} = \pi \circ \ell(\Im_g) \cup \mathcal{PF} \subset P(\mathbb{R}_+^S)$. 应用 $\overline{B\mathbb{Q}}_\sigma$ 的极坐标 (θ, r), $\theta \in S\mathbb{Q}_\sigma$, $r \in [0, 1]$, 我们定义 $\psi : \overline{\Im}_g^{Th} \to \overline{B\mathbb{Q}}_\sigma$ 如下

$$\psi(y) = \begin{cases} \left(\frac{\mathcal{H}(x)}{\|\mathcal{H}(x)\|}, \frac{4\|\mathcal{H}(x)\|}{1+4\|\mathcal{H}(x)\|}\right), \text{如果 } y = \pi \circ \ell(x), x \in \Im_g, \\ \left(\lim_n \frac{\mathcal{H}(x_n)}{\|\mathcal{H}(x_n)\|}, 1\right), \quad \text{如果 } \pi \circ \ell(x_n) \to y \in \partial\Im_g. \end{cases}$$

首先我们说明 ψ 是良定的. 假定 x_n, $x_n' \in \Im_g$ 使 $\lim \pi \circ \ell(x_n) = \lim \pi \circ \ell(x_n') = y \in \partial\Im_g \subset P(\mathbb{R}_+^S)$. 那么, 前面的引理意味着 $\lim \pi \circ I \circ \beta \circ \mathcal{H}(x_n) = \lim \pi \circ I \circ \beta \circ \mathcal{H}(x_n')$. 所以根据 Hubbard-Masur 定理 (见 §9 的第一段的讨论)

$$\lim \frac{\mathcal{H}(x_n)}{\|\mathcal{H}(x_n)\|} = \lim \frac{\mathcal{H}(x_n')}{\|\mathcal{H}(x_n')\|}.$$

其次, 我们断言 ψ 是同胚. 我们先证 ψ 是连续的. 假定 $\pi \circ \ell(x_n) \to y \in \partial\Im_g$. 根据定义, ψ 关于第一个变量是连续的. 由于 $\|\mathcal{H}(x_n)\| \to \infty$, ψ 关于第二个变量也是连续的. ψ 在 $\Im_g$ 上是单的可从 $\mathcal{H}$ 的单映照性得到. 假定 y, $y' \in \partial\Im_g$ 并且 $\psi(y) = \psi(y')$. 那么, 存在 x_n, $x_n' \in \Im_g$ 使 $\pi \circ \ell(x_n) \to y$ 并且 $\pi \circ \ell(x_n') = y'$. 根据假定, $\lim \frac{\mathcal{H}(x_n)}{\|\mathcal{H}(x_n)\|} = \lim \frac{\mathcal{H}(x_n')}{\|\mathcal{H}(x_n')\|}$. 那么, 由 Hubbard-Masur 定理, $\lim \pi \circ I \circ \beta \circ \mathcal{H}(x_n) = \lim \pi \circ I \circ \beta \circ \mathcal{H}(x_n')$, 再由前面引理 $y = \lim \pi \circ \ell(x_n) = \lim \pi \circ \ell(x_n') = y'$.

我们现在来证明 $\psi(\overline{\Im_g^{Th}}) = \overline{B\mathbb{Q}_\sigma}$. 显然, $\psi(\pi\circ\ell(\Im_g)) = B\mathbb{Q}_\sigma$. 所以我们假定 $\theta\in S\mathbb{Q}_\sigma$ 并且 $\gamma_n\theta\to\theta$. 那么, $\pi\circ I\circ\tilde{\beta}(\gamma_n\theta)\equiv$ 常数, 并且前面引理说明 $\pi\circ I\circ\tilde{\mathcal{H}}^{-1}(\gamma_n\theta)$ 收敛于一点 $y\in\partial\Im_g$. 那么, 根据 ψ 的定义

$$\psi(y) = \left(\lim\frac{\mathcal{H}(\tilde{\mathcal{H}}^{-1}(\gamma_n\theta))}{\|\mathcal{H}(\tilde{\mathcal{H}}^{-1}(\gamma_n\theta))\|}, 1\right) = (\theta, 1) = \theta.$$

所以 ψ 是满的.

最后, 我们断言 ψ^{-1} 是连续的. 我们也只要说明 ψ^{-1} 在 $S\mathbb{Q}_\sigma$ 上是连续的. 假定 $(\theta_n,\gamma_n)\to(\theta,1)$. 由 Hubbard-Masur 定理 $\pi\circ I\circ\tilde{\beta}(\gamma_n\theta_n)$ 收敛, 根据前面的引理 $\pi\circ I\circ\tilde{\mathcal{H}}^{-1}(\gamma_n\theta_n)$ 收敛于 $y\in\partial\Im_g$. 但是, 根据 ψ 的定义

$$\begin{aligned}\psi(\pi\circ\ell\circ\tilde{\mathcal{H}}^{-1}(\gamma_n\theta_n)) &= \left(\frac{\mathcal{H}(\tilde{\mathcal{H}}^{-1}(\gamma_n\theta_n))}{\|\mathcal{H}(\tilde{\mathcal{H}}^{-1}(\gamma_n\theta_n))\|}, \frac{4\|\mathcal{H}(\tilde{\mathcal{H}}^{-1}(\gamma_n\theta_n))\|}{1+4\|\mathcal{H}(\tilde{\mathcal{H}}^{-1}(\gamma_n\theta_n))\|}\right)\\ &= (\theta_n,\gamma_n),\end{aligned}$$

进而,

$$\begin{aligned}\psi(y) &= \left(\lim\frac{\mathcal{H}(\tilde{\mathcal{H}}^{-1}(\gamma_n\theta_n))}{\|\mathcal{H}(\tilde{\mathcal{H}}^{-1}(\gamma_n\theta_n))\|}, 1\right)\\ &= (\theta, 1).\end{aligned}$$

所以

$$\begin{aligned}\psi^{-1}(\theta,1) = y &= \lim\pi\circ\ell\circ\tilde{\mathcal{H}}^{-1}(\gamma_n\theta_n)\\ &= \lim\psi^{-1}(\theta_n,\gamma_n).\end{aligned}$$

这就完成了定理的证明.

第三章　具常负全纯截面曲率 Kähler 流形的调和映照

双曲复流形间的全纯映照具有体积减小的性质. 但是, Toledo 得到常负曲率闭曲面间的, 因而也是 Poincaré 圆盘间的体积不减小的调和映照的例子 [To]. 他也推导了从 Riemann 面到常负全纯截面曲率 Kähler 流形的映照度的不等式. 这个不等式给出了表示给定度数同调类曲面亏格的下界. 另外, Toledo 证明了一个映照具有极大度数的充要条件是它能形变成一个全纯全测地浸入. 这个事实的证明是负曲率曲面间度数为 1 的调和映照是微分同胚这一事实的证明的一个推广 (第一章 §8 的一个定理, 或 [SY, 3.1]). 他的结果依赖于 (1,0) 能量和 $(0,1)$ 能量的 Laplace 的公式. 曲面间映照的这类公式在 [SY] 中被证明. 在开头三节我们研究 Toledo 的工作.

这方面的经典结果的实质与 Kneser 的漂亮公式 —— 关于亏格大于 1 的曲面间的映照度的不等式是类似的. 他说明如果 $f:\Sigma_g\to\Sigma_{g'}$, $g, g'>1$ 是映照度 d 的映照, 那么, $\chi(\Sigma_g)\leqslant d\chi(\Sigma_{g'})$, 并且等号成立的充要条件为 f 同伦于一个覆盖映照. 这不等式最近被 M. Gromov 推广到紧致负曲率流形间的映照. 运用 Gromov [G] 定义的模, Domic 和 Toledo [DT] 得到了比前几节不等式更广泛的结果. 为了研究 Domic-Toledo 的结果, 让我们首先研究 Gromov 模.

§1. $|\partial f|^2, |\bar{\partial} f|^2$ 的 Laplace

设 S 是 Riemann 面, 具有西度量 g 和 Kähler 形式 ω_S, 且设 X 是 n 维 Kähler 流形, 具有西度量 h 和 Kähler 形式 ω_X. 在局部坐标下

$$g = g dz d\bar{z}, \qquad \omega_S = \frac{i}{2} g dz \wedge d\bar{z},$$
$$h = h_{\alpha\bar{\beta}} dw^\alpha d\overline{w}^\beta, \quad \omega_X = \frac{i}{2} h_{\alpha\bar{\beta}} dw^\alpha d\overline{w}^\beta.$$

注意到 $\omega_S = dA$, 是 g 的面积形式. 设 $f : S \to X$ 是一个 C^∞ 映照. 记 df 是 f 的实微分并且 df 复化的对应分量为

$$\partial^{1,0} f : T^{1,0}S \to T^{1,0}X, \quad \partial^{0,1} f : T^{1,0}S \to T^{0,1}X.$$

在局部坐标下 $\partial^{1,0} f$, $\partial^{0,1} f$ 分别对应于 w_z^α, $w_{\bar{z}}^\alpha$. 这里, 能量密度为

$$e(f) = \frac{1}{2}|df|^2 = \frac{1}{2}\mathrm{Tr}\, df (df)^t.$$

在局部坐标中

$$e(f) = \frac{1}{g}(h_{\alpha\bar{\beta}} w_z^\alpha \overline{w}_{\bar{z}}^\beta + h_{\alpha\bar{\beta}} w_{\bar{z}}^\alpha \overline{w}_z^\beta) = e'(f) + e''(f),$$

其中 $e'(f) = |\partial^{1,0} f|^2$, $e''(f) = |\partial^{0,1} f|^2$. 注意到

$$e'(f) - e''(f) = \frac{1}{g} h_{\alpha\bar{\beta}} (w_z^\alpha \overline{w}_{\bar{z}}^\beta - w_{\bar{z}}^\alpha \overline{w}_z^\beta),$$

它可写成

$$[e'(f) - e''(f)]\omega_S = f^*\omega_X. \tag{1}$$

调和映照方程在 Kähler 条件下可写成

$$w_{z\bar{z}}^\beta + \theta_{\alpha\gamma}^\beta w_z^\alpha w_{\bar{z}}^\gamma = 0, \tag{2}$$

其中

$$\theta = \theta_{\alpha\gamma}^\beta dw^\gamma = (\partial N) N^{-1}, \qquad N_\alpha^\beta = h_{\alpha\bar{\beta}} \tag{3}$$

是 $T^{1,0}X$ 上西联络的联络形式. 如果

$$K_{\alpha\gamma\bar{\delta}}^\beta = (\theta_{\alpha\gamma}^\beta)_{\bar{\delta}}, \tag{4}$$

那么 $\Omega_\alpha^\beta = K_{\alpha\gamma\bar{\delta}}^\beta dw^\gamma \wedge d\bar{w}^\delta$ 是西联络的曲率形式.

在下列定理中我们用记号

$$\beta'(f) = \nabla_1 \partial^{1,0} f, \qquad \beta''(f) = \nabla_2 \partial^{0,1} f,$$

其中 ∇_1, ∇_2 分别表示在 $(T_S^{1,0})^* \otimes f^*T^{1,0}X$ 和 $(T_S^{1,0})^* \otimes f^*T^{0,1}X$ 上的共变导数. 我们也记

$$\begin{aligned} q'(f) &= g^{-2} K_{\alpha\overline{\beta}\gamma\overline{\delta}} \left(w_z^\gamma \overline{w}_{\overline{z}}^\delta - w_{\overline{z}}^\gamma \overline{w}_z^\delta \right) w_z^\alpha \overline{w}_{\overline{z}}^\beta, \\ q''(f) &= g^{-2} K_{\alpha\overline{\beta}\gamma\overline{\delta}} \left(w_z^\gamma \overline{w}_{\overline{z}}^\delta - w_{\overline{z}}^\gamma \overline{w}_z^\delta \right) w_{\overline{z}}^\alpha \overline{w}_z^\beta. \end{aligned} \tag{5}$$

借助曲率形式 Ω, 对每点 $x \in S$, $q'(f)$ 和 $q''(f)$ 能等价地写成

$$\begin{aligned} q'(f)\omega_S &= \langle f^*\Omega(\partial^{1,0} f(v)), \partial^{1,0} f(v) \rangle, \\ q''(f)\omega_S &= \langle f^*\Omega(\partial^{0,1} f(v)), \partial^{0,1} f(v) \rangle, \end{aligned}$$

其中 v 是 $T_x^{1,0}S$ 中的单位向量, $\langle \cdot, \cdot \rangle$ 是酉内积 f^*h.

定理 1 如果 $f: S \to X$ 是调和映照, 那么

$$\begin{aligned} \frac{1}{4}\Delta e'(f) &= \|\beta'(f)\|^2 + q'(f) + \frac{1}{2} K_S e'(f), \\ \frac{1}{4}\Delta e''(f) &= \|\beta''(f)\|^2 - q''(f) + \frac{1}{2} K_S e''(f). \end{aligned}$$

证明 在全纯法坐标中, 我们有

$$\text{在 } x \text{ 点}, \quad g = 1, \quad g_z = 0, \quad g_{z\overline{z}} = -\frac{1}{2} K_S, \tag{6}$$

并且

$$\begin{aligned} \text{在 } f(x), \quad h_{\alpha\overline{\beta}} = \delta_{\alpha\beta}, \quad h_{\alpha\overline{\beta},\gamma} = \theta_{\alpha\gamma}^\beta = 0, \\ h_{\alpha\overline{\beta},\gamma\overline{\delta}} = \theta_{\alpha\gamma,\overline{\delta}}^\beta = K_{\alpha\beta\gamma\overline{\delta}}. \end{aligned} \tag{7}$$

我们得到在 x 点,

$$\begin{aligned} \frac{1}{4}\Delta e' &= g^{-1} e'_{z\overline{z}} = g^{-1} (g^{-1} h_{\alpha\overline{\beta}} w_z^\alpha \overline{w}_z^\beta)_{z\overline{z}} \\ &= h_{\alpha\overline{\beta}z\overline{z}} w_z^\alpha \overline{w}_{\overline{z}}^\beta + w_{zz\overline{z}}^\alpha \overline{w}_{\overline{z}}^\alpha + w_{zz}^\alpha \overline{w}_{\overline{z}\overline{z}}^\alpha + w_z^\alpha \overline{w}_{\overline{z}z\overline{z}}^\alpha + \frac{1}{2} K_S w_z^\alpha \overline{w}_{\overline{z}}^\alpha, \end{aligned} \tag{8}$$

其中我们用到在 x 点,

$$w_{z\overline{z}} = \overline{w}_{\overline{z}z} = 0. \tag{9}$$

上述结果 (9) 从 (7) 以及调和映照方程 (2) 得到.

利用链式法则并用 (7) 化简, 得到

$$h_{\alpha\overline{\beta},z\overline{z}} = h_{\alpha\overline{\beta},\gamma\overline{\delta}} w_z^\gamma \overline{w}_{\overline{z}}^\delta + h_{\alpha\overline{\beta},\overline{\gamma}\delta} \overline{w}_z^\gamma w_{\overline{z}}^\delta. \tag{10}$$

微分 (2) 我们同样得到在 x 点,

$$w_{z\overline{z}z}^\beta = -\theta_{\alpha\gamma,\overline{\mu}}^\beta w_z^\alpha w_{\overline{z}}^\gamma \overline{w}_z^\mu, \quad \overline{w}_{\overline{z}z\overline{z}}^\beta = -\overline{(\theta_{\alpha\gamma,\overline{\mu}}^\beta)} \overline{w}_{\overline{z}}^\alpha \overline{w}_z^\gamma w_{\overline{z}}^\mu. \tag{11}$$

从 $h_{\alpha\beta} = \overline{h_{\beta\bar{\alpha}}}$ 得到对称关系 $\overline{(\theta_{\alpha\gamma,\bar{\mu}}^\beta)} = \theta_{\beta\mu,\bar{\gamma}}^\alpha$ 并用 (7), (10), (11), 我们得到在 x,

$$\frac{1}{4}\Delta e' = w_{zz}^\alpha \overline{w}_{\overline{z}\overline{z}}^\alpha + K_{\alpha\overline{\beta}\gamma\overline{\delta}}(w_z^\gamma \overline{w}_{\overline{z}}^\delta - w_{\overline{z}}^\gamma \overline{w}_z^\delta) w_z^\alpha \overline{w}_{\overline{z}}^\beta + \frac{1}{2} K_S w_z^\alpha \overline{w}_{\overline{z}}^\alpha. \tag{12}$$

根据 (9), 第一项是 $\|\beta'(f)\|^2(x)$. 因为 (12) 式中余下的项显然和公式中的对应项一致, 这样就证明了定理 1 的第一个公式. 用相同的方法可证明第二个公式.

推论 1 如果 $f: S \to X$ 是调和映照, 那么在 S 上 $e' \neq 0$ 的点 (对应地 $e'' \neq 0$ 的点)

$$\begin{aligned} \frac{1}{4}\Delta \log e'(f) &= \alpha'(f) + \frac{1}{e'(f)} q'(f) + \frac{1}{2} K_S, \\ \frac{1}{4}\Delta \log e''(f) &= \alpha''(f) - \frac{1}{e''(f)} q''(f) + \frac{1}{2} K_S, \end{aligned}$$

其中 $\alpha'(f), \alpha''(f) \geqslant 0$.

证明 我们有

$$\frac{1}{4}\Delta \log e' = \frac{1}{g}(\log e')_{z\overline{z}} = \frac{1}{4}\frac{\Delta e'}{e'} - \frac{1}{g}\frac{e'_z e'_{\overline{z}}}{(e')^2}.$$

据此我们得到第一个公式并且

$$\alpha'(f) = \frac{\|\beta''(f)\|^2}{e'} - \frac{1}{g}\frac{e'_z e'_{\overline{z}}}{(e')^2}.$$

所以

$$\alpha'(f) = \frac{1}{(e')^2}[(w_z^\alpha \overline{w}_{\overline{z}}^\alpha)(w_{zz}^\beta \overline{w}_{\overline{z}\overline{z}}^\beta) - (w_z^\alpha \overline{w}_{\overline{z}\overline{z}}^\alpha)(\overline{w}_{\overline{z}}^\beta w_{zz}^\beta)],$$

根据 Schwarz 不等式, 它是非负的.

当 X 为复一维时, $K_{\alpha\beta\gamma\bar{\delta}}$ 中只有一个不同的分量, 它等于 $-\frac{1}{2}K_X$. 这样我们有

推论 2 如果 X 是 Riemann 面, $f: S \to X$ 是调和映照, 那么

$$\frac{1}{4}\Delta e'(f) = \|\beta'(f)\|^2 - \frac{1}{2}K_X(e'(f) - e''(f))e'(f) + \frac{1}{2}K_S e'(f),$$
$$\frac{1}{4}\Delta e''(f) = \|\beta''(f)\|^2 + \frac{1}{2}K_X(e'(f) - e''(f))e''(f) + \frac{1}{2}K_S e''(f).$$

§2. 面积不减小的调和映照

我们首先考虑保持面积的调和映照的可能性, 并且得到下列结果.

定理 2 设 S 和 X 是紧 Riemann 面, 相应的度量分别为 g 和 h, 又设 $f: S \to X$ 为保面积 (即 $f^*\omega_X = \pm\omega_S$) 且保 Gauss 曲率 (即 $f^*K_X = K_S$) 的调和映照. 那么, 或者

(1) f 是全纯或反全纯局部等距, 或者

(2) (S, g) 和 (X, h) 都是平环.

证明 我们首先假定 $f^*\omega_X = \omega_S$, 那么, 由 (1) 得到 $e'(f) - e''(f) \equiv 1$. 从而推论 2 给出

$$\frac{1}{4}\Delta e'(f) = \|\beta'(f)\|^2 \geqslant 0.$$

所以, e' 是常数, 并且 $e'' = e' - 1$ 也是常数. 这样

$$0 = e''(f)_{\overline{z}} = (w_{\overline{z}}\overline{w}_z)_{\overline{z}} = w_{\overline{z}\overline{z}}\overline{w}_z.$$

我们得到在任何点,

$$\text{或者} \quad \beta''(f) = 0 \quad \text{或者} \quad e''(f) = 0.$$

由于 $e'(f), e''(f)$ 或者有孤立零点或者恒等于零 (见第一章, §7), 我们有或者 $e''(f) \equiv 0$ 或者 $\beta''(f) \equiv 0$. 对第一种情形, f 是全纯的, 因而定理的第一种情形成立. 而当 $\beta''(f) \equiv 0$ 时, 推论 2 的第二个公式给出 $Ke''(f) \equiv 0$, 这里 $K = f^*K_X = K_S$. 所以, 或者 $K \equiv 0$ 或者 $e''(f) \equiv 0$. 这样, 两个曲面都是平环, 或者 f 是全纯, 因此也由于既是共形又保面积而是局部等距. 最后, 如果 f 是反定向, 我们从推论 2 的第二个公式出发用同样的方法讨论即可.

推论 3 设 S 是具双曲度量的紧 Riemann 面, 设 $f: S \to S$ 是保面积的调和映照. 那么 f 是全纯或反全纯等距.

推论 4 设 S 是具双曲度量的紧 Riemann 面, 设 $\phi: S \to S$ 是度数为 1 的光滑映照, 并且它不同伦于全纯映照. 那么, 同伦于 ϕ 的调和微分同胚 f 不是保面积的.

证明 如果 f 是面积减少的映照, 我们有

$$|e'(f) - e''(f)| \leqslant 1 \text{ 并且 } \int (e'(f) - e''(f))\omega_S = \int \omega_S,$$

从而 $e'(f) - e''(f) \equiv 1$ 即 f 保面积. 根据前一引理, f 是全纯的, 而与假设矛盾.

附注 (1) 有很多映照度为 1 的不同伦于全纯映照的映照, 如在同调类中不是有限阶的微分同胚, 即"Dehn 的纽结".

(2) 平环上有很多保面积的调和微分同胚, 但既不是全纯也不是反全纯的.

推论 5 在具 Poincaré 度量的单位圆盘上存在调和微分同胚而它不是面积减小的.

§3. 到球体的商流形的映照

在目标流形是具负常全纯截面曲率的紧 Kähler 流形的情形, 我们能部分地重新得到调和映照的面积减小性质, 以使我们推导给定度数代表某同伦类的曲面的亏格的下界.

设 S 是具双曲度量的紧流形. 设 B^n 是 $\mathbb{C}^n$ 中的单位球, 度量为

$$h = 4\frac{(1 - \sum w^\alpha \overline{w}^\alpha)(\sum dw^\alpha d\overline{w}^\alpha) + (\sum \overline{w}^\alpha dw^\alpha)(\sum w^\alpha d\overline{w}^\alpha)}{(1 - \sum w^\alpha \overline{w}^\alpha)^2}, \tag{13}$$

它的酉曲率为 -1, 并且在群 $G^n = SU(1,n)/\{B^n \text{ 的双全纯映照的中心}\}$ 作用下不变. 又设 Γ 是自由地作用在 B^n 上的 G^n 的离散子群. 那么, 商流形 $X = B^n/\Gamma$ 是具常全纯截面曲率 -1 的 Kähler 流形. 我们的目的是证明下列定理:

定理 3 设 S 和 X 同上, 且设 $f: S \to X$ 是调和映照. 那么

$$\left| \int_S f^* \omega_X \right| \leqslant \int_S \omega_S. \tag{14}$$

并且等号成立的充要条件是曲面 S 上存在常曲率 -1 的度量, 关于这个度量 f 是全测地全纯或反全纯浸入.

为了证明这个定理我们需要下列引理.

引理 1 设 D 是 Poincaré 圆盘, 且设 $f: D \to B^n$ 是调和映照. 那么,

$$q'(f) = \frac{1}{2}e'(f)(e'(f) - e''(f)) + p(f),$$
$$q''(f) = \frac{1}{2}e''(f)(e'(f) - e''(f)) - p(f),$$

其中 $p(f) \geqslant 0$ 并且 $p(f)(x) = 0$ 的充要条件是 $d_x f(T_x D)$ 落在 $T_{f(x)}B^n$ 的一维复子空间中.

证明 设 $x \in D$. 由于 $q'(f)$ 在 G^n 变换下是不变的, 我们可以假定 $f(x) = 0$. 在 0 点, 从 (13) 通过直接计算得到

$$K_{\alpha\overline{\beta}\gamma\overline{\delta}} = 4\{\delta_{\alpha\beta}\delta_{\gamma\delta} + \delta_{\alpha\delta}\delta_{\beta\gamma}\} = \frac{1}{4}\{h_{\alpha\overline{\beta}}h_{\gamma\overline{\delta}} + h_{\alpha\overline{\delta}}h_{\overline{\beta}\gamma}\}.$$

从 (5), 通过直接计算得到

$$\begin{aligned} q'(f)(x) &= \frac{4}{g^2}\{2(w_z^\alpha \overline{w}_{\overline{z}}^\alpha)^2 - (w_{\overline{z}}^\gamma \overline{w}_z^\gamma)(w_z^\alpha \overline{w}_{\overline{z}}^\alpha) - (w_z^\alpha \overline{w}_z^\alpha)(w_{\overline{z}}^\gamma \overline{w}_{\overline{z}}^\gamma)\} \\ &= \frac{1}{4}\{2(e')^2 - e'e'' - \frac{1}{g^2}\langle w_z, w_{\overline{z}}\rangle\langle w_{\overline{z}}, w_z\rangle\} \\ &= \frac{1}{2}\{(e')^2 - e'e''\} + \frac{1}{4g^2}\{|w_z|^2|w_{\overline{z}}|^2 - |\langle w_z, w_{\overline{z}}\rangle|^2\}. \end{aligned}$$

据此就得到第一个公式, 且设上述表达式中的第二项为 $p(f)$. 根据 Schwarz 不等式, 我们看到 $p(f) \geqslant 0$.

关于最后断言, 设 $V = d_x f(T_x D) \subset T_{f(x)}B^n$, 且设 W 是包含 V 的 $T_{f(x)}B^n$ 的最小 J 不变子空间. 那么, $W \otimes \mathbb{C} = \pi^{1,0}(V \otimes \mathbb{C}) \oplus \pi^{0,1}(V \otimes \mathbb{C}) = \pi^{1,0}(V \otimes \mathbb{C}) \oplus \overline{\pi^{1,0}(V \otimes \mathbb{C})}$, 其中 $\pi^{1,0}$ 和 $\pi^{0,1}$ 分别是 $TB^n \otimes \mathbb{C}$ 到 $T^{1,0}B^n$ 和 $T^{0,1}B^n$ 的投影. 显然, $\dim_{\mathbb{R}} W \leqslant 2$ 的充要条件是 $\dim_{\mathbb{C}} \pi^{1,0}(V \otimes \mathbb{C}) \leqslant 1$. 由于后者空间被 w_z^α, $w_{\overline{z}}^\alpha$ 所张成, Schwarz 不等式的等式部分给出 $\dim_{\mathbb{C}} \pi^{1,0}(V \otimes \mathbb{C}) \leqslant 1$ 的充要条件是 $p(f)(x) = 0$, 这就完成了证明.

推论 6 如果 $f: D \to B^n$ 是调和的, 那么

$$\frac{1}{4}\Delta \log e'(f) = \alpha'(f) + \frac{p(f)}{e'(f)} + \frac{1}{2}(e' - e'' - 1),$$
$$\frac{1}{4}\Delta \log e''(f) = \alpha''(f) + \frac{p(f)}{e''(f)} - \frac{1}{2}(e' - e'' + 1),$$

其中 α', α'', $p \geqslant 0$ 并且 p 和引理 1 中一样.

引理 2 设 p 是 e' 的孤立零点, 且设 z 是以 p 为中心的全纯坐标. 那么, 存在正整数 m_p, 正常数 c 和非零光滑正函数 $\rho(z)$ 使在 p 的某邻域中

$$e'(z) = |z|^{2m_p}(c + \rho(z)). \tag{15}$$

在 e'' 的孤立零点附近也有类似的局部表示.

证明 为了说明 w_z 的 Taylor 展开的主项是全纯的, 我们用调和映照方程 (2), 即对某正整数 m 和非零向量 $A = (a_1, \cdots, a^m)$,

$$w_z = Az^m + O(|z|^{m+1}).$$

这样

$$e'(z) = \frac{h_{\alpha\overline{\beta}}}{g} w_z^\alpha \overline{w}_z^\beta = \frac{h_{\alpha\overline{\beta}}(0)}{g(0)} a^\alpha \overline{\alpha}^\beta |z|^{2m} + O(|z|^{2m+1}).$$

如果令 $m_p = m$, $c = \frac{1}{g(0)} h_{\alpha\bar{\beta}}(0) a^\alpha \bar{\alpha}^\beta$ 而记余项为 ρ 并除以 $|z|^{2m}$, 我们得到所要的表示式. ρ 的界可从 Taylor 展开公式余项的标准性质得到. 用类似的方法得到 e'' 的表示.

定理 3 的证明 为了证明不等式我们考虑两种情形.

(1) f 是全纯或反全纯;

(2) f 既不是全纯也不是反全纯.

情况 (1) 从如下的全纯映照的面积减小性质得到. 设 f 是全纯的. 那么, $e'' \equiv 0$, $f^*\omega_B = e'\omega_S$, 又考虑到定理 1 和引理 1, 且 $p(f) \equiv 0$, 得到

$$\frac{1}{4}\Delta e' = \|\beta'(f)\|^2 + \frac{1}{2}(e')^2 - \frac{1}{2}e'. \tag{16}$$

设 x 是 S 中使 e' 达到最大的点. 在该点 $\Delta e' \leqslant 0$, 从而 $e'(e'-1) \leqslant 0$. 这样, 我们在 S 的所有点有 $e' \leqslant 1$, 从而 $|\int f^*\omega_B| = \int e'\omega_S \leqslant \int \omega_S$. 如果 f 是反全纯, 我们得到 $e' = 0$, $e'' \leqslant 1$.

现在考虑情况 (2). 我们可以对 e' 以及 e'' 的孤立零点以外的 S 上的所有点利用推论 6. 设 $S_\varepsilon = S \setminus \cup_{e'(x_i)=0} D_\varepsilon(x_i)$ 以及由引理 2 给出的 $e' = |z|^{2m'_i}(c_i + \rho_i(z))$. 那么, 由 Green 定理容易得到

$$\lim_{\varepsilon\to 0}\int_{S_\varepsilon} (\Delta \log e')\omega_S = -\sum_i 2m'_i \int_{\partial D_\varepsilon} \frac{1}{\varepsilon}\frac{\partial}{\partial r}|z| ds = -4\pi \sum_i m'_i.$$

所以, 由推论 6, 我们有

$$-\pi\sum_i m_i' - \int_S (\alpha' + \frac{p}{e'})\omega_S = \frac{1}{2}\int_S (e' - e'')\omega_S - \frac{1}{2}\int_S \omega_S. \tag{17}$$

由于 m_i', α', $p \geqslant 0$, 我们有

$$\int_S f^*\omega_X = \int_S (e' - e'')\omega_S \leqslant \int_S \omega_S, \tag{18}$$

这是所要证明的不等式的一半. 用同样的方法对 e'' 的零点进行讨论, 我们得到所要不等式的另一半, 即

$$\int_S f^*\omega_X \geqslant -\int_S \omega_S. \tag{19}$$

我们再来看 (14) 式中何时等号成立. 我们知道, 映照 f 是全测地的充要条件是它将测地线映照到测地线, 或等价地, f 的第二基本形式 $\beta(f) \equiv 0$. 在我们的情况 $\beta(f) \equiv 0$ 的充要条件是 $\beta'(f) \equiv \beta''(f) \equiv 0$. 注意到如果 f 是关于 S 上某负常曲率度量的全纯全测地浸入, 那么, $f^*\omega_X$ 是这个度量的 Kähler 形式, 这样 Gauss-Bonnet 定理给出

$$\int_S f^*\omega_X = -2\pi\chi(S) = \int_S \omega_S,$$

因而, (14) 中的等号的确成立. 类似地, 如果 f 是反全纯全测地映照, 我们得到 (14) 中的等号. 反之, 假定 (14) 中等号成立. 首先如果 f 是全纯映照, 我们一定有 $e' \equiv 1$, 而从 (16) 我们看到 $\beta'(f) \equiv 0$. 因为 f 是全纯的, $\beta''(f) \equiv 0$, 所以第二基本形式 $\beta(f) \equiv 0$, f 是全测地的, 并且由于 $e' \equiv 1$ 而为浸入, 这样 $f^*\omega_X$ 总不为零. 当 f 是反全纯的情形类似地处理.

现在假定 (14) 中的等号成立并且 f 既不是全纯也不是反全纯的. 我们在 (18) 或 (19) 中必须有等号. 假定 (18) 中等号成立. 那么, (17) 的左边一定恒等于零. 由于 $m_i' > 0$, 这个作和项是空的, 即 $e' > 0$, 并且我们还有 $\alpha' \equiv p \equiv 0$. 所以, 根据引理 1 和推论 6, 我们有下列

引理 3 如果 $f: S \to X$ 是调和映照并且 $\int_S f^*\omega_X = \int_S \omega_S$, 那么, 对所有 $x \in S$,

$$e'(x) > 0, \tag{20}$$

对每个 $x \in S$, $d_x f(T_x S)$ 包含在 $T_{f(x)}X$ 的复一维子空间中, 并且

$$\frac{1}{4}\Delta \log \frac{e'}{e''} = -\alpha'' + e' - e''. \tag{21}$$

像第一章 §8 中一样, 我们得到 $e'-e''\geqslant 0$. 即从 (21) 我们知道 $\log\frac{e'}{e''}$ 在 $e'-e''<0$ 的点集上是上调和的, 并从 (20) 得到 $\log\frac{e'}{e''}$ 不可能达到 $-\infty$. 如果 $e'-e''<0$ 的点集是非空的, $\log\frac{e'}{e''}$ 将在它的边界上达到极小, 这是不可能的, 因为它在边界上恒等于零.

我们一定有 $e'-e''\geqslant 0$,从而 $\log\frac{e'}{e''}\geqslant 0$. 像第一章 §8 中一样讨论, 我们知道在 S 上处处有 $e'-e''>0$. 所以, $f^*\omega_X$ 没有零点并且特别地 f 是浸入. 从引理 3, 我们看到对每一点 $x\in S$, d_xf 给出了 T_xS 和 $T_{f(x)}X$ 的某一复直线之间的一个同构. 那些同构给出了 S 上的复结构, 关于这个复结构 f 是全纯的. 如果我们赋予 S 一个与这复结构相容的双曲度量, 从上面关于等号情形的讨论得到 f 是全测地的. 最后, 当 (19) 中等号成立时的情形同样处理, 从而完成了定理 3 的证明.

定理 4 设 S 是亏格 $g>1$ 的紧致定向曲面, 设 X 是常全纯截面曲率 -1 的紧 Kähler 流形, 又设 $\phi: S\to X$ 是光滑映照. 那么

$$\left|\int_S \varphi^*\omega_X\right|\leqslant 4\pi(g-1). \tag{22}$$

等号成立的充要条件是同伦于 ϕ 的一个调和映照是关于 S 上的某双曲度量的全测地全纯 (反全纯) 浸入.

证明 本定理从定理 3, 同伦于 ϕ 的调和映照的存在性, 以及 Gauss-Bonnet 定理得到.

注意到 $\omega_X=-\frac{4\pi}{n+1}c_1(X)$, 其中 $c_1(X)$ 是 X 的第一陈类并且 $n=\dim_{\mathbb{C}}X$. 这样 (22) 可写为

$$\left|\int_S \varphi^*c_1(X)\right|\leqslant (n+1)(g-1).$$

§4. Gromov 拟模

设 X 是拓扑空间, 且设 $C_*(X)$ 是实奇异链复形 (回忆: $C_*(X)$ 是向量空间, 它的基由标准单形 Δ^k 到 X 的所有连续映照所组成). 任何 k–链 c 可唯一地写成 $c=\sum r_i\sigma_i$, 其中 $r_i\in\mathbb{R}$, $\sigma_i:\Delta^k\to X$. 由

$$\|c\|_1=\sum|r_i|$$

定义 $\|c\|_1$. 如果 x 是 $H_k(X,\mathbb{R})$ 中的同调类, 那么, 由

$$\|x\|_1=\inf\{\|c\|_1: c \text{ 是表示 } x \text{ 的奇异链}\}$$

定义 x 的 **Gromov 模**. 一个模也能在实上链复形 $C^*(X)$ 上定义. 如果 c 是一个 k–上链, 定义

$$\|c\|_\infty=\sup\{|c(\sigma)|: \sigma \text{ 是 } X \text{ 中的奇异单复形}\}.$$

如果 $\alpha\in H^k(X,\mathbb{R})$, 定义

$$\|\alpha\|_\infty=\inf\{\|c\|_\infty: c \text{ 是表示 } \alpha \text{ 的一个上链}\}.$$

容易看出

$$\begin{aligned}\|x+y\|_1\leqslant\|x\|_1+\|y\|_1,\quad \|\lambda x\|_1=|\lambda|\|x\|_1,&\\ |\alpha(x)|\leqslant\|\alpha\|_\infty\|x\|_1,&\qquad(23)\\ \|[\Sigma_g]\|_1=4(g-1)\,[G].&\qquad(24)\end{aligned}$$

如果 $f:X\to Y$ 是连续映照, 那么

$$\|f_*x\|_1\leqslant\|x\|_1\quad\text{且}\quad\|f^*\alpha\|_\infty\leqslant\|\alpha\|_\infty.\qquad(25)$$

特别地, 如果 M, N 是定向闭子流形并且 $[M]$, $[N]$ 表示基本类, 那么对 $f:M\to N$,

$$|\deg f|\|[N]\|_1\leqslant\|[M]\|_1.\qquad(26)$$

在 $M=N$ 以及 $\|[M]\|_1\neq 0$ 的情形, 我们看到 $|\deg f|\leqslant 1$. 由于 S^n 和 T^n 具有到自身的所有度数的映照, 因此 $\|[S^n]\|_1=0$, $\|[T^n]\|_1=0$, $n\geqslant 1$. 更具体地, 设 $\sigma_j:\Delta^n\to S^n$ 被 $\sigma_j=f_j\circ g$ 所定义, 其中 $g:\Delta^n\to S^n$ 是将 $\partial\Delta^n$ 映成一点的映照, 而 $f_j:S^n\to S^n$ 是度数为 j 的映照. 那么, $\frac{1}{j}\sigma_j$ 表示 S^n 的基本类. 显然, $\inf_j\|\frac{1}{j}\sigma_j\|_1=0$, 从而 $\|[S^n]\|_1=0$. 所以, Gromov 不变量定义了实 (上) 同调类上的拟模而不一定是模.

设 $\zeta\in H^n(M,\mathbb{R})$ 是基本类. Gromov 说明 $\|\zeta\|_\infty<\infty$ 的充要条件是 $\|[M]\|_1>0$ [G]. 求 $\|[M]_1>0\|$ 的流形是很有意思的一件事. 文献上已知下列结果:

(i) 如果 M 是紧致的实双曲流形, 那么, $\|[M]\|_1>0$ [G], 并且它的值是已知的 [HMu].

(ii) 如果 ω 是非平凡的特征类, 那么, $\|[\omega]\|_\infty < \infty$ [G].

(iii) 如果 $M = SL(n,\mathbb{R})/SO(n)$, 那么, $\|[M]\|_1 > 0$ [Sa].

Gromov 猜想任何紧流形 M, 如果它的通用覆盖是非紧型对称空间, 则具有 $\|M\|_1 > 0$. 更一般地, 对非正截面曲率且具有严格负 Ricci 曲率的任何流形 M, Gromov 猜想成立 $\|[M]\|_1 > 0$.

直观地说, Gromov 模衡量一个同调类能被单形表示的有效性. 一个复杂的同调类需要很多单形.

§5. 双曲流形的 Gromov 模

对紧致双曲流形 M, Gromov 计算了 $\|[M]\|_1$, 并据此给出了三维双曲流形 Mostow 定理的非常简洁的证明.

设 M 是紧致双曲流形. 让我们考虑 H^n 的二次型模型, 即在 $\mathbb{R}^{n+1}$ 中的双曲面 $x_1^2+\cdots+x_n^2-x_{n+1}^2=-1$ 上赋予不定度量 $dx^2 = dx_1^2+\cdots+dx_n^2-dx_{n+1}^2$. 在 $\tilde{M} = H^n$ 中的任意 $k+1$ 个点 $v_0,\cdots,v_k$ 确定了一个**直线 k–单形** $\sigma_{v_0,\cdots,v_k}:\Delta^k \to H^n$, 其像为 $v_0,\cdots,v_k$ 的凸包. 在 $\sigma_{v_0,\cdots,v_k}$ 的各种参数化方法中, 我们对双曲面模型有一个具体的表示. 在这个模型中, $v_0,\cdots,v_k$ 变成 $\mathbb{R}^{n+1}$ 中的点, 它们确定了一个仿射单形 α. 从坐标原点到 α 的锥和双曲面的一叶相交, 并且这个锥给出了 α 和 $\sigma_{v_0,\cdots,v_k}$ 之间的 $1-1$ 对应. 所以, 我们给出了 H^n 中的一个**参数化直线单形** $\sigma_{v_0,\cdots,v_k}$, 这对于 H^n 的等距是自然的. 任何奇异单形 $\tau:\Delta^k \to M$ 能提升为 $\tilde{M}$ 中的奇异单形 $\tilde{\tau}$, 因为 Δ^k 是单连通的. 设 straight$(\tilde{\tau})$ 是和 $\tilde{\tau}$ 具相同顶点的直线单形且设 straight(τ) 是 straight$(\tilde{\tau})$ 在 M 上的投影. straight(τ) 不依赖于提升 $\tilde{\tau}$, 并且线性地延拓到链映照 $c_*(M) \to c_*(M)$, 它是到恒等映照的链同伦. 所以, τ 和 straight(τ) 表示同一个同伦类. 显然, 对所有链 c, $\|\text{straight}(c)\|_1 \leqslant \|c\|_1$. 所以, 为了计算一个同调类的 Gromov 不变量, 只要考虑直线单形就够了.

如果 M 是非正曲率的完备流形, 我们也只要考虑"测地"单形. M 中的**测地单形**是以下列方法得到的奇异单形 σ. 设 $v_0,\cdots,v_k$ 是 $\tilde{M}$ 中的点且设 $\tilde{\sigma}:\Delta^k \to \tilde{M}$ 是映照

$$(\lambda_0,\cdots,\lambda_k) \to \text{质量分布 } \lambda_0\delta_{v_0}+\cdots+\lambda_k\delta_{v_k} \text{ 的重心},$$

其中 $\delta_v = v$ 的 Dirac 测度. 那么, 设 $\sigma = \pi\circ\tilde{\sigma}$. 注意到根据著名的 Cartan 定理上述重心是存在的. 所以, 测地 k–单形被 $\tilde{M}/\pi_1(M)$ 所参数化, 并且它们的边都

是测地线段.

H^n 中的单形, 如果它的所有顶点都在 H^n 的 Poincaré 圆盘模型的无穷远球面上, 称为是**理想的**. 一个单形, 如果它所有顶点的置换都能通过 H^n 中的等距得到, 称为**正则的**.

定理 5 ([HMu]) 在 H^n $(n \geqslant 2)$ 中一个单形有有限极大体积的充要条件为它是理想的并且是正则的.

定理 6 每个闭定向的双曲流形 M^n 满足不等式

$$\|[M]\|_1 \geqslant \frac{\mathrm{Vol}(M)}{v_n},$$

其中 v_n 是 H^n $(n \geqslant 2)$ 中单形的极大体积.

证明 设 $\sum r_i\sigma_i$ 是表示 $[M]$ 的直线链. 那么,

$$\mathrm{Vol}(M) = \int_{\sum r_i\sigma_i} dV = \sum r_i \int_{\Delta n} \sigma_i^* dV \leqslant \sum |r_i| v_n.$$

例如, 根据 Gauss-Bonnet 公式, $v_2 = \pi$. 从上述定理即知 $\|[M]\|_1 \geqslant 0$.

根据 [G] 中的一个定理, 如果 M 是闭的定向流形, $\|[M]\|_1 = c\,\mathrm{Vol}(M)$, 其中 c 只依赖于 $\tilde{M}$. Gromov 也证明如果 $\tilde{M} = H^n$, 那么 $c = \frac{1}{v_n}$, 因此上面定理中的不等式实际上是等式 [T, 6.2].

推论 7 如果 $f: M \to N$ 是定向闭双曲流形间的映照, 那么

$$\mathrm{Vol}(M) \geqslant |\mathrm{deg} f| \mathrm{Vol}(N).$$

证明 从 (26) 和上述不等式即可得到.

对三维双曲流形的 Mostow 定理的 Gromov 证明 (如 [T, 6.3] 所示) 也对维数 $n > 3$ 情形适用, 这是由于在 H^n 中的极大体积的理想单形一定是正则的 [HMu] (前面所引定理). 为方便读者, 我们这里叙述 Mostow 定理以及 Gromov 论述的概要.

定理 7 (Mostow 定理) 设 M 和 N 是完备的有限体积双曲流形. 如果它们同伦等价, 那么它们必定等距.

Gromov 的证明 设 $f: M \to N$ 是同伦等价, 且设 $\tilde{f}: H^n \to H^n$ 是 f 的提升. 那么, $\tilde{f}$ 诱导了在无穷远球间的一个连续映照 $f^\infty: S_\infty^{n-1} \to S_\infty^{n-1}$. 从上面推论我们得到 $\mathrm{Vol}(M) = \mathrm{Vol}(N)$. 所以, 只要 $v_0, \cdots, v_n \in S_\infty^{n-1}$ 张成一个正

则理想双曲单形, 那么, $f^\infty(v_0),\cdots,f^\infty(v_n)$ 亦然. 考虑任何理想正则单形 σ 以及它关于 σ 面相继反射的像. σ 的所有那些像的顶点的集合在 S_∞^{n-1} 中是稠密的. 由于 f^∞ 被这个稠密集所确定, f^∞ 一定是 H^n 中唯一的等距在 S_∞^{n-1} 的限制, 这就诱导了所要的 $M\to N$ 的等距.

附注 在前面推论中如果等号成立, 那么, f 同伦于一个覆盖映照.

§6. 对称域的 Kähler 类的 Gromov 模

设 D 是秩为 p 的有界对称域, 其上赋予 Bergman 度量. 假定度量规范化使极小西曲率为 -1, 因而极大全纯截面曲率为 $-\frac{1}{p}$. 设 ω 是该度量的 Kähler 形式, 且设 X 是以 D 为通用覆盖的紧流形. 那么, ω 定义了一个上同调类 $[\omega]\in H^2(X,\mathbb{R})$. 在 [DT] 中, Domic 和 Toledo 说明了对某些域, $\|[\omega]\|_\infty=p\pi$. 这个结果有下列拓扑上的推论. 设 f 是从 Riemann 面 Σ_g $(g>1)$ 到 X 的连续映照. 那么, $|\int_{\Sigma_g}f^*\omega|\leqslant 4p(g-1)\pi$. 这个结果曾经在 [To] 中对 $p=1$, 即 $D=\mathbb{C}^n$ 中的单位球证明过, 他用了不同的方法: 调和映照和 Bochner 公式. 这个方法不可能推广到高秩数的情形: 利用 Bochner 公式得到的逐点不等式当秩数 $p>1$ 时事实上不成立. Gromov 方法能用于拓扑上的推论是很有意义的. 本节我们研究 [DT] 一文.

根据前一节关于测地单形的讨论, 为了给出 $\|[\omega]\|_\infty$ 的上界, 只要给出 $\int_\Delta\omega$ 的估计, 其中 Δ 是 D 中的测地三角形.

定理 8

$$\left|\int_\Delta\omega\right|\leqslant p\pi.$$

证明 注意到如果 $P\in D$, 那么, 存在关于 Bergman 度量的 (唯一的) 位势 ρ_P, 即 $dd^{\mathbb{C}}\rho_P=\omega$, 满足

(a) $\rho_P(P)=0$,

(b) ρ_P 在 P 的安定群 K_P 下是不变的,

(c) 在通过 P 的测地线上 $d^{\mathbb{C}}\rho_P=0$.

设 P, Q, R 是 Δ 的顶点. 那么,

$$\begin{aligned}\int_\Delta\omega=\int_\Delta dd^{\mathbb{C}}\rho_P=\int_{\partial\Delta}d^{\mathbb{C}}\rho_P=\int_{\gamma(Q,R)}d^{\mathbb{C}}\rho_P\\ =\int_{\gamma(Q,R)}d^{\mathbb{C}}(\rho_P-\rho_Q),\end{aligned}$$

其中 $\gamma(Q,R)$ 是从 Q 到 R 的测地线段. 现在 $h_{PQ}=\rho_P-\rho_Q$ 是 D 上的多调和函数 (即 $dd^{\mathbb{C}}h_{PQ}=0$). 由于单连通流形上的任何多调和函数一定是某全纯函数的实部, $h_{PQ}=\mathrm{Re}\ H_{PQ}$, 其中 H_{PQ} 是 D 上的全纯函数. 设 $k_{PQ}=\mathrm{Im}\ H_{PQ}$. 那么,

$$\int_\Delta \omega=\int_{\gamma(Q,R)} d^{\mathbb{C}}h_{PQ}=\int_{\gamma(Q,R)} dk_{PQ}=k_{PQ}(R)-k_{PQ}(Q).$$

这样我们必须说明

$$|k_{PQ}(R)-k_{PQ}(Q)|<p\pi.$$

我们注意到两边都是乘积下可加的, 只要对不可约区域证明不等式. 已知不可约有界对称域分类如下 [C]:

$$\begin{aligned}
\mathrm{I}_{p,q}:&\quad D_{p,q}=\{Z\in M_{p,q}(\mathbb{C}):Z^*Z<1\},\ p\leqslant q.\\
\mathrm{II}_p:&\quad \{Z\in D_{p,p}:Z^t=-Z\}.\\
\mathrm{III}_p:&\quad \{Z\in D_{p,p}:Z^t=Z\}.\\
\mathrm{IV}_n:&\quad \{(z_1,\cdots,z_n)\in\mathbb{C}^n:|z_1^2+\cdots+z_n^2|<1\ \text{并且}\\
&\qquad\quad 1+|z_1^2+\cdots+z_n^2|^2>2(|z_1|^2+\cdots+|z_n|^2)\}.\\
\mathrm{V},\mathrm{VI}:&\quad \text{维数分别为 1, 6, 27 的例外域}.
\end{aligned}$$

我们对第一类域 $D_{p,q}$ 进行证明. 对于 II_p 和 III_p 情形, 定理 1 的证明可同样讨论. $D_{p,q}$ 是 $\mathbb{C}^{p+q}=\{(u,v):u\in\mathbb{C}^p,v\in\mathbb{C}^q\}$ 中复 p–平面全体的 Grassmann 流形 $G(p,q)$ 的非紧对偶, 事实上它是 $G(p,q)$ 的开子流形, 其上 Hermite 形式 $|u|^2-|v|^2$ 是正定的, 两者对应被

$$Z\in D_{p,q}\to\{(u,Zu):\ u\in\mathbb{C}^p\}\in G(p,q)$$

给出. 据此容易看出它的自同构群是

$$\begin{aligned}
SU(p,q)=\Bigg\{&\begin{pmatrix}A&B\\C&D\end{pmatrix}\in SL(p+q,\mathbb{C}):\\
&\begin{pmatrix}A^*&C^*\\B^*&D^*\end{pmatrix}\begin{pmatrix}1&0\\0&-1\end{pmatrix}\begin{pmatrix}A&B\\C&D\end{pmatrix}=\begin{pmatrix}1&0\\0&-1\end{pmatrix}\Bigg\}.
\end{aligned}$$

$SU(p,q)$ 在 $D_{p,q}$ 上的作用通过 $Z\to\frac{AZ+B}{CZ+D}$ 实现. $D_{p,q}$ 的秩为 p.

命题 设 Δ 是顶点为 O, Z_0, Z 的 $D_{p,q}$ 中的测地三角形. 那么,

$$\int_\Delta \omega = \arg\frac{\overline{\det(1-Z_0^*Z)}}{\det(1-Z_0^*Z)}.$$

("arg" 是当 $Z=Z_0$ 时为零的连续分支.)

证明 中心在 O 点的 Bergman 度量的位势是

$$\rho_0 = -\log\det(1-Z^*Z).$$

为了得到 ρ_{Z_0}, 我们注意到下式是 $SU(p,q)$ 中将 Z_0 变到 O 的矩阵

$$\begin{pmatrix} A & B \\ C & D \end{pmatrix} = \begin{pmatrix} (1-Z_0Z_0^*)^{-\frac{1}{2}} & -(1-Z_0Z_0^*)^{-\frac{1}{2}}Z_0 \\ -Z_0^*(1-Z_0Z_0^*)^{-\frac{1}{2}} & (1-Z_0^*Z_0)^{-\frac{1}{2}} \end{pmatrix}. \tag{27}$$

那么, 由于 $(CZ+D)^*(CZ+D)-(AZ+B)^*(AZ+B)=1-Z^*Z$,

$$\begin{aligned}
\rho_{Z_0} &= -\log\det[1-\{(AZ+B)(CZ+D)^{-1}\}^*(AZ+B)(CZ+D)^{-1}] \\
&= -\log\det[(CZ+D)^{*-1}(CZ+D)^*(CZ+D)(CZ+D)^{-1} \\
&\quad -(CZ+D)^{*-1}(AZ+B)^*(AZ+B)(CZ+D)^{-1}] \\
&= \log|\det(CZ+D)|^2 - \log\det[(CZ+D)^*(CZ+D) \\
&\quad -(AZ+B)^*(AZ+B)] \\
&= \log|\det(CZ+D)|^2 + \rho_0.
\end{aligned}$$

从而

$$h_{OZ_0} = -\log|\det(CZ+D)|^2 = \mathrm{Re}[\log\det(CZ+D)^{-2}].$$

所以

$$\begin{aligned}
\int_\Delta \omega &= k_{OZ_0}(Z) - k_{OZ_0}(Z_0) = \arg\det(CZ+D)^{-2}\Big|_{Z_0}^{Z} \\
&= \arg\frac{\det\overline{(CZ+D)}}{\det(CZ+D)}\Bigg|_{Z_0}^{Z} = \arg\frac{\det\overline{(1+D^{-1}CZ)}}{\det(1+D^{-1}CZ)}\Bigg|_{Z_0}^{Z}.
\end{aligned}$$

现在, 利用 (27) 并由于对任何解析函数 f, $Z_0^*f(Z_0Z_0^*) = f(Z_0^*Z)Z_0^*$,

$$D^{-1}CZ = -(1-Z_0^*Z_0)^{\frac{1}{2}}Z_0^*(1-Z_0Z_0^*)^{-\frac{1}{2}}Z = -Z_0^*Z,$$

所以

$$\int_\Delta \omega = \arg \frac{\overline{\det(1 - Z_0^* Z)}}{\det(1 - Z_0^* Z)}\bigg|_{Z_0}^{Z} = \arg \frac{\det\overline{(1 - Z_0^* Z)}}{\det(1 - Z_0^* Z)},$$

这就是所要证明的.

对 $D_{p,q}$ 的定理 8 的结论从以下讨论立即得到: 如果 $Z_0, Z \in D_{p,q}$, 那么 $Z_0^* Z \in D_{p,q}$. 从而, $Z_0^* Z$ 的特征值 $d_1, \cdots, d_p$ 落在单位圆周上. 由于对 $|\lambda| < 1$,

$$\left|\arg \frac{1 - \overline{\lambda}}{1 - \lambda}\right| < \pi,$$

因此

$$\left|\int_\Delta \omega\right| = \left|\arg \frac{1 - \overline{\lambda}_1}{1 - \lambda_1} + \cdots + \arg \frac{1 - \overline{\lambda}_p}{1 - \lambda_p}\right| < p\pi.$$

定理 9 我们有

$$\|[\omega]\|_\infty = p\pi.$$

证明 根据定理 8, $\|[\omega]\|_\infty \leqslant p\pi$. 我们只要对每个 D 找一个 G 中离散的、无挠的余紧子群 Γ, 使对 $X = D/\Gamma$ 有 $\|[\omega_X]\|_\infty = p\pi$. 根据比例原理 [G, 2.3] 即知对以 D 为通用覆盖的所有紧流形 X, $\|[\omega_X]\|_\infty$ 是相等的.

我们构造一个域 $D_{p,q}$ 的例子. 其他域 II_p, III_p 类似地处理. 我们运用算术群理论中的一个事实 [B]: $D_{p,q}$ 的 Grassmann 模型中将形式改成 $|u|^2 - \sqrt{2}|v|^2$, 即将 $D_{p,q}$ 表示成 $G(p,q)$ 的开集, 其中 $|u|^2 - \sqrt{2}|v|^2$ 是正定的. 设 O 是 $\mathbb{Q}(i, \sqrt{2})$ 中的整数环并且 $\Gamma = SL(p+q, O) \cap SU(H)$, 其中 $H = |u|^2 - \sqrt{2}|v|^2$. 那么, Γ 在 $SU(H) \approx G$ 中是余紧的.

现在将单位圆盘 $D_{1,1} = \{z \in \mathbb{C} : \ |z| < \frac{1}{\sqrt{2}}\}$ 用同样方法表示: $\mathbb{C}^2$ 中使模 $H_1 = |u|^2 - \sqrt{2}|v|^2$ 正定的直线. 由

$$\psi(z) = \begin{pmatrix} z & & \\ & \ddots & \\ & & z \\ \hline & 0 & \end{pmatrix}$$

定义映照 $\psi : D_{1,1} \to D_{p,q}$. 它是全测地的, 其像在规范 Bergman 度量下具有曲率 $-\frac{1}{p}$. 它在同构于 $SU(H_1)$ 的一个群下是稳定的. 设 $\Gamma_1 = SL(2, 0) \cap SU(H_1)$.

那么, Γ_1 在 $SU(H_1)$ 中是余紧的. 设 Γ_1', Γ' 分别是 Γ_1, Γ 中的有限指标的无挠子群, 且设

$$S = D_{1,1}/\Gamma_1', \quad X = D_{p,q}/\Gamma'.$$

那么, S 是亏格 $g>1$ 的紧致 Riemann 面, X 是被 $D_{p,q}$ 覆盖的紧流形, 并且上述映照 ψ 给出了一个映照 $f: S \to X$, 使得 $f^*\omega$ 是 S 上具常曲率 $-\frac{1}{p}$ 度量的 Kähler 形式. 所以,

$$\int_S f^*\omega = p\int_S \frac{1}{p} f^*\omega = p\int_S -K dA = 4p\pi(g-1).$$

根据 Gromov 模的性质 ((23), (24), (25)), 以及定理 8,

$$\left|\int_S f^*\omega\right| = |f^*[\omega_X]([S])| \leqslant \|[\omega_X]\|_\infty \|[S]\|_1 \leqslant 4p\pi(g-1).$$

由于等号成立, $\|[\omega_X]\|_\infty = p\pi$, 正如所要证明的.

附注 在定理 9 的证明中, 我们看到曲率为 $-\frac{1}{p}$ 的全测地复曲线给出了那些不等式的极值情形, 并且在 §3 ([To]) 中证明了当 $p=1$ 时, 那些是精确到同伦的仅有极值. 如果 $p>1$, 可能有其他的极值. 例如, 如果 S 是 Riemann 面, $X = S \times S$ 并且 f 是保定向微分同胚的图, 那么等号也成立. Toledo 也指出, 如在 [To] 中, 利用 Bochner 公式不难得到仅有的全纯极值是全测地的. 这样, 寻找 X 的几何条件, 以确保所有的极值都同伦于全测地映照, 是有意义的问题.

第四章　Kähler 曲面中的极小曲面

根据 Whitney 的一个定理, 每个光滑 n 维流形 M^n 可光滑地嵌入到 $\mathbb{R}^{2n}$ 中. 将 $\mathbb{R}^{2n}$ 看为 $\mathbb{C}^n$, 人们会问这个嵌入是否具有和复结构有关的良好性质. 最简单的性质和复切平面相关. 如果 M 没有复的切平面, 嵌入就称为全实的. 一般地, 整体全实嵌入是有障碍的. 例如, 如果 M 是紧的、定向的并且是全实的, 那么, 它的 Euler 示性数为零. 当 M 具有孤立的复切平面时, Webster 得到了一个 Euler 数的显式表达式. 更明确地说, 在 [We1] 中, 他考虑了复二维流形 N 的一个紧致、光滑、实的嵌入或浸入二维曲面 M, 它只具有孤立的复平面. 他给出了 M 的 Euler 示性数, 法丛的 Euler 示性数, 以及复切平面指标和之间关系的公式. 如果 N 是 Kähler 曲面, M 是分支极小浸入但不是全纯曲线, 他说明了复切平面是孤立的, 并且每个有负指标. 从而, 他证明了极小嵌入到复射影空间 $\mathbb{CP}^2$ 的球面 S^2 一定是全纯曲线, 所以是标准 $\mathbb{CP}^1$ 或是一条圆锥曲线. 我们将在这一章研究 [We1] 的结果.

§1. 孤立复切平面的指标

设 M 是实曲面, $\tilde{V}$ 是 M 上的秩 2 的复向量丛, 而 $V \subset \tilde{V}$ 是秩 2 的实子丛. 设 J, $J^2 = -I$, 为 $\tilde{V}$ 的基底实向量丛上的复结构. 对 $p \in M$, 如果当 $q = p$ 时 V_q 和 JV_q 重合, 而对 p 的去心邻域中的 q, V_q 和 JV_q 相横截, 那么, M 在 p

有孤立复切面. 设 π_q 表示 $\tilde{V}_q$ 沿 V_q 到其法空间 F_q 的正交投影 (关于 $\tilde{V}$ 上的某一度量). 设 v 是 V 在 p 附近的非零截面. 那么, $\pi J v$ 是 F 的局部截面, 且在 p 有孤立零点. p 点的指标, $\operatorname{ind}(p)$, 是映照 $q \to \pi J v(q)$ 关于纤维坐标的映照度 (即旋转数). 在相差符号下, 这是良定的. 这个符号可由 M 的局部定向的选取以及 p 点附近 F 的纤维的选取所确定.

现在, 在更特殊的情形, 假定 f 是 M 到一个复曲面 N 的光滑浸入, N 的切丛为 TN. 记 $\tilde{V} = f^{-1}(TN)$, $V = f_*(TM)$, 而 F 是 V 在 $\tilde{V}$ 中的法丛. 这里, f_* 表示 f 的微分, 看为从 TM 到 $f^{-1}(TN)$ 的丛映照. M 在 p 附近局部定向的选取自然诱导了 TM 局部定向, 从而借助于 f_* 确定了 V 的定向. 这个定向和 TN 的自然定向诱导了 F 的一个局部定向, 使定向丛等式 $V \oplus F = \tilde{V}$ 成立. 给定了 p 点的孤立复切面, 关于上述定向我们定义 $\operatorname{ind}(p)$. 由于 M 局部定向的改变, 会导致 V 和 F 的定向的改变, 指标是良定的, 并且是 p 点附近 M 在 N 中的局部双全纯不变量. 如果 M 是紧的, 我们在 M 上选取光滑切向量场 v, 它在每个具复切面的点非零, 而且只有孤立零点. 为了叙述下列公式, 要应用 Poincaré-Hopf 的定理: Euler 示性数 $\chi(M)$ 等于 M 上切向量场的零点指标和. 而 $\chi(F)$ 表示 F 的某截面的零点指标和. 比较 v 和 $\pi J f_* v$ 的指标得到了下列结果, 其中 M 不一定是定向的, 这正如参考文献 [We2] 中所做的.

命题 1 设紧曲面 M 是只有孤立复切面的到复曲面 N 中的浸入. 那么,

$$\chi(M) + \chi(F) = \sum_p \operatorname{ind}(p), \tag{1}$$

其中对 M 上所有复切面的点作和.

我们对 $\operatorname{ind}(p)$ 做更详细的描述. 考虑流形上秩为 r 的一个复向量丛 $\tilde{V}$. 假定 $\tilde{V}$ 具有 Hermite 度量, 记为 $g(u,v)$, 它是两个向量 u 和 v 的 Hermite 内积的实部. g 是基底实向量丛上的实内积. 我们将 g 和 J 复线性扩张到 $\tilde{V} \otimes \mathbb{C} = V' \oplus V''$, $V'' = \bar{V}'$, 在 V' 上 $J = iI$. 这样, 如果 u 和 v 是 V' 的两个截面, 那么, $g(u,v) = 0$ 而 $g(u,\bar{v})$ 是它们的 Hermite 内积. g 和 J 是相容的, $J^* g = g$. 我们还假定 $\tilde{V}$ 上有和 Hermite 度量相容的联络 D. 它诱导了实丛上的联络, 仍记为 D, 并且, $Dg = 0$.

设 e_i $(1 \leqslant i \leqslant 2r)$ 是 $\tilde{V}$ 中实的局部单位正交标架场, 并且设

$$E_j = \frac{1}{2}(e_{2j-1} - i e_{2j}), \quad 1 \leqslant j \leqslant r.$$

那么, $g(e_i, e_j) = \delta_{ij}$ 等价于

$$g(E_i, E_j) = 0, \quad g(E_i, \overline{E}_j) = \frac{1}{2}\delta_{ij}. \tag{2}$$

我们引入联络 1–形式 $\xi = (\xi_{ij})$ 和 $\eta = (\eta_{ij})$,

$$DE_i = \xi_{ij}E_j + \eta_{ij}\overline{E}_j, \quad D\overline{E}_i = \overline{\xi}_{ij}\overline{E}_j + \overline{\eta}_{ij}E_j. \tag{3}$$

将 (2) 协变微分得到

$$\xi + \overline{\xi}^t = 0, \quad \eta + \eta^t = 0. \tag{4}$$

现在设 v_i $(1 \leqslant i \leqslant r)$ 为 V' 中的酉标架场, $g(v_i, \bar{v}_j) = \frac{1}{2}\delta_{ij}$. 我们有

$$Dv_i = \psi_{ij}v_j, \quad \psi + \overline{\psi}^t = 0. \tag{5}$$

两个标架场的关系为

$$E_i = a_{ij}v_j + b_{ij}\overline{v}_j, \quad \overline{E}_i = \overline{b}_{ij}v_j + \overline{a}_{ij}\overline{v}_j. \tag{6}$$

从 (2), 我们得到下列矩阵关系式

$$0 = ab^t + ba^t, \quad I = a\overline{a}^t + b\overline{b}^t. \tag{7}$$

从 (3), (5), (6) 我们有

$$da + a\psi = \xi a + \eta\overline{b}, \quad db + b\overline{\psi} = \xi b + \eta\overline{a}. \tag{8}$$

现在, 假定 $r = 2$ 并且 $V \subset \tilde{V}$ 是实二维平面子丛, 在 p 点有复切面. 我们取 $e_i\,(i = 1, 2)$ 张成 V, 而 $e_\alpha\,(\alpha = 3, 4)$ 张成法丛 F. 我们再假定 $e_2(p) = Je_1(p)$, $e_4(p) = Je_3(p)$, 并且设 $v_i(p) = E_i(p)$, 从而

$$a_{ij}(p) = \delta_{ij}, \quad b_{ij}(p) = 0. \tag{9}$$

和陈–Wolfson 在 [CW] 一文中一样, 我们对标架 E_i 取酉标架 v_i. 我们可以写成

$$\begin{aligned} &E_1 = qv_1 + r\overline{v}_2, \quad |q|^2 + |r|^2 = |s|^2 + |t|^2 = 1, \\ &E_2 = sv_2 + t\overline{v}_1, \quad qt + rs = 0, \quad q(0) = s(0) = 1, \quad r(0) = t(0) = 0. \end{aligned} \tag{10}$$

在这样的标架下 (8) 给出了

$$\begin{aligned} &dq + q\psi_{11} = q\xi_{11} + \overline{t}\eta_{12}, \quad q\psi_{12} = s\xi_{12}, \\ &dr - r\psi_{22} = r\xi_{11} + \overline{s}\eta_{12}, \quad t\xi_{12} = -r\psi_{12}. \end{aligned} \tag{11}$$

如果我们记 $Q=\frac{r}{q}$, 那么 (11) 给出了

$$dQ=Q(\psi_{11}+\psi_{22})+(q\overline{s}-r\overline{t})q^{-2}\eta_{12}. \tag{12}$$

注意到, 在复切面处恰好 $JE_1=iE_1$, 即有 r 或 Q 为零. 如果 p 是孤立复切点, 在 p 点附近可用 $\mathrm{Re}\, v_2$, $\mathrm{Im}\, v_2$ 张成的平面逼近 F 而不改变指标. 由于

$$\begin{aligned}&e_1=2\mathrm{Re}(qv_1+r\overline{v}_2),\quad Je_1=2\mathrm{Re}(iqv_1-ir\overline{v}_2),\\&\pi Je_1\approx 2\mathrm{Re}(iqv_1-ir\overline{v}_2-iE_1)=4\mathrm{Re}(-ir\overline{v}),\end{aligned}$$

这样, $\mathrm{ind}(p)$ 是映照

$$p_1\longmapsto 4i\overline{r}(p_1) \tag{13}$$

的旋转数.

§2. Kähler 曲面中的非全纯极小浸入

现在, 我们考虑 M 在 Kähler 曲面 (N,g) 中的光滑分支极小浸入 f. 即使在分支点, 我们仍可和上面一样来定义复切点的指标. 假定在 M 上有一个光滑度量 g^0, 对此, f 是弱共形分支调和浸入. $f^*g=\overline{c}g^0$, 其中, $\overline{c}\geqslant 0$ 并且在分支点有孤立零点.

命题 2 *如果 $f(M)$ 不是全纯曲线, 那么, 它只有孤立复切点, 它们有负指标.*

证明 我们在复点 p (切平面 V_p 是复的, 它可能是分支点) 附近研究映照 f. 设

$$E^0=\frac{1}{2}(e_1^0-ie_2^0),\quad \varphi^0=\theta_1^0+i\theta_2^0=\mu dz$$

是 M 上关于 g^0 的局部标架场和余标架场, $z=x+iy$, $z(p)=0$ 是局部等温参数, 并且 $\mu\neq 0$. 如果 D^0 表示关于 g^0 的 Levi-Civita 联络, 那么

$$D^0\varphi^0=-\xi^0\otimes\varphi^0,\quad \xi^0+\overline{\xi}^0=0,\quad d\varphi^0=\varphi^0\wedge\xi^0.$$

我们和 (10) 中一样选取 $\tilde{V}=f^{-1}(TN)$ 中的局部可容许标架, ϕ_i 是对偶于 E_i 的 1–形式. 从而, 有复数 λ, $\lambda\overline{\lambda}=\overline{c}$, 使

$$f_*E^0=\lambda E_1,\ 或者\ f^*\varphi_1\equiv\varphi_1=\lambda\varphi^0,\ f^*\varphi_2\equiv\varphi_2=0 \tag{14}$$

成立. N 是 Kähler 曲面, 它的 Levi-Civita 联络 D 和 Hermite 联络相一致. 我们还有

$$D\varphi_i = -\xi_{ji} \otimes \varphi_j - \overline{\eta}_{ji} \otimes \overline{\varphi}_j, \quad d\varphi_i = \varphi_j \wedge \xi_{ij} + \overline{\varphi}_j \wedge \overline{\eta}_{ij}. \tag{15}$$

我们记 f 的切映照为

$$f_* = \varphi^0 f_* E^0 + \overline{\varphi}^0 f_* \overline{E}^0 = \lambda \varphi^0 E_1 + \lambda \overline{\varphi}^0 \overline{E}_1.$$

f 的第二基本形式, $\tilde{V}$–值的对称 2–形式, 被定义为

$$\mathrm{II}_f = \tilde{D} f_*, \quad \tilde{D} = D^0 \otimes I + I \otimes D.$$

从 (14) 和 (15), 我们得到

$$d\lambda + \lambda(\xi_{11} - \xi^0) = \lambda' \varphi^0, \tag{16}$$

并且

$$\lambda \xi_{12} = a\varphi^0 + b\overline{\varphi}^0, \quad \lambda \eta_{12} = c\varphi^0 + \overline{b}\overline{\varphi}^0, \tag{17}$$

其中 a, b, c, λ' 是光滑实函数. 从 (16) 可见 λ 满足方程 $\lambda_{\bar{z}} = K\lambda$. 它说明 λ 几乎是全纯的, 根据一个有名的定理 [Be], 并由于 $\lambda \neq 0$, 它在分支点 p 具有下列形式

$$\lambda = z^\ell \lambda_0, \quad \ell > 0, \quad \lambda_0 \neq 0, \tag{18}$$

从 (16) 和 (17) 给出

$$\begin{aligned} \mathrm{II}_f = {} & \lambda'(\varphi^0)^2 E + \overline{\lambda}'(\overline{\varphi}^0)^2 \overline{E}_1 + (\xi_{12} \otimes \varphi_1 + \overline{\eta}_{12} \otimes \overline{\varphi}_1) E_2 \\ & + (\overline{\xi}_{12} \otimes \overline{\varphi}_1 + \eta_{12} \otimes \varphi_1) \overline{E}_2, \end{aligned} \tag{19}$$

其中

$$\xi_{12} \otimes \varphi_1 + \overline{\eta}_{12} \otimes \overline{\varphi}_1 = a(\varphi^0)^2 + 2b\varphi^0\overline{\varphi}^0 + \overline{c}(\overline{\varphi}^0)^2.$$

f 的张力场是

$$\begin{aligned} \tau_f = \mathrm{Tr}\, \mathrm{II}_f &= \mathrm{II}_f(e_1^0, e_1^0) + \mathrm{II}_f(e_2^0, e_2^0) \\ &= 4\mathrm{II}_f(E^0, \overline{E}^0) = 8(bE_2 + \overline{bE_2}). \end{aligned} \tag{20}$$

f 是调和的充要条件是 $b = 0$. 此时, (12) 和 (17) 意味着 $Q_{\bar{z}} + KQ = 0$, 又根据 [Be] 中的定理, 可见或者 $Q \equiv 0$, 或者 $Q = z^k Q_0$, $k \geqslant 1$, $Q_0 \neq 0$. 如果 $Q \equiv 0$, 那么, $f(M)$ 在 $f(p)$ 附近是全纯曲线, 否则, p 点具有孤立复切面, 并且 (13) 有形式 $z \longmapsto 4i\overline{r}(z) = 4i\bar{z}^k \bar{Q}_0 \bar{q}$. 据此得到 $\mathrm{ind}(p) = -k < 0$.

附注 (1) 上述命题起因于下列观察. 如果 M 浸入到 N 中, 并且有一个指标为 $+1$ 的点 (椭圆点), 那么, 有一个边界落在 M 中的光滑单参数解析圆盘族, 并收缩到 p. 这可用来构造 M 的局部变分, 根据 Wirtinger 不等式, 面积严格缩小. 所以 M 不可能是极小的.

(2) 在每个分支点 p', (18) 中的指数 $\ell=\ell(p')$ 是分支阶数. 如果 M 在 p' 点没有复切面, 我们令 $\mathrm{ind}(p')=0$. 根据命题 1 和命题 2,

$$\chi(V)+\chi(F)=\sum_{p}\mathrm{ind}(p)\leqslant 0,$$

并且等号成立的充要条件为 V 是全实的. 设 v 是紧曲面 M 上的光滑向量场, 在分支点上都不为零, 并且只有孤立零点. 那么, $f_*(v)$ 是 V 的一个截面. v 的每一个零点都对应于 $f_*(v)$ 的具相同指标的零点. 在分支点 p', $f_*(v)$ 则增加一个指标为 $\ell(p')$ 的零点. 所以, 将所有分支点相加, 我们有

$$\chi(M)+\chi(F)+\sum_{p'}\ell(p')=\sum_{p}\mathrm{ind}(p)\leqslant 0.$$

推论 设 M 为紧致定向、亏格为 g 的曲面, 极小嵌入到 $\mathbb{CP}^2$ (具任何 Kähler 度量) 中, 具有同调指数 $k\in\mathbb{Z}$, 在 $H_2(\mathbb{CP}^2,\mathbb{Z})$ 中 $M=k\cdot\mathbb{CP}^1$, 并且 $\chi(F)=k^2$. 如果 M 不是复代数曲线, 那么

$$k^2\leqslant 2g-2,$$

等号成立的充要条件为 M 是全实的.

由此可得, $\mathbb{CP}^2$ 中的极小嵌入 S^2 是代数曲线, 次数为 k, $(k-1)(k-2)=2g$, 所以, 它是复直线或圆锥曲线. 如果 M 是极小嵌入环面, 那么, 它或是非奇异复 3 次曲线或次数 $k=0$ 并且是全实的. 当 $\mathbb{CP}^2$ 赋予 Fubini-Study 度量时, 后者的实例由 Clifford 环面所给出.

第五章　欧氏空间中的稳定极小曲面

对一个极小曲面，如果它的面积泛函关于所有具紧支集的第二变分都是非负的，那么，这个极小曲面称为稳定的. 这类曲面最早的整体结果是由 Bernstein 做出的. 他证明 $\mathbb{R}^3$ 中所有完备极小图 (它自然是稳定的) 一定是平面. Schoen, Simon 和丘成桐的方法 [SSY] 给出了 $\mathbb{R}^{n+1}$ 中稳定极小超曲面 M^n 的 Bernstein 定理的证明，只要对某个 $p \in \left(0, 4+\sqrt{\frac{8}{n}}\right)$ 使

$$\lim_{R\to\infty} R^{-p} \cdot \mathrm{Vol}(B_R) = 0$$

成立. 注意到，这个条件，当 $n \leqslant 5$ 时，对 $\mathbb{R}^{n+1}$ 中的极小图总是成立的. Fisher-Colbrie 和 Schoen [FS] 证明了非负数量曲率三维流形中完备稳定极小曲面的一个分类定理. 它的一个推论是: $\mathbb{R}^3$ 中的所有完备定向稳定的极小曲面必是平面. 这个推论也被 do Carmo 和彭家贵所得到 [CP].

前面所提到的所有结果都是超曲面. 对高余维数情形，Wirtinger [Wi] 说明了，$\mathbb{C}^n$ 中的一条全纯曲线一定是面积极小的. 鉴于 Wirtinger 的结果，自然要问: $\mathbb{R}^n$ 中的一个面积极小曲面是否会落在 $\mathbb{R}^n$ 的一个偶数维仿射子空间中，并且，它关于这个仿射子空间中的某个正交复结构是全纯的. Morgan [Mo] 已经证明了 $\mathbb{R}^n$ 中定向二维平面的非零集合和仅当在这些平面张成的空间的某复结构下所有这些平面都是复的时才是面积极小的. Micallef 在他的文章 [Mi] 中对上述问题在 $n \geqslant 4$ 时给出了部分肯定的回答. 他证明了 $\mathbb{R}^4$ 中任何完备定向的抛物

稳定极小曲面关于 $\mathbb{R}^4$ 中的某个正交复结构是全纯的. 他还证明了 $\mathbb{R}^n$ $(n \geqslant 4)$ 中完备定向稳定的极小曲面, 如果它的亏格为零并具有有限全曲率, 那么, 它也是全纯的. 值得指出, Osserman [O] 在 $\mathbb{R}^4$ 中构造了一族全平面上的极小图, 它们关于 $\mathbb{R}^4$ 中的任何正交复结构都不是全纯的; 所以, 根据 Micallef 的结果, 那些极小图就不是稳定的.

§1. 稳定性不等式的复形式

Riemann 流形 N 中的极小子流形 M^ℓ 是稳定的条件表示为下列不等式 (如参见 [L]), 它对所有具紧支集的法丛截面 s 成立:

$$\begin{aligned}&0 \leqslant I(s,s)\\&\quad= \int_M \Big(\sum_i \|D_{e_i}s\|^2 - \sum_{i,j}\langle \nabla'_{e_i}e_j, s\rangle^2 - \sum_i R'(s,e_i,e_i,s)\Big)dV_M,\end{aligned}$$

其中 $e_1,\cdots,e_\ell$ 是 M 的单位正交切向量场, D 是 M 上法丛的联络, ∇' 是 N 的联络, R' 是 N 的曲率张量. 如果 $N=\mathbb{R}^N$, 不等式简化为

$$\int_M |(ds)^T|^2 \leqslant \int_M |(ds)^N|^2, \tag{1}$$

其中 ds 是向量值函数 s 的方向导数, 并且 T, N 分别表示到 M 的切空间和法空间的正交投影. 不等式 (1) 对 M 的复化法空间 $N_{\mathbb{C}}M = NM\otimes\mathbb{C}$ 的具紧支集的截面仍然成立; 只要将 s 实部和虚部的稳定性不等式相加即可. 下面假定 M 是实的二维定向曲面. 设 z 表示 M 上的一个复坐标. 那么, 我们记 $ds = \partial s + \bar\partial s$, 这里 $\partial s = (\partial_z s)dz$ 以及 $\bar\partial s = (\partial_{\bar z}s)d\bar z$. 从而 (1) 可改写成下列形式:

$$2\int_M \left|(ds)^T\right|^2 \leqslant \int_M |ds|^2 = \int_M |\partial s|^2 + \int_M |\bar\partial s|^2.$$

考虑到 $\mathbb{R}^n$ 是平坦的并且 s 具紧支集, 分部积分得到 $\int_M |\partial s|^2 = \int_M |\bar\partial s|^2$. 所以,

$$2\int_M \left|(\partial s)^T\right|^2 + 2\int_M \left|(\bar\partial s)^T\right|^2 \leqslant 2\int_M |\bar\partial s|^2,$$

这就是

$$\int_M \left|(\partial s)^T\right|^2 \leqslant \int_M \left|(\bar\partial s)^N\right|^2. \tag{2}$$

类似地,

$$\int_M \left|(\bar\partial s)^T\right|^2 \leqslant \int_M \left|(\partial s)^N\right|^2. \tag{3}$$

§2. 到 $\mathbb{R}^{2n}$ 中全纯浸入的一个特征

设 N^{2n} 是实维数为 $2n$ 的 Kähler 流形. 将复结构 J 拓展到 N 的复切丛 $T_{\mathbb{C}}N = TN \otimes \mathbb{C}$, 我们有 $T_{\mathbb{C}}N = T_{\mathbb{C}}N^{1,0} \oplus T_{\mathbb{C}}N^{0,1}$, 其中, $T_{\mathbb{C}}N^{1,0}$ 和 $T_{\mathbb{C}}N^{0,1}$ 分别是 J 关于特征值 i 和 $-i$ 的特征空间. 由于 N 为 Kähler 流形, 上述 $T_{\mathbb{C}}N$ 分为 $(1,0)$ 和 $(0,1)$ 子丛的分解在 TN 的 Levi-Civita 联络 ∇ 下是不变的. TN 上的 Riemann 度量可以用两种方式延拓到 $T_{\mathbb{C}}N$:

(i) 以复双线性形式, 记为 $(\ ,\ )$.

(ii) 作为 Hermite 内积, 记为 $\langle\langle\ ,\ \rangle\rangle$.

它们的关系被下列公式给出

$$\langle\langle z, w\rangle\rangle = (z, \overline{w}), \quad z, w \in T_pN \otimes \mathbb{C}.$$

注意到对 $T_{\mathbb{C}}N^{1,0}$ 中的所有截面 s, t 有 $(s,t) \equiv 0$. 换言之, $T_{\mathbb{C}}N^{1,0}$ 关于 Hermite 内积 $\langle\langle\ ,\ \rangle\rangle$ 正交于 $T_{\mathbb{C}}N^{0,1}$. 当 $N = \mathbb{R}^{2n}$ 时, 我们用点积记号代替 $(\ ,\ )$.

命题 设 $F: M^{2m} \to \mathbb{R}^{2n}$ 是到欧氏空间的一个浸入. 假定存在 M 上的向量丛 E 和 V, 满足下列条件:

(i) $T_{\mathbb{C}}M \cong E \oplus \bar{E}$, $N_{\mathbb{C}}M \cong V \oplus \bar{V}$;

(ii) $E \oplus V$ 关于 $\langle\langle\ ,\ \rangle\rangle$ 正交于 $\bar{E} \oplus \bar{V}$;

(iii) $d: \Gamma(E \oplus V) \to \Gamma((E \oplus V) \oplus T^*M)$.

那么, 分别存在 M^{2m} 和 $\mathbb{R}^{2n}$ 上的复结构 $\tilde{J}$ 和 J, 使得 $\tilde{J}$ 关于 M 上的由浸入诱导的度量是正交的, J 关于 $\mathbb{R}^{2n}$ 上的欧氏内积是正交的, 并且 F 关于 $\tilde{J}$ 和 J 全纯.

证明 设 $\{e_1, \cdots, e_m\}$ 和 $\{e_{m+1}, \cdots, e_n\}$ 分别是 E 和 V 关于 $\langle\langle\ ,\ \rangle\rangle$ 的局部单位正交标架场. 根据 (iii), 有 1–形式 ω_{AB}, $A, B \in \{1, \cdots, n\}$ 组成的 $n \times n$ 矩阵, 使

$$de_A = \sum_B \omega_{AB} \otimes e_B.$$

定义 $2n \times 2n$ 复矩阵 C, 满足 $C^t = (e_1, \cdots, e_n, \bar{e}_1, \cdots, \bar{e}_n)$. 那么, 我们有 $dC = \omega \otimes C$, 这里

$$\omega = \begin{pmatrix} (\omega_{AB}) & 0 \\ 0 & (\overline{\omega}_{AB}) \end{pmatrix}.$$

设

$$J_0 = \begin{pmatrix} -i & & & & & 0 \\ & \ddots & & & & \\ & & -i & & & \\ & & & i & & \\ & & & & \ddots & \\ 0 & & & & & i \end{pmatrix},$$

其中, i 和 $-i$ 都在对角线上出现 n 次. 定义 $J = C^{-1}J_0C$. 那么, $J^2 = -I_{2n}$. 并且, J 是实矩阵. 事实上, 根据 (ii),

$$CC^t = \begin{pmatrix} 0 & I_n \\ I_n & 0 \end{pmatrix}.$$

所以

$$J - \overline{J} = \overline{C}^t J_0 C + C^t J_0 \overline{C} = \overline{C}^t (J_0 CC^t + CC^t J_0)\overline{C} = 0,$$

这里, 考虑到 $C^{-1} = \overline{C}^t$. 最后,

$$dJ = -C^{-1}dCC^{-1}J_0C + C^{-1}J_0dC = -C^{-1}(\omega J_0 - J_0\omega)C = 0.$$

所以 J 沿着 $F(M)$ 是常数. 这样, 我们可以把 J 自然地延拓到 $\mathbb{R}^{2n}$ 中的每一点, 从而定义了 $\mathbb{R}^{2n}$ 上的一个复结构. 由于它用正交标架来定义, J 是正交的, 即 $JJ^t = I_{2n}$. 注意到, J 保持 E (用 i 乘以 E 的截面定义), 即在 $F(M)$ 中的任何点 $F(p)$, $F_*(T_pM)$ 在 J 作用下不变. 所以, M 是 $\mathbb{R}^{2n}$ 中关于 J 的复子流形. TM 的复结构 $\tilde{J}$ 的定义保证了 F 关于 $\tilde{J}$ 和 J 是全纯的, 即, $\tilde{J} = F_*^{-1} \circ J \circ F_*$.

现在, 我们限于考虑定向曲面 M 在四维欧氏空间的浸入 $F: M^2 \to \mathbb{R}^4$. 设 $\{e_1, e_2, e_3, e_4\}$ 是 $\mathbb{R}^4$ 在 $F(M)$ 的开集上定义的局部定向单位正交标架场, 使 $\{e_1, e_2\}$ 和 $\{e_3, e_4\}$ 分别是 M 上切丛和法丛的定向单位正交标架场. 这样, TM 和 NM 都可由反时针旋转 90° 定义复结构. 设 $E = (T_{\mathbb{C}}M)^{1,0}$ 和 $V = (N_{\mathbb{C}}M)^{1,0}$, 其中 $(1,0)$ 型由刚定义的复结构所确定. E 和 V 的纤维局部分别由 $(e_1 - ie_2)$ 和 $(e_3 - ie_4)$ 所张成. E 和 V 满足命题中的假定 (i) 和 (ii). 进而, 不难看出, 命题的假定 (iii) 满足的充要条件是

$$[d(e_3 - ie_4)] \cdot (e_1 - ie_2) \equiv 0,$$

当且仅当

$$\partial(e_3 - ie_4) \cdot F_z \equiv 0 \text{ 以及 } \bar{\partial}(e_3 - ie_4) \cdot F_z \equiv 0,$$

当且仅当

$$[\partial(e_3 - ie_4)]^T \equiv 0,$$

当且仅当在 M 任一点邻域中存在一个 V 的局部非零截面 s, 满足 $(\partial s)^T = 0$. 注意到 $(\partial s)^T$ 恰为稳定性不等式 (2) 的左边的项.

推论 1 $F : M^2 \to \mathbb{R}^4$ 是全纯的充要条件是对任何截面 $V \in \Gamma(N_{\mathbb{C}}M)$, $(\partial V^{1,0})^T$ 和 $(\partial V^{0,1})^T$ 其中之一必须恒等于零.

§3. 具有限全曲率和亏格为零的稳定极小曲面

在这一节中, 我们假定稳定极小曲面的亏格为零, 且具有有限全曲率; 对这样的曲面证明一个与余维数无关的定理.

定理 1 设 $F : M^2 \to \mathbb{R}^n$ 是具亏格零的并且具有限全曲率的完备定向曲面 M 在 $\mathbb{R}^n$ 中的稳定极小等距浸入. 那么, $F(M)$ 落在 $\mathbb{R}^n$ 的偶数维仿射子空间中, 并且是这个仿射子空间关于某正交复结构的全纯曲线.

在证明定理 1 之前我们需要下列的术语和引理. 一个 Riemann 面, 如果它不允许正的非常数的上调和函数, 称为**抛物的**. 例如, $\mathbb{R}^n$ 中完整极小图是抛物的 [O], $\mathbb{R}^n$ 中具有限全曲率的极小曲面共形等价于去掉有限个点的紧 Riemann 面, 因而是抛物的 [CO], 并且, 具有二次面积增长的完备曲面也是抛物的 [CY].

引理 1 设 $F : M \to \mathbb{R}^n$ 是完备定向的抛物类曲面 M 在 $\mathbb{R}^n$ 中的稳定极小等距浸入. 如果 σ 是 $N_{\mathbb{C}}M$ 的有界全纯截面, 那么 $(\partial\sigma)^T = 0$.

证明 在稳定性不等式 (2) 中令 $s = f\sigma$, 其中 f 是具紧支集的 C^∞ 实函数, 我们有

$$\int_M f^2 |(\partial\sigma)^T|^2 \leqslant \frac{1}{2}\int_M |df|^2|\sigma|^2 \leqslant \frac{C^2}{2}\int_M |df|^2.$$

根据 [FS] 中的一个定理, 方程

$$\Delta u + \frac{2}{C^2}|(\partial\sigma)^T|^2 u = 0$$

存在正解 $u > 0$. 从而 u 是正上调和函数, 必是常数. 这就得到 $(\partial\sigma)^T = 0$.

定理 1 的证明 如前所指出的, $\mathbb{R}^n$ 中具有限全曲率的完备极小曲面共形等价于去掉有限个点的紧 Riemann 面. 并且, Gauss 映照可全纯延拓到紧化的曲面 $\tilde{M}$. M 的法丛也因而延拓到 $\tilde{M}$ 上的某向量丛 η. 设 $\eta_{\mathbb{C}} = \eta \otimes \mathbb{C}$.

由假设, $\tilde{M} = S^2$. 根据 Koszul 和 Malgrange [KM] 的定理, $\eta_{\mathbb{C}}$ 可成为一个全纯向量丛. 又由于 Grothendieck 的一个定理 [Gr], $\eta_{\mathbb{C}}$ 分解成全纯线丛 $L_1, \cdots, L_{n-2}$ 的直和

$$\eta_{\mathbb{C}} = L_1 \oplus \cdots \oplus L_p \oplus L_{p+1} \oplus \cdots \oplus L_r \oplus L_{r+1} \oplus \cdots \oplus L_{n-2},$$

其中 $L_1, \cdots, L_p$ 是正线丛, $L_{p+1}, \cdots, L_r$ 是拓扑上的平凡丛, $L_{r+1}, \cdots, L_{n-2}$ 是负线丛. 根据 Riemann-Roch 定理, $L_1, \cdots, L_p, L_{p+1}, \cdots, L_r$ 中每一个都容有全纯截面 s_j, $j \in \{1, \cdots, r\}$. 将 s_j 的定义范围限制于 M, 我们得到 $N_{\mathbb{C}}M$ 的 r 个线性独立的有界全纯截面. 由于 $\eta_{\mathbb{C}}$ 是实向量丛的复化, 我们有 $c_1(\eta_{\mathbb{C}}) = 0$. 然而, $c_1(\eta_{\mathbb{C}}) = c_1(L_1) + \cdots + c_1(L_{n-2})$. 所以, 只可能有下列两种情形.

(i) $L_1, \cdots, L_{n-2}$ 全是平凡的. 这时, 引理 1 告诉我们对所有 $j \in \{1, \cdots, n-2\}$, $(\partial s_j)^T = 0$. 然而, 可取 s_j 使其无零点而使 $s_1, \cdots, s_{n-2}$ 张成 $N_{\mathbb{C}}M$. 所以, 对所有 $N_{\mathbb{C}}M$ 的截面 s 有 $(\partial s)^T = 0$, 从而, 对此 s 有 $(ds)^T = (\partial s)^T + \overline{(\partial \bar{s})}^T = 0$. 这意味着 M 是全测地的所以是平面. 特别地, 定理 1 成立.

(ii) $p > 1$ 并且 $r < n-2$. 从此往后, 指标范围是:

$$1 \leqslant \mu, \nu \leqslant p, \quad p+1 \leqslant A \leqslant n-2,$$
$$1 \leqslant j, k \leqslant r, \quad r+1 \leqslant a \leqslant n-2.$$

我们注意到 $s_\mu \cdot s_j \equiv 0$. 这是由于

$$\partial_{\bar{z}}(s_\mu \cdot s_j) = (D_{\bar{z}} s_\mu) \cdot s_j + s_\mu \cdot (D_{\bar{z}} s_j) = 0,$$

其中 D 表示 $N_{\mathbb{C}}M$ 中的协变微分. 所以, $s_\mu \cdot s_j$ 是常数. 但由于 L_μ 是正的, s_μ 必在某处为零, 这就证明了断言 $s_\mu \cdot s_j \equiv 0$. 这意味着 s_μ 落在 $[\mathrm{span}\{\bar{L}_1, \cdots, \bar{L}_r\}]^\perp$ 上 ($[\mathrm{span}\{\bar{L}_1, \cdots, \bar{L}_r\}]$ 的正交补). 由于 $\dim[\mathrm{span}\{\bar{L}_1, \cdots, \bar{L}_r\}]^\perp = n-2-r$, 我们有 $p \leqslant n-2-r$. 我们又知道, $L_{r+1}, \cdots, L_{n-2}$ 中每一个都容有只有一个极点的亚纯函数. 所以, $s_a \cdot s_A$ 是亚纯截面, 或者恒为零或者只有一个极点. 而后者是不可能的, 所以, 我们得到 $s_a \in [\mathrm{span}\{\bar{L}_{p+1}, \cdots, \bar{L}_{n-2}\}]^\perp$. 由于 $\dim[\mathrm{span}\{\bar{L}_{p+1}, \cdots, \bar{L}_{n-2}\}]^\perp = p$, $n-2-r \leqslant p$. 这和前面得到的反向不等式说明 $p = n-2-r$ 以及 $\mathrm{span}\{\bar{L}_1, \cdots, \bar{L}_p\} = [\mathrm{span}\{\bar{L}_1, \cdots, \bar{L}_r\}]^\perp$. 我们来证

明$(\partial_z s_j \cdot s_k)dz$ 是一个全纯微分.

$$\begin{aligned}\partial_{\bar{z}}(\partial_z s_j \cdot s_k) &= \partial_{\bar{z}}\partial_z s_j \cdot s_k + \partial_z s_j \cdot \partial_{\bar{z}} s_k \\ &= \partial_z(\partial_{\bar{z}} s_j \cdot s_k) - \partial_{\bar{z}} s_j \cdot \partial_z s_k + \partial_z s_j \cdot \partial_{\bar{z}} s_k.\end{aligned}$$

因为 s_j 是全纯的, 根据引理 1, $\partial_{\bar{z}} s_j$ 只有切向分量, 而 $\partial_z s_j$ 只有法向分量. 所以断言被证实了. 又由于 S^2 上没有非零全纯微分, 对所有 j, k, $\partial_z s_j \cdot s_k \equiv 0$. 从前面一段讨论, 我们推导出 $\partial_z s_j$ 落在 $\text{span}\{L_1, \cdots, L_p\}$ 中.

设 $\xi = L_1 \oplus \cdots \oplus L_p \oplus L_{p+1} \oplus \cdots \oplus L_r \oplus (T_{\mathbb{C}}M)^{1,0}$ (注意到 $(T_{\mathbb{C}}M)^{1,0}$ 的纤维由 F_z 所张成). 我们断言 $d : \Gamma(\xi) \to \Gamma(\xi \oplus T^*M)$, 即 d 保持 ξ. 前面的讨论说明 $ds_j \cdot s_k = 0$. 所以只要验证 $(dF_z) \cdot F_z = 0$ 以及 $(dF_z) \cdot s_j = 0$. 前者从 $F_z \cdot F_z = 0$ 得到, 而后者从 F 的极小性得到, 即 $F_{z\bar{z}} = 0$ 以及 $(\partial_z s_j)^T = 0$.

该断言的一个推论是丛 ξ 在 M 中一点 q 上的纤维 ξ_q 是 $\mathbb{C}^n$ 的一个固定子空间. 为了看出这点, 设对某固定点 $q_0 \in M$, v 是 ξ_{q_0} 中的一个向量, 并设 $v_\xi(q)$, $v_\xi^\perp(q)$ 分别是 v 在 ξ_q 和 $\xi_q^\perp$ 上的正交投影. 那么, $0 = dv = dv_\xi + dv_\xi^\perp$. 但是, 由于 d 保持 ξ, 因而也保持 $\xi^\perp$. 所以, $dv_\xi = dv_\xi^\perp = 0$. 又由于 $v_\xi^\perp(q_0) = 0$, 而对所有 q, $v_\xi^\perp(q) = 0$. 这样, ξ_q 对所有 q 是相同的, 因此, $\xi = M \times \Lambda$, 其中 Λ 是 $\mathbb{C}^n$ 的一个 $r+1$ 维子空间.

现在设 $T = \Lambda \cap \bar{\Lambda}$. 注意到 $[\text{span}\{\bar{L}_1, \cdots, \bar{L}_r\}]^\perp = \text{span}\{L_1, \cdots, L_p\}$, 我们有 $\text{span}\{\Lambda, \bar{\Lambda}\} = \mathbb{C}^n$. 但是, $\dim\ \text{span}\{\Lambda, \bar{\Lambda}\} = \dim \Lambda + \dim \bar{\Lambda} - \dim T$, 因而, $n = 2r + 2 - t$, 其中 $t = \dim T$. 这样, $t = r - p$ (从上面知道 $p + r = n - 2$).

如果 T 是空的, $t = 0$, $r = p$, 再对 $E = (T_{\mathbb{C}}M)^{1,0}$ 以及 $V = L_1 \oplus \cdots \oplus L_p$ 情形应用前面的命题就得到定理 1. 如果 T 非空, 由于 T 在复共轭下保持不变, $T = W \oplus \mathbb{C}$, 这里, W 是 $\mathbb{R}^n$ 的实维数为 $t = r - p$ 的子空间. 注意到 $(T_{\mathbb{C}}M)^{1,0}$ 在复共轭下不保持, 所以, $M \times W$ 是 NM 的一个子丛, 它在 $F^*(T\mathbb{R}^n)$ 中是平行的. 这意味着 $F(M)$ 落在与 W 正交的、维数为 $n - t = 2p + 2$ 的 $\mathbb{R}^n$ 的一个仿射子空间中. 这也意味着 $N_{\mathbb{C}}M$ 分解为 Whitney 和 $N_{\mathbb{C}}M = M \times T \oplus (M \times T)^\perp$. 当将 M 看作浸入在正交于 W 的仿射子空间中时, $(M \times T)^\perp$ 是 M 的复化法丛. 设 v 是 T 中的一个向量. 由于 $v \in \Lambda$, $v = \sum_{k=1}^r a_k s_k + aF_z$. 所以, 对所有 $\mu \in \{1, \cdots, p\}$, $v \cdot s_\mu = 0$. 类似地, 由于 $v \in \bar{\Lambda}$, $v \cdot \bar{s}_\mu = 0$ 对所有 $\mu \in \{1, \cdots, p\}$ 成立. 这样, T 是正交于丛 $L_1 \oplus \cdots \oplus L_p \oplus \bar{L}_1 \oplus \cdots \oplus \bar{L}_p$ 在 M 上任一点 q 上的纤维, 即 $L_1 \oplus \cdots \oplus L_p \oplus \bar{L}_1 \oplus \cdots \oplus \bar{L}_p \subset (M \times T)^\perp$. 但是, $\{s_1, \cdots, s_p\}$ 的线性独立性, 以及对所有 $\mu, \nu \in \{1, \cdots, p\}$, $s_\mu \cdot s_\nu = 0$ 意味着 $s_1, \cdots, s_p, \bar{s}_1, \cdots, \bar{s}_p$ 是

线性独立的. 进而, $\dim(M\times T)^{\perp}=2p$, 所以,

$$L_1\oplus\cdots\oplus L_p\oplus\overline{L}_1\oplus\cdots\oplus\overline{L}_p=(M\times T)^{\perp}.$$

对于 $E=(T_{\mathbb{C}}M)^{1,0}$ 以及 $V=L_1\oplus\cdots\oplus L_p$ 情形应用命题就得到定理 1.

§4. $\mathbb{R}^4$ 中的稳定极小曲面

我们能够证明一个很广泛的关于 $\mathbb{R}^4$ 中完备稳定曲面的定理.

定理 2 设 $F: M^2\to\mathbb{R}^4$ 是完备定向抛物类曲面到 $\mathbb{R}^4$ 中的稳定极小等距浸入. 那么, F 关于 $\mathbb{R}^4$ 中的某正交复结构是全纯的.

为证明定理 2 我们需要两个引理. 让我们回顾 §3 中命题证明后的段落中所做的一个观察: 对一个浸入 $F: M^2\to\mathbb{R}^4$, $N_{\mathbb{C}}M\cong V\oplus\overline{V}$. 如果 v 是 $\mathbb{C}^4$ 中的任一向量, 设 $v^{1,0}$ 和 $v^{0,1}$ 分别表示 v 在 V 和 $\bar{V}$ 上的正交投影.

引理 2 对一个极小浸入 $F: M^2\to\mathbb{R}^4$, $(F_{zz})^{1,0}\otimes(dz)^2$ 和 $(F_{zz})^{0,1}\otimes(dz)^2$ 是取值于 V 和 $\overline{V}$ 中的全纯二次微分.

证明 由于 D 保持 V 和 $\overline{V}$, 我们只要验证 $D_{\bar{z}}(F_{zz})^N=0$. 利用 $F_z\cdot F_z=0$ 和 $F_z\cdot F_{zz}=0$, 我们有

$$\begin{aligned}(F_{zz})^N&=F_{zz}-(F_{zz})^T\\&=F_{zz}-\frac{1}{|F_z|^2}(F_{zz}\cdot F_z)F_{\overline{z}}-\frac{1}{|F_z|^2}(F_{zz}\cdot F_{\overline{z}})F_z\\&=F_{zz}-\frac{1}{|F_z|^2}(F_{zz}\cdot F_{\overline{z}})F_z.\end{aligned}$$

所以, 根据极小性,

$$D_{\overline{z}}(F_{zz})^N=\left\{\partial_{\overline{z}}\Big(F_{zz}-\frac{1}{|F_z|^2}(F_{zz}\cdot F_{\overline{z}})F_z\Big)\right\}^N=0.$$

引理 3 如果 $F: M^2\to\mathbb{R}^4$ 是一个极小等距浸入, $a\in\mathbb{C}^4$ 是一个固定向量, 那么,

$$D_zD_{\overline{z}}a^{1,0}=-\frac{1}{|F_z|^2}(F_{zz}\cdot a^{1,0})(F_{\overline{zz}})^{1,0}-\frac{1}{|F_z|^2}\Big((F_{zz})^{1,0}\cdot a\Big)(F_{\overline{zz}})^{1,0}.\qquad(4)$$

证明 从直接计算立即可得, 这里从略 (见 [Mi]).

定理 2 的证明 在稳定性不等式 (2) 中令 $s = f\sigma$, 其中 f 是具紧支集的光滑实函数, σ 是一个复值的法截面, 它不一定具有紧支集. 那么,

$$\begin{aligned}&\int_M f^2|(\partial_z\sigma)^T|^2 dxdy\\ \leqslant &\int_M |f_s|^2|\sigma|^2 dxdy + \int_M ff_{\overline{z}}(D_z\overline{\sigma}\cdot\sigma)dxdy\\ &+\int_M ff_z(\overline{\sigma}\cdot D_z\sigma)dxdy + \int_M f^2(D_z\overline{\sigma}\cdot D_z\sigma)dxdy.\end{aligned}$$

将 $ff_{\bar{z}}$ 写成 $\frac{1}{2}(f^2)_{\bar{z}}$, ff_z 写成 $\frac{1}{2}(f^2)_z$, 再分部积分,

$$\int_M f^2|(\partial_z\sigma)^T|^2 dxdy \leqslant \int_M |f_{\overline{z}}|^2|\sigma|^2 dxdy - \int_M f^2\mathrm{Re}(\overline{\sigma}\cdot D_z D_{\overline{z}}\sigma)dxdy.$$

由于 $2|F_z|^2 dxdy = dA$, 它是 M 的面积元, 我们有

$$|df|^2 = \frac{1}{2|F_z|^2}\left\{(f_x)^2 + (f_y)^2\right\} = \frac{2}{|F_z|^2}|f_{\overline{z}}|^2.$$

进而我们能说明

$$|(\partial_z\sigma)^T|^2 = |\sigma\cdot F_{zz}|^2/|F_z|^2.$$

所以, 我们得到

$$2\int_M f^2\frac{|\sigma\cdot F_{zz}|^2}{|F_z|^4}dA + 2\int_M \frac{f^2}{|F_z|^2}\mathrm{Re}(\overline{\sigma}\cdot D_z D_{\overline{z}}\sigma)dA \leqslant \int_M |df|^2|\sigma|^2 dA.$$

现在固定一个向量 $a\in\mathbb{C}^4$ 以及 $\sigma = a^{1,0}$. 那么, 利用 (4), 我们得到

$$\int_M f^2 q dA \leqslant \int_M |df|^2|a^{1,0}|^2 dA \leqslant \int_M |df|^2 dA, \tag{5}$$

其中

$$q = -\frac{2}{|F_z|^4}\mathrm{Re}\left\{(F_{zz})^{1,0}\cdot\left((F_{zz})^{1,0}\right)a\right\}. \tag{6}$$

从而, [FS] 中的一个定理告诉我们方程

$$\Delta u + qu = 0 \tag{7}$$

存在光滑正解 $u > 0$. 和 [FS] 文中一样, 令 $w = \log u$. 那么, w 满足

$$\Delta w = -q - |dw|^2. \tag{8}$$

用 f^2 乘 (8) 两边, 其中 f 是具紧支集的光滑实函数, 再在 M 上积分, 我们得到

$$2\int_M f(df\cdot dw)dA=\int_M f^2qdA+\int_M f^2|dw|^2dA. \tag{9}$$

利用不等式 $2|f(df\cdot dw)|\leqslant \theta f^2|dw|^2+\frac{1}{\theta}|df|^2$, $\theta>0$, 从 (9) 得到

$$\frac{1}{\theta}\int_M|df|^2dA\geqslant\int_M f^2qdA+(1-\theta)\int_M f^2|dw|^2dA. \tag{10}$$

令向量 $a\in\mathbb{C}^4$ 取遍 $\mathbb{C}^4$ 中的正交基 $\{a_1,a_2,a_3,a_4\}$ 并设 (6) 中对应于 $a=a_j$ 的 q 为 q_j. 方程 (7) 对应于 $q=q_j$ 的解为 u_j 以及 $w_j=\log u_j$. 将 (10) 中对应于 $q=q_j$ 和 $w=w_j$ 的不等式对 $j\in\{1,2,3,4\}$ 相加, 我们得到

$$8\int_M|df|^2dA\geqslant\int_M f^2\Big(\sum_j q_j\Big)dA+\frac{1}{2}\int_M f^2\Big(\sum_j|dw_j|^2\Big)dA, \tag{11}$$

其中我们取 $\theta=\frac{1}{2}$. 因为当 b 和 c 是同一类型时 $b\cdot c=0$, 从 (6) 我们看出

$$\sum_j q_j=-\frac{2}{|F_z|^4}\mathrm{Re}\{(F_{zz})^{1,0}\cdot(F_{\overline{zz}})^{1,0}\}=0.$$

所以 (11) 变成

$$\int_M|df|^2dA\geqslant\int_M f^2rdA,$$

其中

$$r=\frac{1}{16}\sum_j|dw_j|^2. \tag{12}$$

再由 [FS] 中的定理, $\Delta v+rv=0$ 存在正解 $v>0$. 又由于 $r\geqslant 0$, v 是上调和的, 并且 M 是抛物类的假定意味着 v 是常数. 从 (12) 我们得到对所有 j, w_j 以及 u_j 都是常数. 在 (7) 中令 $u=u_j$, $q=q_j$, 我们得到对每个 j, $q_j\equiv 0$.

现在, 对 M 中任一点 p, 或者 $(F_{zz})^N(p)=0$ 或者我们令 $a_1=\frac{(F_{zz})^N(p)}{|(F_{zz})^N(p)|}$. 对后一情形, 由于 (6), $q_1=0$ 意味着 $|(F_{zz})^{1,0}(p)||(F_{zz})^{0,1}(p)|=0$. 上式当 $(F_{zz})^N(p)=0$ 时显然还成立. 所以, 从引理 2, 我们导出 $(F_{zz})^{1,0}$ 和 $(F_{zz})^{0,1}$ 中至少一个恒等于零. 我们不妨假设 $(F_{zz})^{0,1}=0$. 但另一方面, 如果 s 是 $V(=(N_{\mathbb{C}}M)^{1,0})$ 的一个非零局部截面, 由极小性, 我们有

$$(\partial_z s)^T=-\frac{s\cdot F_{zz}}{|F_z|^2}F_{\overline{z}}=0,$$

其中, 最后的等式从 $0=(F_{zz})^{0,1}=\frac{(F_{zz}\cdot s)\overline{s}}{|s|^2}$ 得到. 再根据 §2 的推论 1 就完成了定理 2 的证明.

第六章 二维球极小浸入的存在性

Sacks 和 Uhlenbeck 在 [SaU] 一文中发展了在紧 Riemann 流形中极小二维球的存在性理论. 我们知道从球面出发的调和映照实际上是极小分支浸入. 他们证明了两种情形下能量极小调和映照的存在性. 如果 N 是 $\pi_2(N) = 0$ 的 Riemann 紧流形, 那么从闭定向曲面 M 到 N 的任一映照同伦类中包含能量极小的调和映照. 这个结果同时被 Lemaire [Le] 和 Schoen-丘 [SY2] 所证明. 如果 $\pi_2(N) \neq 0$, 那么, 存在一个由球面的共形分支极小浸入组成的 $\pi_2(N)$ 的生成集, 在它们所在的同伦类中能量和面积都极小. 他们的主要结果是证明当 N 的通用覆盖空间不可缩时, 球的共形极小分支浸入的存在性. 当 $\pi_2(N) = 0$ 时, 映照的能量不可能在单个同伦类里达到极小. 他们在文章中发展了一个重要工具, 即如下所述的一个正则性定理: 从去心圆盘到 N 的具有限能量的调和映照是 C^∞ 的, 从而在整个圆盘是调和的.

他们构造调和映照的困难之一为标准球面上的共形参数化不是唯一的. S^2 上的由分式线性变换组成的共形变换群不是紧的, $C^1(S^2, N)$ 上的能量积分的临界点的集合也一定不是紧的, 有时必须选取适当参数化. 这个问题用扰动法解决. 我们寻找对 $\alpha > 1$ 的扰动能量积分 (E_1 是通常的能量积分加上一个常数)

$$E_\alpha(s) = \int_M (1 + |ds|^2)^\alpha d\mu$$

的临界映照并验证 $\alpha \to 1$ 时那些映照的收敛性. 当 $\alpha > 1$ 时, E_α 满足 Ljiusternik-Schnirelman 理论和 Morse 理论. E_α 在球面的共形变换下往往不是不变的, 并且当扰动能量的临界映照的极限被找到时, 往往就是欲求的参数化.

另一扰动能量 $\overline{E}_\alpha(s) = \int_M |ds|^{2\alpha} d\mu$ 在很多方面比上述扰动能量 E_α 更易于处理, 因为 $\overline{E}_\alpha$ 当从小圆盘到大圆盘放大时是不变的, 这使具体计算更容易. 但是, 在某一步骤, 我们要求扰动能量积分的 Euler-Lagrange 方程的一致椭圆性, 对于这一点, E_α 是满足的.

§1. 从曲面出发的调和映照

设 M 是具给定共形结构的紧致定向曲面, N^k 是维数 $k \geqslant 2$ 的没有边界的 C^∞ Riemann 流形. 假定 $N \subset \mathbb{R}^k$ 是 C^∞ 等距嵌入, M 已赋予与其共形结构相容的 Riemann 度量, 并且这个度量诱导了 M 上的测度 $d\mu$. 设 $L_1^p(M, N)$ 表示映照 $s : M \to N$ 的 Sobolev 空间, 其一阶导数属于 L^p. 我们知道, 对于一个映照 $s \in L_1^2(M, \mathbb{R}^k) \cap C^0(M, N)$, 如果它是能量泛函 $E(s) = \int_M |ds|^2 \, d\mu$ 的临界点, 那么它就是调和映照. 如果子流形 $N \subset \mathbb{R}^k$ 的第二基本形式是 A, 那么, Euler-Lagrange 方程为

$$\Delta s - A(s)(ds, ds) = 0. \tag{1}$$

让我们回顾下列事实:

1 (第一章, §3) E 只依赖于 M 上的共形结构.

2 (第一章, §5) 如果 s 是调和映照, 那么, Hopf 微分 Φ 是全纯的 ($\Phi = \{|s_x|^2 - |s_y|^2 + 2i(s_x, s_y)\}dz^2$, 其中, $z = x + iy$ 是 M 上的局部等温参数).

3 ([ES]) 如果 s 是共形浸入, 那么, s 调和的充要条件是 $s(M)$ 是极小浸入曲面.

4 ([M], [U]) 如果 s 是调和映照, 那么, $s \in C^\infty(M, N)$.

5 如果 s 是调和弱共形的, 那么, s 是分支极小浸入.

6 (第一章, §5) 如果 $s : S^2 \to N$ 是调和的并且 $\dim(N) \geqslant 3$, 那么, s 是 C^∞ 共形分支极小浸入.

对亏格大于零的曲面, 情形是复杂的, 其上有很多可能的共形结构. 下列定理给出了从这类曲面出发的调和映照成为极小浸入的充分条件.

定理 1.1 如果 s 是能量 E 关于 s 的变分以及 M 上共形结构的临界点, 那么, s 是共形分支极小浸入.

证明 首先我们说明 s 是关于度量中的所有变分的临界点. M 上度量 $g = g(0)$ 的所有变分 $g(t)$ 都是下列的变分的复合 (如见 [EE]):

(a) M 上保定向微分同胚的 C^∞ 族 $\sigma(t)$ 引起的 g 的拉回,

(b) M 的 Teichmüler 空间中的一条曲线, 以及

(c) 度量的一族共形变换.

映照 s 是对 (b) 和 (c) 类的变分的临界点分别由假设和事实 1 得到. 显然, 同样结论对 (a) 类变分成立.

现在我们证明 $\Phi = 0$ 来说明 s 是弱共形的. 设 $d\mu(t)$ 是 M 上的由度量 $\sigma^*(t)g$ 所诱导的测度, z 是在 $U \subset M$ 上的局部等温参数. 设 $g(t) = (g_{ij}(t,z))$ 并假定当 $t = 0$ 或对接近 ∂u 的 z, $(g_{ij}(t,z)) = (\delta_{ij})$, 并对所有 (t,z), $g_{11}(t,z) = g_{22}(t,z) = 1$. 那么,

$$
\begin{aligned}
&\frac{d}{dt}\int_M g(t)(ds,ds)d\mu(t)\Big|_{t=0} \\
=&\frac{d}{dt}\int_U \Big(|s_x(z)|^2 + |s_y(z)|^2 + 2g^{12}(t,z)\Big) \\
&\cdot\Big(s_x(z), s_y(z)\Big)\sqrt{1-(g^{12}(t,z))^2}dxdy\Big|_{t=0} \\
=&2\int_U \Big(s_x(z), s_y(z)\Big)\frac{\partial}{\partial t}g^{12}(t,z)\Big|_{t=0}dxdy = 0.
\end{aligned}
$$

由于 $\frac{\partial}{\partial t}g^{12}(t,z)$ 可任意选取, 对 $z \in U$, $(s_x(z), s_y(z)) = 0$. 同样的讨论应用于 $e^{\frac{\pi}{4}i}z$ 得到

$$
\Big(s_x(z)+s_y(z), s_x(z)-s_y(z)\Big) = \Big|s_x(z)\Big|^2 - \Big|s_y(z)\Big|^2 = 0.
$$

从事实 2, 3, 5 得到所要的结论.

§2. 扰动问题的性质

为方便起见, 取 M 上的测度 $d\mu$, 使 $\int_M d\mu = 1$. 设 $E_\alpha(s) = \int_M (1+|d\mu|^2)^\alpha d\mu$. 对 $\alpha = 1$, $E_1(s) = 1 + E(s)$ 以调和映照为临界点. 映照的 Sobolev 空间

$$
L_1^{2\alpha}(M,N) = \{s \in L_1^{2\alpha}(M,\mathbb{R}^k) : s(x) \in N\} \subset C^0(M,N)
$$

对 $\alpha > 1$ 是 C^2 可分的 Banach 流形.

定理 2.1 ([P1]) 当 N 是紧致时, E_α 在 Banach 流形 $L_1^{2\alpha}(M,N)$ 上是 C^2 的, 并且关于 $L_1^{2\alpha}(M,N)$ 上的完备 Finsler 度量满足 Palais-Smale 条件 (C).

附注 Banach 流形 B 上的函数 f 称为满足 Palais-Smale 条件 (C), 如果对任何子集 $S\subset B$, $|f(S)|$ 有界并且 $|df(S)|$ 没有非零下界, 闭包 $\overline{S}$ 中就包含 f 的临界点 (使 $df_x=0$ 的点 x).

定理 2.2 ([P2]) 如果 f 是完备、可分 C^2–Finsler 流形 L 上的 C^2 函数, 关于 Finsler 结构满足 Palais-Smale 条件 (C), 那么

(a) f 在 L 的每一分支取到极小值,

(b) 如果 f 在区间 $[a,b]$ 中没有临界值, 那么, 存在收缩形变 $\rho: f^{-1}(-\infty,b]\to f^{-1}(-\infty,a]$.

命题 2.3 如果 $\alpha>1$, E_α 在 $L_1^{2\alpha}(M,N)$ 中的临界映照是 C^∞.

证明 根据 Sobolev 嵌入定理, 临界映照 s 是属于 Hölder 类 $C^{1-\frac{1}{\alpha}}(M,N)$ 的. 应用 [M, 1.11.1] 中的结果, $ds\in L_1^2(M,N)$. 它的 Euler-Lagrange 方程是

$$\Delta s+2(\alpha-1)\frac{(d^2s,ds)ds}{1+|ds|^2}-A(s)(ds,ds)=0. \tag{2}$$

如果 $\alpha-1$ 较小, 线性算子 $\Delta_s: L_s^4(M,N)\to L_0^4(M,N)$ 可逆, 其中

$$\Delta_s u=\Delta u+2(\alpha-1)\frac{(d^2u,ds)ds}{(1+|ds|^2)}. \tag{3}$$

从而 $s\in L_2^4(M,N)\subset C^1(M,N)$. 而 s 的光滑性从 Schauder 理论得到.

命题 2.4 设 $\alpha>1$. 在 $L_1^{2\alpha}(M,N)$ 的每一连通分支中 E_α 的极小值在某映照 $s_\alpha\in C^\infty(M,N)$ 达到, 它也是 E_α 在 $C^\infty(M,N)$ 的连通分支中的极小值. 且存在不依赖于 α 的 B, 使在该分支中 $\min E_\alpha\leqslant(1+B^2)^\alpha$.

证明 第一个结论从命题 2.3 得到. 对每个分支中一个固定的 u, 设 $B=\max_{x\in M}|du(x)|$. 那么, $\min E_\alpha\leqslant E_\alpha(u)\leqslant(1+B^2)^\alpha$.

证明 E_α $(\alpha>1)$ 非平凡临界映照存在性的主要困难在于 $N_0=\{s: s(M)=y\in N\}\cong N$ 是 E_α 的平凡临界映照集, 在这个集上 E_α 取它的绝对极小值 1. 在 $y\in N_0\subset L_1^{2\alpha}(M,N)$, 我们有 $T_yL_1^{2\alpha}(M,N)=L_1^{2\alpha}(M,T_yN)$ 以及 $T_yN_0=\{a:$

$da=0\}$. 那么, 在弱 L^2 意义下, 我们构造 N_0 的法丛,

$$\mathcal{N}=\bigcup_{y\in N_0}\mathcal{N}_y\subset TL_1^{2\alpha}(M,N)|N_0,$$

$$\mathcal{N}_y=\left\{v\in L_1^{2\alpha}(M,T_yN):\int_M vd\mu=0\right\}.$$

按公式 $e(s,v)(x)=\exp(s(x),v(x))$ 定义 $e:TL_1^{2\alpha}(M,N)\to L_1^{2\alpha}(M,N)$. 从隐函数定理我们得到下列

引理 2.5 $e|\mathcal{N}\to L_1^{2\alpha}(M,N)$ 是从 $\mathcal{N}$ 的零截面的某邻域到 $N_0\subset L_1^{2\alpha}(M,N)$ 的某邻域的微分同胚.

定理 2.6 给定 $\alpha>1$, 存在只依赖于 α 的 $\delta>0$ 和压缩形变

$$\sigma:E_\alpha^{-1}[1,1+\delta]\to E_\alpha^{-1}(1)=N_0.$$

证明 从上述引理我们可有结论: 如果 δ 充分小并且 $s\in E_\alpha^{-1}[1,1+\delta]$, 那么, 存在 $y\in N$, $v\in\mathcal{N}_y$, 使 $s=e(y,v)$ 而 $\|v\|_\infty$ 以及 $\int_M|dv|^{2\alpha}$ 任意小. 定义 $s=e(y,v)$ 的候选收缩 $\sigma:E_\alpha^{-1}[1,1+\delta]\times[0,1]\to L_1^{2\alpha}[M,N]$ 为 $\sigma(s,t)=e(y,tv)$. 那么, $\sigma(s,1)=s$, $\sigma(s,t)=y\in N$ 并且当 δ 充分小时, σ 是连续的. 现在我们可说明 $\frac{d}{dt}E_\alpha(\sigma(s,t))\geqslant 0$ 从而 $\sigma(\cdot,0)$ 是一个收缩.

设 $z_0\in M$ 和 $q_0\in N$ 取为 M 和 N 中的基点. $\Omega(M,N)$ 表示从 M 到 N 的保基点的映照空间. 那么, 映照 $p:C^0(M,N)\to N$ 定义为 $p(s)=s(z_0)$, 它是以 $\Omega(M,N)$ 为纤维的丛映照. 它有一个截面 $N\to N_0\subset C^0(M,N)$, 定义为常值映照 $s(M)=q\in N$. 所以, 正合同伦序列分裂并且

$$\pi_k(C^0(M,N))=\pi_k(N)\oplus\pi_k(\Omega(M,N)).$$

定理 2.7 如果 $\Omega(M,N)$ 不可缩, 那么, 存在 $B>0$, 使对所有 $\alpha>1$, E_α 在区间 $(1,(1+B^2)^\alpha)$ 中有临界值.

证明 如果 $C^0(M,N)$ 不是连通的, 应用命题 2.4. 否则, 取非零同伦类 $\gamma\in\pi_k(\Omega(M,N))$. 注意到 γ 不同伦于任何映照 $\tilde{\gamma}:S^k\to N_0$. 设 $B=\max_{y\in S^k,x\in M}|d\gamma(y)(x)|$. 那么, 对所有 $y\in S^k$, $E_\alpha(\gamma(y))\leqslant(1+B^2)^\alpha$. 假定 E_α 在 $(1,(1+B^2)^\alpha)$ 中没有临界值, 那么, 根据定理 2.2, 对所有 $\delta>0$, 存在压缩形变 $\rho:E_\alpha^{-1}[1,(1+B^2)^\alpha]\to E_\alpha^{-1}[1,1+\delta]$. 将 ρ 和定理 2.6 中的压缩形变 σ 复合生成压缩形变

$$\sigma\circ\rho:E_\alpha^{-1}[1,(1+B^2)^\alpha]\to E_\alpha^{-1}(1)=N_0.$$

但是, $\sigma\circ\rho\circ\gamma: S^k\to N_0$ 同伦于 γ, 这是不可能的.

如果 N 的覆盖空间不可缩, 那么对某 $k\geqslant 0$, $\pi_{k+2}(N)=\pi_k(\Omega(S^2,N))\neq 0$. 所以我们有下列

命题 2.8 如果 $M=S^2$ 并且 N 的覆盖空间不可缩, 那么, 对 $\alpha>1$, 存在 B 以及 E_α 的一个临界映照, 它的临界值在 $(1,(1+B^2)^\alpha)$ 中.

§3. 估计和推广

在本节, 我们推导主要的先验估计, 这是得到收敛性和证明正则性定理、定理 3.6 所需要的. 如我们早先在调和映照存在定理中已经看到的, N 的曲率起重要的作用. 但是, M 的曲率和拓扑在先验估计中不起作用. 为了看清这点, 用半径为 R 的小圆盘覆盖 M, 在这些小圆盘上, 度量和欧氏度量差 ε 阶的项. 当我们共形地放大这些小圆盘到单位圆盘时, 积分化为 $E_\alpha(s)=R^{2(1-\alpha)}\int_D(R^2+|ds|^2)^\alpha d\mu$, 其中 D 是单位圆盘. 原始圆盘越小, 扩充圆盘上的度量就越接近于欧氏度量. 因而, 先验估计对 $\alpha\geqslant 1, 0<R\leqslant 1$ 是一致的.

在共形扩张以后, Euler-Lagrange 方程 (2) 和 (3) 以下列形式出现:

$$d^*(R^2+|ds|^2)^{1-\alpha}ds-(R^2+|ds|^2)^{1-\alpha}A(ds,ds)=0 \tag{4}$$

或

$$\Delta s+2(\alpha-1)(d^2s,ds)ds(R^2+|ds|^2)^{-1}-A(ds,ds)=0. \tag{5}$$

命题 3.1 设 $s:D\to N$ 是 E_α 的一个临界点. 如果 $\alpha-1>0$ 充分小并依赖于 $\infty>p>1$, 那么对所有小一些的圆盘 $D'\subset D$,

$$\|ds\|_{D',1,p}\leqslant k(p,D',\|s\|_{D,0,4})\|ds\|_{D,0,4}.$$

证明 设 φ 是 D 中具紧支集的光滑函数, 它在 D' 上取值为 1, 并取 $\mathbb{R}^k$ 中的一个基点使 $\int s=0$. 以 φ 乘以 (5) 两端并对每项取 L^p 模, 我们得到下列形式的估计

$$\|\Delta(\varphi s)\|_{0,p}\leqslant 2(\alpha-1)\|\varphi s\|_{2,p}+\|A\|_{0,\infty}\||d(\varphi s)|\cdot|ds|\|_{0,p}+k(\varphi)\|s\|_{1,p}. \tag{6}$$

设 $c(p)$ 是从 L_0^p 到 $L_2^p\cap L_{1,0}^2$ 映照 Δ^{-1} 在该圆盘上的模. 从 (6) 我们得到

$$c(p)^{-1}\|\varphi s\|_{2,p}\leqslant 2(\alpha-1)\|\varphi\|_{2,p}+\|A\|_{0,\infty}\||d(\varphi s)|\cdot|ds|\|_{0,p}+k(\varphi)\|s\|_{1,p}. \tag{7}$$

设 $p=2$ 并假定 $2(\alpha-1)<c(2)^{-1}$, 我们得到 $\|s\|_{D'',2,2}$ 的一个界, 这里 $D''=\{x\in D:\ \varphi(x)=1\}$. 根据 Sobolev 不等式, 对所有 p, 这给出了 $\|s\|_{D'',1,p}$ 的一个界. 对任何 p 并且 $\operatorname{supp}\varphi\subset D''$, 重复 (7), 我们得到 $\|s\|_{2,p}$ 在 D'' 中的一个界.

主要估计 3.2 如果存在 $\varepsilon>0$ 和 $\alpha_0>1$ 使 E_α 的光滑临界映照 $s:D\to N$, 满足 $E(s)<\varepsilon$ 以及 $1\leqslant\alpha<\alpha_0$, 那么, 对任何较小圆盘 $D'\subset D$,

$$\|ds\|_{D',1,p}<C(p,D')\|ds\|_{0,2}.$$

证明 由上面命题我们只要得到 $\|ds\|_{D'',0,4}$ 的一个界就够了, 其中 $D''\subset D$. 以 $p=\frac{4}{3}$ 应用 (7). 根据 Hölder 不等式估计坏二次项 $\||ds|\cdot|d(\varphi s)|\|_{0,\frac{4}{3}}$, 再由 Sobolev 不等式我们有 $\|d(\varphi s)\|_{0,4}\leqslant k'\|\varphi s\|_{2,\frac{4}{3}}$. 现在, (7) 变成

$$\left(c\left(\frac{4}{3}\right)^{-1}-2(\alpha-1)\right)\|\varphi s\|_{2,\frac{4}{3}}\leqslant k'\|A\|_{0,\infty}\|ds\|_{0,2}\|\varphi s\|_{2,\frac{4}{3}}+k(\varphi)\|ds\|_{0,\frac{4}{3}}.\quad(8)$$

当然, $\|ds\|_{0,\frac{4}{3}}\leqslant\sqrt{E(s)}$ 以及 $(k')^{-1}\|\varphi s\|_{1,4}\leqslant\|\varphi s\|_{2,\frac{4}{3}}$. 所以, 如果取 $(c(\frac{4}{3})^{-1}-2(\alpha-1))-k'(\|A\|_{0,\infty}\|ds\|_{0,2})>0$, 我们就得到所要的估计.

自然地, 上述估计也可在 M 上整体进行而没有包含 $k(\varphi)$ 的边界项. 这样, (8) 有整体形式

$$\left(c\left(\frac{4}{3}\right)^{-1}-2(\alpha-1)\right)\|s\|_{2,\frac{4}{3}}\leqslant k'\|A\|_{0,\infty}\sqrt{E(s)}\|s\|_{2,\frac{4}{3}}.$$

当然, 如果 $E(s)$ 太小, 除了 $s\equiv\int s$ 没解. 故而有下列

定理 3.3 如果存在 $\varepsilon>0$ 以及 $\alpha_0>1$ 使 s 是 E_α $(1\leqslant\alpha<\alpha_0)$ 的临界映照, 并且 $E(s)<\varepsilon$, 那么, $s\in N_0$ 并且 $E(s)=0$.

我们来证明如果 $s:D-\{0\}\to N$ 是具有限能量的调和映照, 那么, s 是光滑的并且在 D 中是调和的. 当 s 是严格极小映照时, Morrey [M, 4.3] 用另外的方法证明这个结果. 注意到 $D-\{0\}$ 和 $\mathbb{R}^2-D$ 的共形等价性, 这个定理可解释为调和映照在无穷远处的增长性. 我们用 $D(x_0,R)$ 表示以 x_0 为中心、R 为半径的圆盘; $D(R)=D(0,R)$; $D=D(1)$. 由于 $\int_D|ds|^2d\mu<\infty$, $\lim_{R\to\infty}\int_{D(R)}|ds|^2d\mu=0$. 对于 $D(R)$ 使以共形扩大且 $\int_{D(R)}|ds|^2d\mu<\varepsilon$, 我们可假定 $\int_{D(2)}|ds|^2d\mu<\varepsilon$, 其中 ε 后面再取定.

引理 3.4 如果存在 $\varepsilon>0$ 使 $\int_{D(2)}|ds|^2d\mu<\varepsilon$, 那么, 存在常数 c, 使对 $x\in D$,

$$|ds(x)|\cdot|x|<c\left(\int_{D(2|x|)}|ds|^2d\mu\right)^{\frac{1}{2}}.$$

证明 记 $\bar{s}(x)=s(x_0+|x_0|x)$. 那么, 根据 Sobolev 不等式和主要估计 3.2 我们得到

$$\begin{aligned}|ds(x_0)|\cdot|x_0| &= \max_{x\in D(\frac{1}{2})}|d\tilde{s}(x)|\leqslant \tilde{c}\|ds\|_{D(\frac{1}{2}),1,4}\\ &\leqslant \tilde{c}c\|d\tilde{s}\|_{0,2}\leqslant c\|ds\|_{D(2|x_0|),0,2}.\end{aligned}$$

引理 3.5 设 $s:D-\{0\}\to N\subset\mathbb{R}^k$ 是光滑调和映照且 $E(s)<\infty$. 那么,

$$\int_0^{2\pi}|s_\theta(z)|^2d\theta=r^2\int_0^{2\pi}|s_r(z)|^2d\theta.$$

证明 设 $\Phi=w(z)dz^2$ 是 Hopf 微分. 由于 $\int_D|w(z)|d\mu\leqslant 2\int_D|ds|^2d\mu<\infty$, $w(z)$ 只有至多一阶的一个极点. 直接计算可证明 $\operatorname{Re}\, w(z)z^2=|s_\theta(z)|^2-|z|^2|s_r(z)|^2$. 这样, 引理从 Cauchy 定理得到.

定理 3.6 如果 $s:D-\{0\}\to N$ 是有限能量的调和映照, 那么, s 可扩充为光滑调和映照 $s:D\to N$.

证明 我们用关于 $\log r$ 分段线性的径向函数 q 来逼近 s. 令 $q(2^{-m})=\frac{1}{2\pi}\int_0^{2\pi}s(2^{-m},\theta)d\theta$. 那么, $q(r)$ 在 2^{-m+1} 和 2^{-m} $(m\geqslant 1)$ 间关于 r 是调和的. 考虑到 q 是 s 在 2^{-m} 的平均, 并且不依赖于 θ, 应用引理 3.4 和 3.5, 我们可说明

$$\frac{1}{2}\int_{D(1)}|ds|^2d\mu\leqslant\int_{D(1)}|ds-dq|^2d\mu\leqslant\frac{1}{2}\int_{C(1)}|s_r|^2d\theta+\delta\int_{D(1)}|ds|^2d\mu,$$

其中 $C(r)=\partial D(r)$. 把 $D(1)$ 缩小为任何半径的圆盘, 则此不等式变为

$$(1-2\delta)\int_{D(r)}|ds|^2d\mu\leqslant r^2\int_{C(r)}|ds|^2d\theta,$$

其中 $r\leqslant 1$. 积分这个不等式得到 $\int_{D(r)}|ds|^2d\mu\leqslant r^{1-2\delta}\int_D|ds|^2d\mu$. 再用引理 3.4 得到, 对 $0<|x_0|<\frac{1}{2}$,

$$|ds(x_0)|\cdot|x_0|\leqslant c|2x_0|^{\frac{1}{2}(1-2\delta)}\left(\int_D|ds|^2d\mu\right)^{\frac{1}{2}}.$$

这意味着 $\alpha>1$, $s\in L_1^{2\alpha}(D,N)$, 将命题 2.3 的证明用于方程 (1) 就得到正则性.

§4. 扰动问题临界映照的收敛性

在前一节, 我们得到了扰动积分临界映照的存在性以及一些一致估计. 本节的主要结果, 定理 4.7, 是说明当 $\alpha \to 1$ 时, 这些临界映照或者收敛于一个调和映照, 或者存在一个极小球作为障碍.

引理 4.1 设 s_α (当 $\alpha \to 1$) 是 E_α 具 $E_\alpha(s_\alpha) \leqslant B$ 的临界映照序列. 那么, 存在子序列 $\{\beta\} \subset \{\alpha\}$, 使在 $L_1^2(M, \mathbb{R}^k)$ 的意义下弱收敛 $s_\beta \to s$ 并且 $\lim_{\beta \to 1} E(s_\beta) \geqslant E(s)$.

证明 在 Hilbert 空间 $L_1^2(M, \mathbb{R}^k)$ 中的任一有界集是弱紧的.

和前一节一样, 我们假定 M 被半径为 $R = 2^{-m}$ 的小圆盘所覆盖, 我们又做进一步的假定, M 的每一点至多落在 h 个圆盘中, 其中, h 当 $R \to 0$ 时是一致的. 如果我们将那些小圆盘放大为单位圆盘, 在单位圆盘上积分以 $E_\alpha(s) = \int_D (R^2 + |ds|^2)^\alpha d\mu$ 的形式出现. 定义 $\tilde{E}_\alpha = E_\alpha - R^{2\alpha} \int_D d\mu$.

引理 4.2 设 $s_\alpha : D(R) \to N$ 是 E_α 当 $\alpha \to 1$ 时的临界映照序列, 它们在 $L_1^2(D(R), \mathbb{R}^k)$ 中弱收敛. 如果存在 $\varepsilon > 0$, 使 $E_\alpha(s_\alpha) < \varepsilon$, 那么, 在 $C^1(D(\frac{R}{2}), N)$ 中 $s_\alpha \to s$, 并且, $s : D(\frac{R}{2}) \to N$ 是光滑调和映照.

证明 我们可假定 $D(R)$=D. 从主要估计 3.2, 我们有一致估计 $\|ds_\alpha\|_{D(\frac{1}{2}),1,4} \leqslant C(4, D(\frac{1}{2}))\varepsilon$. 根据 Sobolev 嵌入定理我们有 $L_2^p(D(\frac{1}{2}), \mathbb{R}^k) \subset C^1(D(1), \mathbb{R}^k)$, 因此在 $C^1(D(\frac{1}{2}), \mathbb{R}^k)$ 中 $s_\alpha \to s$. 方程 (4) 说明 s 是调和的.

命题 4.3 设 $U \subset M$ 是开集, $s_\alpha : U \to N \subset \mathbb{R}^k$ 是 E_α 的临界映照序列, 对 $\alpha \to 1$, $s_\alpha \to s$ 在 $L_1^2(U, \mathbb{R}^k)$ 中弱收敛, $E_\alpha(s_\alpha) < B$. 设 $U_m = \{x \in U : D(x, 2^{-m}) \subset U\}$. 那么, 存在子序列 $\{\alpha(\ell)\} \subset \{\alpha\}$ 和有限个点 $\{x_{1,m}, \cdots, x_{\ell,m}\}$, 其中 ℓ 依赖于 B 和 N 而不依赖于 m, 使得在 $C^1\left(U_m - \bigcup_{i=1}^{\ell} D(x_{i,m}, 2^{-m-1}), N\right)$ 中,

$$s_{\alpha(\ell)} \to s.$$

证明 用圆盘 $D(x_i, 2^{-m}) \subset U$ 覆盖 U_m, 使每点 $x \in U$ 至多被覆盖 h 次并且半径缩小一半的圆盘覆盖 U_m. 那么, $\sum_i \int_{D(x_i, 2^{-m})} |ds_\alpha|^2 d\mu < Bh$ 并且对每个 α 至多存在 $\frac{Bh}{\varepsilon}$ 个圆盘, 在这些圆盘上 $\int_{D(x_i, 2^{-m})} |ds_\alpha|^2 d\mu > \varepsilon$, 其中 ε 是引理 4.2 中的常数. 除了那 $\frac{Bh}{\varepsilon}$ 个圆盘, 我们应用引理 4.2 于其余的圆盘, 从而得到所要的结果.

定理 4.4 设 $U \subset M$ 是开子集, $s_\alpha : U \to N$ 是 E_α 的临界映照且 $E(s_\alpha) < B$, $\alpha \to 1$ 且在 $L_1^2(U, \mathbb{R}^k)$ 中有弱收敛 $s_\alpha \to s$. 那么, 存在子序列 $\{\beta\} \subset \{\alpha\}$ 和有限个点 $\{x_1, \cdots, x_\ell\}$, 其中 ℓ 不依赖于 U, 使在 $C^1(U - \{x_1, \cdots, x_\ell\}, N)$ 中 $s_\alpha \to s$. 并且, $s : U \to N$ 是一个光滑调和映照.

证明 定理的第一部分从前一命题并令 $m \to \infty$ 得到. 由于 $s \in C^1(U - \{x_1, \cdots, x_\ell\}, N)$ 且 $E(s) \leqslant \lim_{\alpha \to 1} E(s_\alpha) < B$, 我们可用定理 3.6 得到 $s : U \to N$ 的光滑性和调和性.

我们在定理中没有保证当 $U = M$ 时 s 是非平凡的, 也没保证收敛性可拓广到点 $\{x_1, \cdots, x_\ell\}$ 上. 但是, 在某些情形, 我们可以直接讨论在 C^1 拓扑下, $s_\alpha \to s$ 的收敛性.

引理 4.5 假定定理 4.4 的条件成立并存在 $\delta > 0$ 使 $\max_{x \in D(x_i, \delta)} |ds_\alpha(x)| \leqslant B < \infty$. 那么, 在 $C^1(D(x_i, \delta), N)$ 中有 $s_\alpha \to s$.

证明 取 R 使 $\int_{D(x_i, R)} |ds_\alpha|^2 d\mu \leqslant \pi R^2 B^2 < \varepsilon$. 然后应用引理 4.2.

定理 4.6 设 s_α 是 E_α 当 $\alpha \to 1$ 时的临界映照序列, $E_\alpha(s_\alpha) < B$ 并且 s_α 在 $C^1(M - \{x_1, \cdots, x_\ell\}, N)$ 中但不在 $C^1(M - \{x_2, \cdots, x_\ell\}, N)$ 中收敛于 s. 那么, 存在一个非常数的调和映照 $\tilde{s} : S^2 \to N$ 使得

$$\tilde{s}(S^2) \subset \bigcup_{m \to \infty} \Big(\bigcap_{\alpha \to 1} \bigcup_{\beta \leqslant \alpha} s_\beta(D(x_1, 2^{-m})) \Big).$$

并且

$$E(s) + E(\tilde{s}) \leqslant \varlimsup_{\alpha \to 1} E(s_\alpha).$$

证明 设 $b_\alpha = \max_{x \in D(x_1, 2^{-m})} |ds_\alpha(x)|$ 并假定 $|ds_\alpha(x_\alpha)| = b_\alpha$, $x_\alpha \in D(x_1, 2^{-m})$. 根据引理 4.5, 我们可以假定 $\lim_{\alpha \to 1} b_\alpha = \infty$. 进而, $\lim_{\alpha \to 1} x_\alpha = x_1$. 定义 $\tilde{s}_\alpha(x) = s(x_\alpha + b_\alpha^{-1} x)$. 那么, $\tilde{s}_\alpha : D(0, 2^{-m} b_\alpha) \to N$ 是 E_α 的临界映照, 并对 $x \in D(0, 2^{-m} b_\alpha)$, 有 $|d\tilde{s}_\alpha(x)| \leqslant 1$, 以及 $|d\tilde{s}_\alpha(0)| = 1$. 应用定理 4.4 以及引理 4.5, 对任何 $R < \infty$, 我们能在 $C^1(D(R), N)$ 中找到 $\tilde{s}_\alpha \to \tilde{s}$, 其中 $\tilde{s} : D(R) \to N$ 是光滑的调和映照. 由于 $|d\tilde{s}(0)| = 1$, $\tilde{s}$ 不可能是常值映照. 对 $C^1(\mathbb{R}^2, N)$ 中的

序列 $\tilde{s}_\beta \to \tilde{s}$,

$$\begin{aligned}
&E(\tilde{s}) + E\big(s|M - D(x_1, 2^{-m})\big) \\
\leqslant &\varlimsup_{\beta\to 1}\Big\{E\big(\tilde{s}_\beta|D(0, 2^{-m}b_\beta)\big) + E\big(s_\beta|M - D(x_1, 2^{-m})\big)\Big\} \\
= &\varlimsup_{\beta\to 1} E(s_\beta).
\end{aligned}$$

令 $m \to \infty$, 我们有 $E(\tilde{s}) + E(s) \leqslant \lim_{\beta\to 1} E(s_\beta)$. 然而, $\mathbb{R}^2$ 共形于 $S^2 - \{p\}$, 以及 $E(\tilde{s}) < \infty$, 根据定理 3.6, $\tilde{s}$ 能延拓到整个球面上 $\tilde{s}: S^2 \to N$.

定理 4.7 设 s_α 是 E_α 当 $\alpha \to 1$ 时的临界映照序列, 并且在 $L_1^2(M, \mathbb{R}^k)$ 中 s_α 弱收敛于 s. 那么, 或者有 $C^1(M, N)$ 中的收敛性 $s_\alpha \to s$, 或者存在非平凡调和映照 $\tilde{s}: S^2 \to N$, 使得 $\tilde{s}(S^2) \subset \cap_{\alpha\to 1}\overline{\cup_{\beta<\alpha} s_\beta(M)}$. 并且, $E(s) + E(\tilde{s}) \leqslant \varlimsup_{\alpha\to 1} E(s_\alpha)$.

§5. 应用和结果

在这一节中 ε 是一个一致常数, 它只依赖于嵌入 $N \subset \mathbb{R}^k$ 的第二基本形式, 并假定为在主要估计 3.2、定理 3.3 以及引理 4.2 中出现常数的最小值.

定理 5.1 如果 N 是紧的并且 $\pi_2(N) = 0$, 那么, 在 $C^0(M, N)$ 中映照的每一同伦类中存在一个极小调和映照.

证明 根据命题 2.4, 在一个固定的同伦类中存在扰动能量 E_α 的极小映照 $s_\alpha: M \to N$. 按定理 4.4, 我们可选取子序列 $\beta \to 1$, 使在 $C^1(M - \{x_1, \cdots, x_\ell\}, N)$ 中, $s_\beta \to s$, 并且 $s: M \to N$ 是调和的. 我们断言在 $C^1(M, N)$ 中, s_β 收敛于 s.

设 $D(\rho) = D(x_i, \rho)$ 并且定义一个修正映照 $\hat{s}_\beta: D(\rho) \to N$, 它在 $D(\rho)$ 外和 s_β 一样, 而在 x_i 点和 s 一样. 设 η 是光滑函数, 它在 $r \geqslant 1$ 时为 1 而在 $r \leqslant \frac{1}{2}$ 时为零. 设

$$\hat{s}_\beta(x) = \exp_{s(x)}\Big(\eta(\frac{|x|}{\rho})\exp_{s(x)}^{-1} \circ s_\beta(x)\Big). \tag{9}$$

那么, 在 $C^1(D(\rho), N)$ 中, $\hat{s}_\beta \to s$, 并且由于 $\tilde{E}_\alpha(s) = \int_M (1 + |ds|^2)^\alpha d\mu - 1$,

$$\lim_{\beta\to 1} \tilde{E}_\beta(\hat{s}_\beta) = E\big(s|D(\rho)\big). \tag{10}$$

根据假定, s_β 和 $\hat{s}_\beta$ 是同伦的. 由于 s_β 是扰动能量极小的, $E_\beta(s_\beta|D(\rho)) \leqslant E_\beta(\hat{s}_\beta|D(\rho))$. 从 (10) 我们有

$$\varlimsup_{\beta\to 1} E_\beta\Big(s_\beta|D(\rho)\Big) \leqslant E\Big(s|D(\rho)\Big) \leqslant \rho^2\pi\|s\|_{1,\infty}^2.$$

如果 ρ 充分小, 我们可用引理 4.2 得到在 $C^1(D(\rho),N)$ 中的收敛性 $s_\beta \to s$. 我们可证明在 $C^1(M,N)$ 中的收敛性 $s_\beta \to s$. 因为 s_β 使 $\tilde{E}_\beta$ 极小, s 必在相同的同伦类中使 E 最小.

从 M 到 N 的任何不限基点的映照的一个自由同伦类诱导了 $\pi_1(M)$ 和 $\pi_1(N)$ 间的一个映照. 下面的定理蕴涵着前一定理, 并且和前一定理有相同的证明.

定理 5.2 从 $\pi_1(M)$ 到 $\pi_1(N)$ 同态的任一共轭类被从 M 到 N 的极小调和映照所诱导.

每个元素 $\gamma \in \pi_2(N)$ 决定了从 S^2 到 N 映照的自由同伦类, 而 $\pi_2(N)$ 中两个元素 γ 和 γ' 确定相同自由同伦类的充要条件是当 $\pi_1(N)$ 在 $\pi_2(N)$ 上的通常作用下, 这两个元素属于相同的轨道 $\pi_1(N)\gamma = \pi_1(N)\gamma'$. 我们用 $\Gamma \in \pi_0 C^0(S^2,N)$ 表示对应于 $\pi_1(N)\gamma$ 的自由同伦类, 并对任何这样的 γ 记 $\gamma \in \Gamma$. 对 $i = 1,2,3$, 给定 $\Gamma_i = \pi_1(N)\gamma_i$, 并且 $\gamma_1 + \gamma_2 = \gamma_3$, 那么, 由于 $\alpha\gamma_1 + \alpha\gamma_2 = \alpha\gamma_3$, 我们有 $\pi_1(N)\gamma_3 \subset \pi_1(N)\gamma_1 + \pi_1(N)\gamma_2$. 这个关系相当于自由同伦类中的加法. 定义

$$\begin{aligned} \natural\Gamma &= \min\Big\{E(s) : s \in \Gamma \cap L_1^\infty(S^2,N)\Big\} \\ &= \lim_{\alpha\to 1}\Big\{\min \tilde{E}_\alpha(s) : s \in \Gamma \cap L_1^\infty(S^2,N)\Big\}. \end{aligned}$$

注意到 $\natural\Gamma = 0$ 的充要条件为 Γ 是平凡的, 否则, $\natural\Gamma > \varepsilon$.

引理 5.3 设 $s_\alpha : S^2 \to N\,(\alpha \to 1)$ 是 E_α 的非平凡临界映照序列且在 $C^1(S^2-\{p\},N\}$ 中 $s_\alpha \to s$. 那么, $s : S^2 \to N$ 不是常值映照.

证明 Sacks 和 Uhlenbeck 计算了 $\tilde{E}_\alpha$ 在 s_α 沿径向的变分, 得到

$$\begin{aligned} &\frac{\alpha}{2}\int_{S^+}(1+|ds_\alpha|^2)^{\alpha-2}|ds_\alpha|^2\cos\phi d\mu \\ \leqslant &\int_{S^-}(1+|ds_\alpha|^2)^{\alpha-2}|ds_\alpha|^2(-\cos\phi)d\mu, \end{aligned} \tag{11}$$

其中 S^+ 和 S^- 分别表示上半球和下半球. 如果 s 是平凡的, 根据定理 3.3, s_α 不可能在 $C^1(S^2,N)$ 中逼近 s. 从定理 4.6, 我们看到 s_α 在 p 附近存在扩充 $\tilde{s}_\alpha$,

它收敛于 $\tilde{s}: S^2 \to N$. 而

$$\begin{aligned}\frac{1}{2}E(\tilde{s}) &\leqslant \lim_{\alpha\to 1} E(s_\alpha|D_\alpha) \leqslant \lim_{\alpha\to 1}\int_{S^+}|ds_\alpha|^2\cos\phi d\mu\\&\leqslant \lim_{\alpha\to 1}\Big(-\int_{S^-}(1+|ds_\alpha|)^{\alpha-1}|ds_\alpha|^2\cos\phi\Big)d\mu\\&= -\int_{S^-}|ds|^2\cos\phi d\mu.\end{aligned}$$

这里, 我们在最后的不等式中利用了 (11). 如果 $ds=0$, $\tilde{s}$ 是平凡的, 这是不可能的.

引理 5.4 设 $\Gamma \in \pi_0 C^0(S^2, M)$. 那么, 或者 Γ 包含极小调和映照 s, 或者对所有 $\delta > 0$ 存在非平凡自由同伦类 $\Gamma_1 = \pi_1(N)\gamma_1$ 以及 $\Gamma_2 = \pi_1(N)\gamma_2$, 使 $\Gamma = \pi_1(N)\gamma \subset \pi_1(N)\gamma_1 + \pi_1(N)\gamma_2$ 以及 $\sharp\Gamma_1 + \sharp\Gamma_2 < \sharp\Gamma + \delta$.

证明 根据命题 2.4 和定理 4.4, 我们可找到序列 $\alpha \to 1$ 和映照 $s_\alpha \in \Gamma$, 它们取到 $\tilde{E}_\alpha$ 的极小值并且在 $C^1(S^2 - \{x_1, \cdots, x_\ell\}, N)$ 中收敛于 s. 我们可以假定 $\lim_{m\to\infty}\overline{\lim}_{\alpha\to 1}\tilde{E}_\alpha(s_\alpha|D(x_1, 2^{-m})) \geqslant \varepsilon$, 否则, 我们能用引理 4.2, 在 s_α 收敛到 s 时, 去掉奇点 x_1. 如果我们用这种方式取消掉所有奇点 x_i, 那么, 在 $C^1(S^2, N)$ 中 $s_\alpha \to s$, 并且 $s \in \Gamma$ 是在 Γ 中使能量 E 最小的调和映照. 假如我们做不到这点, 在 x_1 的周围取一个小圆盘 $D(\rho)$ 并用 (9) 的构造来定义 $\hat{s}_\alpha : D(\rho) \to N$. 令

$$u_\alpha(x) = \begin{cases} s_\alpha(x), & x \in S^2 - D(\rho),\\ \hat{s}_\alpha(x), & x \in D(\rho),\end{cases}$$

$$v_\alpha(x) = \begin{cases} \hat{s}_\alpha \circ f(x), & x \in S^2 - D(\rho),\\ s_\alpha(x), & x \in D(\rho).\end{cases}$$

这里, $f: S^2 - D(\rho) \to D(\rho)$ 是保持 $D(\rho)$ 的边界不动的共形反射. 设 Γ_1 和 Γ_2 分别是 u_α 和 v_α 的自由同伦类. 有 $\pi_1(N)\gamma \subset \pi_1(N)\gamma_1 + \pi_1(N)\gamma_2$. 从 (10) 我们可以说明 $\sharp\Gamma_1 + \sharp\Gamma_2 < \sharp\Gamma + \delta$. 从假设 $\lim_{m\to\infty}\overline{\lim}_{\alpha\to 1}\tilde{E}_\alpha(s_\alpha|D(x_1, 2^{-m})) \geqslant \varepsilon$, 我们很容易看到 $\sharp\Gamma_2 \neq 0$. 如果 $\sharp\Gamma_1 = 0$, s 将是平凡的, 然后, 根据引理 5.3, 存在 $x_2 \neq x_1$ 使 $\lim_{m\to\infty}\overline{\lim}_{\alpha\to 1}\tilde{E}_\alpha(s_\alpha|D(x_2, 2^{-m})) \geqslant \varepsilon$. 这必意味着 $\sharp\Gamma_1 \neq 0$, 矛盾. 总而言之, 我们能推出 $\sharp\Gamma_1 \neq 0$.

定理 5.5 存在一个自由同伦类的集合 $\Lambda_i \subset \pi_0 C^0(S^2, N)$, 使那些元素 $\{\lambda \in \Lambda_i\}$ 构成 $\pi_2(N)$ 作为一个 $Z[\pi_1(N)]$ 模的生成集 (即 $\pi_1(N)$ 作用其上), 并且每个 Λ_i 包含一个极小调和映照 $s_i : S^2 \to N$.

证明 设 Λ_i 是包含极小调和映照的同伦类. 设 $P \subset \pi_2(N)$ 是由 $\{\lambda \in \Lambda_i\}$ 生成的子群. 假定 $P \neq \pi_2(N)$. 取一类 Γ, $\gamma \in \Gamma$, $\gamma \notin P$, 使得如果 $\sharp\Gamma' \leqslant \sharp\Gamma - \frac{\varepsilon}{2}$, 那么 $\{\gamma' \in \Lambda'\} \subset P$.

根据假设存在 Γ_1 和 Γ_2 满足 $\pi_1(N)\gamma \subset \pi_1(N)\gamma_1 + \pi_1(N)\gamma_2$, $\sharp\Gamma_1 + \sharp\Gamma_2 < \sharp\Gamma + \frac{\varepsilon}{2}$, 并且对 $j = 1, 2$, $\sharp\Gamma_j \geqslant \varepsilon$. 所有这些意味着 $\sharp\Gamma_j < \sharp\Gamma - \frac{\varepsilon}{2}$. 根据假定, 两个集合 $\pi_1(N)\gamma_j$ 都在 P 中, 所以,

$$\pi_1(N)\gamma \subset \pi_1(N)\gamma_1 + \pi_1(N)\gamma_2 \subset P.$$

在下面两个定理中我们考察调和映照不一定是极小但可以是鞍点的情形. 其中第一个定理处理对我们的收敛技术没有障碍的情形.

定理 5.6 对非平凡的调和映照 $s : S^2 \to N$, 设 $\varepsilon_0 = \min E(s)$ 并且如果这个调和映照的集合是空集时 $\varepsilon_0 = \infty$. 那么, 对 $M \neq S^2$, $E|E^{-1}[0, \varepsilon_0)$ 满足 Morse 理论, 而对 $M = S^2$, $E|E^{-1}[0, 2\varepsilon_0)$ 满足 Morse 理论.

证明 集合 $\{s_\alpha : s_\alpha$ 是 E_α的临界点, $\tilde{E}_\alpha(s_\alpha) \leqslant \delta < \varepsilon_0\}$ 是紧的, 根据定理 4.6, 在 $C^1(M, N)$ 中 $s_\alpha \to s$, 除非存在极小调和映照 $\tilde{s} : S^2 \to N$, 它的像落在 $s_\alpha(M)$ 的 Hausdorff 极限集中. 在这种情形下 $\lim_{\alpha\to 1} \tilde{E}(s_\alpha) \geqslant E(\tilde{s}) + E(s) \geqslant E(\tilde{s}) \geqslant \varepsilon_0$. 如果 $M = S^2$, 由引理 5.3, $E(s) \geqslant \varepsilon_0$ 从而 $\lim_{\alpha\to 1} \tilde{E}_\alpha(s_\alpha) \geqslant 2\varepsilon_0$. (在 $C^1(M - \{x_1, x_2\}, N)$ 中 $\tilde{s} \to s$ 的情形, 我们有两个非平凡调和映照 $\tilde{s}_1$, $\tilde{s}_2$, 从而 $\lim_{\alpha\to 1} \tilde{E}_\alpha(s_\alpha) \geqslant \sum_{j=1}^{2} E(\tilde{s}_j) + E(s) \geqslant 2\varepsilon_0$.) 所以, [U1] 中的结果适用于此.

定理 5.7 如果 N 的通用覆盖空间不是可缩的, 那么存在一个非平凡的调和映照 $s : S^2 \to N$.

证明 我们用定理 2.8 和定理 3.3 得到 $\tilde{E}_\alpha$ 的临界映照 s_α 满足 $\varepsilon < \tilde{E}_\alpha(s_\alpha) < B$. 那么, 根据定理 4.4, 有一个调和映照 s 使在 $C^1(S^2 - \{x_1, \cdots, x_\ell\}, N)$ 中 $s_\alpha \to s$. 如果 s 不是常值映照, 我们完成了证明. 如果 s 是常值映照, 由于 $\tilde{E}_\alpha(s_\alpha) > \varepsilon$, s_α 在某些点就不收敛于 s. 根据定理 4.7, 存在一个非平凡调和映照 $\tilde{s}$ 并且 $\tilde{s}(S^2) \subset \bigcap_\alpha \bigcup_{\beta<\alpha} s_\beta(S^2)$.

因为从 S^2 到 N 的调和映照的像是共形分支极小浸入, 前一定理推出了极小球存在性的主要定理. 注意到 N 的通用覆盖空间的假定不能取消, 否则如果 N 有非正曲率, 那么, 从 S^2 到 N 的任何调和映照是常值映照.

定理 5.8 如果 N 的通用覆盖空间不是可缩的, 那么存在一个非平凡的 C^∞ 共形分支极小浸入 $s : S^2 \to N$.

再从定理 5.5 我们得到关于极小球面的最后结果.

定理 5.9 存在自由同伦类 $\Lambda_i \in \pi_0 C^0(S^2, N)$ 的有限集, 使元素 $\{\lambda \in \Lambda_i\}$ 生成被 $\pi_1(N)$ 作用的 $\pi_2(N)$, 并且使每个 Λ_i 中包含球面的共形分支极小浸入, 它是从 S^2 到 N 的落在 Λ_i 中的映照中面积最小的映照.

第七章　具正全迷向截面曲率的流形

在 [GM] 中, 借助调和形式理论, 证明了具有正曲率算子紧致单连通 n 维 Riemann 流形, 一定和 n 维球面具有相同的同调类. 进而, Hamilton [Ha1] 利用热方程方法证明了四维紧致单连通具正曲率算子的 Riemann 流形一定微分同胚于 S^4. 另一方面, 根据球定理 [CE], 我们知道, 如果 M 是单连通的并且截面曲率满足 $\frac{1}{4} < K_M \leqslant 1$, 那么 M 同胚于球面, 这个定理首先由 Rauch 所证明, 然后被 Klingenberg 和 Berger 所改进. 用一个新的曲率假定, Micallef 和 Moore [MM] 得到了那些结果的改进形式. 即, 他们对具有严格逐点 $\frac{1}{4}$–夹的流形证明了球定理, 并且, 他们说明了每个具有正曲率算子的单连通 Riemann 流形同胚于球面. 具体而言, 他们运用 Sacks-Uhlenbeck 极小 S^2 理论, 证明了一个紧致单连通至少四维的 Riemann 流形, 如果它的全迷向截面曲率为正, 一定同胚于球面. 最近, R. Hamilton 发展了他的热方程方法用来证明一个紧致定向的四维流形, 如果具有正的全迷向截面曲率, 就一定微分同胚于若干个 $S^1 \times M^3$ 拷贝的连通和, 其中, M^3 是一个常截面曲率的三维流形, 即球面 S^3 被等距离散子群自由作用后的商空间. 本章中, 我们将描述这一重要的曲率条件, 并给出 Micallef-Moore 定理的证明. 值得注意, Micallef 和 Wang (Duke Math. J. 72 (1993), 649–672) 已说明正全迷向截面曲率紧致流形 (任何维数) 的连通和也容有这样的度量. 这样, 任何个 $S^1 \times M^{n-1}$ 拷贝的连通和以及常正曲率 n 维流形具有正全迷向曲率的度量.

§1. 正全迷向截面曲率

设 M 是 n 维 Riemann 流形, 它在 p 点的切空间为 T_pM. 在 p 点的**曲率算子**为切空间的二次外积空间 $\Lambda^2 T_pM$ 上的自共轭线性映照 $\mathcal{R}:\Lambda^2T_pM\to\Lambda^2T_pM$, 对 $x,y,u,v\in T_pM$, 定义为

$$\langle\mathcal{R}(x\wedge y),u\wedge v\rangle=\langle R(x,y)v,u\rangle.$$

如同第五章 §2, Riemann 度量 $\langle\ ,\ \rangle$ 可被延拓为 $T_pM\otimes\mathbb{C}$ 上的一个复双线性型 $(\ ,\ )$ 以及一个 Hermite 内积 $\langle\langle\ ,\ \rangle\rangle$. 类似地, 在 Λ^2T_pM 上的 Riemann 度量也能以这两种方式延拓到 $\Lambda^2T_pM\otimes\mathbb{C}$.

我们将曲率算子延拓为复线性映照 $\mathcal{R}:\Lambda^2T_pM\otimes\mathbb{C}\to\Lambda^2T_pM\otimes\mathbb{C}$, 并且对每个截面 $\sigma\subset T_pM\otimes\mathbb{C}$, 我们对应一个**复截面曲率** $K(\sigma)$, 它是实数, 定义为

$$K(\sigma)=\frac{\langle\langle\mathcal{R}(z\wedge w),z\wedge w\rangle\rangle}{\|z\wedge w\|^2},$$

其中 $\{z,w\}$ 是 σ 的一组基.

一个元素 $z\in T_pM\otimes\mathbb{C}$ 如果满足 $(z,z)=0$, 称为**迷向的**. 如果复线性子空间 $V\subset T_pM\otimes\mathbb{C}$ 中的任一元素 $z\in V$ 都是迷向的, $(z,z)=0$, 它就称为**全迷向子空间**.

定义 如果对任何点 $p\in M$ 和全迷向平面 $\sigma\subset T_pM\otimes\mathbb{C}$, $K(\sigma)>0$, 那么, Riemann 流形 M 具有正全迷向截面曲率.

附注 (1) $z\in T_pM\otimes\mathbb{C}$ 的全迷向子空间的维数不超过 $\frac{n}{2}$, 所以, 这种曲率条件仅对 $n\geqslant 4$ 有意义.

(2) 正像 “正截面曲率” 的条件理想地被用来研究测地线的稳定性, “正全迷向截面曲率” 的条件恰好被用来研究 Riemann 流形中极小曲面的稳定性.

现在我们来考察某些常用的曲率条件, 它们都蕴涵正全迷向截面曲率. 如果 σ 是 $z\in T_pM\otimes\mathbb{C}$ 的二维全迷向子空间, 那么, 存在 σ 的一组基 $\{z,w\}$, 使得

$$z=e_1+ie_2,\qquad w=e_3+ie_4,$$

其中 $e_1,\cdots,e_4$ 是单位正交切向量. 由于

$$z\wedge w=(e_1\wedge e_3-e_2\wedge e_4)+i(e_1\wedge e_4+e_2\wedge e_3),\tag{1}$$

立即得到

$$\begin{aligned}\langle\langle\mathcal{R}(z\wedge w),z\wedge w\rangle\rangle &= \langle\mathcal{R}(e_1\wedge e_3-e_2\wedge e_4),e_1\wedge e_3-e_2\wedge e_4\rangle\\ &\quad+\langle\mathcal{R}(e_1\wedge e_4+e_2\wedge e_3),e_1\wedge e_4+e_2\wedge e_3\rangle\\ &= R_{1331}+R_{2442}+R_{1441}+R_{2332}-2R_{1234},\end{aligned}\tag{2}$$

其中, 我们用了 Bianchi 恒等式.

假定 M 是一个定向四维流形. 那么, (1) 式的实部和虚部或者都是自对偶, 或者都是反自对偶 [AHS]. $\mathcal{R}$ 的将自对偶 2–形式映到自身的分量是 $W_+ + \frac{1}{12}s$, 这里, W_+ 是 Weyl 张量 W 的自对偶部分, s 是数量曲率. 类似地, $\mathcal{R}$ 的将反自对偶 2–形式映到自身的分量是 $W_- + \frac{1}{12}s$. 对四维流形, 有一个正全迷向截面曲率的简单的充要条件: 两个自共轭算子 $W_+ + \frac{1}{12}s$ 和 $W_- + \frac{1}{12}s$ 的最小特征值之和是正的. 由于 W_+ 和 W_- 的迹都是零, 这个充要条件等价于 $-W+\frac{1}{6}s$ 是正定的. 特别地, 零迹 Ricci 张量不影响四维流形中全迷向二维截面的曲率.

在维数 $\geqslant 4$ 时, 有各种蕴涵正全迷向截面曲率的条件. 其中, 最简单的是曲率算子 $\mathcal{R}$ 是正定的, 这时我们说 M 有**正曲率算子**. 另一个意味着正全迷向截面曲率的条件是严格逐点 $\frac{1}{4}$–夹. 对任何 $p\in M$ 和所有实二维平面 $\sigma\subset T_pM$, 如果存在 M 上正常数 $\mathcal{K}$ 使截面曲率 $K(\sigma)$ 满足

$$\delta\mathcal{K}(p)\leqslant K(\sigma)\leqslant\mathcal{K}(p),$$

那么, 我们说 M 的截面曲率是**逐点 δ–夹的**, 这里 $0<\delta\leqslant 1$. 如果 $\mathcal{K}$ 是常数, 这就称为**整体夹的**. 如果其中一个不等式是严格的, 就称为**严格的**. 假定 M 的截面曲率是严格逐点 $\frac{1}{4}$–夹. 那么, (2) 中开头四项的每项严格大于 $\frac{1}{4}\mathcal{K}(p)$, 而 Berger [Bg, p.69] 的一个不等式说明

$$|R_{1234}|\leqslant\frac{1}{2}\mathcal{K}(p).$$

立即得到

$$\langle\langle\mathcal{R}(z\wedge w),z\wedge w\rangle\rangle>0,$$

所以, 严格逐点 $\frac{1}{4}$–夹的截面曲率蕴涵着正全迷向截面曲率. 现在我们来陈述主要定理.

主要定理 设 M 是紧致单连通 n 维 Riemann 流形 $(n\geqslant 4)$, 它具有正全迷向截面曲率, 那么, M 同胚于球面.

推论 设 M 是紧致单连通 n 维 Riemann 流形 $(n \geqslant 4)$. 如果 M 具有正曲率算子或 M 具有严格逐点 $\frac{1}{4}$–夹的截面曲率, 那么, M 同胚于球面.

附注 (1) 上述推论对 $n=2,3$ 也成立. $n=2$ 的情形是熟知的, 而 $n=3$ 的情形可从 Hamilton [Ha2] 的一个定理直接得到, 它事实上在正 Ricci 曲率条件下说明 M 微分同胚于球面.

(2) Ruh [R] 是第一个以逐点夹的假定证明球定理的. 以后, Huisken [Hu] 用热方程方法证明了类似的结果. 如果曲率是逐点 δ–夹的, Ruh 和 Huisken 事实上证明了 M 微分同胚于球面, 这里 δ 充分接近于 1 (当 $n = \dim M \to \infty$ 时, $\delta = \delta(n) \to 1$). 应该指出的是对整体夹的条件可以证明微分球定理 [CE, 第 7 章], 这时 δ 和维数 n 无关.

证明主要定理中的关键步骤在于说明在维数 $\geqslant 4$ 的具有正全迷向截面曲率的 Riemann 流形中的非平凡分支共形极小球面 S^2 必有指标 $\geqslant \frac{n}{2} - \frac{3}{2}$. 这将在下一节证明.

§2. M 中调和二维球面的指标

设 Σ 是 Riemann 面, M 是 Riemann 流形, 并且, $f: \Sigma \to M$ 是一个非平凡的调和映照. M 上的切丛 TM 拉回定义了 Σ 上的光滑向量丛 f^*TM, 并且, TM 上的 Riemann 度量和 Levi-Civita 联络拉回成 f^*TM 上的一个度量 $\langle\ ,\ \rangle$ 和联络 ∇. 前面我们已经看到, 纤维度量 $\langle\ ,\ \rangle$ 有两种方法扩充到复化丛 $\mathbb{E} = f^*TM \otimes \mathbb{C}$ 上: $(\ ,\ )$ 和 $\ll\ ,\ \gg$. 联络 ∇ 扩充为 E 上的复线性联络, 它关于 $\ll\ ,\ \gg$ 是 Hermite 的.

设 $\mathcal{A}^{p,q}(\mathbb{E})$ 表示 Σ 上取值于 $\mathbb{E}$ 的 (p,q)–形式; 在 Σ 上的局部复坐标 $z = x+iy$ 下, $\mathcal{A}^{1,0}(\mathbb{E})$ 由含 dz 的因子项组成, 而 $\mathcal{A}^{0,1}(\mathbb{E})$ 由含 $d\bar{z}$ 的因子项组成. 联络 ∇ 分解成两个分量

$$\nabla' : \mathcal{A}^{0,0}(\mathbb{E}) \to \mathcal{A}^{1,0}(\mathbb{E}), \quad \nabla'' : \mathcal{A}^{0,0}(\mathbb{E}) \to \mathcal{A}^{0,1}(\mathbb{E}),$$

并且众所周知 [KM], [AHS, 定理 5.1], 在 $\mathbb{E}$ 上存在唯一的全纯结构, 对此 $\nabla'' = \bar{\partial}$, $\mathbb{E}$ 上的 $\bar{\partial}$–算子. 关于这个全纯结构, $\mathbb{E}$ 的一个截面 W 是全纯的

$$\iff \nabla'' W \iff \nabla_{\frac{\partial}{\partial \bar{z}}} W = 0.$$

显然, 我们可将 $\frac{\partial f}{\partial z}$ 看为 $\mathbb{E}$ 的局部截面. 在这记号下, f 是调和的这个事实

表示为

$$\nabla_{\frac{\partial}{\partial \bar{z}}} \frac{\partial f}{\partial z} = 0,$$

它说明 $\frac{\partial f}{\partial z}$ 是 $\mathbb{E}$ 的局部全纯截面. 另一方面, f 将是共形的, 如果它满足

$$\left(\frac{\partial f}{\partial z}, \frac{\partial f}{\partial z} \right) = 0,$$

这说明 $\frac{\partial f}{\partial z}$ 是迷向的.

假定在 Σ 上给定与共形结构相容的 Riemann 度量 ds^2, 使 $ds^2 = \lambda^2(dx^2 + dy^2)$. 如果 $V \in \Gamma(f^*TM)$, 关于变分向量场为 V 的 f 的形变的能量的第二变分由**指标形式**所给出(见第五章 §1):

$$I(V,V) = 2\int_{\Sigma} [\|\nabla V\|^2 - \langle \mathcal{K}(V), V \rangle] dA, \tag{3}$$

其中 dA 是 (Σ, ds^2) 的面积元,

$$\|\nabla V\|^2 = \frac{1}{\lambda^2}\Big[\Big\langle \nabla_{\frac{\partial}{\partial x}} V, \nabla_{\frac{\partial}{\partial x}} V \Big\rangle + \Big\langle \nabla_{\frac{\partial}{\partial y}} V, \nabla_{\frac{\partial}{\partial y}} V \Big\rangle\Big],$$

并且 $\mathcal{K}$ 是 f^*TM 的向量丛自同态, 由

$$\mathcal{K}(V) = \frac{1}{\lambda^2}\Big[R\Big(V, \frac{\partial f}{\partial x}\Big)\frac{\partial f}{\partial x} + R\Big(V, \frac{\partial f}{\partial y}\Big)\frac{\partial f}{\partial y}\Big]$$

所定义. f 的**指标数**是 $\Gamma(f^*TM)$ 中使指标形式 (3) 是负定的线性子空间的极大维数. f 的**零化数**是 Jacobi 场空间的维数, 一个元 $U \in \Gamma(f^*TM)$ 称为 **Jacobi 场**, 如果它对所有 $V \in \Gamma(f^*TM)$ 满足

$$I(U,V) = 0.$$

将 f^*TM 上的向量丛自同态 $\mathcal{K}$ 延拓到 $\mathbb{E} = f^*TM \otimes \mathbb{C}$ 上的向量丛自同态时, 我们看到指标形式 (3) 延拓为 $\mathbb{E}$ 上截面的 Hermite 对称双线性型. 所以, 可用上述同样的方式对 Hermite 对称指标形式定义 f 的指标数和零化数.

引理 1 如果 $W \in \Gamma(\mathbb{E})$, 则

$$I(W,W) = 8\int_{\Sigma} \Big[\Big\|\nabla_{\frac{\partial}{\partial \bar{z}}} W\Big\|^2 - \Big\langle\!\Big\langle \mathcal{R}\Big(W \wedge \frac{\partial f}{\partial z}\Big), W \wedge \frac{\partial f}{\partial z} \Big\rangle\!\Big\rangle\Big] dxdy. \tag{4}$$

证明 分部积分得到

$$\int_\Sigma \left\|\nabla_{\frac{\partial}{\partial \bar{z}}} W\right\|^2 dxdy = \frac{1}{4}\int_\Sigma \left[\left\|\nabla_{\frac{\partial}{\partial x}} W\right\|^2 + \left\|\nabla_{\frac{\partial}{\partial y}} W\right\|^2\right] dxdy$$
$$-\frac{i}{4}\int_\Sigma \left\langle\!\!\left\langle R\left(\frac{\partial f}{\partial x}, \frac{\partial f}{\partial y}\right)W, W\right\rangle\!\!\right\rangle dx,$$

其中曲率张量 R 被延拓为对它的所有变量是复线性的. 代入到 (3) 的 Hermite 推广式中得到

$$I(W,W) = 2\int_\Sigma \Bigg[4\left\|\nabla_{\frac{\partial}{\partial \bar{z}}} W\right\|^2 + i\left\langle\!\!\left\langle R\left(\frac{\partial f}{\partial x}, \frac{\partial f}{\partial y}\right)W, W\right\rangle\!\!\right\rangle$$
$$-\left\langle\!\!\left\langle R\left(W, \frac{\partial f}{\partial x}\right)\frac{\partial f}{\partial x}, W\right\rangle\!\!\right\rangle - \left\langle\!\!\left\langle R\left(W, \frac{\partial f}{\partial y}\right)\frac{\partial f}{\partial y}, W\right\rangle\!\!\right\rangle\Bigg] dxdy.$$

用 Bianchi 恒等式, 我们能说明

$$i\left\langle\!\!\left\langle R\left(\frac{\partial f}{\partial x}, \frac{\partial f}{\partial y}\right)W, W\right\rangle\!\!\right\rangle - \left\langle\!\!\left\langle R\left(W, \frac{\partial f}{\partial x}\right)\frac{\partial f}{\partial x}, W\right\rangle\!\!\right\rangle - \left\langle\!\!\left\langle R\left(W, \frac{\partial f}{\partial y}\right)\frac{\partial f}{\partial y}, W\right\rangle\!\!\right\rangle$$
$$= -4\left\langle\!\!\left\langle \mathcal{R}\left(W \wedge \frac{\partial f}{\partial z}\right), W \wedge \frac{\partial f}{\partial z}\right\rangle\!\!\right\rangle.$$

这就完成了证明.

注意 从引理 1 得知和 Σ 相切的任何全纯向量场的 f_*-像是迷向的复 Jacobi 场.

定理 1 设 M 是 n 维具正全迷向截面曲率的 Riemann 流形. 那么, 任何非平凡的共形调和映照 $f: S^2 \to M$ 的指标数至少为 $\frac{n-3}{2}$.

证明 我们非常依赖于我们讨论的极小曲面的亏格为零的事实, 像在 §5.3 中做的一样. 根据 Grothendick 的一个定理, 像在 §5.3 中一样, $\mathbb{E}$ 分解为全纯线丛的直和

$$\mathbb{E} = L_1 \oplus \cdots \oplus L_p \oplus L_{p+1} \oplus \cdots \oplus L_r \oplus L_{r+1} \oplus \cdots \oplus L_n,$$

其中, 对 $1 \leqslant i \leqslant p$, $c_1(L_i) > 0$; 对 $p+1 \leqslant j \leqslant r$, $c_1(L_j) = 0$; 对 $r+1 \leqslant k \leqslant n$, $c_1(L_k) < 0$. 设 $\mathbb{E}_+ = L_1 \oplus \cdots \oplus L_p$, $\mathbb{E}_0 = L_{p+1} \oplus \cdots \oplus L_r$, $\mathbb{E}_- = L_{r+1} \oplus \cdots \oplus L_n$. 那么, 根据 §5.3 中的讨论, $\mathbb{E}_+$ 正交于 $\mathbb{E}_0$, 并且 $p + r = n$. 特别地, $\mathbb{E}_+$ 是 $\mathbb{E}$ 的一个迷向子丛. 进而, 如果 $z = x + iy$ 是 Riemann 球面 $\mathbb{C} \cup \{\infty\}$ 上的标准坐标, 那么 $\frac{\partial f}{\partial z}$ 是 $\mathbb{E}_+$ 的一个全纯截面, 因为它在 ∞ 和 f 的分支点都为零.

设 $\mathcal{U}$, $\mathcal{V}$ 是 $\Gamma(\mathbb{E})$ 的复线性子空间, 使 $\mathcal{U}$ 由 $\mathbb{E}_+$ 的全纯截面所生成, 它自然是迷向的, 而 $\mathcal{V}$ 由取值于 $\mathbb{E}_0$ 的极大全迷向子丛所生成 ($\mathbb{E}_+$ 和 $\mathbb{E}_0$ 的全纯截面的存在性由 Riemann-Roch 定理所确保, 它告诉我们如果 $c_1(L_i) \geqslant 0$, 那么, L_i 的全纯截面的复维数为 $c_1(L_i)+1$; 如果 $c_1(L_i) < 0$, 那么, L_i 的全纯截面的复维数为零). 利用线性代数, 我们可以说明

$$\begin{aligned}\dim_{\mathbb{C}} \mathcal{V}(q) &= \{w \in T_qM : w \in W(q),\ \text{对某些}\ W \in \mathcal{V}\} \\ &\geqslant \frac{r-p-1}{2}.\end{aligned}$$

定义 $\mathcal{W} = \mathcal{U} + \mathcal{V}$. 从而

$$\begin{aligned}\dim_{\mathbb{C}} \mathcal{W}(q) &= \{w \in T_qM : w \in W(q),\ \text{对某些}\ W \in \mathcal{W}\} \\ &\geqslant p + \frac{r-p-1}{2} = \frac{n-1}{2}.\end{aligned}$$

$\mathcal{W}$ 的一维子空间算在与球面相切的 $\frac{\partial f}{\partial z}(q)$. 这样, $\mathcal{W}$ 包含复维数至少为 $\frac{n-3}{2}$ 的线性子空间 $\mathcal{W}_0$, 它由 $\mathbb{E}$ 的迷向全纯截面所组成, 并且当 $W \in \mathcal{W}_0$ 时, $W \wedge \frac{\partial f}{\partial z}$ 不恒等于零. 从引理 1 得到对 $W \in \mathcal{W}_0$,

$$I(W,W) = -8\int_{S^2} \left\langle\!\!\left\langle \mathcal{R}\Big(W \wedge \frac{\partial f}{\partial z}\Big), W \wedge \frac{\partial f}{\partial z} \right\rangle\!\!\right\rangle dxdy.$$

注意到 $W(q)$ 和 $\frac{\partial f}{\partial z}(q)$ 对几乎所有 $q \in M$ 张成 $T_qM \otimes \mathbb{C}$ 的全迷向二维平面. 这样, 根据假定, 指标形式在 $\mathcal{W}_0$ 上是负定的, 从而, f 的指标数至少是 $\frac{n-3}{2}$, 这就是要证的结果.

附注 当 M 具正曲率算子或严格 $\frac{1}{4}$–夹的截面曲率时, 上述讨论略做修改将说明 f 的指标数至少是 $n-2$. 在下一节我们将看到纯粹由于 Morse 理论的原因, 如 [SaU] 所示, 任何紧致单连通 Riemann 流形必包含指标数 $\leqslant n-2$ 的非平凡极小 S^2.

§3. α–能量的低指标数的临界点

我们现在将观点转到整体分析以及 Sacks 和 Uhlenbeck 的 α–能量 (请见前一章). 它们的 α–能量满足 Palais 和 Smale 的条件 C, 它的临界点仍可能是退化的. 但是, 回顾 Morse 定理 [Mn], 如果 f 是定义在 $\mathbb{R}^n$ 的紧子集中的 C^2 函数, 那么, 对 $\mathbb{R}^n$ 的稠密开子集中的 v, 映照 $x \mapsto f(x) + v \cdot x$ 只有非退化临界点. 与

这类似地, 我们将定义一个 α–能量扰动形式, 所谓 (α,ψ)–能量, 它们可选取得只有非退化临界点. 假定 M 等距地嵌入到 $\mathbb{R}^N$ 中. 那么, 我们可将 $L_1^{2\alpha}(\Sigma,M)$ 看为 $L_1^{2\alpha}(\Sigma,\mathbb{R}^N)$ 的光滑子流形. 给定一个 L^1 函数 $\psi:\Sigma\to\mathbb{R}^N$, (α,ψ)–**能量**是 C^2 函数 $E_{\alpha,\psi}:L_1^{2\alpha}(\Sigma,M)\to\mathbb{R}$, 定义为

$$E_{\alpha,\psi}(f)=E_\alpha(f)+\int_\Sigma(f\cdot\psi)dA,$$

其中点 "·" 表示 $\mathbb{R}^N$中的通常点积. $E_{\alpha,\psi}$ 仍然满足 Palais-Smale 的条件 C, 并且有下界.

直接计算说明它的 Euler-Lagrange 方程是

$$Q_{\alpha,\psi}(f)=0,$$

其中

$$\begin{aligned}Q_{\alpha,\psi}(f) &= 2\alpha(1+\|df\|^2)^{\alpha-1}\Big\{\Delta f+(\alpha-1)(1+\|df\|^2)^{-1}\sum e_i(\|df\|^2)e_i(f)\\&\quad-\sum(A\circ f)\langle e_i(f),e_i(f)\rangle-\frac{1}{2\alpha}(1+\|df\|^2)^{1-\alpha}P_f(\psi)\Big\}.\end{aligned}$$

在这个公式中, A 是 M在 $\mathbb{R}^N$ 中的第二基本形式, 而 $P_f(\psi)(p)$ 是 $\psi(p)$ 在 $T_{f(p)}M$ 中的正交投影.

引理 2 如果 ψ 是 C^∞ 的, 那么, $E_{\alpha,\psi}$ 的任何临界点是 C^∞ 的.

证明 从命题 6.2.3 直接得到.

在 $E_{\alpha,\psi}$ 的临界点 $f\in L_1^{2\alpha}(\Sigma,M)$, $E_{\alpha,\psi}$ 的二阶导数定义了一个对称双线性型,

$$\delta^2E_{\alpha,\psi}(f):T_fL_1^{2\alpha}(\Sigma,M)\times T_fL^{2\alpha}(\Sigma,M)\to\mathbb{R},$$

它叫作 $E_{\alpha,\psi}$ 在 f 的 Hessian. 一个较为直接的计算说明对 V, W,

$$\begin{aligned}\delta^2E_{\alpha,\psi}(f)(V,W)&=4\alpha(\alpha-1)\int_\Sigma(1+\|df\|^2)^{\alpha-2}\langle df,\nabla V\rangle\langle df,\nabla W\rangle dA\\&\quad+2\alpha\int_\Sigma(1+\|df\|^2)^{\alpha-2}\{\langle\nabla V,\nabla W\rangle-\langle\mathcal{K}(V),W\rangle\}dA\\&\quad+\int_\Sigma(A\circ f)(V,W)\cdot\psi dA.\end{aligned}\tag{5}$$

$E_{\alpha,\psi}$ 在临界点 f 的 **算子** $L_{\alpha,\psi}(f)$ 是二阶微分算子, 由 (5) 分部积分得到:

$$\delta^2E_{\alpha,\psi}(f)(V,W)=\int_\Sigma-\langle L_{\alpha,\psi}(f)(V),W\rangle dA.$$

当 $\alpha-1$ 很小时, 它是自共轭椭圆算子. 根据这类算子的理论, $L_{\alpha,\psi}$ 诱导了指标为零的 Fredholm 映照 $L_{\alpha,\psi}: L_2^{2\alpha}(f^*TM)\to L^{2\alpha}(f^*TM)$. 注意到

$$L_{\alpha,\psi}(f)(V)=\delta((Q_{\alpha,\psi})(f))(V),$$

其中右端求导是关于变量 f 进行的.

引理 3 给定任何常数 a, 集合 $ND^a=\{\psi\in L^{2\alpha}(\Sigma,\mathbb{R}^N)$: 在 $E_{\alpha,\psi}$ 中的每个使 $E_\alpha(f)\leqslant a$ 的临界点 f, 有 $\mathrm{Ker}(L_{\alpha,\psi})=0\}$ 是稠密开集.

证明 见 [U2] 或 [MM, 引理 2].

因为 C^∞ 映照在 L^p 中是稠密的, 并对任何给定的常数 a, ND^a 是开的, 我们能找到任意小 $L^{2\alpha}$ 模的映照 $\psi\in C^\infty(\Sigma,\mathbb{R}^N)\cap ND^a$. 从引理 2 得到 $E_{\alpha,\psi}$ 的所有临界映照是 C^∞ 的. 这样 Uhlenbeck 的定理 [U3, §5] 意味着 α–能量 $\leqslant a$ 的 $E_{\alpha,\psi}$ 的所有临界点是弱非退化的并具有有限指标. 具有这种类型临界点的函数能应用 Banach 流形上的 Morse 理论. 往后, 我们假定 $\Sigma=S^2$, 具有常曲率度量且为单位面积的球面.

引理 4 如果 M 是紧的并且 $\pi_k(M)\neq 0$, 那么, 存在 $E_\alpha: L_1^{2\alpha}(S^2,M)\to\mathbb{R}$ 的一个临界点, 它的指标 $\leqslant k-2$. 并且, 存在不依赖于 α 的常数 B, 使该临界点的 α–能量 $\leqslant(1+B^2)^\alpha$.

证明 根据引理 3, 对任何 α 和 ε, 存在 $\psi\in C^\infty(\Sigma,\mathbb{R}^N)\cap ND^a$ 且 $\|\psi\|_{0,2\alpha}<\varepsilon$, 使所有 (α,ψ)–能量 $\leqslant a$ 的临界点是弱非退化的. 适当选取 a 和 ε, 我们能应用定理 6.2.7 的证明. 所以, 存在 (α,ψ)–能量 $\leqslant a$ 的 $E_{\alpha,\psi}$ 的临界点 $f_{\alpha,\psi}$. 根据 [U3] 中的 Morse 理论, $f_{\alpha,\psi}$ 有指标 $\leqslant k-2$. 进而, 从定理 6.2.7 得到存在不依赖于 α 的正常数 B 和 C, 使 $f_{\alpha,\psi}$ 能被取成满足

$$E_{\alpha,\psi}(f_{\alpha,\psi})\leqslant(1+B^2)^\alpha+C\|\psi\|_{0,2\alpha}. \tag{6}$$

现在, 取 $L^{2\alpha}$ 中收敛的序列 $\psi(i)\to 0$ 以及指标 $\leqslant k-2$ 的满足 (6) 的弱非退化的临界点 $f_{\alpha,\psi(i)}$. 泛函 E_α 在这个序列上是有界的且 E_α 的梯度有零极限点. 它满足 Palais-Smale 条件 (C), 从而, 在这个序列中存在一个临界点 f_α. 显然, f_α 不是常数, 具有指标 $\leqslant k-2$, 并且满足不等式 $E_\alpha(f_\alpha)\leqslant(1+B^2)^\alpha$.

§4. 小指标数调和二维球的存在性

定理 2 设 M 是紧致 Riemann 流形, 它的 $k \geqslant 2$ 阶同伦群 $\pi_k(M) \neq 0$, 那么, M 中存在指标 $\leqslant k-2$ 的非常值调和二维球面.

证明这个定理之前, 我们先叙述一个著名的定理, 它告诉我们在 M 的非平凡调和二维球中可去掉有限多个点而不影响它的指标数(如见 [GL]).

引理 5 设 m 是非平凡调和映照 $f: S^2 \to M$ 的指标数. 在 M 中给定有限点集 $\{p_1, \cdots, p_\ell\}$, 存在维数为 m 的 $\Gamma(f^*TM)$ 的线性子丛 $\mathcal{V}$, 使 (i) 指标形式 I 在 $\mathcal{V}$ 上是负定的, (ii) 如果 $V \in \mathcal{V}$, 那么, V 在 p_i $(1 \leqslant i \leqslant \ell)$ 的一个开邻域中为零.

定理 2 的证明 根据引理 4, 存在一个序列 $\alpha(i) \to 1$, 以及 $E_{\alpha(i)}$ 的临界点 $f_{\alpha(i)}$, 使 $E_{\alpha(i)}$ 在 $f_{\alpha(i)}$ 的指标 $\leqslant k-2$. 进而, 应用第六章 §3 的定理 3.3, 我们有

$$E_{\alpha(i)}(f_{\alpha(i)}) \leqslant (1+B^2)^{\alpha(i)}, \qquad E(f_{\alpha(i)}) \geqslant \varepsilon,$$

这里, B 和 ε 是不依赖于 $\alpha(i)$ 的常数. 令 $\alpha(i) \to 1$. 从定理 6.4.4 得到, 我们能使 $f_{\alpha(i)}$ 按 C^1 模在 S^2 扣去有限点集上收敛于一个常值映照或收敛于一个非平凡共形分支极小球 $f_1: S^2 \to M$.

情形 I. 极限映照不是常值映照. 只要说明 $m = f_1$ 的指标 $\leqslant k-2$. 我们考察向量丛的交换图

$$\begin{array}{ccccc} f_1^*TM & \longrightarrow & \pi_2^*TM & \longrightarrow & TM \\ \downarrow & & \downarrow & & \downarrow \\ S^2 & \xrightarrow{(id, f_1)} & S^2 \times M & \xrightarrow{\pi_2} & M \end{array},$$

其中 π_2 是到第二个分量的投影. 设 $\{p_1, \cdots, p_\ell\}$ 是 S^2 中的点, 在这些点上不收敛. 根据前面的引理, 存在 m 个线性独立的变分向量场 $V_1, \cdots, V_m \in \Gamma(f_1^*TM)$, 使

(i) 指标形式在 $\{V_1, \cdots, V_m\}$ 张成的空间是负定的.

(ii) $V_1, \cdots, V_m$ 在 $\{p_1, \cdots, p_\ell\}$ 的邻域中为零.

将 $V_1, \cdots, V_m$ 扩充成 π_2^*TM 的光滑截面 $\tilde{V}_1, \cdots, \tilde{V}_m$, 它们的支集在 $(id, f_1)(S^2)$ 的管状邻域中, 且令

$$V_r(i) = (id, f_{\alpha(i)})^*(\tilde{V}_r),$$

这里, $1 \leqslant r \leqslant \ell$. 如果我们将 $V_r(i)$ 看为从 S^2 到 M 的切丛的一个映照使 $V_r(i)(p)$ 落在 M 在 $f_{\alpha(i)}(p)$ 的切空间上, 那么, 在 C^1 中

$$V_r(i) \to (id, f_1)^*(\tilde{V}_r) = V_r.$$

现在, 我们要用 α–能量 E_α 在临界点 f_α 的第二变分的表达式. 由于 $Q_\alpha = Q_{\alpha,0}$ 在临界点为零, 从 (5) 得到对所有 $U, V \in L_1^{2\alpha}((f_\alpha)^*TM)$,

$$\begin{aligned}\delta^2 E_\alpha(f_\alpha)(U,V) = 4\alpha(\alpha-1)\int_{S^2}(1+\|df_\alpha\|^2)^{\alpha-2}\langle df_\alpha, \nabla U\rangle\langle df_\alpha, \nabla V\rangle dA \\ + 2\alpha\int_{S^2}(1+\|df_\alpha\|^2)^{\alpha-1}\{\langle\nabla U, \nabla V\rangle - \langle\mathcal{K}(U), V\rangle\}dA,\end{aligned} \tag{7}$$

当 $\alpha \to 1$ 时,

$$\begin{aligned}&(\alpha-1)\left|\int_{S^2}(1+\|df_\alpha\|^2)^{\alpha-2}\langle df_\alpha, \nabla V_r(i)\rangle\langle df_\alpha, \nabla V_s(i)\rangle dA\right| \\ \leqslant\ &(\alpha-1)\left|\int_{S^2}(1+\|df_\alpha\|^2)^{\alpha-1}\|\nabla V_r(i)\|\|\nabla V_s(i)\|dA\right| \to 0,\end{aligned}$$

所以, 从 (7) 得到

$$\begin{aligned}&\delta^2 E_{\alpha(i)}(f_{\alpha(i)})(V_r(i), V_s(i)) \\ \to\ &2\int_{S^2}\{\langle\nabla V_r, \nabla V_s\rangle - \langle\mathcal{K}(V_r), V_s\rangle\}dA = I(V_r, V_s),\end{aligned}$$

这里, I 是通常能量的指标形式. 这样, 当 $\alpha(i)$ 充分接近于 1 时, $(m \times m)$ 矩阵必是负定的, 它的 (r,s)–元素是 $\delta^2 E_{\alpha(i)}(f_{\alpha(i)})(V_r(i), V_s(i))$. 换言之, 当 $\alpha(i)$ 充分接近于 1 时, $f_{\alpha(i)}$ 的指标至少是 m. 所以, $m \leqslant k-2$, 这就建立了这种情形的定理.

情形 II. 极限映照 f_1 是常值. 由于 $E(f_{\alpha(i)}) \geqslant \varepsilon$, 从定理 6.4.6 得到当 $\alpha(i) \to 1$ 时, 一个非平凡共形分支极小球 "冒出来". 根据那一定理的讨论, 我们能找到一个共形放大 g_i 使映照

$$\tilde{f}_i = f_{\alpha(i)} \circ g_i : \mathbb{C} \to M$$

满足 $\|d\tilde{f}_i(0)\| = 1$ 以及在 $\mathbb{C}$ 上 $\|d\tilde{f}_i\| \leqslant 1$. 正如定理 6.4.6 所描述的, $\tilde{f}_i$ 在 $\mathbb{C}$ 的紧子集上在 C^1 中收敛于一个非常值的共形调和映照, 它可延拓到整个球面上 $\tilde{f}_1 : S^2 \to M$. 为完成证明, 只要说明 $m = \tilde{f}_1$ 的指标数 $\leqslant k-2$.

由于 α–能量不是共形不变的, 我们要用新的泛函 $\tilde{E}_i$ 取代它

$$\tilde{E}_i(\tilde{f}_i) = E_{\alpha(i)}(f_{\alpha(i)}) = \int_{\mathbb{C}} (1 + \|d\tilde{f}_i\|_i^2)^{\alpha(i)} dA_i,$$

其中, $dA_i = g_i^*(dA)$, 并且 $\|d\tilde{f}_i\|_i$ 是微分 $d\tilde{f}_i$ 关于 $ds_i^2 = g_i^*$ (S^2 上的标准度量) 的模. 类似地, 在 (7) 中用一个变量代换能得到 $\tilde{E}_i$ 在临界点的第二变分. 那么, 完全和第 I 种情形一样进行讨论, 我们能说明 $m \leqslant k-2$.

主要定理的证明 设 k 是使 $\pi_k(M) \neq 0$ 的最小整数. 由于 M 是单连通的, $k \geqslant 2$. 根据定理 2, 在 M 中存在一个指标数 $m \leqslant k-2$ 的非平凡的调和二维球面. 另一方面, 从定理 1 得到 $m \geqslant \frac{n-3}{2}$, 从而 $k > \frac{n}{2}$. 根据 Hurewicz 同构定理以及 Poincaré 对偶定理得到 $k = n$, 即 M 上最小非零同伦群为 $\pi_n(M)$. 由于 M 是 CW 复形, 从 Whitehead 的定理得到 M 一定是一个同伦球. 根据 $n \geqslant 4$ 时广义 Poincaré 猜想的解答, 我们能断定 M 同胚于球面.

附注

1 主要定理的证明说明如果 M 是紧致定向的 (不一定单连通) 四维 Riemann 流形, 使 $-W + \frac{s}{6}$ (见 §1) 是正定的, 那么, $\pi_2(M) = 0$. 对照而言, 调和形式理论意味着这类流形满足 $H^2(M, \mathbb{R}) = 0$ (见 [FU, 附录C]).

2 如果 M 除了单连通的条件外满足主要定理的所有假定, M 的通用覆盖不一定是球面, 但是, 我们仍可得到, 对 $2 \leqslant k \leqslant \frac{n}{2}$,

$$\pi_k(M) = 0. \tag{8}$$

考察 $S^1 \times S^3$ 上的标准度量, 它是共形平坦的且有常正数量曲率, 但是, 它的通用覆盖空间是 $\mathbb{R} \times S^3$. 更一般地, 如果 M 是 n 维共形平坦流形, 那么, 按迷向二维平面的标准基 $z = e_1 + ie_2, w = e_3 + ie_4$ 展开, 我们发现

$$\langle\langle \mathbb{R}(z \wedge w), z \wedge w \rangle\rangle = \frac{1}{n-2}\left[R_{11} + R_{22} + R_{33} + R_{44} - \frac{2}{n-1}s\right],$$

其中 R_{ij} 表示 Ricci 张量. 所以, 紧致的局部共形平坦的 Riemann 流形, 如果它的 Ricci 张量的最小的 4 个特征值的和 $\geqslant \frac{2}{n-1}s$, 那么它一定满足 (8). 关于这个方向的更一般的结果, 请见 [SY2].

3 主要定理在下列意义下是最佳的, 存在各种不同拓扑类型的 Riemann 流形, 它们具有全迷向非负曲率. 这类流形包括非负曲率算子流形 (例如, 所有紧型对称空间), 或者它们的曲率满足非严格逐点 $\frac{1}{4}$–夹的条件. 对奇数维流形,

有一个比非负全迷向截面曲率更强的曲率条件, 对 M 最弱的曲率条件意味着 $M \times S^1$ 具有非负全迷向截面曲率: 只要平面 σ 具有一组基 $\{z, w\}$ 使 $(z, z) = (z, w) = (w, w) = 0$, 就有 $K(\sigma) \geqslant 0$. Micallef 和 Moore 得到了一个 Synge 定理的二维形式: 如果 M 是一个奇数维紧致 Riemann 流形, 它的截面曲率满足非严格逐点 $\frac{1}{4}$–夹条件, 那么, $\pi_2(M) = 0$ [MM, §5].

第八章　具正全纯双截面曲率的紧致 Kähler 流形

设 M 是一个 Kähler 流形, 它的复维数是 n, Riemann 曲率张量是 R. 设 σ 是 $T_x(M)$ 中的一个平面(实二维线性子空间), X, Y 是 σ 的一组单位正交基. 截面曲率 $K(\sigma) = R(X,Y,X,Y)$ 是定义在 M 的切空间中的平面的 Grassmann 丛上的函数. 一个平面 σ, 如果它在 (殆) 复结构张量 J 作用下不变, 就称为全纯的. J–不变平面 σ 的集合是 M 上的全纯丛, 它的纤维是 $n-1$ 维的复射影空间 $\mathbb{P}_{n-1}$. 截面曲率 K 在这个复射影丛上的限制称为**全纯截面曲率**, 并将记成 H. 换言之, $H(\sigma)$ 仅定义在 J 不变的 σ 上, 并且 $H(\sigma) = K(\sigma)$.

在 $T_x(M)$ 中给定两个 J–不变的平面 σ 和 σ', 我们定义**全纯双截面曲率** $H(\sigma,\sigma')$ 为

$$H(\sigma,\sigma') = R(X,JX,Y,JY),$$

其中 X 是 σ 中的单位向量, Y 为 σ' 中的单位向量. 容易验证 $R(X,JX,Y,JY)$ 仅依赖于 σ 和 σ'. 由于 $H(\sigma,\sigma) = H(\sigma)$, 全纯双截面曲率比全纯截面曲率具有更多的信息. 根据 Bianchi 恒等式我们有

$$R(X,JX,Y,JY) = R(X,Y,X,Y) + R(X,JY,X,JY).$$

右端是两个截面曲率的和(精确到常数因子). 所以, 全纯双截面曲率具有比截面

曲率更少的信息.

Ricci 张量 S 可定义为

$$S(X,Y)=\sum_{i=1}^{n}R(X_i,JX_i,X,JY),$$

其中 $(X_1,\cdots,X_n,JX_1,\cdots,JX_n)$ 是 $T_x(M)$ 的一组正交基. 所以, 显然当全纯双截面曲率为正(负)时, Ricci 张量也就为正(负)的.

如果 M 是 Kähler 流形 N 的子流形, 那么, 从 Gauss-Codazzi 方程可以看出 M 的全纯双截面曲率不超过 N 的全纯双截面曲率.

Frankel 在 [F] 中曾做下列猜想:

每个紧 Kähler 流形, 如果它的全纯截面曲率 (或更一般地, 全纯双截面曲率) 为正, 那么它全纯等价于复射影空间 $\mathbb{P}_n$. 二维情形被 Androetti-Frankel [F] 用弧长的第二变分公式以及代数曲面的分类所证明. 三维的情形被 Mabuchi [Ma] 应用 Kobayashi-Ochiai [KO]的结果所解决. 应用调和映照以及 Kobayashi-Ochiai [KO1] 关于复射影空间的特征, 萧荫堂和丘成桐 [SiY] 对任何维数证明了 Frankel 猜想. 根据 Kobayashi-Ochiai 的结果, n 维复射影空间的特征是它的第一陈类等于 $\lambda c_1(F)$, 其中 $\lambda\geqslant n+1$, F 是复射影空间上的正全纯线丛. 考虑到 Bishop-Goldberg [BG] 的结果, 正全纯双截面曲率的紧致 Kähler 流形的第二 Betti 数是 1, 为证明 Frankel 猜想, 只要说明 $c_1(M)$ 是 λ 倍的 $H^2(M,\mathbb{Z})$ 的生成元, 其中 $\lambda\geqslant 1+\dim M$. 为此, 只要证明 $H_2(M,\mathbb{Z})$ 的自由部分的生成元能被有理曲线表示, 这是因为根据 Grothendieck 的结果 (在前面一章我们也用过这结果), M 的切丛限制于该有理曲线时分裂为有理曲线上的全纯线丛的直和. 有理曲线的存在性用下列方法得到. 根据 Sacks-Uhlenbeck 的结果以及它的 Meeks-丘的改进形式 [MY], 表示 $\pi_2(M)$ 的生成元的从 S^2 到 M 的映照能量的下确界可能被从 S^2 到 M 的稳定调和映照 f_i $(1\leqslant i\leqslant m)$ 的和所达到. [SiY] 中的关键步骤说明了每个 f_i 或者是全纯映照或者是反全纯映照. 为证明调和映照的复解析性, 通常用能量函数的 Bochner 形公式 [SY1, To, Wo] 或它的变种 [Si]. 然而, 萧荫堂和丘成桐运用能量函数的第二变分公式. 这个公式中, 2 参数变分用来模拟全纯形变的情形. 在这个关键步骤以后, M 上有理曲线的全纯形变用来说明 $m=1$. 我们用反证法. 如果 $m>1$, 可以将某全纯曲线 f_i 以及某反全纯曲线 f_j 的像作全纯形变, 使它们在某点相切. 分别在 f_i 和f_j 中去掉以该切点为中心的圆盘, 并用适当的曲面将两个圆盘的边界黏合起来, 这样我们得到从 S^2 到 M 的一个映照, 它具有比极小能量更小的能量. 因此, 只能 $m=1$ 并且 f_1 的像是一条有理曲线, 它表示 $H_2(M,\mathbb{Z})$ 的自由部分的生成元.

Frankel 猜想的代数中相应的问题是 Hartshorne 的猜想: 定义在特征 $\geqslant 0$ 的代数闭域上具丰富切丛的非奇异不可约 n 维射影簇等价于射影空间. 这个猜想被 Mori [Mr] 所证明, 它比 Frankel 猜想更强.

§1. 能量, $\overline{\partial}$–能量, 以及 ∂–能量

假定 M 和 N 都是紧致 Kähler 流形, 它们的 Kähler 度量分别为

$$ds_M^2 = 2\,\mathrm{Re} h_{\alpha\overline{\beta}} dz^\alpha d\overline{z}^\beta \quad 和 \quad ds_N = 2\,\mathrm{Re} g_{i\overline{j}} dw^i d\overline{w}^j,$$

其中用了和式约定. f 的 $\bar{\partial}$–能量密度定义为

$$|\bar{\partial} f|^2 = g^{\bar{i}j} f_{\bar{i}}^\alpha \overline{f_{\bar{j}}^\beta} h_{\alpha\overline{\beta}},$$

以及 f 的 ∂–能量密度定义为

$$|\partial f|^2 = g^{\bar{i}j} f_j^\alpha \overline{f_i^\beta} h_{\alpha\overline{\beta}},$$

其中 $f_{\bar{i}}^\alpha = \frac{\partial f^\alpha}{\partial \overline{w}^i}$ 以及 $f_j^\alpha = \frac{\partial f^\alpha}{\partial w^j}$. 所以, f 的能量密度 $e(f)$, 定义为 $f^*(ds_M^2)$ 关于 ds_N^2 的迹, 等于 $|\bar{\partial} f|^2 + |\partial f|^2$. 现在, 假定 $\dim_{\mathbb{C}} N = 1$. M 的 Kähler 形式在映照 f 下的拉回是

$$\sqrt{-1} h_{\alpha\overline{\beta}} df^\alpha \wedge d\overline{f}^\beta = \sqrt{-1} h_{\alpha\overline{\beta}} \Big(\frac{\partial f^\alpha}{\partial w} \overline{\frac{\partial f^\beta}{\partial w}} - \frac{\partial f^\alpha}{\partial \overline{w}} \overline{\frac{\partial f^\beta}{\partial \overline{w}}} \Big) dw \wedge d\overline{w}.$$

所以,

$$\int_N |\partial f|^2 - \int_N |\bar{\partial} f|^2 = \int_N \sqrt{-1} h_{\alpha\overline{\beta}} df^\alpha \wedge d\overline{f}^\beta,$$

它等于 M 的 Kähler 类 $\omega(M)$ 在由映照 $f: N \to M$ 定义的同调类 $[f(N)]$ 上的取值(见 §3.1). 从而得到

$$\int_N |\bar{\partial} f|^2 = \frac{1}{2} \int_N e(f) - \frac{1}{2} \omega(M)[f(N)],$$
$$\int_N |\partial f|^2 = \frac{1}{2} \int_N e(f) + \frac{1}{2} \omega(M)[f(N)].$$

因此, N 到 M 的能量极小映照恰恰和 $\bar{\partial}$–能量极小映照一样, 这个事实首先被 Lichnerowicz [Li] 所看到.

§2. 第二变分公式

假定 $\dim_{\mathbb{C}} N \geqslant 1$. 设 $f(t): N \to M$ ($t \in \mathbb{C}$, $|t| < \varepsilon$) 是光滑映照族, 以 $\mathbb{C}$ 中的开圆盘为参数. 为了在 N 的某点 P 计算 $\frac{\partial^2}{\partial t\partial \bar{t}}|\bar{\partial} f|^2$, 我们选取在 P 和 $Q = f(P)$ 相应的局部全纯坐标系, 使在 P 点

$$dg_{i\bar{j}} = 0,$$

并且, 在 Q 点

$$dh_{\alpha\overline{\beta}} = 0, \quad \partial_\gamma \partial_\delta h_{\alpha\overline{\beta}} = 0.$$

直接计算得到

$$\begin{aligned}\frac{\partial^2}{\partial t\partial \bar{t}}|\bar{\partial} f|^2 = {} & 2\mathrm{Re} g^{\bar{i}j}\Big(\frac{\partial^2}{\partial t\partial \bar{t}} f^\alpha_{\bar{i}}\Big)\overline{f}^{\beta}_{\bar{j}} h_{\alpha\overline{\beta}} + g^{\bar{i}j}\Big(\frac{\partial}{\partial t} f^\alpha_{\bar{i}}\Big(\overline{\frac{\partial}{\partial t} f^{\beta}_{\bar{j}}}\Big)\Big) h_{\alpha\overline{\beta}} \\ & + g^{\bar{i}j}\Big(\frac{\partial}{\partial \bar{t}} f^\alpha_{\bar{i}}\Big(\overline{\frac{\partial}{\partial \bar{t}} f^{\beta}_{\bar{j}}}\Big) h_{\alpha\overline{\beta}} + g^{\bar{i}j} f^\alpha_{\bar{i}}\overline{f}^{\beta}_{\bar{j}}(\partial_\mu \partial_{\overline{\nu}} h_{\alpha\overline{\beta}})\frac{\partial f^\mu}{\partial \bar{t}}\overline{\frac{\partial f^\nu}{\partial \bar{t}}} \\ & + g^{\bar{i}j} f^\alpha_{\bar{i}}\overline{f}^{\beta}_{\bar{j}}(\partial_\mu \partial_{\overline{\nu}} h_{\alpha\overline{\beta}})\frac{\partial f^\mu}{\partial t}\overline{\frac{\partial f^\nu}{\partial t}}.\end{aligned}$$

考虑 N 上的向量场 ξ, 它定义为

$$\begin{aligned}\xi^{\bar{i}} &= g^{\bar{i}j}\Big(\frac{D}{\partial t}\frac{\partial}{\partial t} f^\alpha\Big)\overline{f}^{\beta}_{\bar{j}} h_{\alpha\overline{\beta}} \\ &= g^{\bar{i}j}\Big(\frac{\partial^2}{\partial t\partial \bar{t}} f^\alpha + {}^M\Gamma^\alpha_{\beta\gamma}\frac{\partial f^\beta}{\partial t}\frac{\partial f^\gamma}{\partial \bar{t}}\Big)\overline{f}^{\beta}_{\bar{j}} h_{\alpha\overline{\beta}},\end{aligned}$$

其中 $\frac{D}{\partial t}$ 表示关于 M 上的切丛联络的共变微分, 而 ${}^M\Gamma^\alpha_{\beta\gamma}$ 是 M 上的 Christoffel 记号. ξ 在 P 的散度是

$$\begin{aligned}\nabla_{\bar{i}}\xi^{\bar{i}} = {} & g^{\bar{i}j}\Big(\frac{\partial^2}{\partial t\partial \bar{t}} f^\alpha_{\bar{i}}\Big)\overline{f}^{\beta}_{\bar{j}} h_{\alpha\overline{\beta}} + g^{\bar{i}j}\Big(\frac{\partial^2}{\partial t\partial \bar{t}}\Big)\overline{\partial_i f^{\beta}_{\bar{j}}} h_{\alpha\overline{\beta}} \\ & + g^{\bar{i}j}(\partial_\mu \partial_{\overline{\nu}} h_{\alpha\overline{\beta}})\overline{f}^{\nu}_{i}\overline{f}^{\beta}_{\bar{j}}\frac{\partial f^\mu}{\partial t}\frac{\partial f^\alpha}{\partial \bar{t}}.\end{aligned}$$

现在, 假定 f 在 $t = 0$ 调和. 那么, 在 P 点, 且 $t = 0$,

$$g^{\bar{i}j}\overline{\partial_i f^{\beta}_{\bar{j}}} h_{\alpha\overline{\beta}} = 0.$$

从而, 在 $t=0$,

$$
\begin{aligned}
\frac{\partial^2}{\partial t\partial\bar{t}}\int_N|\bar{\partial}f|^2=&\int_N g^{\bar{i}j}\Big(\frac{D}{\partial t}f^{\alpha}_{\bar{i}}\Big)\Big(\overline{\frac{D}{\partial t}f^{\beta}_{\bar{j}}}\Big)h_{\alpha\bar{\beta}}+\int_N g^{\bar{i}j}\Big(\frac{D}{\partial t}f^{\alpha}_{\bar{i}}\Big)\Big(\overline{\frac{D}{\partial t}f^{\beta}_{\bar{j}}}\Big)h_{\alpha\bar{\beta}}\\
&+\int_N g^{\bar{i}j}f^{\alpha}_{\bar{i}}\overline{f}^{\beta}_{\bar{j}}R_{\mu\overline{\nu}\alpha\overline{\beta}}\frac{\partial f^{\mu}}{\partial\bar{t}}\frac{\partial f^{\nu}}{\partial\bar{t}}+\int_N g^{\bar{i}j}f^{\alpha}_{\bar{i}}\overline{f}^{\beta}_{\bar{j}}R_{\mu\overline{\nu}\alpha\overline{\beta}}\frac{\partial f^{\mu}}{\partial t}\overline{\frac{\partial f^{\nu}}{\partial t}}\\
&-2\mathrm{Re}\int_N g^{\bar{i}j}R_{\mu\overline{\nu}\alpha\overline{\beta}}\overline{f}^{\nu}_{i}\overline{f}^{\beta}_{\bar{j}}\frac{\partial f^{\mu}}{\partial\bar{t}}\frac{\partial f^{\alpha}}{\partial t},
\end{aligned}
$$

其中 $R_{\mu\bar{\nu}\alpha\bar{\beta}}=\partial_\mu\partial_{\bar{\nu}}h_{\alpha\bar{\beta}}-h^{\bar{\gamma}\delta}\partial_\mu h_{\alpha\bar{\gamma}}\overline{\partial_\nu h_{\beta\bar{\delta}}}$ 是 M 上的曲率张量.

§3. 能量极小映照的复解析性

假定 M 是紧致 Kähler 流形, 具有正全纯双截面曲率. 设 $f_0:\mathbb{P}_1\to M$ 是能量极小映照.

命题 1 如果 $f_0^*c_1(M)$ 在 $\mathbb{P}_1$ 取值是非负的(非正的), 那么, f_0 是全纯的(反全纯的).

证明 我们这里只证明全纯的情形, 另一种情形是类似的.

设 T_M 是 M 的全纯切丛, w 是 $\mathbb{P}_1$ 的局部坐标, 且设 $\frac{D}{\partial\bar{w}}$ 是 $f_0^*T_M$ 的局部截面关于 T_M 的联络沿反全纯方向的共变微分. 设 $\mathcal{F}$ 是 $f_0^*T_M$ 的局部截面 s 的芽层, 且 $\frac{D}{\partial\bar{w}}s=0$. 显然, $\mathcal{F}$ 是 $\mathbb{P}_1$ 上的解析层. 利用 Cauchy 核以及 Korn-Lichtenstein 的标准的经典迭代过程, 我们可以说明在 $\mathbb{P}_1$ 的任一点 P, 存在 P 点的局部截面 $s_1,\cdots,s_m$, 使 $\frac{D}{\partial\bar{w}}s_i=0$, $1\leqslant i\leqslant m$, 并且, $s_1(P),\cdots,s_m(P)$ 构成 P 的纤维 $f_0^*T_M$ 的一组基, 这里 $m=\dim_{\mathbb{C}}M$. 所以, $\mathcal{F}$ 是局部自由的, 并且 与 $\mathcal{F}$ 相关联的全纯向量丛拓扑同构于 $f_0^*T_M$.

现在, 我们能将 $f_0^*T_M$ 看成 $\mathbb{P}_1$ 上的全纯向量丛 (将它等价于联系于 $\mathcal{F}$ 的全纯向量丛). 再根据 Grothendick 的定理 [Gr], $f_0^*T_M$ 是 $\mathbb{P}_1$ 上全纯线丛 $L_1,\cdots,L_m$ 的直和. 由于 $f_0^*T_M$ 的第一陈类在 $\mathbb{P}_1$ 取值是非负的, 从而, 对某 i, $c_1(L_i)$ 在 $\mathbb{P}_1$ 的取值是非负的. 由于 Riemann-Roch 定理, 我们能找到 L_i 的 (从而 $f_0^*T_M$ 的) 在 $\mathbb{P}_1$ 上一个非平凡的整体全纯截面 $s=\sum s^\alpha\frac{\partial}{\partial z^\alpha}$. 构造一个光滑映照族 $f(t):\mathbb{P}_1\to M$, $t\in\mathbb{C}$, $|t|<\varepsilon$, 使得 $f(0)=f_0$, 并且在 $t=0$,

$$
\frac{\partial}{\partial\bar{t}}f^\alpha(t)=0\quad\text{并且}\quad\frac{\partial}{\partial t}f^\alpha(t)=s^\alpha.
$$

由于 s 是 $f_0^* T_M$ 的全纯截面, 从而在 $t=0$,

$$\frac{D}{\partial t}\frac{\partial}{\partial \overline{w}}f^\alpha = \frac{D}{\partial \overline{w}}\frac{\partial f^\alpha}{\partial t} = \frac{D}{\partial \overline{w}}s^\alpha = 0.$$

进而, 在 $t=0$,

$$\frac{D}{\partial \overline{t}}\frac{\partial}{\partial \overline{w}}f^\alpha = \frac{D}{\partial \overline{w}}\frac{\partial f^\alpha}{\partial \overline{t}} = 0.$$

从前面一节推导得到的第二变分公式, 在 $t=0$,

$$\frac{\partial^2}{\partial t\partial \overline{t}}\int_{\mathbb{P}_1}|\bar{\partial} f|^2 = \int_{\mathbb{P}_1}\frac{\partial f^\alpha}{\partial \overline{w}}\overline{\frac{\partial f^\beta}{\partial \overline{w}}}R_{\mu\overline{\nu}\alpha\overline{\beta}}\frac{\partial f^\mu}{\partial t}\overline{\frac{\partial f^\nu}{\partial t}}(\sqrt{-1}dw\wedge d\overline{w}). \tag{1}$$

因为 f_0 也是 $\bar{\partial}$–能量极小的, 在 $t=0$ 我们有

$$\frac{\partial^2}{\partial t\partial \overline{t}}\int_{\mathbb{P}_1}|\bar{\partial} f|^2 \geqslant 0.$$

由于 M 的全纯双截面曲率是正的, 即对 $(\xi^\mu),(\eta^\alpha)\in\mathbb{C}^m\setminus 0$,

$$R_{\mu\overline{\nu}\alpha\overline{\beta}}\xi^\mu\overline{\xi}^\nu\eta^\alpha\overline{\eta}^\beta < 0,$$

这样, 从 (1) 得到, 对所有 α, 在 $\mathbb{P}_1\setminus Z$ 上

$$\frac{\partial f_0^\alpha}{\partial \overline{w}} = 0,$$

其中 Z 是 s 的零点集, 它是 $\mathbb{P}_1$ 上的有限集. 所以 f_0 是全纯的.

§4. 能量极小映照的存在性

设 M 是紧致 Riemann 流形. 对每个 C^1 映照 $f: S^2\to M$ 我们令 $E([f])$ 为同伦于 f 的映照的能量和的下确界. 应用 [SaU] 和 [MY] 的方法可证明下列命题.

命题 2 对每个 C^1 映照 $f: S^2\to M$ 存在能量极小映照 $f_i: S^2\to M$, $1\leqslant i\leqslant m$, 使 f_i 的和同伦于 f 并且 $E([f])=\sum_{i=1}^m E(f_i)$.

证明 根据定理 6.3.3, 任何从 S^2 到 M 的非常值映照或同伦的非平凡的 C^1 映照具有能量 $>c$, 其中 c 是某固定的正常数. 令 k 是极小非负整数, 满足

$$E(f)\leqslant\frac{kc}{2}.$$

我们用关于 k 的归纳法来证明命题. 结论对 $k=0$ 成立. 我们在对 $k=n$ 成立的假定下来证明对 $k=n+1$ 成立. 根据定理 6.2.2 和命题 6.2.3, 对 $\alpha>1$, 我们能找到光滑映照 $f_\alpha : S^2 \to M$, 它在同伦于 f 的所有 C^1 映照空间中使泛函 $E_\alpha(g)=\int_{S^2}(1+|dg|^2)^\alpha$ 极小. 设 x_α 是 S^2 中的一点, 满足

$$|df_\alpha|^2(x_\alpha)=\max_{S^2}|df_\alpha|^2.$$

如果 $\max_{S^2}|df_\alpha|^2$ 关于 α 一致有界, 那么, 根据引理 6.4.5, f_α 收敛于能量极小映照, 结论也就被证明了. 如果 $\max_{S^2}|df_\alpha|^2$ 关于 α 无界, 那么, 由定理 6.4.6, 映照 $f_\alpha|D_\alpha$ 收敛于 $\tilde{g}|D$, 其中 $\tilde{g}: S^2\to M$ 是调和映照, D_α 是以 x_α 为中心的圆盘, D 通过 S^2 上的适当的共形映照等价于 D_α. 我们可以假定 $f_\alpha|\partial D_\alpha$ 有任意小的长度.

如同 [MY] 中所示, 我们可以构造一个映照 $f_\alpha^1 : S^2 \to M$ 如下, 它使得 $E(f_\alpha^1)$ 任意接近于 $E(f_\alpha)-E(\tilde{g})$, 并且 f 同伦于 f_α^1 与 $\tilde{g}$ 的和. 固定 D_α 和 D, 使得 $f_\alpha|D_\alpha$ 光滑地收敛于 $\tilde{g}|D$ (将 D_α 和 D 建立某种等价性), 并且, $\tilde{g}$ 在 D 上的能量近似于 D 的能量. 用下列方式将 $f_\alpha|S^2\setminus D_\alpha$ 延拓到 S^2 来定义 S^2 到 M 的映照 $\tilde{f}_\alpha$. 由于 $f_\alpha|\partial D_\alpha$ 接近于 $\tilde{g}|\partial D$, 我们可用短测地线连接 $f_\alpha(\partial D_\alpha)$ 和 $\tilde{g}(\partial D)$ 并得到从一个圆环到 M 的映照 h_α, 它的像的面积很小. 这样, 将映照 $f_\alpha|S^2\setminus D_\alpha$, h_α 以及 $\tilde{g}|S^2\setminus D$ 合在一起得到 S^2 到 M 的映照 $\tilde{f}_\alpha$.

借助于逼近, 我们不妨假设 $\tilde{f}_\alpha$ 是从 S^2 到 M 的光滑映照, 并且, $\tilde{f}_\alpha$ 的像的面积接近于映照 $f_\alpha|S^2\setminus D_\alpha$, h_α 以及 $\tilde{g}|S^2\setminus D$ 的像的面积之和. 选取 S^2 上适当的微分同胚 ϕ, 使 $f_\alpha^1=\tilde{f}_\alpha\circ\phi$ 是共形的. 从实曲面到 Riemann 流形映照的像的面积和它的能量是一样的, 只要它是共形映照. 因为 $\tilde{g}$ 是共形的并且 $E(\tilde{g}|S^2\setminus D)$ 很小, 映照 $\tilde{g}|S^2\setminus D$ 的像的面积也就很小. 又考虑到 h_α 的像的面积也很小, 这意味着 $E(f_\alpha^1)$ 接近于 $E(f_\alpha)-E(\tilde{g})$.

由于 $\tilde{g}$ 是调和的, $E(\tilde{g})>c$ 并且当 α 接近于 1 时 $E(f_\alpha^1)\leqslant \frac{nc}{2}$. 根据归纳法假设, 对 α 充分接近于 1, 我们能找到能量极小映照 $f_i : S^2\to M$, $1\leqslant i\leqslant m-1$, 使得 $f_i(1\leqslant i\leqslant m-1)$ 的和同伦于 f_α^1 并且 $E([f_\alpha^1])=\sum_{i=1}^{m-1}E(f_i)$. 令 $f_m=\tilde{g}$, 那么

$$\begin{aligned}E([f])&=\lim_{\alpha\to1}E(f_\alpha)=\lim_{\alpha\to1}E(f_\alpha^1)+E(\tilde{g})\\&\geqslant E([f_\alpha^1])+E(\tilde{g})=\sum_{i=1}^{m}E(f_i).\end{aligned}$$

另一方面, 从 $E([f])$ 的定义, 显然 $E([f]) \leqslant \sum_{i=1}^m E(f_i)$. 从而 $E([f]) = \sum_{i=1}^m E(f_i)$. 这就得到 f_m 是能量极小的.

§5. Frankel 猜想的证明

我们先叙述下列关于有理曲线全纯形变的命题. 它的证明可参看文献 [SiY, §5].

命题 3 设 M 是紧致复流形, 它的切丛 T_M 是正的. 设 C_0 是 M 中的有理曲线, $f:\mathbb{P}_1 \to C_0$ 是它的正规化. 那么, 存在具有下列性质的 $\mathbb{P}(T_M)$ 的逆紧子族 Z. 如果 $y \in M$ 并且 $\xi \in (T_M)_y \setminus 0$ 定义了 $\mathbb{P}(T_M) \setminus Z$ 的一个元素, 那么, 存在一个同伦于 f 的全纯映照 $f':\mathbb{P} \to M$ (将 f 看成 $\mathbb{P}_1$ 到 M 的映照), 使得 y 是 $f'(\mathbb{P}_1)$ 的正则点并且 $f'(\mathbb{P}_1)$ 在 y 的切向量为 ξ 的非零倍数.

假定 M 是具有正全纯双截面曲率的 m 维紧致 Kähler 流形. 因为 M 的 Ricci 曲率是正的, 根据 Bonnet-Myers 定理, M 的通用覆盖流形是紧的. 由于 $\mathbb{P}_m$ 没有无不动点的自同构, 借助于用 M 的通用覆盖代替 M, 我们不妨假设 M 是单连通的. 从而 $\pi_2(M)$ 同构于 $H_2(M,\mathbb{Z})$.

由于 M 的全纯双截面曲率是正的, 根据 Bishop-Goldberg [BG] 的结果, M 的第二 Betti 数是 1. 从万有系数定理得到 $H^2(M,\mathbb{Z}) \cong \mathbb{Z}$. 存在 M 上的正全纯线丛 F, 它的第一陈类 $c_1(F)$ 是 $H^2(M,\mathbb{Z})$ 的一个生成元. 设 g 是 $H_2(M,\mathbb{Z})$ 的自由部分的生成元, 使 $c_1(F)$ 在 g 的值是 1. 设 $f:\mathbb{P}_1 \to M$ 是光滑映照, 使得被 f 所定义的 $\pi_2(M)$ 的元素对应于 g, 此对应即 $\pi_2(M)$ 和 $H_2(M,\mathbb{Z})$ 间的同构.

根据命题 2, 存在能量极小映照 $f_i:\mathbb{P}_1 \to M$, $0 \leqslant i \leqslant k$, 使 f_i $(0 \leqslant i \leqslant k)$ 的和同伦于 f 并且 $E([f]) = \sum_{i=0}^k E(f_i)$. 根据命题 1, 每个 f_i 或者是全纯的或者是反全纯的. 所以, 每个 $f_i(\mathbb{P}_1)$ 是有理曲线. 由于 $c_1(T_M)$ 是 $c_1(F)$ 的正整数倍而 $c_1(F)$ 在 g 的取值为 1, 从而, 至少有一个 f_i 是全纯的. 如果 $k>0$, 那么, 至少有一个 f_j 是反全纯的.我们现在分两种情形讨论.

情形 I: $k=0$.

设 E 是 f_0 的微分 df_0 的除子并且设 $[E]$ 是 $\mathbb{P}_1$ 上与 E 相关的线丛. 那么, 线丛 $T_M \otimes [E]$ 是 $f_0^*T_M$ 的子丛, 并且商丛 $(f_0^*T_M)/(T_M \otimes [E])$ 分裂为线丛 $Q_2,\cdots,Q_m$ 的直和. 每个 $Q_i\,(2 \leqslant i \leqslant m)$ 是一个正线丛. 从而,

$$c_1(f_0^*T_M) = c_1(T_M) + c_1([E]) + \sum_{i=2}^m c_1(Q_i).$$

这就得到 $c_1(T_M)$ 在 g 的取值 $\geqslant n+1$. 也就是说, 对某整数 $\lambda \geqslant n+1$, 有 $c_1(T_M) = \lambda c_1(F)$. 应用 Kobayashi-Ochiai 的一个结果 [KO], M 双全纯同构于 $\mathbb{P}_m$.

情形 II: $k > 0$.

不失一般性, 我们可以假定 f_0 是全纯的而 f_1 是反全纯的. 对 M 上的有理曲线 $f_1(\mathbb{P}_1)$, 从命题 3 我们得到 $\mathbb{P}(T_M)$ 的一个逆紧子族 Z. 取一点 $y \in M$ 和 M 在 y 点的非零切向量 ξ, 使得由 y 和 ξ 定义的 $\mathbb{P}_1(T_M)$ 中的点不属于 $Z \cup Z'$. 映照 f_0 (以及 f_1) 同伦于 $\mathbb{P}_1$ 到 M 的全纯映照 f_0' (相应地同伦于反全纯映照 f_1'), 使得 y 是 $f_0'(\mathbb{P}_1)$ (相应地是 $f_1'(\mathbb{P}_1)$) 的正则点, 且它在 y 的切向量和 ξ 成比例. 对 $\nu = 0,\ 1$, $E(f_\nu)$ 和 $E(f_\nu')$ 都等于 M 的 Kähler 类在 $[f_\nu(\mathbb{P}_1)]$ 的绝对值, 借助于用 f_ν' 代替 f_ν, 我们不妨假设 $f_\nu = f_\nu'$.

以 y 为原点取 y 附近的局部坐标系 $z_1, \cdots, z_n$, 使得 $\xi = \frac{\partial}{\partial z_1}$. 取 $\mathbb{P}_1$ 的局部坐标系 ζ, 使得 $f_0^{-1}(y)$ 和 $f_1^{-1}(y)$ 都对应于 $\zeta = 0$ 并且 f_ν $(\nu = 0,\ 1)$ 在 $\zeta = 0$ 附近具有形式

$$z_1 = \zeta,\ z_\mu = f_\mu(\zeta) \qquad (2 \leqslant \mu \leqslant m).$$

对 $\delta > 0$, 设 Δ_δ 是 $\mathbb{C}$ 中以 0 为中心、δ 为半径的闭圆盘. 对充分小的 δ, 我们在 $f_\nu(\mathbb{P}_1)$ 中除去 $f_\nu(\Delta_\delta)$ $(\nu = 1, 2)$ 并以被下式定义的曲面 S_δ 替代

$$z_1 = \delta e^{i\theta}, \quad z_\mu = t f_0(\delta e^{i\theta}) + (1-t) f_1(\delta e^{i\theta}),$$

其中 $0 \leqslant \theta \leqslant 2\pi$ 并且 $0 \leqslant t \leqslant 1$. 曲面

$$S_\delta \cap \Big(\bigcap_{\nu=1,2} f_\nu(\mathbb{P}_1 \setminus \Delta_\delta) \Big)$$

按显然的方式是可定向的, 是从 S^2 到 M 的映照 $\tilde{f}$ 的像, 这个映照同伦于 f_0 与 f_1 的和. 进而, 对充分小的 δ, 这个曲面的面积严格小于 $f_0(\mathbb{P}_1)$ 和 $f_1(\mathbb{P}_1)$ 的组合面积. 将 $\tilde{f}$ 光滑化并将它和 S^2 上的适当的微分同胚相复合, 我们可以得到一个共形映照 $\hat{f}$, 满足 $E(\hat{f}) < E(f_0) + E(f_1)$. 映照 $\hat{f}$ 与 $f_2, \cdots, f_k$ 的和同伦于 f, 并且

$$E(\hat{f}) + \sum_{i=2}^{k} E(f_i) < \sum_{i=0}^{k} E(f_i) = E([f]),$$

这就得到矛盾. 所以, $k = 0$ 并且 M 双全纯同构于 $\mathbb{P}_m$.

第一部分参考文献

[AHS] M.F.Atiyah, N.J.Hitchin and I.M.Singer, *Self-duality in four dimensional Riemannian geometry*, Proc. Royal Soc. London, **362(A)**(1978), 425-461.

[Bg] M.Berger, *Sur quelques variétés riemanniennes suffisamment pincées*, Bull. Soc. Math. France, **88**(1960), 57-71.

[Be] L.Bers, *An outline of the theory of pseudo-analytic functions*, Bull. Amer. Math. Soc., **62**(1956), 291-331.

[BG] R.L.Bishop and S.I.Goldberg, *On the other second cohomology group of a Kähler manifold of positive curvature*, Proc. Amer. Math. Soc., **162**(1963), 119-122.

[B] A.Borel, *Compact Clifford-Klein forms of symmetric spaces*, Topology, **2**(1963), 111-122.

[CP] M.do Carmo and C.K.Peng, *Stable minimal surfaces in* $\mathbb{R}^3$ *are planes*, Bull. Amer. Math. Soc., **1**(1979), 903-906.

[C] E.Cartan, *Sur les domaines bornes homogenes de l'espace de n variables complexes*, Abh. Math. Sem. Hamburg, **ii**(1935), 116-162, Oevres Completes, Parie I, 1259-1305.

[CE] J.Cheeger and D.Ebin, *Comparison theorems in Riemannian geometry*, North-Holland, Amsterdam, 1975.

[CY] S.Y.Cheng and S.-T.Yau, *Differential equations on Riemannian manifolds and their geometric applications*, Comm. Pure Appl. Math., **28**(1975), 333-354.

[CG] S.S.Chern and S.I.Goldberg, *On the volume decreasing property of a class of real *harmonic mappings*, Amer. J. Math., **97**(1975), 133-147.

[CO] S.S.Chern and R.Osserman, *Complete minimal surfaces in Euclidean n-space*, J. Analyse Math., **19** (1967), 15-34.

[DT] A.Domic and D.Toledo, *The Gromov norm of the Kähler class of symmetric domains*, Math. Ann., **276**(1987), 425-432.

[EE] C.J.Earle and J.Eells, *A fiber bundle description of Teichmüller theory*, J. Diff. Geom., **3** (1969), 19-43.

[EL] J.Eells and L.Lemaire, *A report on harmonic maps*, Bull. London Math. Soc., **10**(1978), 1-68.

[ES] J.Eells and J.Sampson, *Harmonic mappings of Riemannian manifolds*, Amer. J. Math., **86**(1964), 109-160.

[FLP] A.Fathi, F.Landenbach and V.Poenaru, *Traveaux de Thurston Surles surfaces*, Asterisque, (1979), 66-67.

[FS] D.Fisher-Colbrie and R.Schoen, *The structure of complete stable minimal surfaces in 3-manifolds of nonnegative scalar curvature*, Comm. Pure Appl. Math., **33** (1980), 199-211.

[F] T.Frankel, *Manifolds with positive curvature*, Pacific J. Math., **11**(1961), 165-174.

[FU] D.S.Freed and K.Uhlenbeck, *Instantons and four manifolds*, Math. Sci. Inst. Publ., Springer-Verlag, New York, **1**(1984).

[GM] S.Gallot and D.Meyer, *Opérateur de courbure et Laplacien des formes différentielles d'une variété Riemannienne*, J. Math. Pure Appl., **54** (1975), 259-284.

[GT] D.Gilbarg and N.S.Trudinger, *Elliptic partial differential equations of second order*, Springer-Verlag, New York, 1983.

[G] M.Gromov, *Volumn and bounded cohomology*, Inst Hautes Etudes Sci. Publ. Math, **56**(1982), 5-99.

[Gr] R.Grothendieck, *Sur la classification des fibrées holomorphes sur la sphère Riemann*, Amer. J. Math., **79**(1957), 121-138.

[GL] R.Gulliver and H.B.Lawson, *The structure of stable minimal hypersufaces near a singularity*, Proc. Symposia in Pure Math., **44**(1986), 213-237.

[HMu] V.Haagerup and H.J.Munkholm, *Simplices of maximal volume in hyperbolic n-space*, Acta Math., **147**(1981), 1-11.

[Ha1] R.Hamilton, *Four manifolds with positive curvature operator*, preprint.

[Ha2] R.Hamilton, *Three-manifolds with positive Ricci curvature*, J. Diff. Geom., **17**(1982), 255-306.

[H] E.Heinz, *On certain elliptic differential equations and univalent mappings*, J.

Analyse Math., **5**(1956-57), 197-272.

[HM] J.Hubbard and H.Masur, *Quadratic differentials and foliations*, Acta Math., **142** (1979), 221-274.

[Hu] G.Huisken, *Ricci deformation of metric on a Riemannian manifold*, J. Differential Geom., **21** (1985), 47-62.

[K] S.Kerckhoff, *The asymptotic geometry of Teichmüller space*, Topology, **19**(1980), 23-41.

[Kn] H.Kneser, *Die Kleinste Bedeckungzahl innnerhalb einer Klasse von Flächenabbildungen*, Math. Ann., **103**(1930), 347-358.

[KO] S.Kobayashi and T.Ochiai, *Characterizations of complex projective spaces and hyperquadrics*, J. Math. Kyoto Univ., **13**(1973), 31-47.

[KM] J.L.Koszul and B.Malgrange, *Sur certaines fibrées complexes*, Arch. Math., **9**(1958), 102-109.

[L] H.B. Lawson, Jr., *Lectures on minimal submanifolds*, **I**, Publish or Perish, Berkeley, 1980.

[Le] L.Lemaire, *Applications harmoniques des surfaces Riemanniennes*, J. Differential Geom., **13** (1978), 51-87.

[Li] A.Lichnerowicz, *Applications harmoniques et variétes kahlériennes*, Symp. Math., **3** (1970), 341-402.

[Ma] T.Mabuchi, $\mathbb{C}^3$-*actions and algebraic threefolds with ample tangent bundle*, Nagoya Math. J., **69**(1978), 33-64.

[MY] W.Meeks and S.-T.Yau, *Topology of three dimensional manifolds and the embedding problems in minimal surface theory*, Ann. of Math., **122**(1980), 441-484.

[Mi] M.Micallef, *Stable minimal surfaces in Euclidean space*, J. Differential Geom., **19**(1984), 57-84.

[MM] M.Micallef and J.D.Moore, *Minimal two-spheres and the topology of manifolds with positive curvature on totally isotropic two-planes*, Ann. of Math.

[Mn] J.Milnor, *Lectures on the h-cobordism theorem*, Mathematical Notes, **1**, Princeton Univ. Press, Princeton, New Jersey, 1965.

[MG] F.Morgan, *On the singular structure of two-dimensional area minimizing surfaces in* $\mathbb{R}^n$, Math. Ann. **261**(1982), 101-110.

[Mr] S.Mori, *Projective manifolds with ample tangent bundles*, Ann. of Math., **110**(1979), 593-606.

[M] C.B.Morrey, *Multiple integrals in the calculus of variations*, Springer-Verlag, New York, 1966.

[O] R.Osserman, *A survey of minimal surfaces*, Van Nostrand Reinhold, New York,

1969.

[P1] R.S.Palais, *Foundations of global non-linear analysis*, Benjamin, New York, 1968.

[P2] R.S.Palais, *Ljusternik-Schnirelman theory on Banach manifolds*, Topology, **5**(1966), 115-132.

[R] E.A.Ruh, *Riemannian manifolds with bounded curvature ratios*, J. Differential Geom., **17**(1982), 643-653.

[SaU] J.Sacks and K.Uhlenbeck, *The existence of minimal immersions of 2-spheres*, Ann. of Math., **113**(1981), 1-24.

[S] R.Schoen, *Analytic aspects of the harmonic map problem*, Math. Sci. Res. Inst. Publ., Springer-Verlag, **2**(1984), 321-358.

[Sa] R.Savage, *The space of positive definite matrices and Gromov's invariant*, Trans. AMS, **274**(1982), 239-263.

[SU] R.Schoen and K.Uhlenbeck, *A regularity theory for harmonic maps*, J. Differential Geom., **17**(1987), 307-335.

[SSY] R.Schoen, L.Simon and S.-T.Yau, *Curvature estimates for minimal hypersurfaces*, Acta Math., **134**(1975), 275-288.

[SY1] R.Schoen and S.-T.Yau, *Univalent harmonic maps of surfaces*, Invent. Math., **44**(1978), 265-278.

[SY2] R.Schoen and S.-T.Yau, *Existence of incompressible minimal surfaces and the topology of three dimensional manifolds with nonnegative scalar curvature*, Ann. of Math., **110**(1979), 127-142.

[SY3] R.Schoen and S.-T.Yau, *The geometry and topology of manifolds of positive scalar curvature.*

[Si] Y.-T.Siu, *The complex-analyticity of harmonic maps and the strong rigidity of compact Kähler manifolds*, Ann. of Math., **112**(1980), 73-111.

[SiY] Y.T.Siu and S.-T.Yau, *Compact Kähler manifolds of positive bisectional curvature*, Invent. Math., **59**(1980), 189-204.

[T] W.Thurston, *The geometry and topology of three-manifolds*, Princeton University Press, 1997.

[To] D.Toledo, *Harmonic maps from surfaces to certain Kähler manifolds*, Math. Scand., **45** (1979), 13-26.

[U1] K.Uhlenbeck, *Morse theory by perturbation methods with applications to harmonic maps*, Trans. AMS, **267**(1981), 569-583.

[U2] K.Uhlenbeck, *Integrals with nondegenerate critical points*, Bull. Amer. Math. Soc., **76** (1970), 125-128.

[U3] K.Uhlenbeck, *Morse theory on Banach manifolds*, J. Functional Analysis,

10(1972), 430-445.

[We1] S.M.Webster, *Minimal surfaces in a Kähler surface*, J. Differential Geom., **20** (1984), 463-470.

[We2] S.M.Webster, *The Euler and Pontrjagin numbers of an n-manifold in* $\mathbb{C}^n$, Math. Helv., **60**(1985), 193-216.

[Wi] W.Wirtinger, *Eine Determinantenidentität and ihre Anwendung auf analytische Gebilde and Hermitesche Maßbestimmung*, Monatsh. Math. Physik, **44**(1936), 343-365.

[W] M.Wolf, *The Teichmüler theory of harmonic maps*, J. Differential Geom., **29**(1989), 449-479.

[Wo] J.C.Wood, *Holomorphicity of certain harmonic maps from a surface to complex projective n-space*, J. London Math. Soc., **20**(1979), 137-142.

第二部分

第九章　调和映照问题的分析观点和方法

在这一章我们研究调和映照的基本存在性、唯一性和正则性. 我们给出关于非正曲率流形映照的同伦形变的 Eells-Sampson 定理的证明, 同时也给出同伦 Dirichlet 问题的 Hamilton 定理的证明. 这一章是 R. Schoen 相同题目的论文 [Sc] 的扩充和更新.

§1. 基本问题的程式

给定 Riemann 流形 (M^n, g), (N^k, h) 和 C^1 映照 $u: M \to N$, u 的能量密度为

$$e(u) = \mathrm{Tr}_g(u^*h) = \sum_{\alpha,\beta,i,j} g^{\alpha\beta}(x)h_{ij}(u(x))\frac{\partial u^i}{\partial x^\alpha}\frac{\partial u^j}{\partial x^\beta},$$

其中 x^α, u^i, $1 \leqslant \alpha \leqslant n$, $1 \leqslant i \leqslant k$ 是局部坐标. 能量泛函 $E(u)$ 为

$$E(u) = \int_M e(u)dv,$$

其中 $dv = (\det g)^{\frac{1}{2}}dx$ 是体积元. 从 E 的定义显而易见, 使 E 有限的映照 u 的

自然类是有界的, 并在 L^2 有一阶导数. 称这样的映照类为 $\mathcal{D}$, 也就是

$$\mathcal{D} = L^\infty(M,N)\bigcap L_1^2(M,N).$$

首先注意到没有这类空间的显然定义, 因为 $e(u)$ 的表达式依赖于事实: M 中的一个开集的像包含在 N 的一个坐标图中. 我们不能保证这一点, 由于不能预先期待 $\mathcal{D}$ 中的映照是连续的. 克服这个困难的最简单方法是将 N 作为子流形嵌入到欧氏空间 $\mathbb{R}^K$ 中. 为方便起见, 我们假定 N 是等距嵌入, 虽然也有光滑嵌入. 现在, 我们将 $L^\infty(M,N)$ 确定为 $L^\infty(M,\mathbb{R}^K)$ 中的其像几乎处处落在 N 中的那些映照全体, 类似地, $L_1^2(M,N)$ 是 $L_1^2(M,\mathbb{R}^K)$ 中的其像几乎处处落在 N 中的那些映照全体. 注意到, N 是由形如

$$\Phi(u) = (\Phi_1(u),\cdots,\Phi_{K-k}(u)) = 0$$

的方程组所定义, 其中 Φ 的 Jacobi 矩阵的秩在 $\Phi(u)=0$ 的每一点 u 是 $K-k$. 因此, 空间 $\mathcal{D}$ 被下式给出

$$\mathcal{D} = L^\infty(M,\mathbb{R}^K)\bigcap L_1^2(M,\mathbb{R}^K)\bigcap\{u: \text{对几乎处处 } x \text{ 满足 } \Phi(u(x))=0\}.$$

在这样的程式下, 能量泛函成为普通的 Dirichlet 积分

$$E(u) = \sum_{i=1}^K \int_M |\nabla u^i|^2 dv,$$

从而调和映照问题是寻找关于限制 $\Phi(u)=0$ 下的 E 的临界点. 在坐标形式下的 Euler-Lagrange 方程是

$$\Delta_M u^i + g^{\alpha\beta}\Gamma_{jl}^i(u(x))\frac{\partial u^j}{\partial x^\alpha}\frac{\partial u^l}{\partial x^\beta} = 0, \quad i=1,\cdots,k, \tag{1.1}$$

其中 Γ_{jl}^i 是 N 上的 Levi-Civita 联络的 Christoffel 记号, 即 N 上的 h_{ij} 和它的一阶导数的非线性组合. 具限制的 Euler-Lagrange 方程显然是 $(\Delta u)^T=0$, 其中 $(\ )^T$ 表示一个向量到 N 在 $u(x)$ 点的切空间的投影. 由于 Δu 的法向分量能表示为 N 的第二基本形式, 方程变成

$$\Delta_M u^i = g^{\alpha\beta}A_{u(x)}^i\Big(\frac{\partial u}{\partial x^\alpha},\frac{\partial u}{\partial x^\beta}\Big), \quad i=1,\cdots,K, \tag{1.2}$$

其中 $A_u(X,Y)\in(T_uN)^\perp$ 是 N 的第二基本形式, 它定义为 $A(X,Y)=(D_XY)^\perp$, 其中 D 表示 $\mathbb{R}^K$ 中的方向导数, X,Y 被任意延拓为在 $u\in N$ 某邻域中的 N 的切向量场. (1.2) 比 (1.1) 更方便之处在于 (1.2) 对 $\mathcal{D}$ 中的一个映照在弱形式时仍有意义.

定义 一个映照 $u \in \mathcal{D}$ 如果满足 (1.2) 的弱形式, 则它是 (弱) **调和的**; 即对任意 $\eta \in C_0^\infty(M, \mathbb{R}^K)$ 我们有

$$\int_M \sum_i \nabla \eta^i \cdot \nabla u^i + g^{\alpha\beta} \eta^i(x) A^i_{u(x)}\Big(\frac{\partial u}{\partial x^\alpha}, \frac{\partial u}{\partial x^\beta}\Big) dv = 0. \tag{1.3}$$

更一般地, 可考虑 E 在 $\mathcal{D}$ 中的临界点 u 的问题. 但是, 注意到由于 $\mathcal{D}$ 只是定义为 Hilbert 空间 $L_1^2(M, \mathbb{R}^K)$ 的子集, 没有临界点的明确意义. 我们给出基于实际应用的定义. 有两种对映照 u 常用的变分. 第一类变分由函数 $\eta \in C_0^\infty(M, \mathbb{R}^K)$ 所定义. 给定这样一个 η, 我们可考虑映照 $u + t\eta$. 一般地, 映照 $u + t\eta$ 将不在 $\mathcal{D}$ 中, 由于它不一定满足限制条件 $\Phi(u) = 0$. 如果 N 至少是 C^1 子流形, 我们能用 $u + t\eta$ 到 N 投影来纠正这个不足. 具体而言, 设 $\Pi : O \to N$ 是定义在 N 的一个小邻域 O 上的最近点的投影, 并且观察到由于 u 具有有界的像, 对充分小的 t 和几乎处处的 $x \in M$, 有 $u(x) + t\eta(x) \in O$. 所以, 我们能得到 $u_t = \Pi \cdot (u + t\eta)$ 并且不难看到曲线 $t \to u_t$ 是 $L_1^2(M, \mathbb{R}^K)$ 中的 C^1 曲线, 因而能要求对每个 $\eta \in C_0^\infty(M, \mathbb{R}^K)$,

$$\frac{d}{dt} E(u_t)\Big|_{t=0} = 0.$$

显而易见(见 [SU1]), u 是调和的充要条件为 u 是那些变分的临界点. 还有第二种变分可考虑. 这是出发流形 M 的参数的变分; 即给定一族微分同胚 $F_t : M \to M$, 它们在 M 的一个紧集外是恒等变换, 并且 $F_0 = id$, 我们令 $u_t = u \circ F_t$, 要求对每一族 F_t,

$$\frac{d}{dt} E(u_t)\Big|_{t=0} = 0.$$

我们下面会看到函数 $t \to E(u_t)$ 是 t 的光滑函数, 因此导数存在. 一般而言, 曲线 $t \to u_t$ 并不是 $L_1^2(M, \mathbb{R}^K)$ 中的可微曲线.

定义 一个映照 $u \in \mathcal{D}$ 如果是关于上述两种变分的临界点, 就是 E 的**驻点**.

正如我们已经指出的, 驻点是调和的, 反之则不然(如参见 [BCL]). C^2 调和映照是驻点, 这是清楚的; 事实上, 我们下面将看到 C^0 调和映照是驻点. 能量极小映照是驻点也是清楚的.

我们现在来推导一组驻点的方程. 首先, 我们将 M 上的度量 g 看成独立变量, 而记 $E(u, g)$ 为映照 u 关于度量 g 的能量. 现设 X 是 M 上具紧支集的光滑向量场, 且设 F_t 表示由 X 所确定的单参数微分同胚群. 由于 F_t 是从 (M, g) 到$(M, F_{-t*}g)$ 的一个等距, 我们有 $E(u \circ F_t, g) = E(u, F_{-t*}g)$. 这说明

$E(u_t)$ 是 t 的光滑函数. 我们用 $\tau = \tau_{\alpha\beta}dx^\alpha dx^\beta$ 表示从 N 上度量的拉回; 也就是 $\tau_{\alpha\beta} = \frac{\partial u}{\partial x^\alpha} \cdot \frac{\partial u}{\partial x^\beta}$. 我们就有

$$E(u, g) = \int_M g^{\alpha\beta}\tau_{\alpha\beta}\sqrt{\det(g)}dx,$$

并且, 我们可在 $t = 0$ 计算 $\frac{dE(u_t)}{dt}$, 再用到 u 的驻点性质, 对每个光滑紧支集的向量场, 得到

$$\int_M \langle\tau, \mathcal{L}_X g - \frac{1}{2}\mathrm{Tr}_g(\mathcal{L}_X g)\rangle dv = 0,$$

其中 $\mathcal{L}_X g$ 表示 g 关于 X 的李导数. 这又可改记成

$$\int_M \langle\bar{\tau}, \mathcal{L}_X g\rangle dv = 0,$$

其中 $\bar{\tau} = \tau - \frac{1}{2}\mathrm{Tr}_g(\tau)$, 这是偏微分方程 $g^{\alpha\beta}\bar{\tau}_{\gamma\alpha;\beta} = 0$ 的弱形式. 下列引理实质上是一个经典的结果, 从 M 的维数是 2 的时候得到.

引理 1.1 假定 $n = \dim M = 2$, 并且 $u \in \mathcal{D}$ 是 E 的驻点. 那么, Hopf 微分

$$\Phi(z) = \left[\left(\left\|\left(\frac{\partial u}{\partial x}\right)\right\|^2 - \left\|\left(\frac{\partial u}{\partial y}\right)\right\|^2\right) - 2i\left(\frac{\partial u}{\partial x}\right) \cdot \left(\frac{\partial u}{\partial y}\right)\right] dz^2$$

是全纯的从而是光滑的, 这里 $z = x + iy$ 是 M 上的复坐标.

证明 如果 u 是 C^2 的, 这个结果已在 [CG] 中被推导. 由于结果是局部的, 我们可假定 u 的出发流形是 $\mathbb{C}$ 中的圆盘 D, 又由于能量是共形不变的, 我们可假定 D 具有欧氏度量. 对任何在 D 中具紧支集的 C^∞ 函数 $\eta(x, y)$, 设 $X = \eta\frac{\partial}{\partial x}$, 观察到 $\mathcal{L}_X g = 2\eta_x x dx^2 + \eta_y dxdy$. 上述方程化为 $\int_D\{(\tau_{11} - \tau_{22})\eta_x + 2\tau_{12}\eta_y\}dxdy = 0$. 类似地, 我们可取 $X = \zeta(x, y)\frac{\partial}{\partial y}$ 并得到方程$\int_D\{(\tau_{11} - \tau_{22})\zeta_y - 2\tau_{12}\zeta_x\}dxdy = 0$. 这是 L^1 函数 $\phi(z) = \tau_{11} - \tau_{22} - 2i\tau_{12}$ 的 Cauchy-Riemann 方程, 而根据 Weyl 引理, $\phi(z)$ 是 z 的光滑全纯函数. 这就完成了引理 1.1 的证明.

当维数大于 2 时, 驻点映照具有下列单调不等式. 对一般的驻点映照, 这个公式在 [P] 中导出. 对极小能量映照, 这个公式曾在 [SU1] 中用于正则性理论中.

引理 1.2 假定 u 是 $\mathbb{R}^n$ 中的一个区域 Ω 到流形 N 中的驻点映照. 那么, 对 $0 < \sigma < \rho < \mathrm{dist}(x_0, \partial\Omega)$, 我们有

$$\begin{aligned}&\rho^{2-n}\int_{B_\rho(x_0)} e(u)dx - \sigma^{2-n}\int_{B_\sigma(x_0)} e(u)dx \\ &= 2\int_{B_\rho(x_0)\backslash B_\sigma(x_0)} |x - x_0|^{2-n}\left|\frac{\partial u}{\partial r}\right|^2 dx,\end{aligned} \tag{1.4}$$

其中 $r=|x-x_0|$.

证明 为推导单调不等式, 我们不妨假设 $x_0=0$, 并选取向量场 $X=\zeta(x)x^\alpha\frac{\partial}{\partial x^\alpha}$, 其中 $\zeta(x)$ 是 $B_\sigma(0)$ 中具紧支集的光滑函数. 那么我们有

$$(\mathcal{L}_Xg-\frac{1}{2}\mathrm{Tr}_g(\mathcal{L}_Xg))_{\alpha\beta}=(2-n)\zeta\delta_{\alpha\beta}+\zeta_\beta x^\alpha+\zeta_\alpha x^\beta-\zeta_\gamma x^\gamma\delta_{\alpha\beta}.$$

如果取 ζ 为 $r=|x|$ 的函数, 那么驻点性给出

$$(n-2)\int\zeta|\nabla u|^2dx=\int r\zeta_r\left(2\left|\frac{\partial u}{\partial r}\right|^2-|\nabla u|^2\right)dx.$$

令 ζ 趋向于 $B_\sigma(0)$ 的特征函数, 我们得到

$$(n-2)\int_{B_\sigma}|\nabla u|^2dx-\int_{\partial B_\sigma}|\nabla u|^2dv=-2\int_{\partial B_\sigma}\left|\frac{\partial u}{\partial r}\right|^2dv.$$

将此改写成

$$\frac{d}{d\sigma}(\sigma^{2-n}E(B_\sigma(0)))=2\int_{\partial B_\sigma}r^{2-n}\left|\frac{\partial u}{\partial r}\right|^2dv,$$

上式积分后就得到引理 1.2 的结论.

在结束本节引论之前, 我们叙述基本的存在性问题, 这将在本章加以研究.

(1) **同伦问题** 假定 M 紧致无边. 给定 $\varphi: M\to N$, 寻找同伦于 φ 的调和映照.

(2) **Dirichlet 问题** 假定 M 是紧致的且有光滑的边界 ∂M. 给定 $\varphi: M\to N$, 寻找调和映照 u 并在边界 ∂M 满足 $u\equiv\varphi$.

(3) **同伦 Dirichlet 问题** 假定 M 是紧致的且有光滑的边界 ∂M. 给定 $\varphi: M\to N$, 寻找调和映照 u, 它在边界 ∂M 满足 $u\equiv\varphi$ 并且同伦于 φ (关于 ∂M) (即存在 u_t, $0\leqslant t\leqslant 1$, 使 $u_0=\varphi$, $u_1=u$, 并在 ∂M 上满足 $u_t\equiv\varphi$).

§2. Dirichlet 问题的可解性

在上一节, 我们引进了一类能量有限的映照; 它们的一阶导数在 L^2 中并且是有界的. 我们称这个映照类为 $\mathcal{D}$, 也就定义了 $\mathcal{D}=L^\infty(M,N)\cap L_1^2(M,N)$. 在 M 和 N 都是紧的情形, 我们有 $\mathcal{D}=L_1^2(M,N)$. 让我们假定 M 和 N 都是紧的. 注意到 Hilbert 空间 $L_1^2(M,\mathbb{R}^K)$ 的内积是

$$(f,g)_1=\int_M[\langle f(x),g(x)\rangle+\langle df(x),dg(x)\rangle]dv_M,$$

模是

$$|f|_1 = (f, f)_1^{\frac{1}{2}},$$

其中 $\langle df(x), dg(x)\rangle$ 表示在 $\mathrm{Hom}(M_x, \mathbb{R}^K)$ 中的自然内积.

一个 $L_1^2(M, \mathbb{R}^K)$ 中序列 $\{f_i\}$ 称为**弱收敛**于 $f \in L_1^2(M, \mathbb{R}^K)$，如果对任何 $g \in L_1^2(M, \mathbb{R}^K)$, 我们有

$$\lim_{i\to\infty}(f_i, g)_1 = (f, g)_1.$$

注意到 $C^\infty(M, N)$ 在 $L_1^2(M, N)$ 中不是稠密的, 即 $\overline{C^\infty(M, N)} \neq L_1^2(M, N) \subset L_1^2(M, \mathbb{R}^K)$ ([SU2] 中举了个例子). 并且, $\overline{C^\infty(M, N)}$ 不一定是弱闭的, 所以, 解调和映照问题限于光滑(或连续)映照的 L_1^2 极限是不够的. 关于用光滑映照在 $L_1^2(M, N)$ 中逼近的更详细的结果请见 [B1].

我们现在叙述紧致性和下半连续性的著名结果, 它们的证明可在 [M3, 定理 1.8.1, 3.4.4] 中找到.

引理 2.1 设 $\{f_i\}$ 是 $L_1^2(M, \mathbb{R}^K)$ 中的序列, 且对任何 i 和正常数 K, 满足 $|f_i|_1 \leqslant K$. 那么, f_i 有子序列 $\{f_j\}$ 在 $L_1^2(M, \mathbb{R}^K)$ 中几乎处处弱收敛, 且在 $L^2(M, \mathbb{R}^K)$ 中强收敛于 $f \in L_1^2(M, \mathbb{R}^K)$. 进而, 我们有

$$E(f) \leqslant \lim_{j\to\infty} E(f_j).$$

附注 2.2 由这个引理我们看到 $L_1^2(M, N)$ 的有界集是弱紧的. 事实上, 如果 $u \in L_1^2(M, \mathbb{R}^K)$ 是 $\{u_i\}$ 的弱极限, 且满足 $|u_i|_1 < K$, 那么, 几乎处处逐点收敛性意味着 $u \in L_1^2(M, N)$.

附注 2.3 当 M 是一维流形时, $L_1^2(M, N)$ 是无限维 Hilbert 流形. 但是如果 $\dim M \geqslant 2$, 由于不能在一个 Hilbert 空间中局部将 $L_1^2(M, N)$ 参数化, 那么结论不再成立. 我们指出, 如果 $pk > n$, $L_k^p(M^n, \mathbb{R}^K)$ 可嵌入到 $C^0(M, \mathbb{R}^K)$ 中, 并且可以说明 $L_k^p(M^n, \mathbb{R}^K)$ 是一个 Banach 流形. 注意到二维问题是这个讨论的临界情况.

假定 M 是紧致的且有光滑的边界, 而 N 是紧致无边的. 给定 $\varphi \in L_1^2(M, N)$, Dirichlet 问题是寻找一个调和映照 $u \in L_1^2(M, N)$ 并满足 $u - \varphi \in L_{1,0}^2(M, \mathbb{R}^K)$, 其中 $L_{1,0}^2(M, \mathbb{R}^K) = \overline{C_c^\infty(M, \mathbb{R}^K)} \subseteq L_1^2(M, \mathbb{R}^K)$. 现在我们说明 Dirichlet 问题总是有解的, 即能找到一个具有给定边界条件的能量极小映照. 这个结果不要求 N 的任何光滑性, 只要求 N 是 $\mathbb{R}^K$ 的一个紧子集.

命题 2.4 设 $M \subseteq \mathbb{R}^K$ 是紧集, 并给定 $\varphi \in L_1^2(M,N)$. 定义 $\mathcal{D}_\varphi = \{v \in L_1^2(M,N):\ v-\varphi \in L_{1,0}^2(M,\mathbb{R}^K)\}$ 并设 $E_0 = \inf\{E(v):\ v \in \mathcal{D}_\varphi\}$. 那么, 存在一个映照 $u \in \mathcal{D}_\varphi$ 满足 $E(u) = E_0$.

证明 选取 $\mathcal{D}_\varphi$ 中的极小化序列 $\{u_i\}$, 即 $u_i \in \mathcal{D}_\varphi$ 且 $E(u_i) \to E_0$. 根据 $L_1^2(M,N)$ 中有界集的弱紧性, 存在一个子序列 $\{u_{i'}\}$ 弱收敛于 $u \in L_1^2(M,N)$. 注意到 $L_{1,0}^2(M,\mathbb{R}^K)$ 是 $L_1^2(M,\mathbb{R}^K)$ 的闭线性子空间, 它是弱闭的. 由于 $u_{i'}-\varphi \in L_{1,0}^2(M,\mathbb{R}^K)$, 从而 $u-\varphi \in L_{1,0}^2(M,\mathbb{R}^K)$. 所以, $u \in \mathcal{D}_\varphi$. 根据能量的下半连续性

$$E(u) \leqslant \underline{\lim} E(u_i) = E_0.$$

这样, u 是能量极小映照而完成了证明.

例 1 当 $\varphi \in C^0(\partial M)$ 为实值函数时, 就是经典的 Dirichlet 问题. 存在唯一的调和函数 $u: M \to \mathbb{R}$, 使在 ∂M 上 $u = \varphi$.

例 2 设 $\mathbb{R}^n \to \mathbb{R}^{n+1}$ 是单射 $i(x^1,\cdots,x^n) = (x^1,\cdots,x^n,0)$. 考虑下列 Dirichlet 问题: 寻找调和映照 $u: B^n \to S^n \subset \mathbb{R}^{n+1}$, 使 $u|_{\partial B^n} = i|_{\partial B^n}$, 也就是 u 将 B^n 的边界映到 S^n 的赤道. 我们只求解球对称的 u.

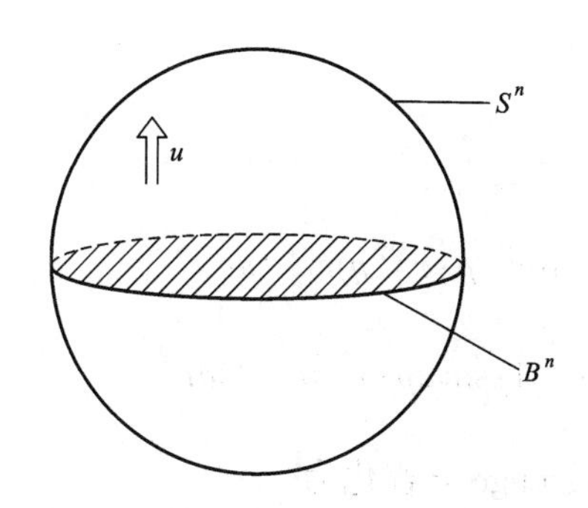

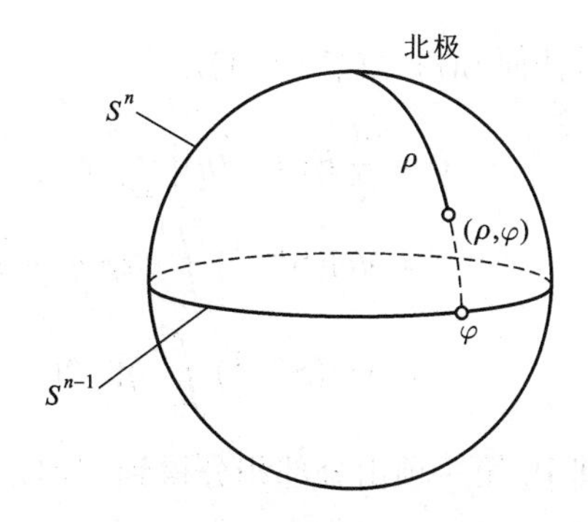

设 (r,θ) 是 B^n 上的极坐标且 (ρ,φ) 是 S^n 上的测地坐标, 使 ρ 是从 S^n 的北极出发的距离而 $\varphi \in S^{n-1}$. 关于那些坐标 B^n 上的度量是 $dr^2 + r^2 d\theta^2$ 而 S^n 上的度量是 $d\rho^2 + (\sin^2\rho)d\varphi^2$. 显然我们将 θ 和 φ 等同.

我们要寻找形如

$$u(r,\theta) = (\rho(r),\theta), \quad u \text{ 是调和的}, \quad \rho(1) = \frac{\pi}{2}$$

的解. 注意到

$$u^*(d\rho^2+\sin^2\rho d\varphi^2)=(\rho'(r))^2dr^2+\sin^2\rho(r)d\theta^2.$$

取 S^{n-1} 上的单位正交余标架 $\theta_1,\cdots,\theta_{n-1}$, 使

$$d\theta^2=\sum_{i=1}^{n-1}\theta_i^2,\quad \theta_n=dr.$$

关于这个标架, B^n 上的度量为

$$r^2\theta_1^2+\cdots+r^2\theta_{n-1}^2+\theta_n^2,$$

并且 S^n 度量的拉回是

$$\sin^2\rho\theta_1^2+\cdots+\sin^2\rho\theta_{n-1}^2+(\rho'(r))^2\theta_n^2.$$

所以, $|du|^2=(\rho')^2+(n-1)\frac{\sin^2\rho}{r^2}$ 以及

$$\begin{aligned}E(u)&=\int_{S^{n-1}}\int_0^1[(\rho')^2+(n-1)\frac{\sin^2\rho}{r^2}]r^{n-1}drd\theta\\&=\mathrm{Vol}(S^{n-1})\int_0^1[(\rho')^2+(n-1)\frac{\sin^2\rho}{r^2}]r^{n-1}dr.\end{aligned}$$

对任何 $\eta(r)\in C_c^\infty((0,1))$,

$$\begin{aligned}0&=\frac{d}{dt}E(\rho+t\eta)\Big|_{t=0}\\&=\mathrm{Vol}(S^{n-1})\int_0^1(2\rho'\eta'+2(n-1)\sin\rho\cos\rho\cdot r^{-2}\eta)r^{n-1}dr\\&=\mathrm{Vol}(S^{n-1})\int_0^1\eta(-2(r^{n-1}\rho')'+(n-1)\sin2\rho\cdot r^{-2}r^{n-1})dr,\end{aligned}$$

其中, 第一项由分部积分得到. 所以, Euler-Lagrange 方程化为

$$-2(r^{n-1}\rho')'+(n-1)\sin2\rho\cdot r^{n-3}=0,$$

或

$$\frac{1}{r^{n-1}}\frac{d}{dr}\left(r^{n-1}\frac{d\rho}{dr}\right)-\frac{n-1}{2}\frac{\sin2\rho}{r^2}=0.$$

如果, 记 $t=\log r$ 以及 $\alpha=2\rho$, 我们得到

$$\frac{d^2\alpha}{dt^2}+(n-2)\frac{d\alpha}{dt}-(n-1)\sin\alpha=0,$$

其中 $t \in (-\infty, 0]$ 且 $\alpha(0) = \pi$, 这是由于 $r \in [0,1]$ 以及 $\rho(1) = \frac{\pi}{2}$. 不失一般性, 我们假定 $u(0)$ 是北极, 或 $\rho(0) = 0$. 所以, $\lim_{t\to-\infty} \alpha(t) = 0$. 这样, 旋转对称映照的 Dirichlet 问题化为具边界条件的常微分方程问题:

$$\begin{cases} \dfrac{d^2\alpha}{dt^2} + (n-2)\dfrac{d\alpha}{dt} - (n-1)\sin\alpha = 0, \\ \alpha(0) = \pi, \quad \lim\limits_{t\to-\infty} \alpha(t) = 0. \end{cases}$$

我们分三种情形研究:

(i) $n = 2$: 所要的解是 $\alpha(t) = 4\tan^{-1}(e^t)$. 所以, $\rho(r) = 2\tan^{-1} r$. 可以见到映照 u 是球极投影的逆映照.

(ii) $3 \leqslant n \leqslant 6$: 解的图形是

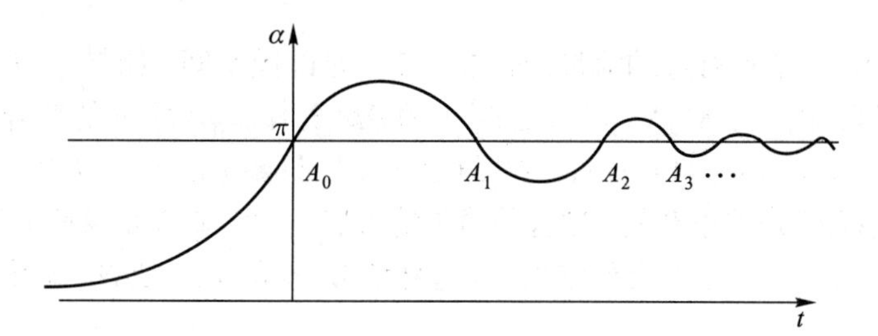

将 A_i $(i = 1, 2, \cdots)$ 移到 A_0 的任何图形的移动给出了另外一个解. 这种情形得到无穷多个解. 对应 $\rho(r)$ 的图形是

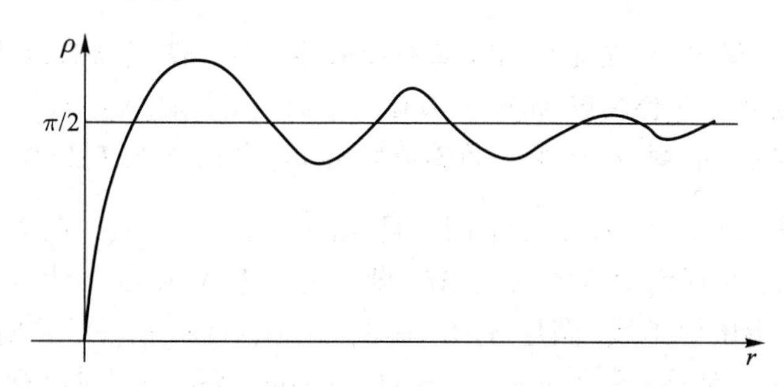

无穷多个解 $u_0, u_1, \cdots$ 收敛于映照 u_∞, 它的表达式为 $u_\infty(r,\theta) = \left(\frac{\pi}{2}, \theta\right)$, 因为对应的 $\rho_0, \rho_1, \cdots$ 收敛于常数 $\rho = \frac{\pi}{2}$. 注意

$$E(u_1) < E(u_2) < \cdots < E(u_\infty).$$

(iii) $n \geqslant 7$: 常微分方程解的图必是

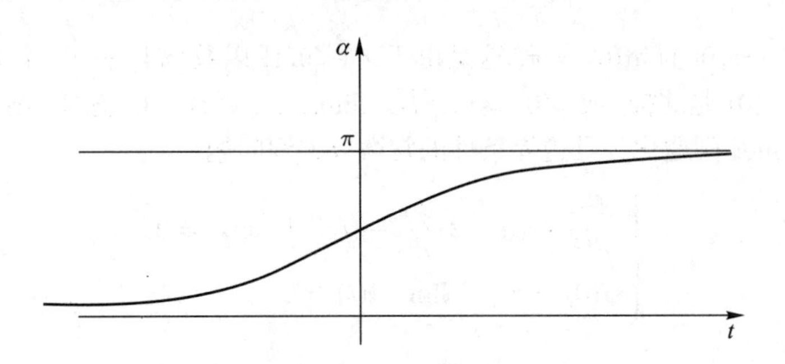

由于这不满足第一个边界条件, 这种情形我们没有解.

§3. 凸性和唯一性定理

假定 M 是紧致有边的流形, 而 $N=\mathbb{R}^k$ 是欧氏空间. 如果 φ 是 M 到 N 的映照, 那么, 由 $C^1_\varphi(M,N)=\{u\in C^1: \text{在}\partial M\text{上}\ u=\varphi\}$ 定义的集合是一个凸集, 换言之, $u_t=tu_1+(1-t)u_0\in C^1_\varphi$, $0\leqslant t\leqslant 1$, 只要 u_0, $u_1\in C^1_\varphi(\Omega)$. 进而, 能量沿着那些道路是严格凸的. 受这种简单情形启发, 当 N 满足某些曲率假设时, 我们导出 $C^1(M,N)$ 中的类似结果. 在这种情形, 空间 $C^1(M,N)$ 显然不是一个线性空间.

定义 设 u_0, $u_1\in C^1(M,N)$. 如果对任何 $x\in M$, 曲线 $t\to u_t(x)$ 是 N 中一个常速率 (依赖于 x) 的测地线, 那么, 同伦 u_t $(0\leqslant t\leqslant 1)$ 是一个测地同伦.

命题 3.1 假定 N 是完备的非正截面曲率流形, M 是紧致流形(边界可能为空集). 给定两个同伦映照(相对于 ∂M) $u_0,u_1\in C^1(M,N)$, 它们在 ∂M 上相等, 那么, 存在从 u_0 到 u_1 的唯一的测地同伦 u_t, 它们在 ∂M 上都和 u_0 相同.

证明 设 v_t $(0\leqslant t\leqslant 1)$ 是同伦, 且 $v_0=u_0$, $v_1=u_1$, 在 ∂M 上, 对所有 t, $v_t=u_0$. 对任何取定的 $x\in M$, 设 $\gamma_x(t)$ 是 N 中唯一的常速率的参数在 $0\leqslant t\leqslant 1$ 上的测地线, 满足 $\gamma_x(0)=u_0(x)$, $\gamma_x(1)=u_1(x)$, 并使 γ_x 同伦于曲线 $t\to v_t(x)$. 那么, 定义 $u_t(x)=\gamma_x(t)$. Jacobi 场的初等讨论意味着对任何 t, $u_t\in C^1(M,N)$. 测地同伦的唯一性从 N 中具固定端点和固定同伦类中的测地线的唯一性得到.

下面我们给出对光滑映照的 C^2 变分的能量的二阶导数的公式. 考虑 C^2 映照 $F: M\times[0,1]\to N$, 且对 $x\in M$ 令 $u_t(x)=F(x,t)$. 令 $V=F_*\left(\frac{\partial}{\partial t}\right)\in\Gamma(u_t^*(TN))$, 记 ∇' 是从 TN 上的拉回联络. 设 $e_1,\cdots,e_n$ 是 TM 上的单位正交

基. 我们已知道

$$E(u_t)=\int_M\Big(\sum h_{ij}(u_t(x))g^{\alpha\beta}(x)\frac{\partial u_t^i}{\partial x^\alpha}\frac{\partial u_t^i}{\partial x^\beta}\Big)\sqrt{g}dx.$$

所以,

$$\begin{aligned}\frac{d}{dt}E(u_t)&=\int_M\Big[2h_{ij}g^{\alpha\beta}\frac{\partial V^i}{\partial x^\alpha}\frac{\partial u_t^j}{\partial x^\beta}+\partial h_{ij}\cdots\Big]\sqrt{g}dx\\&=2\int_M g^{\alpha\beta}\Big\langle\nabla'_{\frac{\partial}{\partial x^\alpha}}V,F_*\Big(\frac{\partial}{\partial x^\beta}\Big)\Big\rangle\sqrt{g}dx\\&=2\int_M\sum_\alpha\Big\langle\nabla'_{e_\alpha}v,F_*(e_\alpha)\Big\rangle dv_M.\end{aligned}$$

进而, 从 [EL], 我们得到

$$\begin{aligned}\frac{d^2}{dt^2}E(u_t)=2\int_M\Big[&\sum_\alpha\|\nabla'_{e_\alpha}V\|^2-\sum_\alpha\langle R^N(V,F_*(e_\alpha))V,F_*(e_\alpha)\rangle\\&+\sum_\alpha\langle\nabla'_{e_\alpha}\Big(\nabla'_{\frac{\partial}{\partial t}}V\Big),F_*(e_\alpha)\rangle\Big]dv_M.\end{aligned}$$

下列引理给出上式右端第三项为零的条件.

引理 3.2 假定下列条件之一成立:
(i) 映照 $u=u_0$ 是调和的, 并且 $V(x,0)$ 的紧支集落在 M 的内部, 或
(ii) 对每个 $x\in M$, 曲线 $\sigma_x(t)=F(x,t)$ 是 N 中常速率的测地线.
那么, 我们有

$$\frac{d^2}{dt^2}E(u_t)\Big|_{t=0}=2\int_M\Big[\|\nabla'V\|^2-\sum_\alpha\langle R^N(V,u_*(e_\alpha))V,u_*(e_\alpha)\rangle\Big]dv_M.$$

证明 如果 u 是调和映照, 那么, 上式中的第三项为零, 因为它表示能量关于由 $\nabla'_{\frac{\partial}{\partial t}}V$ 给出的一阶导数. 另一方面, 如果曲线 $\sigma_x(t)$ 是常速率的测地线, 那么, 我们有 $\nabla'_{\frac{\partial}{\partial t}}V\equiv 0$, 因为它表示曲线 σ_x 的加速度向量. 这就证明了引理.

附注 3.3 上述积分表达式是指标形式, 对应的算子是 $\mathcal{L}V=\Delta'V+\sum_\alpha R^N(u_*(e_\alpha),V)u_*(e_\alpha)$, 它是能量第二变分的 Jacobi 算子.

附注 3.4 如果 N 有非正曲率, 上述引理告诉我们能量沿着测地线的同伦是凸函数, 和 $N=\mathbb{R}^k$ 的情形相类似.

我们可以用这个结果来说明当 N 有非正曲率时, 调和映照在它的同伦类中使能量极小. 结果也能从 [ES], [Hm] 以及 [Hr] 中的定理导出. 下面是更为直接的证明.

定理 3.5 如果 u 是从 M 到 N 的调和映照, 且 $K_N \leqslant 0$, 那么, 对任何(相对于 ∂M) 同伦于 u 的映照 $\varphi: M \to N$, $E(u) \leqslant E(\varphi)$.

证明 设 $G: M \times [0,1] \to N$ 是从 u 到 φ 的测地线同伦, 它的存在性上面已经说明了. 那么, 应用引理, 我们得到

$$\frac{d^2}{dt^2}E(u_t) = 2\int_M (\|\nabla' V\|^2 - \sum_\alpha \langle R^N(V, G_*(e_\alpha))V, G_*(e_\alpha)\rangle) dv_M,$$

其中 $V = G_*\left(\frac{\partial}{\partial t}\right), u_t(x) = G(x,t)$. 特别地, 由于 N 有非正曲率, 我们看到函数 $t \to E(u_t)$ 是 $[0,1]$ 上的凸函数. 因为 $u = u_0$ 是调和的, 我们有 $\frac{d}{dt}E(u_t) = 0$ 在 $t = 0$ 处成立. 所以, $E(u_t)$ 关于 t 是非增加的从而 $E(u) \leqslant E(\varphi)$, 这就是所要证明的.

同样的论证给出了 Hartman [Hr] 唯一性定理的简单证明.

定理 3.6 如果 $\partial M \neq \emptyset$, $u_0: M \to N$ 是调和的, 并且 $K_N \leqslant 0$, 任何(相对于 ∂M) 同伦于 u_0 的调和映照 $u_1: M \to N$ 一定和 u_0 相重合.

如果 $\partial M = \emptyset$, u_0, u_1 是同伦的调和映照, 并且 $K_N \leqslant 0$, 那么, u_t 都是调和的, $\nabla' V \equiv 0$, 并且对任何 $X \in T_xM$, $\langle R^N(V, u_{t*}(X))V, u_{t*}(X)\rangle = 0$. 特别地, 如果 $K_N < 0$ 并且任何映照 u_t 在 M 的某些点上的映照秩数大于 1, 那么, 在 M 上 $u_0 \equiv u_1$.

证明 设 u_t $(t \in [0,1])$ 是如上所构造的测地线同伦. 由于函数 $t \to E(u_t)$ 是凸的并且在 0 和 1 处斜率为零(u_0, u_1 是调和的), 我们有 $\frac{d^2}{dt^2}E(u_t) \equiv 0$ 对任何 $0 \leqslant t \leqslant 1$ 成立. 所以, 在 $M \times [0,1]$ 上我们有

$$\nabla' V \equiv 0 \text{ 并且 } \sum_\alpha \langle R^N(V, G_*(e_*))V, G_*(e_\alpha)\rangle \equiv 0, \tag{$*$}$$

我们又有

$$e_\alpha \|V\|^2 = 2\langle V, \nabla'_{e_\alpha} V\rangle = 0, \quad \alpha = 1, \cdots, n.$$

从而 $\|V\|$ 对每个 t 关于 x 是常数. 如果 $\partial M \neq \emptyset$, 那么, V 在 $\partial M \times [0,1]$ 上恒为零, 从而在 $M \times [0,1]$ 上 $V \equiv 0$. 这就得到在 M 上 $u_0 \equiv u_1$. 如果 $\partial M = \emptyset$

并且 $K_N < 0$, 那么, 从 $(*)$ 我们看到对 $\alpha = 1, \cdots, n$, V 平行于 $G_*(e_\alpha)$. 如果, V 在 $t = t_0$ 不恒等于零, 那么由于 $\|V\|$ 关于 x 是常数, $V(x, t_0)$ 就无零点. 由此得到 u_{t_0} 在 M 上处处秩为 1, 得到矛盾. 所以, $V(x, t_0) \equiv 0$, 所以, 对任何 $(x, t) \in M \times [0, 1]$, $V(x, t) \equiv 0$, 这里考虑到测地线 $t \to G(x, t)$ 的速度对 t 是常数. 这就证明了定理.

§4. 调和映照的先验估计

这里我们考虑能对光滑调和映照导出的估计. 它们可用来证明到非正曲率流形 N 的调和映照的存在性. 调和映照的 Bochner 公式是(推导见第一章)

$$\begin{aligned}\frac{1}{2}\Delta|du|^2 = \|\nabla' du\|^2 - &\sum_{\alpha,\beta}\langle R^N(u_*e_\alpha, u_*e_\beta)u_*e_\alpha, u_*e_\beta\rangle \\ &+ \sum_i \mathrm{Ric}^M(u^*\theta_i, u^*\theta_i),\end{aligned}$$

其中 $e_1, \cdots, e_n$ 是 TM 的单位正交基, $\theta_1, \cdots, \theta_k$ 是 T^*N 的单位正交基, ∇' 是从 TN 来的拉回联络. 从这个公式可以看出, 如果 M 是紧致的并且 N 的截面曲率非正, 那么, 去掉前两项后得到

$$\Delta|du|^2 \geqslant -C|du|^2, \tag{4.1}$$

其中 C 只依赖于 M. 偏微分方程中的一个结果(见 [M3, 5.3.1]) 意味着对任何其闭包包含在 M 中的开集 Ω 和只依赖于 M, n 以及 $\mathrm{dist}(\Omega, \partial\Omega)$ 的常数 C, 有

$$\sup_\Omega |du|^2 \leqslant C\int_M |du|^2 dv_M, \tag{4.2}$$

具体而言, 我们有估计

$$\sup_{B_{\frac{r}{2}}(x)} |du|^2 \leqslant Cr^{-n}\int_{B_r(x)} |du|^2 dv_M, \tag{4.3}$$

其中 $B_r(x) \subset\subset \Omega$.

估计 (4.2) 首先在 [ES] 中对调和映照问题的热方程证得. 估计 (4.2) 意味着下列紧性定理.

命题 4.1 如果 M 是紧致有边(可能为空) 的流形而 N 是紧致的且有非正截面曲率的流形, 那么, 对 $\Lambda > 0$, 映照族

$$\mathcal{F}_\Lambda = \{u \in C^\infty(M, N) : u \text{ 是调和的}, E(u) \leqslant \Lambda\}$$

在 M 的紧致开集上的 C^k 一致收敛的拓扑中是紧的，其中 $k \geqslant 0$ 是任意整数.

这个命题的证明包括了在 M 中的映照 $u \in \mathcal{F}$ 所有阶导数的局部估计的推导, 然后应用 Ascoli 的等度连续性定理. 从 (4.2) 可导出 $|du|^2$ 在 Ω 中的在 $\mathcal{F}_\Lambda$ 中一致的 Hölder 估计. 由于 $\Delta u^i = \Gamma(du, du)$, 其中 $\Gamma(du, du)$ 关于 du 是二次的, 线性椭圆方程理论的一个标准应用可用来得到对所有 $u \in \mathcal{F}_\Lambda$ 的在 Ω 中的 C^k 模的一致估计. 不等式 (4.1) 强依赖于 N 有非正截面曲率的假定. S^2 上的共形映照, 或者第二节的例 2 说明上述命题对到紧的没有曲率假定的流形的调和映照不再成立.

下列先验估计说明 (4.3) 事实上对具小能量的调和映照是成立的.

定理 4.2 假定 $u \in C^2(B_r, N)$ 关于在 $B_r = \{x \in \mathbb{R}^n : |x| < r\}$ 上的度量 g 是调和的, 这个度量满足

$$\Lambda^{-1}(\delta_{ij}) \leqslant (g_{ij}) \leqslant \Lambda(\delta_{ij}), \quad |\partial_k g_{ij}| \leqslant \Lambda r^{-1}.$$

那么, 存在只依赖于 Λ, n, N 的 $\varepsilon > 0$, 使得如果

$$r^{2-n} \int_{B_r} e(u) \leqslant \varepsilon,$$

那么, u 满足不等式

$$\sup_{B_{r/2}} e(u) \leqslant C r^{-n} \int_{B_r} e(u),$$

其中 C 只依赖于 Λ, n, N.

附注 4.3 我们将给出的证明事实上只要求 g_{ij} 在 B_r 中是 Hölder 连续的.

证明 单调性不等式 (1.4) 意味着只要 $x \in B_r$, 并且 $0 < \sigma < \rho < r - |x|$, 那么

$$\sigma^{2-n} \int_{B_\sigma(x)} e(u) \leqslant C \rho^{2-n} \int_{B_\rho(x)} e(u). \tag{4.4}$$

如果令 $r_1 = \frac{3}{4} r$, 那么, 不等式 (4.4) 意味着对任何 $x \in B_{r_1}$, $0 < \sigma \leqslant r_1 - |x|$,

$$\sigma^{2-n} \int_{B_\sigma(x)} e(u) \leqslant \left(\frac{3}{4}\right)^{n-2} C r^{2-n} \int_{B_r} e(u). \tag{4.5}$$

在 (4.4) 和 (4.5) 中常数 C 只依赖于 n, Λ.

我们将对小 σ 研究 (4.5). 首先, 观察到存在 $\sigma_0 \in (0, r_1)$ 使得

$$(r_1 - \sigma_0)^2 \sup_{B_{\sigma_0}} e(u) = \max_{0 < \sigma \leqslant r_1} (r_1 - \sigma)^2 \sup_{B_\sigma} e(u).$$

进而, 存在一点 $x_0 \in \bar{B}_{\sigma_0}$ 使得

$$e_0 = e(u)(x_0) = \sup_{B_{\sigma_0}} e(u).$$

令 $\rho_0 = \frac{1}{2}(r_1 - \sigma_0)$, 且观察到从 σ_0, x_0 的选取有

$$\sup_{B_{\rho_0}(x_0)} e(u) \leqslant \sup_{B_{\sigma_0+\rho_0}} e(u) \leqslant 4e_0. \tag{4.6}$$

现在, 定义映照 $v \in C^2(B_{r_0}, N)$, $r_0 = (e_0)^{\frac{1}{2}}\rho_0$,

$$v(y) = u\Big(\frac{y - x_0}{(e_0)^{1/2}}\Big).$$

这样, v 是 u 的重新参数化所得到的, 使得 $e(v)(0) = 1$. 从 (4.6) 我们得到

$$\sup_{B_{r_0}} e(v) \leqslant 4, \quad e(v)(0) = 1.$$

所以从 (4.1) 我们在 B_{r_0} 上有 $\Delta e(v) \geqslant -C\, e(v)$. 现在, 如果 $r_0 \geqslant 1$, 那么我们能用均值不等式得到

$$1 = e(v)(0) \leqslant C \int_{B_1} e(v).$$

但是, 我们从 (4.5) 有

$$\begin{aligned}\int_{B_1} e(v) &= ((e_0)^{1/2})^{n-2} \int_{B_{e_0^{-1/2}}(x_0)} e(u)\\ &\leqslant Cr^{2-n} \int_{B_r} e(u)\\ &\leqslant C\varepsilon.\end{aligned}$$

这样如果取 ε 充分小, 那两个不等式相矛盾. 所以我们可假定 $r_0 \leqslant 1$. 再从 [M3, 5.3.1] 得到均值不等式对 $e(v)$ 在 B_{r_0} 中成立, 并且有

$$1 = e(v)(0) \leqslant Cr_0^{-n} \int_{B_{r_0}} e(v) = Cr_0^{-2}\rho_0^{2-n} \int_{B_{\rho_0}(x_0)} e(u).$$

将它和 (2.5) 联立起来我们得到

$$\rho_0^2 e_0 = r_0^2 \leqslant Cr^{2-n} \int_{B_r} e(u).$$

从 σ_0 的选取得到

$$\max_{0\leqslant\sigma\leqslant r_1}(r_1-\sigma)^2\sup_{B_\sigma}e(u)\leqslant 4Cr^{2-n}\int_{B_r}e(u).$$

定理 4.2 的结论只要在上式中取 $\sigma=\frac{1}{2}r$ 且除以 r^2 即可得到.

上述先验估计能用来证明具有一致有界能量的光滑调和映照的弱极限映照的部分正则性结果. 它说明除了 $n-2$ 维 Hausdorff 测度有限的闭集以外, 映照序列在 C^∞ 拓扑中收敛. 最近, 林芳华 [Li] 已经证明这个集合事实上是 $(n-2)$ 维可度集.

推论 4.4 设 M 是紧的边界可能为空的流形, 且设 N 是紧的. 对 $\Lambda>0$, 令

$$\mathcal{F}_\Lambda=\{u\in C^\infty(M,N):u\text{ 是调和的, }E(u)\leqslant\Lambda\}.$$

任何在 $\mathcal{F}_\Lambda$ 的闭包中的弱 L_1^2 映照 u, 除了一个 $(n-2)$ 维的 Hausdorff 测度局部有限的奇异闭集以外, 是光滑的调和映照.

证明 设 $\{u_i\}\subset\mathcal{F}_\Lambda$ 是弱收敛于 u 的序列. 设 $\mathring{M}$ 表示 M 的内部, 定义子集 $\mathcal{S}\subset\mathring{M}$ 如下

$$\mathcal{S}=\bigcap_{r>0}\left\{x\in\mathring{M}:\ \liminf_{i\to\infty}r^{2-n}\int_{B_r(x)}e(u_i)\geqslant\varepsilon_0\right\}.$$

这里 ε_0 表示由定理 4.2 所确定的一个固定正数. 从 $r^{2-n}\int_{B_r(x)}e(u_i)$ 这个量的单调性得到 $\mathcal{S}$ 是 $\mathring{M}$ 的相对闭子集, 为此假定 $x_j\in\mathcal{S}$ 以及 $\lim x_j=x\in\mathring{M}$. 对任何 $r>0$ 以及所有 j, 从 (1.4) 得到

$$\liminf_{i\to\infty}r^{2-n}\int_{B_r(x_j)}e(u_i)\geqslant\varepsilon_0.$$

这立即意味着对任何 $r_1>r$, $\liminf_{i\to\infty}r_1^{2-n}\int_{B_{r_1}(x)}e(u_i)\geqslant\varepsilon_0$. 由于 $r>0$ 是任意的, 我们有 $x\in\mathcal{S}$.

对任何 $\delta>0$, 以及任何 $\Omega\subset\subset\mathring{M}$, 我们能用有限个球 $\{B_{r_j}(x_j)\}$ 覆盖 $\mathcal{S}\cap\bar{\Omega}$, 并使 $\{B_{\frac{1}{2}r_j}(x_j)\}$ 是互不相交的, 从而 $x_j\in\mathcal{S}$. 对充分大的 i, 我们就有对所有 j,

$$\left(\frac{1}{2}r_j\right)^{2-n}\int_{B_{\frac{1}{2}r_j}(x)}e(u_i)\geqslant\varepsilon_0.$$

对 j 相加, 我们就得到

$$\sum_j r_j^{n-2} \leqslant CE(u_i) \leqslant C\Lambda.$$

从而 $\mathcal{H}^{n-2}(\mathcal{S} \cap \bar{\Omega}) \leqslant C\Lambda$.

我们来证明 $\{u_i\}$ 的子序列在 $\overset{\circ}{M} \setminus \mathcal{S}$ 上按 C^k 模一致收敛于 u. 令 $x \in \overset{\circ}{M} \setminus \mathcal{S}$, 并且注意到对某 r 和无穷多个 i 我们有

$$r^{2-n} \int_{B_r(x)} e(u_i) < \varepsilon_0.$$

根据定理 4.2 我们对 u_i 在 $B_{\frac{1}{2}r}(x)$ 中有 C^1 一致估计, 因而有 C^k 一致估计. 根据弱极限的唯一性, 极限就是 u. 所以, u 在 $\mathcal{S}$ 外是正则的, 并且根据对角线子序列的方法, $\{u_i\}$ 的一个子序列按 C^k 模在 $\overset{\circ}{M} \setminus \mathcal{S}$ 上一致收敛于 u. 这就完成了推论 4.4 的证明.

定理 4.2 依赖于小能量的假设. 对到任何流形的映照, 这个假设不一定在每一点都满足 (如球面上的共形映照), 但在目标流形的某些假定下, 这可被验证. 特别地, 如果在 N 上存在光滑的有界严格凸函数 g, 我们可验证这个假定. 下列论证在文献 [GH] 中. 为此, 注意到 $g \circ u$ 是次调和函数, 事实上, 我们可假定

$$\Delta(g \circ u) \geqslant \varepsilon_1 e(u), \qquad 0 \leqslant g \circ u \leqslant C. \tag{4.7}$$

给定 $x \in \overset{\circ}{M}$, $B_r(x) \subset \overset{\circ}{M}$, 我们能对 $\varphi(x) g \circ u$ 应用 Green 公式, 其中, φ 在 $B_r(x)$ 中有紧支集并且 $\varphi(x) = 1$,

$$g \circ u(x) = \int_{B_r(x)} G(x,y) \Delta(\varphi g \circ u(y)) dv(y).$$

选取 φ 在 $B_{\frac{1}{2}r}(x)$ 中为 1 且具紧支集, 我们从 (4.7) 容易看出

$$\int_{B_{\frac{1}{2}r}(x)} G(x,y) e(u)(y) dv(y) \leqslant C.$$

特别地, 这意味着 (假定 $n > 2$, 将这个论证稍做变动同样处理 $n = 2$ 的情形)

$$\int_{B_{\frac{1}{2}r}(x)} d(x,y)^{2-n} e(u)(y) dv(y) \leqslant C.$$

另一方面, 如果令 $R(\sigma)=\sigma^{2-n}\int_{B_\sigma(x)}e(u)$, 我们有

$$\begin{aligned}\int_0^{\frac{1}{2}r}\frac{R(\sigma)}{\sigma}d\sigma&=(2-n)^{-1}\int_0^{\frac{1}{2}r}\frac{d}{d\sigma}(\sigma^{2-n})\Big(\int_{B_\sigma(x)}e(u)\Big)d\sigma\\&\leqslant(n-2)^{-1}\int_{B_{\frac{1}{2}r}(x)}d(x,y)^{2-n}e(u)(y)dv(y).\end{aligned}$$

由于 $R(\sigma)$ 是一个 σ 的单调函数, 对任何 $\sigma_0\in(0,\frac{1}{2}r)$, 我们有

$$R(\sigma_0)\log\left(\sigma_0^{-1}\frac{1}{2}r\right)\leqslant C.$$

这说明如果取 σ_0 充分小, 那么, $R(\sigma_0)$ 也很小, 再将定理 4.2 用于 $B_{\sigma_0}(x)$, 我们就证明了

推论 4.5 如果 M 同上, 并设 $u\in C^\infty(M,N)$ 使在 $u(M)$ 上存在有界凸函数 g, 那么, 对 $\Omega\subset\subset M$, 我们有

$$\|u\|_{C^k(\Omega)}\leqslant C,$$

其中 C 只依赖于 k, n, M, N, Ω 和 $E(u)$. 特别地, 命题 4.1 在这个凸函数的假定下成立.

附注 4.6 在 u 的像落在严格凸球中的假定下, 存在性、正则性和先验估计已经在 [HKW, HW] 中给出. 事实上, [HW] 中的结果也可应用于更困难的情形, 这时 M 的度量只假定是有界、可测并且 (局部) 一致欧氏的.

§5. 一个局部存在定理

在 N 是完备、单连通且具非正曲率流形的假定下, 我们来推导一个有用的不等式, 替代 (4.3). 设 $\bar{u}$ 是 N 中的一个点, 并定义 $\rho(u(x))=d(u(x),\bar{u})$. 我们知道, 在 $\mathbb{R}^n$ 中, $\left(\frac{1}{2}r^2\right)_{ij}=\delta_{ij}$, 其中 r 是距离函数, 而 $\left(\frac{1}{2}r^2\right)_{ij}=\delta_{ij}$ 是 $\frac{1}{2}r^2$ 的 Hessian. Hesse 比较定理意味着在 $K_N\leqslant 0$ 的流形 N 中的距离函数比平坦的时候更凸, 即

$$\left(\frac{1}{2}\rho^2\right)_{ij}\geqslant h_{ij}.$$

将 ρ 看成复合函数且应用链式法则, 我们得到

$$\frac{1}{2}\Delta d(u(x),\overline{u})^2 = \sum_{i,\alpha}\Big(\Big(\frac{1}{2}\rho^2\Big)_i\frac{\partial u^i}{\partial x^\alpha}\Big)_\alpha$$

$$= \sum_{i,j,\alpha}\Big(\frac{1}{2}\rho^2\Big)_{ij}\frac{\partial u^i}{\partial x^\alpha}\frac{\partial u^j}{\partial x^\alpha} + \sum_i\Big(\frac{1}{2}\rho^2\Big)_i\Delta u^i.$$

如果我们假定 u 是调和的, 并且 $u^1\cdots,u^k$ 是 N 中的法坐标系, 那么, 上式第二项为零. 我们就得到

$$\frac{1}{2}\Delta d(u(x),\overline{u})^2 \geqslant |du|^2. \tag{5.1}$$

现在定义

$$\mathrm{OSC}_{\Omega_1}(u) \equiv \sup\{d(u(x),u(y)) : x,y\in\Omega_1\},\quad \Omega_1\subset\Omega.$$

这样 $\mathrm{OSC}_{\Omega_1}(u)$ 是像 $u(\Omega_1)$ 的直径.

命题 5.1 存在一个只依赖于 (Ω,g) 的常数 c, 使得

$$\sup_{B_{r/2}(x)}|du| \leqslant \frac{c}{r}\mathop{\mathrm{OSC}}_{B_r(x)},\quad B_r(x)\subset\subset\Omega$$

成立.

证明 设 $\varphi\in C_c^\infty(B_r)$ 且使在 $B_{\frac{r}{2}}$ 上为 1, 而 $|\nabla\varphi|\leqslant\frac{c}{r}$. 那么, 根据 (5.1) 以及分部积分得到

$$\int_{B_r}\varphi^2|du|^2 \leqslant \frac{1}{2}\int_{B_r}\varphi^2\Delta d(u(x),\overline{u})^2$$

$$= -\frac{1}{2}\int_{B_r}\nabla\varphi^2\cdot\nabla d(u(x),\overline{u})^2 \leqslant 2\int_{B_r}|\varphi|\cdot|d|\cdot|\nabla\varphi|\cdot|\nabla d|dv_M.$$

由于

$$\frac{\partial}{\partial x^\alpha}d(u(x),\overline{u}) = \frac{\partial\rho}{\partial u^i}(u(x))\cdot\frac{\partial u^i}{\partial x^\alpha},$$

我们看到 $|\nabla d|\leqslant|du|$. 所以,

$$\int_{B_r}\varphi^2|du|^2 \leqslant 2\int_{B_r}|\varphi|\cdot|d|\cdot|\nabla\varphi|\cdot|du|$$

$$\leqslant \frac{1}{2}\int_{B_r}\varphi^2|du|^2 + 4\int_{B_r}d(u(x),\overline{u})^2|\nabla\varphi|^2,$$

以及

$$\int_{B_r} \varphi^2 |du|^2 \leqslant 8 \int_{B_r} d(u(x), \overline{u})^2 |\nabla \varphi|^2 \leqslant c r^{n-2} (\mathrm{OSC}_{B_r}(u))^2.$$

那么, 所要的结果从 φ 的定义和 (4.3) 得到.

从命题 5.1 和调和映照方程, 我们知道 $|\Delta u^i|$ 是有界的. 那么, 根据位势理论, 我们得到 u 的 $C^{1,\alpha}$ 估计. 所以, 根据 Schauder 理论, 我们可以得到下列结果.

推论 5.2 对到单连通非正曲率流形的调和映照, 下列先验估计成立:

$$r^{2+\alpha} [\nabla \nabla u]_{\alpha, B_{\frac{r}{2}}} + r^2 |\nabla \nabla u|_{B_{\frac{r}{2}}} + r |\nabla u|_{B_{\frac{r}{2}}} \leqslant c \, \mathrm{OSC}_{B_r}(u),$$

其中 c 只依赖于 (Ω, g), $(u(\Omega), h)$ 以及

$$[f]_{\alpha, \Omega_1} \equiv \sup \left\{ \frac{|f(x) - f(y)|}{d(x,y)^\alpha} : x \neq y, x, y \in \Omega_1 \right\}, \quad \alpha \in (0,1).$$

我们现在来证明到非正曲率流形调和映照的存在性. 基于上述先验估计的 Leray-Schauder 度数定理的一个应用能证明下列结果:

定理 5.3 (局部存在) 假定 $\Omega \subset M$ 是紧的且具有边界 $\partial\Omega$. 给定 $\varphi \in C^{0,\beta}(\partial\Omega, N)$, 其中 N 为完备单连通的, 具非正曲率. 那么, 存在调和映照 $u \in C^\infty(\Omega, N) \cap C^{0,\beta}(\bar{\Omega}, N)$, 并且, 在边界 $\partial\Omega$ 上 $u = \varphi$.

为证明这个定理, 我们注意到边界映照能扩充为 $\varphi \in C^\infty(\Omega) \cap C^{0,\beta}(\bar{\Omega})$ 并且满足 $\Delta\varphi = 0$. 其次, 我们引进一个带权的 Hölder 空间 $C^{k,\alpha}_{-\gamma}(\Omega)$: 定义

$$\|u\|_{k,\alpha,-\gamma} = \sup_{\delta \in [0,\delta_0]} \delta^{-\gamma+k+\alpha} [\nabla^k u]_{\alpha, \Omega_\delta} + \sum_{|\sigma| \leqslant k} \sup_{x \in \Omega} \delta(x)^{-\gamma+|\sigma|} |\nabla^\sigma u|(x),$$

这里

$$\Omega_\delta = \{x \in \Omega : d(x, \partial\Omega) > \delta\}, \qquad \delta \leqslant \delta_0,$$

并且 $\delta(x) = d(x, \partial\Omega)$. 我们然后定义

$$C^{k,\alpha}_{-\gamma}(\Omega) = \{u \in C^{k,\alpha}(\Omega) : \|u\|_{k,\alpha,-\gamma} < \infty\}.$$

$C^{k,\alpha}_{-\gamma}$ 显然是一个 Banach 空间, Δ 是从 $C^{k,\alpha}_{-\beta}$ 到 $C^{0,\alpha}_{2-\beta}(\Omega)$ 的线性有界算子. 并且, Δ 有有界的逆 [GT, 6.5 节].

最后, 我们需要下列引理.

引理 5.4 (边界估计) 假定 Ω 满足外部锥条件. 假定 $\beta \in (0,1), u$ 是调和的, 并且 $u-\varphi \in C^{2,\alpha}_{-\beta}(\Omega)$. 那么, $\sup_{x\in\Omega} \delta(x)^{-\beta}|u-\varphi|(x) \leqslant c$, 其中 $c=c(\Omega,\varphi)$ 是不依赖于 u 的 (注意: 如果 $\beta=1$ 那么引理不成立).

证明 由于 $d^2(u,\bar{u})$ 是次调和的 (因为 (5.1)), 从最大值原理得到 $\sup_\Omega d(u,\bar{u}) = \sup_{\partial\Omega} d(\varphi,\bar{u}) \leqslant C$. 设 $v_1,\cdots,v^n$ 是 N 中以 $\varphi(x_0)$ 为中心的 Riemann 法坐标且假定 $x\in\Omega$ 充分接近于 x_0, 使得 x_0 是 x 到 $\partial\Omega$ 的唯一的最近的点. 那么, $|v(x)| = d(u(x),\varphi(x_0))$ 以及 $|v(x_0)|=0$.

我们现在断言 $|v|$ 是次调和的. 为此注意到由 (5.1), $\Delta|v|^2 \geqslant 2|dv|^2$. 由于 $\Delta|v|^2 = 2|v|\Delta|v| + 2|\nabla|v||^2$ 以及 $2|\nabla|v||^2 \leqslant 2|dv|^2$, 我们有 $\Delta|v|\geqslant 0$, 如所断言的.

根据假定对每点 $y\in\partial\Omega$, 存在一个以 y 为顶点的有限的右圆锥 K, 满足 $\bar{K}\cap\bar{\Omega}=y$. 在每点 $y\in\partial\Omega$, 取为原点, 可取形如 $w(x)=r^\beta w_0(\xi)$ 的局部闸函数, 其中 $0<\beta<1$ 并且 $w_0(\xi)$ 是算子 Δ 在 $(M\sim K)\cap\partial B_1(y)$ 中的第一特征函数. 所以,

$$\text{在 } \Omega\cap B_r(x_0)\sim\{x_0\} \text{ 上 } w(x)>0, \quad \Delta w\leqslant 0,$$

并且

$$c^{-1}|x-x_0|^\beta \leqslant w(x) \leqslant c|x-x_0|^\beta.$$

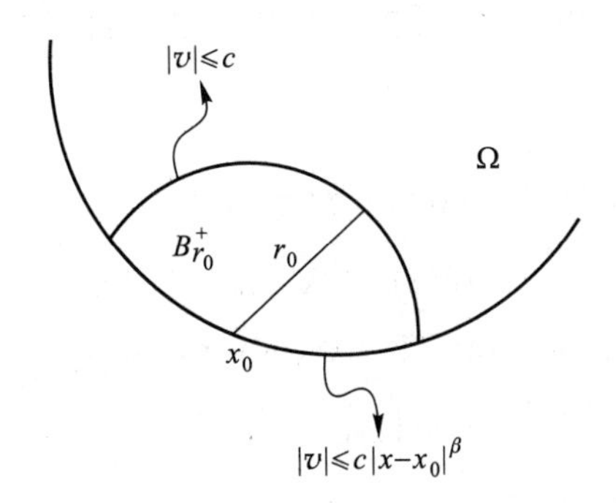

设 $B^+_{r_0} = \Omega\cap B_{r_0}(x_0)$. 因为在 $\Omega\cap\partial B_{r_0}(x)$ 上 $|v|\leqslant c$ 且在 $\partial\Omega\cap B_{r_0}(x_0)$ 上 $|v|\leqslant c|x-x_0|^\beta$, 从而得到在 $\partial B^+_{r_0}$ 上 $|v|\leqslant\tilde{c}w$. 由极大值原理, 在 $B^+_{r_0}$ 上 $|v|\leqslant\tilde{c}w$. 注意到如果 Ω 是有界的, 那么, 流形上的距离 $|v(x)|$ 等价于欧氏距离 $|u(x)-\varphi(x_0)|$. 这就完成了引理 5.4 的证明.

附注 5.5 根据引理 5.4 我们看到, 如果 u 是调和的并且 $u-\varphi\in C^{2,\alpha}_{-\beta}(\Omega)$, 那么, $\mathrm{OSC}_{B^+_{2\delta}(x)} u \leqslant c\delta(x)^\beta$. 所以, 根据推论 5.2 我们有

$$\|u-\varphi\|_{2,\alpha,-\beta} \leqslant C_0,$$

其中 C_0 只依赖于 φ 而不依赖于 u. 我们现在已经可以证明局部存在定理.

定理 5.3 的证明 设 $v=u-\varphi$. 设 $N(u)$ 是在固定的法坐标中的调和映照方程的非线性项; 即 $\Delta u+N(u)=0$. 现在让我们考虑满足 $\|u-\varphi\|_{2,\alpha,-\beta}\leqslant C_0$ 的任何映照 u. 我们假定已延拓 φ 使 $\Delta\varphi=0$, 如果 $\Delta u+N(u)=f$, 那么, $\Delta v+N(v+\varphi)=f$, 所以, $v+\Delta^{-1}N(v+\varphi)=\Delta^{-1}f$. 定义

$$T=I+K,\ 其中\ K(v)=\Delta^{-1}N(v+\varphi).$$

这样, 算子 T 将 $C^{2,\alpha}_{-\beta}(\Omega)$ 映照到 $C^{2,\alpha}_{-\beta}(\Omega)$.

断言 K 是 $C^{2,\alpha}_{-\beta}(\Omega)$ 上的紧算子. 设 $v\in C^{2,\alpha}_{-\beta}(\Omega)$. 由于

$$N(u)=g^{\alpha\beta}\Gamma^i_{jk}(u(x))\frac{\partial u^j}{\partial x^\alpha}\frac{\partial u^k}{\partial x^\beta},$$

我们看到 $|N(v+\varphi)|\leqslant C(|\nabla v|^2+|\nabla\varphi|^2)$. 所以, 对所有 x 我们有

$$\delta(x)^{2-2\beta}|N(v+\varphi)|(x)\leqslant C\Big((\delta(x)^{1-\beta}|\nabla v|(x))^2+1\Big)\leqslant C\Big((\|v\|_{2,\alpha,-\beta})^2+1\Big).$$

另一方面, 我们有

$$\delta(x)^{3-2\beta}|\nabla N(v+\varphi)|(x)\leqslant C[|\nabla v|^3+|\nabla v|\cdot|\nabla\nabla v|+|\nabla v|^2+1]\delta(x)^{3-2\beta}.$$

因为

$$\begin{aligned}|\nabla v|^2\delta(x)^{3-2\beta}&=(\delta(x)^{1-\frac{2}{3}\beta}|\nabla v|(x))^3\\&\leqslant c\delta(x)^{1-\beta}|\nabla v|(x)\leqslant c\|v\|_{2,\alpha,-\beta},\\(\delta(x)^{1-\beta}|\nabla v|)\cdot(\delta(x)^{2-\beta}|\nabla\nabla v|)&\leqslant(\|v\|_{2,\alpha,-\beta})^2,\ 并且\\|\nabla v|^2\delta(x)^{3-2\beta}&\leqslant c(\|v\|_{2,\alpha,-\beta})^2,\end{aligned}$$

对任何 x, 我们得到 $\delta(x)^{3-2\beta}|\nabla N(v+\varphi)|(x)\leqslant C(\|v\|_{2,\alpha,-\beta}+1)$. 从而, $\|N(v+\varphi)\|_{1,\alpha,2-2\beta}\leqslant c\|v\|_{2,\alpha,-\beta}$. 由于 Δ^{-1} 是有界的, $\|K(v)\|_{3,\alpha,-2\beta}\leqslant c\|v\|_{2,\alpha,-\beta}$. 我们现在应用 $C^{3,\alpha}_{-2\beta}(\Omega)$ 在 $C^{2,\alpha}_{-\beta}(\Omega)$ 中紧嵌入的事实. 这样, K 是 $C^{2,\alpha}_{-\beta}(\Omega)$ 中的紧算子. 所以, 我们能用 Leray-Schauder 的度数定理 (见 [LS]): 如果 $T_t=I+tK$ 并且 $B_R(0)=\{v\in C^{2,\alpha}_{-\beta}(\Omega):\|v\|_{2,\alpha,-\beta}\leqslant R\}$, 那么, $\deg(T_t|_{B_R(0)},0)$ 不依赖于 t, 只要 $0\notin T_t(\partial B_R(0))$ 对 $0\leqslant t\leqslant 1$ 都成立.

为验证 $0\notin T_t(\partial B_R(0))$ 对 $0\leqslant t\leqslant 1$ 都成立, 我们看到如果 $T_t(v)=0$, 那么, 我们有方程 $\Delta u+tN(u)=0$, 其中 $u=v+\varphi$. 如果我们赋予 N 以度量 h_t, 定义

为 $h_t(u) = h(tu)$, 这个方程表示了 u 关于 h_t 是调和的条件 (注意到 u 是整体定义的法坐标系). 考虑到 $h_0(u)$ 是欧氏度量并且对 $0 \leqslant t \leqslant 1$ 有 $K_{h_t} \leqslant t$. 因此对所有 t, 附注 5.5 中得到的先验估计都成立. 这样如果我们取 $R \geqslant 2C_0$, 那么我们能确保 $0 \notin T_t(\partial B_R(0))$. 所以, 根据对 h_0 的线性存在定理, $\deg(T_1|_{B_R(0)}, 0) = \deg(T_0|_{B_R(0)}, 0) = 1$. 这就意味着所要求的调和映照 u 的存在性而完成了定理 5.3 的证明.

定理 5.6 (边界正则性) 假定 u 是调和的, 在 $\partial\Omega$ 上 $u = \varphi$, $\varphi \in C^{k,\alpha}(\partial\Omega)$ 并且 $u \in C^\infty(\Omega) \cap C^{0,\beta}(\bar{\Omega})$, 其中 β 接近于 1. 那么, $u \in C^{k,\alpha}(\bar{\Omega})$.

证明 根据 u 的 Hölder 连续性, 我们得到 $\mathrm{OSC}_{B_{\delta(x)}} u \leqslant c\delta(x)^\beta$. 因而, 从命题 5.1 我们有

$$|du|(x) \leqslant c\delta(x)^{-1}\delta(x)^\beta = c\delta(x)^{\beta-1}.$$

所以, 当 $(\beta - 1) \cdot 2p > -1$ 或 $1 > (1-\beta) \cdot 2p$ 时 $\int_\Omega |du|^{2p} dx \leqslant c$. 从调和映照方程, $|N(u)| = |\Delta u| \leqslant c|du|^2$. 从而, 当 $1 > (1-\beta) \cdot 2p$ 时, $\int_\Omega |\Delta u|^p dv_M \leqslant c$. 我们有基本的 L^p 椭圆估计:

$$\|u\|_{2,p,\Omega} \leqslant c\|\Delta u\|_{0,p,\Omega} + c\|u\|_{0,p,\Omega}, \quad 1 < p < \infty.$$

从 Sobolev 嵌入定理, 如果 p 充分大, 那么, $|u|_{C^{1,\alpha}(\Omega)} \leqslant c$, 其中 $\alpha = 1 - \frac{n}{p}$ (注意到 $p \to \infty \Rightarrow \alpha \to 1$). 因而 $|N(u)|_{C^{0,\alpha}(\Omega)} \leqslant c$. 所以, 根据 Schauder 理论, 我们有 $\|u\|_{2,\alpha,\Omega} \leqslant c$. 利用差商法和关于 k 的归纳法, 我们能证明 $u \in C^{k,\alpha}(\bar{\Omega})$.

§6. 同伦 Dirichlet 问题

我们现在给出 Eells-Sampson [ES] 和 Hamilton [H] 定理的证明, 它们基于局部存在定理和先验估计. 我们首先需要边界估计的一个推广形式.

引理 6.1 假定 $\varphi \in C^{0,\alpha}(\Omega, N)$, 其中 N 具非正曲率并且 Ω 有光滑的边界. 假定 $u \in C^\infty(\Omega, N) \cap C^{0,\alpha}(\bar{\Omega}, N)$ 是从 Ω 到 N 的调和映照且在 $\partial\Omega$ 上 $u = \varphi$. 那么, 我们有

$$\|u\|_{0,\alpha,\Omega\cap B_r(x_0)} \leqslant C(\|\varphi\|_{0,\alpha}, E(u)),$$

其中 $x_0 \in \partial\Omega$ 并且 r 充分小使 $\Omega \cap B_r(x_0)$ 接近于一个欧氏半实心球.

证明 我们定义 $g(x) = d(u(x), \varphi(x_0))$, 那么, 对所有 $x \in (\partial\Omega) \cap B_r(x_0)$ 有 $0 \leqslant g(x) \leqslant c_1$. 为推导 g 在 $\Omega \cap B_r(x_0)$ 中的界, 注意到 $|\nabla g| \leqslant |du|$, 因而有

$$\int_{\Omega \cap B_r(x_0)} |\nabla g|^2 \leqslant C.$$

设 $(g - c_1)_+$ 是 $g - c_1$ 的正部. 那么, 在 $(\partial\Omega) \cap B_r(x_0)$ 上 $(g - c_1)_+ \equiv 0$. 根据 Poincaré 不等式

$$\int_{\Omega \cap B_r(x_0)} (g - c_1)_+^2 \leqslant C \int_{\Omega \cap B_r(x_0)} |\nabla g|^2 \leqslant C.$$

从而 $\int_{\Omega \cap B_r(x_0)} g^2 \leqslant C$. 从 g^2 的次调和性, 得到在 $\Omega \cap B_{\frac{r}{2}}(x_0)$ 上 $g \leqslant C$. 像引理 5.4 的证明一样, 我们能得到 $|u|_{0,\alpha}$ 的界. 这就完成了引理 6.1 的证明.

我们现在证明这一节的主要定理.

定理 6.2 (Eells-Sampson, Hamilton, Hartman) 设 M 是紧致有边的 (边界可能为空) 的流形, 并且假定 N 是紧的、具截曲率 $K_N \leqslant 0$ 的流形. 给定 $\varphi \in C^{0,\beta}(\bar{M}, N)$, $\beta \in \left(\frac{1}{2}, 1\right)$, 那么, 存在调和映照 $u \in C^\infty(M, N) \cap C^{0,\beta}(\bar{M}, N)$ 而在边界 ∂M 上 $u = \varphi$, 并且 $u \sim \varphi$ (相对于 ∂M). 如果 φ 在 ∂M 上是正则的 $(C^{k,\alpha})$, 那么, u 直到边界 ∂M 是正则的 $(C^{k,\alpha})$.

证明 首先, 我们假定 $E(\varphi) < \infty$. 用小球族 $\{B_{r_i}(x_i)\}_i$ 覆盖 $\overline{M}$, 并在每个 $B_{r_i}(x_i)$ 中用具有限能量的 $\hat{\varphi}_i$ 代替 φ 使得

$$|\hat{\varphi}_i|_{C^{0,\beta}(\overline{B}_{r_i}(x_i))} \leqslant C|\varphi|_{C^{0,\beta}(\overline{B}_{r_i}(x_i))} \text{ 以及 } |d\hat{\varphi}_i|(x) \leqslant C\delta(x)^{\beta-1}.$$

由假设 $(\beta > \frac{1}{2})$, 我们有 $\int_{B_{r_i}(x_i)} |d\hat{\varphi}_i|^2 \leqslant C$ (这说明为什么我们需要假设 $\beta \in (\frac{1}{2}, 1)$).

设 $E_0 = \inf\{E(v) : v \in \Im_\varphi\}$, 其中

$$\Im_\varphi = \{v : v \in C^\infty(M) \cap C^{0,\beta}(\overline{M}), \text{ 在 } \partial M \text{ 上 } v = \varphi, \text{ 并且 } v \sim \varphi\}.$$

令 $\{v_j\}$ 是 $\Im_\varphi$ 中的极小化序列. 由于 $L_1^2(M, N)$ 中的有界集的弱紧性 (见附注 2.2), $\{v_j\}$ 中的一个子序列, 仍记为 $\{v_j\}$, 弱收敛于一个极限 $u \in L_1^2(M, N)$. 我们来证明 u 是一个光滑的调和映照. 首先假定 $B_{r_i}(x_i)$ 包含在 M 的内部 M^0. 根据局部存在定理, 我们有调和映照 $h_j \in C^\infty(B_{r_i}(x_i), N) \cap C^{0,\beta}(\overline{B}_{r_i}(x_i), N)$, 它在 $\partial B_{r_i}(x_i)$ 上满足 $h_j = v_j$. 根据命题 4.1, $\{h_j\}$ 的一个子序列在 $B_{r_i}(x_i)$ 的紧

子集上收敛于光滑的极限 h. 我们将证明在 x_i 的一个邻域中几乎处处有 $h=u$. 为此, 设 g_s 是从 h_j 到 v_j 的测地同伦(见命题 3.1). 对 $s\in[0,1]$, 我们有

$$\frac{d^2}{ds^2}E(g_s)\geqslant 2\int_{B_{r_i}(x_i)}\|\nabla' V\|^2,$$

其中 $V=G_*(\frac{\partial}{\partial s})$, $G(x,s)=g_s(x)$ (见引理 3.2).

我们现在做如下断言: 假定 g_0, $g_1\in\Im_\varphi$, 在 $M\setminus\Omega$ 上 $g_0\equiv g_1$ 并且 g_s 是从 g_0 到 g_1 的唯一测地同伦. 给定 $\varepsilon>0$, 存在 $\delta>0$ 使当 $E(g_0),E(g_1)<E_0+\delta$ 时 $\int_M|g_0-g_1|^2<\varepsilon$. 由于 $E(g_s)$ 关于 s 是凸的, $E(g_s)$ 几乎是常数, 所以对某 $s_0\in[0,1]$ 以及 $\delta>0$, 当 $s=s_0$ 时, 我们必有

$$\frac{d^2}{ds^2}E(g_s)\leqslant\delta.$$

由于 ∇' 和内积的相容性, 我们有

$$\|\nabla' V\|^2\geqslant\big|\nabla\|V\|\big|^2.$$

并且在 $\partial M\times[0,1]$ 上 $V=0$, 又由于 $\|V\|$ 表示常速测地线切向量的长度, $\|V\|(x,s)$ 和 s 无关. 从 Poincaré 不等式得到

$$\int_{B_{r_i}(x_i)}\big|\nabla\|V\|\big|^2\geqslant c\int_{B_{r_i}(x_i)}\|V\|^2.$$

这样, 我们有

$$\begin{aligned}\delta&\geqslant\frac{d^2}{ds^2}E(g_s)\geqslant 2\int_{B_{r_i}(x_i)}\|\nabla' V\|^2\geqslant 2\int_{B_{r_i}(x_i)}\big|\nabla\|V\|\big|^2\\&\geqslant c\int_{B_{r_i}(x_i)}\|V\|^2.\end{aligned}$$

考虑到等距浸入 $N\subset\mathbb{R}^K$, 我们有

$$|v_j-h_j|\leqslant d(v_j,h_j),$$

这里 $d(\cdot,\cdot)$ 表示 N 上的测地距离. 又由于 $\|V\|(x)$ 是从 $h_j(x)$ 到 $v_j(x)$ 的一条特别测地线的长度, 因而控制测地距离. 所以我们有

$$\int_{B_{r_i}(x_i)}|v_j-h_j|^2\leqslant c\delta.$$

因为 $\varepsilon \equiv c\delta \to 0$, 并且当 v_j 弱收敛于 u 时, h_j 收敛于 h, 从而几乎处处 $u = h$ 并且 u 在 $B_{r_i}(x_i)$ 中是光滑的. 运用引理 6.1 的类似论证也适用于 ∂M. 这样我们有 $u \in C^\infty(M,N) \cap C^{0,\beta}(\overline{M},N)$. 最后, 我们还要证明 u 同伦于 φ. 一种证明方法是说明两个具有有界能量和 L^2 接近的光滑映照实际上是 (到非正曲率流形的) 同伦映照. 借助于在小球上用调和映照来修正 v_j 的方法来证明. 设 $B_1, \cdots, B_p$ 是 $\overline{M}$ 的覆盖. 上述讨论说明我们在 B_1 中能用调和映照 $h_{j,1}$ 来取代 v_j, 而所得到的映照记为 $v_{j,1}$, 它在 B_1 的内部一致趋向 u 并且同伦于 v_j. 然后, 我们在 B_2 上重复上述过程, 用 $v_{j,2}$ 代替 $v_{j,1}$, 而它在 $B_1 \cup B_2$ 的内部一致接近于 u 且同伦于 v_j. 最后, 我们得到同伦于 v_j 的且一致接近于 u 的映照 $v_{j,p}$. 那么, 映照 $v_{j,p}$ 和 u 是同伦的, 从而 $u \sim \varphi$. 这就完成了定理 6.2 的证明.

§7. 存在性和弱解的正则性

这一节, 我们讨论极小映照的存在性以及正则性结果. 我们先证明一个 "高阶正则性" 结果, 它说明 Hölder 连续的弱解是正则的. 这个结果对专家是已知的, 但文献中只能找到它特殊情形 [BG]. 注意到具小振荡的弱解是 Hölder 连续的, 这在 [HKW] 的文章中证明了, 而应用标准的线性椭圆方程理论容易证明 Lipschitz 弱解是正则的. 我们第一个引理填补了 C^α 和 Lipschitz 之间的空隙.

引理 7.1 设 $u \in C^\alpha(M,N) \cap L_1^2(M,N)$, $\alpha \in (0,1)$ 是弱调和映照. 那么, u 是光滑调和映照.

证明 我们先证明 u 是局部 Lipschitz 的. 令 $x_0 \in M$ 以及 $r_0 > 0$ 使得 $B_{r_0}(x_0)$ 在 u 下的像落在一个法坐标邻域中. 我们都在这个邻域中讨论, 以致 u 可看成一个向量值函数. 我们也在 $B_{r_0}(x_0)$ 中取法坐标 y^β. 从 u 的 Hölder 连续性, 对 $|y| \leqslant \sigma$, 我们有

$$\begin{aligned} g_{\beta\gamma}(y) &= \delta_{\beta\gamma} + O(\sigma^2), \\ h_{ij}(u(y)) &= \delta_{ij} + O(\sigma^{2\alpha}). \end{aligned} \tag{7.1}$$

u 是弱调和映照则意味着对 $\sigma \in (0, r_0)$ 和在 ∂B_σ 上 $\eta \equiv 0$ 的任何 $\eta \in C^0(\bar{B}_\sigma, \mathbb{R}^k) \cap L_1^2(B_\sigma, \mathbb{R}^k)$, 有

$$\left| \int_{B_\sigma(x_0)} \langle \nabla\eta, \nabla u \rangle \right| \leqslant C(\sup_{B_\sigma(x_0)} |\eta|) \int_{B_\sigma(x_0)} e(u) dv_M. \tag{7.2}$$

设 v 是线性 Laplace 方程

$$\sum_{\gamma}\partial_{\gamma}\partial_{\gamma}v=0,\ \text{在}\ B_{\sigma}\ \text{中},$$
$$v=u,\ \text{在}\ \partial B_{\sigma}\ \text{上}$$

的解, 其中 ∂_{γ} 表示关于 y^{γ} 的偏导数. 因为 $|\partial v|^2=\sum_{i,\gamma}\left(\frac{\partial v^i}{\partial y^{\gamma}}\right)^2$ 是 (欧氏) 次调和函数, 我们有均值不等式

$$\frac{d}{dr}\Big(⨍_{B_r}|\partial v|^2dy\Big)\geqslant 0\ \text{对}\ 0\leqslant r\leqslant\sigma\ \text{成立},\tag{7.3}$$

这里 $⨍_{B_r}f$ 表示 f 的欧氏均值. 因为 v 是调和的, 我们有

$$\int_{B_{\sigma}}|\partial(u-v)|^2dy=\int_{B_{\sigma}}(\partial(u-v)\cdot\partial u)dy.$$

从 (7.1), 我们有

$$\begin{aligned}\Big|\int_{B_{\sigma}}(\partial(u-v)\cdot\partial u)dy-\int_{B_{\sigma}}\langle\nabla(u-v),\nabla u\rangle dv_M\Big|&\\ \leqslant C\sigma^{\alpha}\int_{B_{\sigma}}(|\partial u|^2+|\partial v|^2).&\end{aligned}$$

利用 v 的能量极小性质以及 (7.1), 结合上述不等式, 我们有

$$\int_{B_{\sigma}}|\partial(u-v)|^2dy\leqslant\int_{B_{\sigma}}\langle\nabla(u-v),\nabla u\rangle dv_M+C\sigma^{\alpha}\int_{B_{\sigma}}e(u)dv_M.$$

应用 (7.2) 以及 $\eta=u-v$, 我们得到

$$\int_{B_{\sigma}}\langle\nabla(u-v),\nabla u\rangle dv_M\leqslant C\sup_{B_{\sigma}}|u-v|\int_{B_{\sigma}}e(u)dv_M.$$

将这式以及 (7.1) 和前面不等式结合起来, 我们有

$$\int_{B_{\sigma}}|\partial(u-v)|^2dy\leqslant C\sigma^{\alpha}\int_{B_{\sigma}}|\partial u|^2dy.$$

应用基本不等式 $|\partial u|^2\leqslant|\partial(u-v)|(|\partial u|+|\partial v|)+|\partial v|^2$ 以及 Schwartz 不等式, 我们有

$$A_{\frac{1}{2}\sigma}(u)\leqslant\left(⨍_{B_{\frac{1}{2}\sigma}}|\partial(u-v)|^2dy\right)^{\frac{1}{2}}[(A_{\frac{1}{2}\sigma}(u))^{\frac{1}{2}}+(A_{\frac{1}{2}\sigma}(v))^{\frac{1}{2}}]+A_{\frac{1}{2}\sigma}(v),$$

其中 $A_\rho(\cdot) = \fint_{B_\rho} |\partial \cdot|^2 dy$. 应用 (7.3) 以及上述不等式, 我们得到

$$A_{\frac{1}{2}\sigma}(u) \leqslant C\sigma^\beta A_\sigma(u)^{\frac{1}{2}}[A_{\frac{1}{2}\sigma}(u)^{\frac{1}{2}} + A_\sigma(v)^{\frac{1}{2}}] + A_\sigma(v),$$

这里 $\beta = \frac{\alpha}{2}$. 运用 v 的能量极小性以及初等不等式, 我们得到

$$A_{\frac{1}{2}\sigma}(u) \leqslant (1 + C\sigma^\beta)A_\sigma(u).$$

记 $\sigma_i = r_0 2^{-i}$, 我们得到

$$A_{\sigma_{i+1}}(u) \leqslant (1 + C\sigma_i^\beta)A_{\sigma_i}(u).$$

利用迭代法, 我们有

$$\fint_{B_{2^{-i}r_0}} |\partial u|^2 dy \leqslant \overline{C} \fint_{B_{r_0}} |\partial u|^2 dy \leqslant \overline{C},$$

这里 $\overline{C} = \prod_{j=0}^\infty (1 + Cr_0^\beta 2^{-i\beta}) < \infty$. 因而对任何 $\sigma \in (0, r_0)$, 我们有

$$\fint_{B_\sigma(x_0)} |\partial u|^2 dy \leqslant C.$$

由于 x_0 是任意点, 我们得到 $|\partial u|^2$ 是 L^∞ 函数. 所以得到 u 是一个局部 Lipschitz 函数. 再从 u 满足的方程说明 Δu 是 M 上局部 L^∞ 函数. 因而根据线性椭圆正则性理论 (见 [M3, 6.2.5]), 我们得到 u 是局部 L_2^p $(p < \infty)$ 的. 所以, $\Delta u \in L_{1,\mathrm{loc}}^p$ 从而 $u \in L_{3,\mathrm{loc}}^p$. 重复这个过程说明 u 是光滑的. 这就证明了引理 7.1.

附注 7.2 上述论证中光滑性假设的必要性是, 假定 $g_{\beta\gamma}$ 是 Hölder 连续的以及 h_{ij} 是 $C^{1,\alpha}$ 的, 那么, 能说明 u 是 $C^{1,\alpha}$ 的.

附注 7.3 如果假定 u 满足适当的 Dirichlet 边界条件, 那么引理 7.1 的证明直接修正一下, 就可用来证明边界正则性.

在调和映照理论中有各种正则性问题. 例如, 可以提出弱调和映照的、驻点的、能量极小映照的正则性问题. 从曲面出发的弱调和映照的正则性已经被 F. Hélein [H] 所证明. 具有孤立奇点的调和映照的正则性早在 [SaU] 中证明了. 我们下面的定理证明了从曲面出发的驻点映照的正则性. 当映照是弱共形的特殊情形被 M. Gruter [Gr] 所研究. T. Riviére 构造了从三维出发流形的处处奇异的弱解的例子, 而 L. C. Evans [E] 和 F. Bethuel [B2] 证明了任何维的驻点映照的部分正则性.

定理 7.4 假定 $n=\dim M=2$, 以及 $u\in L_1^2(M,N)$ 是能量泛函的驻点. 那么, u 在 M 的内部是光滑调和映照.

证明 只要证明定义在单位圆盘 D 上的驻点映照是光滑的. 从引理 1.1 我们知道函数

$$\Phi(z)=\left(\left\|u_*\left(\frac{\partial}{\partial x}\right)\right\|^2-\left\|u_*\left(\frac{\partial}{\partial y}\right)\right\|^2\right)-2i\left\langle u_*\Big(\frac{\partial}{\partial x}\Big),u_*\Big(\frac{\partial}{\partial y}\Big)\right\rangle$$

在圆盘中是全纯的. 如果 Φ 恒等于零, 那么 u 是弱共形的, 我们的结果就从 [Gr] 中的结果得到. 否则, 在 $D_{\frac{1}{2}}=\{|z|<\frac{1}{2}\}$ 中至多只有有限个零点 $z_1,\cdots,z_s$. 如果我们能证明 u 在 $D_{\frac{1}{2}}\backslash\{z_1,\cdots,z_s\}$ 中是光滑的, 那么, 我们的定理从 [SaU] 的结果导出. 这样, 我们将问题化为 Φ 在 D 中无零点的情形. 对此我们证明如下. 设 $f(z)$ 是 D 中的解析函数, 在 D 中满足 $f^2=-\Phi$. 设 $v(z)$ 是实调和函数, 定义为

$$v(z)=\frac{1}{2}\mathrm{Re}\int_0^z f(\zeta)d\zeta.$$

这样 v 满足 $\frac{\partial v}{\partial z}=\frac{1}{2}f$, $v(0)=0$. 定义调和函数 $\tilde{u}:D\to N\times\mathbb{R}$ 为 $\tilde{u}=(u(z),v(z))$, 并观察到 $\tilde{u}$ 的 Hopf 微分为

$$\tilde{\Phi}(z)=\Phi(z)+4\Big(\frac{\partial v}{\partial z}\Big)^2(z)\equiv 0.$$

这样 $\tilde{u}$ 是弱共形调和映照, 所以, 根据 [Gr] 的定理, 它是光滑的. 所以 u 是光滑的, 我们已经证明了定理 7.4.

附注 7.5 注意到推论 4.4 断言了任何维的映照的部分正则性, 它局部被光滑调和映照(弱)逼近. 不清楚任何驻点映照能被如此逼近, 也不清楚能被如此逼近的映照是驻点.

我们现在研究极小映照的存在性问题. 我们首先回想到 Dirichlet 问题在命题 2.4 中是用直接法产生极小映照来解决的. 如果除了固定极小映照的边界值, 我们还要固定它的同伦类, 那么我们遇到的困难是同伦类一般在 L_1^2 中不是弱闭的. 为简单起见, 我们假定 $\partial M=\emptyset$, 并且设 $\varphi\in C^\infty(M,N)$ 是一个给定的映照. 设 E_φ 表示所有同伦于 φ 的光滑映照 v 的能量的下确界. 很久前 Morrey 观察到如果 $M=N=S^n$, $n>2$ 并且 φ 是恒等映照, 那么, $E_\varphi=0$. 下面是 B. White [W] 的一个一般的结果.

命题 7.6 $E_\varphi=0$ 的充要条件是 φ 在 π_1 和 π_2 上诱导的同态是零.

曾有多个作者 ([L], [SaU], [ScY2]) 证明了从曲面出发的且在 π_1 上有一定要求的极小映照的存在定理. 为明确起见, 我们有下列定义.

定义 对两个连续映照 v 和 φ, 如果它们所诱导的同态映照 $v_*:\pi_1(M,x_0)\to\pi_1(N,v(x_0))$ 以及 $\varphi_*:\pi_1(M,x_0)\to\pi_1(N,\varphi(x_0))$ 沿着某条从 $v(x_0)$ 到 $\varphi(x_0)$ 的道路 σ 是共轭的, 即 $v_*=\sigma^{-1}\varphi_*\sigma$, 那么, v 和 φ 是 π_1–**等价的**.

容易看出 L_1^2 (甚至弱) 接近的连续映照是 π_1–等价的. 这样我们看到如果连续映照在 L_1^2 中是稠密的, 我们能用连续映照的 π_1–等价类对应于任何映照 $u\in L_1^2(M,N)$ (相当好地逼近于 u 的映照). 我们希望在弱收敛的时保持这个 π_1–等价类, 从而在 π_1–等价于给定映照的 φ 类中构造一个极小能量映照. 简单的例子说明 (见 [SU2]) 连续映照一般在 $L_1^2(M,N)$ 中不是稠密的 (关于这个问题的更详尽讨论见 [B1]); 但是, 如果 $\dim M=2$, 在 [SU2] 中证明了 $C^\infty(M,N)$ 在 $L_1^2(M,N)$ 中是稠密的. 这能用来证明下列 [ScY2] 中的结果.

定理 7.7 假定 $\dim M=2$, 并且 $\varphi\in C^\infty(M,N)$. 那么, 存在调和映照 $u\in C(M,N)$, 它 π_1–等价于 φ 并且在所有 π_1–等价于 φ 的 L_1^2 映照 v 中有极小能量.

证明 设 $\mathcal{F}_\varphi=\{v\in L_1^2(M,N): v\ \pi_1\text{–等价于}\ \varphi\}$, 这里 $v\in L_1^2(M,N)$ 的 π_1–等价类的意义是光滑逼近映照的等价类. 可以看到 $\mathcal{F}_\varphi$ 的有界子集是弱闭的 (从而是弱紧的). 然后, 用直接法我们能构造极小能量映照 $u\in\mathcal{F}_\varphi$. 而采用 Morrey 的一个定理 [M2] 可得到 u 的光滑性 (如 [ScY2]). 这就完成了定理 7.7 证明的概要.

上述结果的高维推广更为复杂. 想法是证明一个映照 $u\in L_1^2(M,N)$ 能被映照 $\hat{u}$ 逼近, 而它在 M 的一个适当选取的 2–骨架 Z^2 上是连续的. 由于 $\pi_1(Z^2)$ 在到 $\pi_1(M)$ 的包含映照下是同构的, 映照 $\hat{u}$ 定义了 π_1–等价类. 可以证明能量在一个 π_1–等价类中能极小化. 下列结果在 [W] 中被证明.

定理 7.8 设 $\varphi\in L_1^2(M,N)$, 且设$\mathcal{F}_\varphi$ 为 $L_1^2(M,N)$ 的, 且 π_1–等价于φ 的映照 v 的集合(如上所描述的). 那么, 存在 $\mathcal{F}_\varphi$ 中的极小能量映照 $u\in\mathcal{F}_\varphi$. 映照 u 的正则性描述如下.

我们来描述极小能量映照的正则性, 特别是在命题 2.4 和定理 7.8 中构造的那些映照. 那些结果在 [SU1], [SU2] 中被证明. 首先注意到光滑调和映照 $u: S^n\to N$ $(n\geqslant 2)$ 导致具孤立奇点的弱调和映照 $\bar{u}:\mathbb{R}^{n+1}\to N$, 定义为

$$\overline{u}(x) = u\left(\frac{x}{|x|}\right), \text{ 对 } x \neq 0.$$

映照 $\overline{u}$ 称为**切映照**. 如果 $\overline{u}$ 在 $\mathbb{R}^{n+1}$ 的紧子集中是能量极小的, 那么, $\overline{u}$ 称为**极小切映照**. 这类极小切映照有性质: 对任何有界区域 $\Omega \subset \mathbb{R}^{n+1}$ 以及任何映照 $v \in L_1^2(M,N)$ 且在 $\partial\Omega$ 上 $v = \overline{u}$, 我们有 $E_\Omega(\overline{u}) \leqslant E_\Omega(v)$ (实际上, 由于 $\overline{u}$ 的齐性, 只要取 Ω 为 $\mathbb{R}^{n+1}$ 中的单位球). 某些流形不具有非平凡的切映照, 例如它的通用覆盖流形具严格凸函数的某流形. 另一方面, [SaU] 的一个定理说明任何其通用覆盖不是可缩的紧流形包含一个调和 S^2, 即非常值光滑调和映照 $u: S^2 \to N$. 从而, 这类流形总包含切映照. 切映照 $\overline{u}$ 是极小的条件显然更强, 并且期望这种映照 $\overline{u}$ 是稀少的 (某些证据请见 [SU3]). 切映照表明, 一般地, 调和映照将有奇点, 故要发展正则性理论必须允许这种可能性. M 的内点 x 称为映照 u 的正则点, 如果 u 在 x 的一个邻域中是 C^1 映照. 正则点的集合 $\mathcal{R}$ 是 $\mathrm{Int}(M)$ 的开集 (可能空). $\mathcal{R}$ 的补集记为 $\mathcal{S}$, 是 u 的奇异集. 对一个调和映照, $\mathcal{S}$ 可以是非空的, 这被切映照 $\overline{u}$ 所揭示. 集合 $\mathcal{S}$ 的 Hausdorff 维数, $\dim\mathcal{S}$, 是对任意给定的 ε, 实数 t 的下确界, 使 $\mathcal{S}$ 被一系列的球 $\{B_{r_i}(x_i)\}$ 所覆盖, 而 $\sum_i r_i^t < \varepsilon$. 显然, 对集合 $\mathcal{S} \subset M^n$, 我们有 $0 \leqslant \dim\mathcal{S} \leqslant n$. [SU1] 的内正则性定理如下.

定理 7.9 *假定 $u \in L_1^2(M,N)$ 是极小映照. 那么, $\dim\mathcal{S} \leqslant n-3$. 特别地, 如果 $n=2$, $\mathcal{S}=\emptyset$. 如果 $n=3$, 那么, $\mathcal{S}$ 是离散点集. 进而, 如果对 $2 \leqslant p \leqslant q$, 从 $\mathbb{R}^{p+1}$ 到 N 的每个极小切映照是常数, 那么, $\dim\mathcal{S} = n-q-2$ (如果 $n < q+2$, $\mathcal{S}=\emptyset$). 如果 $n=q+2$, 那么, $\mathcal{S}$ 是离散的.*

附注 7.10 定理 7.9 中 $n=2$ 的情形曾被 Morrey [M2] 所证明. 对一般变分极小化的函数组的部分正则性被 Giaquinta-Guisti [GG1][GG2] 所得到. 他们定理的 $n=2$ 情形在 Morrey [M1] 更早的文章中已经证明了.

附注 7.11 在 [SU2] 的文章中边界正则性已经被研究了. 其中证明了极小映照在边界 ∂M 的一个邻域中是正则的, 只要加上 Dirichlet 边值条件. [GG1] 文中的想法已经被 Jost-Meier [JM] 推广到边界, 用来证明极小能量型积分的椭圆系统的边界正则性.

§8. 热方程法和非紧目标流形

Eells 和 Sampson [ES] 开创了将热方程法应用于证明 Riemann 流形间调和映照的存在性. 他们研究了 M 是紧致无边的, N 具有非正截面曲率(并且是紧的或者是具嵌入条件的完备流形) 的情形. 后来, Hamilton [Ha] 成功地运用热方程法得到了带边界流形 M 的调和映照, 当然预先规定边界条件(Dirichlet 边界条件或 Neumann 边界条件). 这一节, 我们将用热方程法研究紧致具非空边界流形到任意完备具非正曲率流形的 Dirichlet 边值问题. 我们先引用 Hamilton 的结果, 而关于它们的证明, 请参阅他的书 [Ha].

设 $p \in M$, 且设 $\{e_\alpha:\ \alpha = 1, \cdots, n\}$ 是定义在 p 的一个邻域中 M 的切空间的光滑单位正交标架. 设 $\{f_i:\ i = 1, \cdots, k\}$ 是局部定义在 $u(p)$ 的邻域中 N 的单位正交标架. 设 $\{\theta_\alpha:\ \alpha = 1 \cdots, n\}$ 和 $\{\omega_i:\ i = 1, \cdots, k\}$ 分别是 $\{e_\alpha\}$ 和 $\{f_i\}$ 的对偶余标架. 我们先回顾 M 和 N 的结构方程

$$d\theta_\alpha = \sum_{\beta=1}^{n} \theta_{\alpha\beta} \wedge \theta_\beta, \quad \theta_{\alpha\beta} = -\theta_{\beta\alpha},$$

$$d\omega_i = \sum_{j=1}^{k} \omega_{ij} \wedge \theta_j, \quad \omega_{ij} = -\omega_{ji},$$

这里 $\{\theta_{\alpha\beta}\}$ 和 $\{\omega_{ij}\}$ 是由上述方程所确定的联络 1–形式. M 和 N 的曲率张量 $K_{\alpha\beta\gamma\delta}$ 和 R_{ijlm} 由下列公式给出

$$d\theta_{\alpha\beta} = \sum_{\gamma=1}^{n} \theta_{\alpha\gamma} \wedge \theta_{\gamma\beta} - \frac{1}{2}\sum_{\gamma,\delta=1}^{n} K_{\alpha\beta\gamma\delta}\theta_\gamma \wedge \theta_\delta,$$

$$d\omega_{ij} = \sum_{m=1}^{k} \omega_{im} \wedge \omega_{mj} - \frac{1}{2}\sum_{l,m=1}^{k} R_{ijlm}\omega_l \wedge \omega_m.$$

曲率张量 $K_{\alpha\beta\gamma\delta}$, R_{ijlm} 满足通常的对称性.

现在假定 $u: (a, b) \times M \to N$ 是光滑映照. 记

$$u^*\omega_i = u_{i\alpha}\theta_\alpha + u_{it}dt,$$

其中 θ_α 和 ω_i $(1 \leqslant \alpha \leqslant n,\ 1 \leqslant i \leqslant k)$ 分别为 M 和 N 上的局部单位正交余标架场. 我们来研究调和映照热方程的初值问题. 设 u_0 是给定的从 M 到 N 的映照. 我们寻求映照 $u: [0, \infty) \times M \to N$ 满足

$$\begin{aligned} &u_{it} = \textstyle\sum_{\alpha=1}^{n} u_{i\alpha\alpha}, \text{对}\ \ 1 \leqslant i \leqslant k, \\ &u(0, p) = u_0(p), \ \ \text{对}\ \ p \in M, \\ &u(t, p) = u_0(p), \ \ \text{对}\ \ t \in [0, \infty),\ p \in \partial M. \end{aligned} \tag{8.1}$$

上述热方程的右端是映照 u 关于 M 和 N 正交标架下的张力场.

下列命题是 Hamilton 工作的推论.

命题 8.1 假定 M 是紧致有边的 Riemann 流形, 而 N 是完备具非正截面曲率的流形. 那么, 存在 $T \leqslant \infty$ 使得 (8.1) 有一个解 $u:[0,T)\times M \to N$, 它在 $[0,T)\times M \to N$ 是连续的, 而除了 $\{0\}\times \partial M$ 是 C^∞ 的. 并且, 如果 u 的像落在 N 的一个紧集中, 那么, T 可被增加. 如果紧集不依赖于 T, 我们能取 $T=\infty$ 并存在 C^∞ 调和映照 $u_\infty: M\to N$ 满足

$$
\begin{aligned}
&u_\infty(p) = u_0(p), \quad \text{对于 } p\in\partial M,\\
&\text{相对于边界 } \partial M, \quad u_\infty \text{ 同伦于 } u_0,\\
&\text{并且在 } C^\infty \text{ 拓扑下}, \quad \lim\nolimits_{t\to\infty} u(t,\cdot) = u_\infty(\cdot).
\end{aligned}
$$

命题 8.1 的第一个结论取自 [Ha, 第IV 部分, 11 节]. 第二和第三个结论取自 [Ha, p.157-158], 其中我们将像落在目标流形的凸域的条件改成 u 的像落在 N 的紧子集中的假定. 从 [Ha, 第 V 部分, 13 节] 得悉不一定要取 $t\to\infty$ 的子序列这个事实.

我们将证明如果 M 是紧致有边的流形, 而 N 是具有非正截面曲率的完备流形, 那么, 热方程的解得到的映照的像包含在 N 的固定紧子集中. 根据命题 8.1, 这就建立了预定边界值和预定同伦类的调和映照的存在性.

假定 $u:[0,T)\times M\to N$ 是热方程 (8.1) 的解. 设 $\{\theta_\alpha\}$ 以及 $\{\omega_j\}$ 同上, 并且对 $1\leqslant i\leqslant k$, 定义 $u_{i\alpha}$ 和 u_{it} 满足

$$
u^*\omega_i = \sum_{\alpha=1}^n u_{i\alpha}\theta_\alpha + u_{it}dt. \tag{8.2}
$$

我们令 $u_t: M\to N$ 是由

$$
u_t(p) = u(t,p)
$$

给定的映照, 这里 $p\in M$. 函数

$$
\kappa(u) = \sum_{i=1}^k u_{it}^2
$$

在 $[0,T)\times M$ 是良定的, 对固定的 t, 我们来计算它的 Laplacian 作为 M 上的函数. 我们有

$$
\Delta\kappa(u) = 2\Big(\sum_{i=1}^k u_{it}u_{it\alpha}\Big)_\alpha = 2\sum_{i,\alpha} u_{it\alpha}^2 + 2\sum_{i,\alpha} u_{it}u_{it\alpha\alpha}, \tag{8.3}
$$

这里 $u_{it\alpha}$ 以及 $u_{it\alpha\beta}$ 定义为

$$d_M u_{it} + \sum_{j=1}^{k} u_{jt} u_t^* \omega_{ji} = \sum_{\alpha=1}^{n} u_{it\alpha} \theta_\alpha, \tag{8.4}$$

$$d_M u_{it\alpha} + \sum_{j=1}^{k} u_{jt\alpha} u_t^* \omega_{ji} + \sum_{\beta=1}^{n} u_{it\beta} \theta_{\beta\alpha} = \sum_{\beta=1}^{n} u_{it\alpha\beta} \theta_\beta. \tag{8.5}$$

我们已经记 $d = d_M + \frac{\partial}{\partial t} dt$. 对 $1 \leqslant i, j \leqslant k$ 定义 a_{ij} 为

$$u^* \omega_{ij} = u_t^* \omega_{ij} + a_{ij} dt. \tag{8.6}$$

现在, 令 $u_{i\alpha t}$, $u_{i\alpha t\beta}$, $u_{i\alpha\beta t}$ 定义为

$$\frac{\partial u_{i\alpha}}{\partial t} + \sum_{j=1}^{k} u_{j\alpha} a_{ji} = u_{i\alpha t}, \tag{8.7}$$

$$d_M u_{i\alpha t} + \sum_{j=1}^{k} u_{j\alpha t} u_t^* \omega_{ji} + \sum_{\beta=1}^{n} u_{i\beta t} \theta_{\beta\alpha} = \sum_{\beta=1}^{n} u_{i\alpha t\beta} \theta_\beta, \tag{8.8}$$

$$\frac{\partial u_{i\alpha\beta}}{\partial t} + \sum_{j=1}^{k} u_{j\alpha\beta} a_{ji} = u_{i\alpha\beta t}. \tag{8.9}$$

我们希望用交换指标来重新表示 $u_{it\alpha\alpha}$, 为此我们外微分 (8.2) 式并且取出包含 dt 的项, 得到

$$u_t^* \omega_{ij} \wedge u_{jt} dt + a_{ij} dt \wedge u_{j\alpha} \theta_\alpha = \frac{\partial u_{i\alpha}}{\partial t} dt \wedge \theta_\alpha + d_M u_{it} \wedge dt.$$

整理后并应用 (8.4) 和 (8.7), 对 $1 \leqslant i \leqslant k, 1 \leqslant \alpha \leqslant n$, 我们有

$$u_{it\alpha} = u_{i\alpha t}. \tag{8.10}$$

外微分下列方程

$$du_{i\alpha} + \sum_{j=1}^{k} u_{j\alpha} u^* \omega_{ji} + \sum_{\beta=1}^{n} u_{i\beta} \theta_{\beta\alpha} = \sum_{\beta=1}^{n} u_{i\alpha\beta} \theta_\beta + u_{i\alpha t} dt,$$

并且取出含 dt 的项, 整理并应用 (8.7), (8.8), (8.9), 我们得到公式

$$u_{i\alpha t\beta} - u_{i\alpha\beta t} = -R_{ijlm} u_{j\alpha} u_{l\beta} u_{mt}. \tag{8.11}$$

从 (8.1), (8.10) 以及 (8.11) 我们有

$$\sum_{i,\alpha} u_{it}u_{it\alpha\alpha} = \sum_{i,\alpha} u_{it}u_{i\alpha t\alpha} = -\sum_{i,j,l,m,\alpha} R_{ijlm}u_{i\alpha}u_{jt}u_{l\alpha}u_{mt} + u_{it}u_{itt}.$$

因而, (8.3) 变为

$$\Delta\kappa(u) = \frac{\partial\kappa(u)}{\partial t} + 2\sum_{i,\alpha} u_{it\alpha}^2 - 2\sum_{i,j,k,l,\alpha} R_{ijlm}u_{i\alpha}u_{jt}u_{l\alpha}u_{mt}. \tag{8.12}$$

我们将需要下列标准的 M 上的 Sobolev 不等式.

引理 8.2 存在只依赖于 M 的常数 c 使下列不等式成立(假定 $n>2$)

$$\left(\int_M |h|^{\frac{2n}{n-2}} dv_M\right)^{\frac{n-2}{n}} \leqslant c\int_M |\nabla h|^2 dv_M,$$

其中 h 是任意光滑函数且在边界 ∂M 上满足 $h=0$. 如果 $n=2$, 那么, 对任何 $p>2$, 我们有

$$\left(\int_M |h|^{2p} dv_M\right)^{\frac{1}{p}} \leqslant c(p)\int_M |\nabla h|^2 dv_M.$$

我们现在来推导函数 $\kappa(u)$ 的指数衰减估计. 首先, 给出积分衰减估计.

引理 8.3 假定 M 是紧致有边的流形以及 N 是完备的具非正截面曲率的流形. 设 $u:[0,T)\times M\to N$ 是热方程 (8.1) 的解. 令 $\mu\in(0,1)\cap(0,T/2)$. 那么, 下列不等式对 $t\in(\mu,T)$ 成立

$$\int_M \kappa(u)(t,x)dv_M(x) \leqslant ce^{-\epsilon t},$$

这里 $c,\epsilon>0$ 是不依赖于 t 的常数.

证明 由于 N 的截面曲率是非正的, 公式 (8.12) 意味着

$$\Delta\kappa(u) \geqslant \frac{\partial\kappa(u)}{\partial t} + 2\sum_{i,\alpha} u_{it\alpha}^2. \tag{8.13}$$

现在 $|\nabla\kappa(u)|^2 = 4\sum_{\alpha=1}^n(\sum_{i=1}^k u_{it}u_{it\alpha}) \leqslant 4\kappa(u)\sum_{i,\alpha} u_{it\alpha}^2$, 所以, (8.13) 意味着

$$\Delta\kappa(u) \geqslant \frac{\partial\kappa(u)}{\partial t} + 2|\nabla\sqrt{\kappa(u)}|^2. \tag{8.14}$$

对 $t>0$, 在 ∂M 上, $\kappa(u)=\nabla\kappa(u)=0$, 积分 (8.14), 我们得到

$$\frac{d}{dt}\int_M \kappa(u)dv_M + 2\int_M |\nabla\sqrt{\kappa(u)}|^2 dv_M \leqslant 0. \tag{8.15}$$

利用 Poincaré 不等式, 我们有

$$\epsilon\int_M \kappa(u)dv_M \leqslant 2\int_M |\nabla\sqrt{\kappa(u)}|^2,$$

其中 ϵ 只依赖于 M. 将这式和 (8.15) 结合起来给出

$$\frac{d}{dt}\Big(e^{\epsilon t}\int_M \kappa(u)dv_M\Big) \leqslant 0.$$

将它在 $[\mu,t]$ 上积分就给出引理 8.3 的结论.

引理 8.4 设 M, N, T 以及 μ 同引理 8.3. 那么, 对 $t\in(2\mu,T)$, 下列不等式

$$\max_{x\in M}\kappa(u)(t,x) \leqslant ce^{-\epsilon t}$$

成立, 其中 c, $\epsilon>0$ 是不依赖于 t 的常数.

证明 用 $\kappa(u)^{p-1}$ 乘 (8.14) 式并在 M 上积分得到

$$\int_M \kappa(u)^{p-1}\frac{\partial\kappa(u)}{\partial t}dv_M + 2\int_M \kappa(u)^{p-1}|\nabla\sqrt{\kappa(u)}|^2 dv_M \leqslant 0,$$

其中我们已经丢掉了分部积分后的负项. 这能改写成

$$\frac{d}{dt}\int_M \kappa(u)^p dv_M + \frac{2}{p}\int_M |\nabla\kappa(u)^{p/2}|^2 dv_M \leqslant 0. \tag{8.16}$$

利用引理 8.2 的 Sobolev 不等式给出

$$\frac{d}{dt}\int_M \kappa(u)^p dv_M + \frac{2}{pc}\Big(\int_M \kappa(u)^{p\lambda}dv_M\Big)^{1/\lambda} \leqslant 0, \tag{8.17}$$

其中令 $\lambda=\frac{n}{n-2}$ (在 $n=2$ 时我们可取 λ 为大于 1 的某固定数). 不等式 (8.16) 意味着对任何 $p>1$, $\int_M \kappa(u)^p d\nu_M$ 是 t 的非增加函数, 将 (8.17) 在 $[t-\delta,t]$ 积分, 并利用 $\int_M \kappa(u)^{p\lambda}d\nu_M$ 是 t 的非增加函数的事实, 我们有

$$\Big(\int_M \kappa(u)^{p\lambda}(t,x)dv_M(x)\Big)^{1/\lambda} \leqslant \frac{pc}{2\delta}\int_M \kappa(u)^p(t-\delta,x)dv_M(x).$$

这个不等式对任何 $\delta \in (0, \mu)$, $t \in (\mu, T)$, $p \geqslant 1$ 成立. 令 i 是非负整数, 并且取 $p = \lambda^i$, $\delta = \mu 2^{-i-2}$, 又用 $t - \mu + \sum_{j=0}^{i=1} \mu 2^{-j-1}$ 替代 t. 那么, 我们有

$$(J_{i+1})^{\frac{1}{\lambda^{i+1}}} \leqslant \left(\frac{c\lambda^i}{2^{-i-1}\mu}\right)^{\frac{1}{\lambda^i}} (J_i)^{\frac{1}{\lambda^i}}, \tag{8.18}$$

这里我们引进了记号

$$J_i = \int_M \kappa(u)^{\frac{1}{\lambda^i}}(t - \mu + \sum_{j=0}^{i} \mu 2^{-j-1}, x) dv_M(x).$$

对 $i = 0, 1, \cdots, l$ 用 (8.18) 进行迭代, 我们有

$$(J_{l+1})^{\frac{1}{\lambda^{l+1}}} \leqslant \left[\prod_{i=0}^{l} (c\lambda^i \mu^{-1})^{\frac{1}{\lambda^i}} 2^{\frac{-i}{\lambda^i}}\right] J_0. \tag{8.19}$$

取对数, 我们可验证, 对所有 l,

$$\prod_{i=0}^{l} (c\lambda^i \mu^{-1})^{\frac{1}{\lambda^i}} 2^{\frac{-i}{\lambda^i}} \leqslant C.$$

现在, 利用 $\int_M \kappa(u)^{\lambda^{l+1}} d\nu_M$ 是 t 的非增加函数, 我们看到

$$\int_M \kappa(u)^{\lambda^{l+1}}(t, x) dv_M(x) \leqslant J_{l+1}.$$

这样, (8.19) 意味着

$$\left(\int_M \kappa(u)^{\lambda^{k+1}}(t, x) dv_M(x)\right)^{\frac{1}{\lambda^{k+1}}} \leqslant c \int_M \kappa(u)(t - \mu, x) dv_M(x)$$

对 $t \in (2\mu, T)$ 成立, 令 $k \to \infty$, 我们有

$$\max_{x \in M} \kappa(u)(t, x) \leqslant c \int_M \kappa(u)(t - \mu, x) dv_M(x).$$

如果 $t \in (2\mu, T)$, 我们利用引理 8.3 得到所要的不等式.

我们现在可陈述存在性定理.

定理 8.5 假定 M 是紧致具有(非平凡) 边界的流形, 而 N 是完备流形, 具非正截面曲率. 设 $u_0 : M \to N$ 是 C^∞ 映照. 那么, 存在一个 C^∞ 映照 $u : M \to N$, 满足在边界 ∂M 上 $u = u_0$, 并且 u (相对于 ∂M) 同伦于 u_0.

证明 对固定的 $x \in M$, 我们考虑 t 参数曲线 $\{u(t,x) : 2\mu \leqslant t < T\}$, 并计算它的长度 l

$$l = \int_{2\mu}^{l} \left|\frac{\partial u}{\partial t}\right|(t,x)dt = \int_{2\mu}^{T} \sqrt{\kappa(u)}(t,x)dt.$$

根据引理 8.4, 我们有

$$l \leqslant \frac{2}{\epsilon} c^{1/2} e^{-\epsilon\mu},$$

一个不依赖于 x 和 T 的界. 这意味着 u 的像落在 N 的一个紧致子集中, 应用命题 8.1, 就得到所要的存在定理.

附注 8.6 值得指出, 一般地, 当 N 是非紧且具非正 (甚至严格负) 截面曲率的流形, 而 M 是紧致且没有边界的流形时, 存在性不一定成立. 简单的反例在 [ES, p.155] 中给出, 其中 N 是 3 维空间中的旋转曲面而 M 是 S^1. 这个例子说明 M 没有边界时, u 的像不必在 N 的紧子集中.

参考文献

[B1] F.Bethuel, *A characterization of maps in $H^1(B^3, S^2)$ which can be approximated by smooth maps*, Ann Inst Poincaré Anal Non Lin **7**(1990), 269-186.

[B2] F.Bethuel, *On the singular set of stationary harmonic maps*, Manuscripta Math **78**, (1993), 417-443.

[BG] H.J.Borchers and W.J.Garber, *Analyticity of solutions of the $O(N)$ non-linear σ-model*, Comm. Math. Phys. **71**(1980), 299-309.

[BCL] H.Brezis, J.-M. Coron, and E. Lieb, *Harmonic maps with defects*, Comm. Math. Phys. **107**(1986), 649-705.

[CG] S.S.Chern and S. Goldberg, *On the volume-decreasing property of a class of real harmonic mappings*, Amer. J. Math. **97**(1975), 133-147.

[ES] J.Eells and J.Sampson, *Harmonic mappings of Riemannian manifolds*, Amer. J. Math. **86**(1964), 109-160.

[EL] J.Eells and L.Lemaire, *A report on harmonic maps*, Bull. London Math. Soc. **10**(1978), 1-68.

[E] L.C. Evans, *Partial regularity for stationary harmonic maps into spheres*, Arch Rat Mech Anal **116**(1991), 101-113.

[G] M.Giaquinta, *Multiple integrals in the calculus of variations and nonlinear elliptic systems*, Annals of Math. Studies **105**, 1983.

[GG1] M.Giaquinta and E.Giusti, *On the regularity of the minima of variational integrals*, Acta. Math. **148**(1982), 31-46.

[GG2] M.Giaquinta and E.Giusti, *The singular set of the minimal of certain quadratic functionals*, Ann. Sc. Norm. Sup. Pisa. **11**(1984), 45-55.

[GH] M.Giaquinta and S.Hildebrandt, *A priori estimates for harmonic mappings*, J. Reine Angew. Math. **336**(1982), 124-164.

[Gr] M. Grüter, *Regularity of weak H-surface*, J. Reine Angew. Math. **329**(1981), 1-15.

[Hm] R.Hamilton, *Harmonic maps of manifolds with boundary*, Lecture notes **471**, Springer 1975.

[Hr] P.Hartman, *On homotopic harmonic maps*, Can. J. Math. **19**(1967), 673-687.

[H] F.Hélein, *Regularité des applications faiblements harmoniques entreune surface et une variete Riemannienne*, CR Acad Sci Paris Ser I Math **312**(1991), 591-596.

[HKW] S. Hildebrandt, H. Kaul, and K.O.Widman, *An existence theorem for harmonic mappings of Riemannian manifolds*, Acta. Math. **138**(1977), 1-16.

[HW] S. Hildebrandt and K.O.Widman, *On the Hölder continuity of weak solutions of quasilinear elliptic systems of second order*, Ann. Sc. Norm. Sup. Pisa IV(1977), 145-178.

[JM] J. Jost and M. Meier, *Boundary regularity for minima of certain quadratic functionals*, Math. Ann. **262**(1983), 549-561.

[L] L. Lemaire, *Applications harmoniques de surfaces Reimanniennes*, J. Diff. Geom. **13**(1978), 51-78.

[LS] J. Leray and J. Schauder, *Topologie et équations fonctionelles*, Ann. Sci. École Norm. Sup. **51**(1934), 45-78.

[Li] F.-H. Lin, *Grandient estimate and blow-up analysis for stationary harmonic maps*, In preparation, 1996.

[M1] C.B.Morrey, *On the solutions of quasilinear elliptic partical differential equations*, Trans. A.M.S. **43**(1938), 126-166.

[M2] C.B.Morrey, *The problem of Plateau on a Riemannian manifold*, Ann. of Math. **49**(1948), 807-851.

[M3] C.B.Morrey, *Multiple integrals in the calculus of variations*, Springer-Verlag, New York, 1966.

[P] P.Price, *A monotonicity formula for Yang-Mills fields*, Manuscripta Math. **43**(1983), 131-166.

[R] T.Riviére, *Everywhere discontinuous harmonic maps into spheres*, Acta. Math. **175**(1995), 197-226.

[Sc] R.Schoen, *Analytic aspects of the harmonic map problem*, MSRI Publ. **2**(1984),

Springer, New York-Berlin, 321-358.

[ScY1] R.Schoen and S.T.Yau, *Compact group actions and the topology of manifolds with non-positive curvature*, Topology **18**(1979), 361-380.

[ScY2] R.Schoen and S.T.Yau, *Existence of incompressible minimal surfaces and the topology of three dimensional manifolds with non-negative scalar curvature*, Ann. of Math. **110**(1979), 127-142.

[SaU] J.Sacks and K. Uhlenbeck, *The existence of minimal immersions of 2-spheres*, Ann. of Math. **113**(1981), 1-24.

[SU1] R.Schoen and K. Uhlenbeck, *A regularity theory for harmonic maps*, J. Diff. Geom. **17**(1982), 307-335.

[SU2] R.Schoen and K. Uhlenbeck, *Boundary regularity and the Dirichlet problem for harmonic maps*, J. Diff. Geom. **18**(1983), 253-268.

[SU3] R.Schoen and K. Uhlenbeck, *Regularity of minimizing harmonic maps into the sphere*, Invent. Math. **78**(1984), 89-100.

[W] B.White, *Infima of energy functionals in homotopy classes*, J. Diff. Geom. **23**(1986), 127-142.

第十章 Sobolev 空间和到度量空间的调和映照

引言

在这一章, 我们描述 [KS] 文中发展的 Sobolev 空间理论的工作, 以及从纯内蕴观点的基本调和映照的工作, 而不需要目标流形的光滑性. Jost [J] 独立地发展了相同的理论, 并允许出发流形也是奇异的. 对光滑的出发流形, 他的结果不及这里叙述得详尽. 特别地, 他没有导出 Sobolev 映照的逐点性质, 也没有我们得到的调和映照的逐点性质.

当我们研究 Riemann 流形间映照的变分问题时, 必须考虑一类空间, 记为 $W^{1,p}(\Omega, X)$. 这里, Ω 是 Riemann 流形的一个紧致区域, X 是另一 Riemann 流形, $p \in [1, \infty)$, 而 $W^{1,p}$ 表示映照的一阶导数是 $L^p(\Omega)$ 的. 对 $p > n$, 这样的映照是连续的, 并且, 可以给予对应的空间 $W^{1,p}(\Omega, X)$ 光滑的 Banach 流形的结构. 这是因为, 当 $p > n$ 时, 任何按 $W^{1,p}$ 距离接近于 u_0 的映照能描述为 u_0 的逐点的小形变. $W^{1,p}$ 形变的线性空间因而是 $W^{1,p}(\Omega, X)$ 的局部模型的 Banach 空间. 对 $p \leqslant n$ 这是不可能的, 空间 $W^{1,p}(\Omega, X)$ 的定义就不很清楚. 这个问题首先被 C. B. Morrey 在 $n = \dim\Omega = 2$ 以及 $p = 2$ 时碰到. 他花费了很大的努力给出这个空间的定义. 最近人们研究了 J. Nash 的嵌入定理, 并将 X 看成欧

几里得空间 $\mathbb{R}^K$ 的光滑子流形. 如果我们将 $W^{1,p}(\Omega, X)$ 定义为映照的像实质上是落在 X 中的映照组成的 Banach 空间 $W^{1,p}(\Omega, \mathbb{R}^K)$ 的子集, 这就给出了很多情形下可行的定义. 这就是前一章我们所采取的方法. 这个定义在完美性上的欠缺是空间 $W^{1,p}(\Omega, X)$ 应该只依赖于 X 的度量而不依赖于 X 在 $\mathbb{R}^K$ 中的嵌入. 当要研究不是光滑 Riemann 流形的空间 X 的映照时, 更大的困难就发生了. 那类空间包括具奇点的 Riemann 空间, 光滑的 Finsler 流形, 或者一个无限维流形. 本章的第一节, 我们发展了解决这个问题的直接内蕴方法, 并对任何完备度量空间 (X, d) 定义 $W^{1,p}(\Omega, X)$. 证明了对 $X = \mathbb{R}$ 所定义的空间化为通常的 $W^{1,p}(\Omega)$, 而当 X 是光滑紧致流形时, 化为上面描述的空间. 我们也推导了对建立变分理论重要的结果. 包括 p–能量下半连续性, Rellich-型的紧性结果, 以及映照到超曲面限制下的 L^p–迹理论.

为了说明 Sobolev 空间理论的思想, 为记号简单起见, 假定 $\Omega \subset \mathbb{R}^n$ 是欧氏空间的区域. 如果 $u : \Omega \to X$ 是一个映照, $x \in \Omega$, 并且 $V \in \mathbb{R}^n$, 我们能给出 u 沿 V 方向导数的模的定义为

$$|u_*(V)| = \lim_{\varepsilon \to 0} \Big(\frac{d(u(x), u(x + \varepsilon V))}{\varepsilon} \Big).$$

为了定义 p–Sobolev 能量, 我们能将距离商提高到 p 次方, 在单位向量 $V \in S^{n-1}$ 上积分并且令

$$e_\varepsilon(x) = \int_{S^{n-1}} \Big(\frac{d(u(x), u(x + \varepsilon V))}{\varepsilon} \Big)^p d\sigma(V).$$

那么, p–能量密度 $e(x)$ 就是当 $\varepsilon \to 0$ 时 $e_\varepsilon(x)$ 的极限. §1 中的主要结果是测度 $e_\varepsilon(x)dx$ 当 $\varepsilon \to 0$ 时以几乎单调的方式 (弱) 收敛, 只要它们的全质量是一致有界的. 进而, 证明对 $p > 1$, 极限测度关于 Lebesgue 测度是绝对连续的, 所以能写成 $e(x)dx$, 这里 $e(x)$ 是 L^1 函数. 这个收敛性的结果可认为类似于距离空间 X 中连续曲线 $\gamma : [0, 1] \to X$ 长度的定义. $e_\varepsilon(x)dx$ 的单调性类似于由

$$\sum_{i=1}^{m} d(\gamma(x_i), \gamma(x_{i-1}))$$

给出的长度的逼近, 当分割 $\{x_0, \cdots, x_m\}$ 细化时, 上式是增加的. 单调性质的证明只依赖于三角不等式和变量的审慎的选取. 测度 $e_\varepsilon(x)dx$ 的收敛性看来在导出空间 $W^{1,p}(\Omega, X)$ 的合理定义中是本质的. 如果我们不得不选取子序列 $\varepsilon_i \to 0$, 我们就不能证明 Ω 上的能量极小映照也是 Ω 的子区域上的能量极小映照. 能

量的绝对连续性在很多进一步结果中也是重要的. 这两个性质在能量极小映照的分析中大量被用到.

在 §2 中我们对给定 $\partial\Omega$ 上的边界值构造到非正曲率的 Alexandrov 空间的极小能量映照 ($p = 2$). (曲率条件用三角形比较的语言描述, 明确的定义见 (2.1).) 这里 Alexandrov 空间是完备的距离空间, 其中任何两个点能被长度为其间距离的一条曲线相连接. 用三角形 (或四边形) 比较来定义距离空间中的曲率界来自澳大利亚数学家 A. Wald 在 20 世纪 30 年代的工作 [Wa]. 俄罗斯以 Alexandrov 为首的数学学派从 20 世纪 40 年代起进一步发展了这方面的工作.

由于能量在非正曲率的假定下满足强凸性, 我们对 Dirichlet 问题能构造 (唯一的) 极小能量映照. 我们不要求空间 X 是局部紧的. 我们证明极小映照在 Ω 的内部是 Lipschitz 的, 其 Lipschitz 常数是局部有界的, 而该界依赖于总能量和到边界 $\partial\Omega$ 的距离. 这里给出的连续性的证明有赖于 Eells-Sampson 的 Bochner 型公式的粗形式 [ES]. 到非正曲率距离空间的极小映照的边界连续性最近已被 T. Serbinowski [Se] 所得到. 他的结果说对任何 $\alpha < 1$, 极小映照直到边界是 C^α 的, 只要边界映照也是 C^α 的.

在 §2.3 推导了一个重要性质, 它对进一步发展调和映照理论是有用的. 这一性质告诉我们, 任何到非正曲率空间的有限能量映照有一个诱导距离函数, 它产生一个无穷小 Riemann 度量. 这样, 就能写出对到光滑 Riemann 流形的映照成立的通常 (迹) 公式. 注意到, 对一般的以度量空间 X 为目标流形的情形, 这个诱导度量只能是 Finsler 度量.

在 §2.5 节, 我们发展了到非正曲率空间映照的某种一般的平均化方法. 我们将平均化减小能量的一般原理量化. 然后我们利用那些结果来研究同伦和等变映照问题. 明确地说, 我们考虑完备 Riemann 流形 M 的通用覆盖空间 $\tilde{M}$ 到非正曲率距离空间 X 的等变调和映照的存在性. 假定那些映照对于给定的同态 $\rho : \Gamma \to \mathrm{isom}(X)$ 是等变的, 这里 $\Gamma = \pi_1(M)$. 在假定 Γ 是有限生成的条件下我们构造了一个局部 Lipschitz 等变映照, 其局部 Lipschitz 常数的界依赖于 "平移函数" $\delta : X \to \mathbb{R}^+$ 的下确界 (见 2.6 iii). 如果 M 是紧的, 这产生了一个具有关于其总能量的最佳界的有限能量的等变映照. 然后我们用局部 Dirichlet 问题以及精细的平均化讨论构造一个一致的局部 Lipschitz 极小化序列. 在出发流形具有非空边界, 或当映照是紧空间之间映照的提升的条件下, 我们证明了极小化序列的收敛性.

到光滑非正曲率流形的调和映照理论开始于 J. Eells 和 H. Sampson 的工作 [ES], 而 Hamilton [Ha] 解决了出发流形有边界时的相应问题. 那些理论的发展都用了热方程方法. 运用能量的凸性, 用变分的方法得到那些结果则是由本书作者之一给出的 [Sch]. 在 Gromov 和 Schoen [GS] 的文章中, 将结果推广到局部紧的非正曲率的多面体空间, 并应用于离散群的刚性问题. 我们这里的工作是那些结果的很强的推广.

§1. 到距离空间映照的 Sobolev 空间理论

在这一节, 我们对 Riemann 区域 (Ω^n, g) 出发到完备距离空间 (X, d) 的映照构造空间 $W^{1,p}(\Omega, X)$ (对 $p>1$) 以及 $BV(\Omega, X)$ (对 $p=1$). 我们只用目标流形中的三角不等式来定义 Sobolev 空间, 很像研究距离空间中可求长曲线的情形. 事实上, 我们的方法显示了曲线论的高维 (以及高 p) 的推广.

我们在 §1.1 回顾了 $L^p(\Omega, X)$ 的定义. 对固定的 $u \in L^p(\Omega, X)$, 利用距离函数 d 来度量 u 在 x 的 ε–邻域中的平均位移, 我们构造一个近似的能量密度函数 $e_\varepsilon(x)$. 我们对称地平均化, 使得如果 $X=\mathbb{R}$ 以及 u 是光滑的, 那么当 $\varepsilon \to 0$ 时 $e_\varepsilon(x) \to c_{n,p}|\nabla u(x)|^p$. 由于技术上的原因, 用各种对称化平均是方便的: 在 (1.2 ii) 我们首先定义实质上如引言中描述的 $e_\varepsilon(x)$, 取它为 $d^p(u(x), u(y))$ 的平均, 这里 y 在以 x 为中心的 ε–球 $S(x,\varepsilon)$ 中. 然后, 对区间 $(0,2)$ 上的适当测度 ν 我们定义 ${}_\nu e_\varepsilon(x)$ 是球面上平均 $e_{\lambda\varepsilon}(x)$ 的平均 (关于 $d\nu(\lambda)$). 虽然这个过程技术上是有用的, 但它增加了我们讨论复杂性的层次. 为了将注意力集中在构造 Sobolev 能量测度的主要思想, 我们将在这个综述中限于欧氏空间作为出发流形以及 ν 的选取(1.2 vii) 导致实心球上的平均:

$$\tilde{e}_\varepsilon(x) = (n+p)\int_{B(x,\varepsilon)} \frac{d^p(u(x), u(y))}{\varepsilon^p}\frac{dy}{\varepsilon^n}. \tag{1.0 i}$$

$\tilde{e}_\varepsilon(x)$ (在边界 $\partial\Omega$ 外) 是有界连续函数, 并且对应的测度 $e_\varepsilon(x)dx$ 对 $f \in C_c(\Omega)$, 借助于积分, 定义了线性泛函 $\tilde{E}_\varepsilon(f)$. 对 $u \in L^p(\Omega, X)$, 我们说它有有限能量 E, 只要

$$\sup_{0\leqslant f\leqslant 1, f\in C_c(\Omega)} \limsup_{\varepsilon\to 0} \tilde{E}_\varepsilon(f) \equiv E < \infty. \tag{1.0 ii}$$

在这时, 我们记 $u \in W^{1,p}(\Omega, X)$, 如果 $p>1$, 或 $u \in BV(\Omega, X)$, 如果 $p=1$ (见 1.3). 对这样的 u, 我们证明极限

$$\lim_{\varepsilon\to 0} \tilde{E}_\varepsilon(f) \equiv E(f)$$

对每个 $f \in C_c(\Omega)$ 存在. 这一部的关键思想是"细分引理" (引理 1.3.1), 它推广了曲线的逼近长度随分割细化而增加的事实. 由于泛函 E 是线性并且是有界的(1.0ii), 从 Riesz 表示定理得到, 对映照 u, 存在一个能量密度测度 de, 具有弱收敛性质 $e_\varepsilon d\mu_g \rightharpoonup de$, 以及 $e(\Omega) = E$. 我们这里对特别的近似能量泛函 (1.0i) 和欧氏空间作为出发流形的情形, 概述细化引理和它的结论. 对 $f \in C_c(\Omega)$ 以及 $f \geqslant 0$ 和 $\varepsilon > 0$, 我们定义稍微大一点的函数

$$f_\varepsilon(x) = f(x) + \omega(f, \varepsilon)(x).$$

这里 $\omega(f, \varepsilon)(x)$ 是 f 在 $B(x, \varepsilon)$ 中的振荡函数 (1.3iii). 对充分小 $\varepsilon > 0$, $f_\varepsilon \in C_c(\Omega)$. 现在, 将区间 $[0,1]$ 分割为长度为 λ_i $(i = 1, \cdots, m)$ 的子区间. 细化引理是不等式

$$\tilde{E}_\varepsilon(f)^{1/p} \leqslant \sum_i \lambda_i (\tilde{E}_{\lambda_i \varepsilon}(f_\varepsilon))^{1/p}. \tag{1.0 iii}$$

这个不等式是 (X, d) 和 L^p 三角不等式迭代的结果, 我们说明如下. 我们可以记

$$\tilde{E}_\varepsilon(f) = (n+p) \int\int_{|x-y|<\varepsilon} f(x) \frac{d^p(u(x), u(y))}{\varepsilon^p} \frac{dydx}{\varepsilon^n}. \tag{1.0 iv}$$

对充分小的 $\varepsilon > 0$, x 在 f 的支集中并且 $|y - x| < \varepsilon$, 我们将线段 xy 分割为长度为 $\lambda_i |x - y|$ 的若干段并且称对应的分割为

$$x = x_0, x_1, \cdots, x_m = y.$$

(X, d) 的三角不等式意味着

$$d(u(x), u(y)) \leqslant \sum_{i=1}^m d(u(x_{i-1}), u(x_i)).$$

这样, 从迭代 L^p 三角不等式, 我们有

$$\tilde{E}_\varepsilon(f)^{1/p} \leqslant \sum_i \left((n+p) \int\int_{|x-y|<\varepsilon} f(x) \frac{d^p(u(x_{i-1}), u(x_i))}{\varepsilon^p} \frac{dydx}{\varepsilon^n} \right)^{1/p}. \tag{1.0 v}$$

对每个 $i = 1, \cdots, m$, 我们将对应区间的变量从 (x, y) 变成 (x_{i-1}, x_i). 记

$$\mu_i = \sum_{j=1}^i \lambda_j.$$

那么, 我们有估计

$$
\begin{aligned}
&dxdy = \frac{dxdx_i}{\mu_i^n} = (\frac{\mu_i}{\lambda_i})^n dx_{i-1}\frac{dx_i}{\mu_i^n} = \frac{dx_{i-1}dx_i}{\lambda_i^n},\\
&f(x_{i-1}) \leqslant f(x) + \omega(f,\varepsilon)(x) = f_\varepsilon(x),\\
&|x_{i-1} - x_i| < \lambda_i\varepsilon.
\end{aligned}
$$

利用那些估计(并且也要乘和除以 λ_i), 我们看到 (1.0v) 蕴涵着 (1.0iii).

细分引理意味着极限测度的存在性, 因为它给出了当 ε 减小的时候, 近似能量增加的定量估计. 特别地, 对固定的 ε, 我们令 ε' 充分小, 并且取 $\lambda_i = \frac{1}{[\varepsilon/\varepsilon']}$ (这里 [ ] 表示极大整数函数), 导出

$$
\tilde{E}_{[\varepsilon/\varepsilon']\varepsilon'}(f) \leqslant \tilde{E}_{\varepsilon'}(f_\varepsilon)
$$

作为 (1.0iii) 的特别情形. 我们令 $\varepsilon' \to 0$ 并且注意到数 $\tilde{E}_\varepsilon(f)$ 随 ε 连续地变化(因为我们用了球平均近似能量密度), 得到

$$
\tilde{E}_\varepsilon(f) \leqslant \liminf_{\varepsilon'\to 0} \tilde{E}_{\varepsilon'}(f_\varepsilon).
$$

注意到

$$
\tilde{E}_{\varepsilon'}(f_\varepsilon) = \tilde{E}_{\varepsilon'}(f) + \tilde{E}_{\varepsilon'}(\omega(f,\varepsilon)(x))
$$

并且利用有限能量假定, 我们看到

$$
\limsup_{\varepsilon\to 0} \tilde{E}_\varepsilon(f) \leqslant \liminf_{\varepsilon'\to 0} \tilde{E}_{\varepsilon'}(f).
$$

这说明极限泛函在非负函数空间 $f \in C_c(\Omega)$ 上是良定的, 容易知道极限泛函在 $C_c(\Omega)$ 的所有空间上是良定的, 从而推出了极限 Sobolev 能量测度的存在性.

我们在 §1.2—§1.5 将上述讨论具体展开. 那些引理被分开安排, 以便于我们在 §1.7 中构造 Sobolev 映照的方向能量测度时再用到它们. 这时, 固定一个 Lipschitz 向量场 Z 并且定义 ε–逼近能量密度为

$$
z_{e_\varepsilon(x)} = \frac{d^p(u(x), u(\overline{x}(x,\varepsilon)))}{\varepsilon^p},
$$

其中 $\bar{x}(x,\varepsilon)$ 是从 x 出发的, 沿 Z 方向 ε 时间后的点. 近似方向能量测度也收敛于一个极限测度, 并且在 §1.8 中证明了 Sobolev 能量是方向能量的一个平均, 并推导了方向能量的一些有用估计和性质.

在 §1.6 我们证明了 Sobolev 能量的下半连续性. 如果

$$\{u_i\} \subset W^{1,p}(\Omega, X) \ (\text{或}\ \{u_i\} \subset BV(\Omega, X))$$

是一致有界能量的序列, 并且, 如果在 $L^p(\Omega, X)$ 中 $u_i \rightharpoonup u$, 那么, u 是能量有限的映照并且它的能量测度 de^μ 满足

$$de^u \leqslant \liminf_{i\to\infty} de^{u_i}.$$

在这一节我们也验证了当 $X = \mathbb{R}$ 时我们的构造给出了通常的 Sobolev (以及 BV) 空间, 也验证了能量密度与所预期的相符合.

在 §1.9 我们发展了方向能量的可微性理论. 限于向量场的积分曲线, 能约化到从区间到 X 的有限能量映照, 因而能模拟经典的微分理论. 最后的结果(定理 1.9.6) 是: 对 $p > 1$, 方向能量关于 Lebesgue 测度是绝对连续的, 所以对 L^p 函数 $|u_*(Z)|$ 能写为

$$|u_*(Z)|^p d\mu_g(x),$$

并且对 ν 的适当选取, ε–近似能量几乎处处收敛于 $|u_*(Z)|^p$. 然后, 在 §1.10, 不难说明在 $p > 1$ 时, Sobolev 能量测度也能被 L^1 密度函数所给出.

在 §1.11, 我们罗列了方向能量密度函数的一些估计, 它们在 §2 是需要的. 从 Lipschitz 区域出发的 Sobolev 映照的 L^p 迹理论在 §1.12 展开. 我们的方法是利用辅助横截向量场, 并且说明 u 沿着几乎处处对应的积分曲线有良定的极限, 也就是我们按照经典的方法. 在定理 1.12.2 中, 我们证明了在 $L^p(\Omega, X)$ $(p > 1)$ 中收敛于一个极限映照的有限能量映照的序列具有对应的迹映照也在 $L^p(\partial\Omega, X)$ 中收敛的性质. 我们也给出了具有相同迹的映照 u, v 的特征, 实函数 $d(u, v)$ 是具零迹的 Sobolev 函数. 那些性质在 §2 中研究极小能量映照是有用的. 定理 1.12.3 阐明: 如果 Ω 可分解为 Lipschitz 子域, 那么, 在边界上具有相等迹的有限能量映照合起来定义了 Ω 上的有限能量映照, 它的总能量为各个能量之和. 这个定理将在 §2 中用到, 那里我们用替换原理研究等变调和映照问题.

最后, 在 §1.13, 我们给出了预紧性定理, 它推广了在 $W^{1,p}(\Omega, \mathbb{R})$ 中 (或在 $BV(\Omega, \mathbb{R})$ 中) 的一致有界模序列在 $L^p(\Omega, \mathbb{R})$ 中有收敛子序列的结论. 我们在 §2 不用这个结果, 但是, 相应的工具在那里就绪, 结果也就自然很快得到了, 因而我们给出了这个结果.

§1.1 预备定义

如果 (Ω, g) 是 Riemann 流形 (M, g) 的连通开子集, 并且它的度量完备化 $\bar{\Omega}$ 是 M 的紧子集, 那么, 我们就称它为 Riemann 区域. 对 $x, y \in \Omega$, 我们将记 x 和 y 间的距离 (在 (M, g) 上) 为 $|x-y|$.

定义

$$\Omega_\varepsilon = \{x \in \Omega |\ \mathrm{dist}(x, \partial\Omega) > \varepsilon\}.$$

对 $x \in \Omega,\ v \in T_x\Omega$, 设 $\exp(x, v)$ 表示(指数) 切映照, 即 $\exp(x, v) = \gamma(1)$, 其中 γ 是满足 $\gamma(0) = x,\ \gamma'(0) = v$ 的常速测地线.

如果 Z 是 $\bar{\Omega}$ 上的 Lipschitz 向量场, 我们记 $Z \in \Gamma(T\bar{\Omega})$. 类似于指数映照, 用 $\bar{x}(x, t)$ 表示被 Z 所诱导的流, 即 $\bar{x}(x, t) = \gamma(t)$, 这里 γ 是

$$\begin{cases} \dfrac{d}{dt}\gamma = Z(\gamma(t)), \\ \gamma(0) = x \end{cases}$$

的解. 记

$${}^Z\Omega_\varepsilon \equiv \{x \in \Omega |\ \mathrm{dist}(x, \partial\Omega) > \varepsilon |Z|_\infty\}.$$

如果 (Ω, g) 是一个 Riemann 区域, (X, d) 是完备度量空间, $1 \leqslant p < \infty$, 那么, 存在空间 $L^p(\Omega, X)$ 的自然定义. 它是具可分离值域的 Borel-可测函数 $u : \Omega \to X$ 的集合, 对某 $Q \in X$ 满足

$$\int_\Omega d^p(u(x), Q) d\mu_g(x) < \infty.$$

如果 u 和 v 是在 X 中具可分离值域的 Borel-可测函数, 那么, 函数对 $(u(x), v(x))$ 是到 $X \times X$ 的可测函数. 这样, $d^p(u(x), v(x)) : \Omega \to X \times X \to \mathbb{R}$ 是一个可测函数. 它的积分是良定的, 在 ([F], 2.3.2) 中有这样一个例子. 直接可说明 $L^p(\Omega, X)$ 是完备度量空间, 它的距离 D 定义为

$$D^p(u, v) = \int_\Omega d^p(u(x), v(x)) d\mu_g(x).$$

这个事实的证明从 ([F], 2.4.12) 的考虑可得到, 但是我们简要概述它的想法. 对 d 的三角不等式结合实值 L^p 函数的三角不等式, 意味着如果 u 是 L^p 的, 那么

$$\int_\Omega d^p(u(x), P) d\mu_g(x) < \infty$$

对任何 $P \in X$ 成立. 那两个三角不等式的另一应用说明 $D^p(u,v)$ 是有限的, 只要 u, $v \in L^p(\Omega, x)$. 对 D 的三角不等式从相同的讨论得到. $L^p(\Omega, X)$ 的完备性证明模拟通常实值函数的证明: 给定一个 Cauchy 序列, 能找到几乎处处收敛的子序列, 说明极限函数是在 $L^p(\Omega, X)$ 中的, 然后, 说明序列按 D 度量收敛于极限函数.

§1.2 近似能量

固定 $1 \leqslant p < \infty$ 以及 $u \in L^p(\Omega, X)$. 设 $V \in \Gamma(T\bar{\Omega})$ 是 $\bar{\Omega}$ 上的光滑向量场. 那么对充分小的 $\varepsilon > 0$, 映照 $y = \exp(x, \varepsilon V)$ 是 ${}^V\Omega_\varepsilon$ 和它的像之间的微分同胚, 而当 $\varepsilon \to 0$ 时, 它趋向于恒等映照. 所以, 映照 $x \to u(\exp(x, \varepsilon V))$ 在 $L^p({}^V\Omega_\varepsilon, X)$ 中并且我们有不依赖于 ε 的估计

$$\int_{{}^V\Omega_\varepsilon} d^p(u(x), u(\exp(x, \varepsilon V)))d\mu_g(x) \leqslant C. \tag{1.2 i}$$

现在, 对 $(x, y) \in \Omega \times \Omega$, 定义

$$e_\varepsilon(x, y) = \frac{d^p(u(x), u(y))}{\varepsilon^p}.$$

对 $x \in \Omega_\varepsilon$ 定义

$$S(x, \varepsilon) = \{y, \text{使 } |y - x| = \varepsilon\},$$

$$d\sigma_{x,\varepsilon}(y) = S(x, \varepsilon) \text{ 上的 } (n-1) \text{ 维的曲面测度}.$$

最后, 对 $x \in \Omega_\varepsilon$ 定义 (球平均的) ε–近似能量密度函数为

$$e_\varepsilon(x) = \int_{S(x,\varepsilon)} e_\varepsilon(x, y) \frac{d\sigma_{x,\varepsilon}(y)}{\varepsilon^{n-1}}. \tag{1.2 ii}$$

(对其他情形, 定义 $e_\varepsilon(x)$ 为零.) 我们断言 e_ε 是实值的 L^1–函数, 且

$$\int_{\Omega_\varepsilon} e_\varepsilon(x) d\mu(x) \leqslant C\varepsilon^{-p}. \tag{1.2 iii}$$

为说明这点, 我们化为(借助于标准的单位分解) $\bar{\Omega}$ 具有整体定义的单位正交标架 $\{e_1, \cdots, e_n\}$ 的情形. 将 $\omega = \omega^i \partial_i \in S^{n-1}(0,1) \subset \mathbb{R}^n$ 等价于 $\omega^i e_i \in S(0,1)_x \in T\Omega_x$. 那么, 映照

$$(x, \omega) \to \exp(x, \varepsilon\omega) \to u(\exp(x, \varepsilon\omega))$$

是可测的, 并且容易看出是 $L^p(\Omega_\varepsilon \times S(0,1))$ 映照. 事实上, 根据 Tonelli 和 Fubini 的定理, 并利用 (1.2i) 的估计, 我们有

$$\int_{\Omega_\varepsilon}\int_{S(0,1)} e_\varepsilon(x, \exp(x, \varepsilon\omega))d\sigma(\omega)d\mu(x) \leqslant C\varepsilon^{-p},$$

其中 C 是某通用常数. 对 $y = \exp(x, \varepsilon\omega)$ 我们注意到

$$\frac{d\sigma_{x,\varepsilon}(y)}{\varepsilon^{n-1}d\sigma(\omega)}$$

是 (x, ω) 上的有界连续的函数, 且不依赖于 ε. 所以, 我们可用这个因子乘以上述积分而保持可测性. 进而, 我们可导出

$$\int_{\Omega_\varepsilon}\int_{S(x,\varepsilon)} e_\varepsilon(x,y)\frac{d\sigma_{x,\varepsilon}(y)}{\varepsilon^{n-1}}d\mu(x) \leqslant C\varepsilon^{-p}.$$

这就验证了 (1.2iii).

处理各种各样平均能量是方便的. 设 ν 是区间 $(0,2)$ 上的 Borel 测度, 满足

$$\nu \geqslant 0, \qquad \nu((0,2)) = 1, \qquad \int_0^2 \lambda^{-p}d\nu(\lambda) < \infty. \tag{1.2 iv}$$

用再平均球面平均 $e_\varepsilon(x)$ 来定义近似能量密度 ${}_\nu e_\varepsilon(x)$:

$${}_\nu e_\varepsilon(x) = \int_0^2 e_{\lambda_\varepsilon}(x)d\nu(\lambda), \tag{1.2 v}$$

其中 $x \in \Omega_{2\varepsilon}$ (否则 ${}_\nu e_\varepsilon(x) = 0$). 容易看出 ${}_\nu e_\varepsilon(x)$ 是可测的, 且从 (1.2iii) 以及 (1.2iv) 中的可积性要求, 我们有估计

$$\int_{\Omega_{2\varepsilon}} {}_\nu e_\varepsilon(x)d\mu(x) \leqslant C\varepsilon^{-p}. \tag{1.2 vi}$$

我们将有机会用到 ν 的一个特别选取 (除了 $\nu = \delta(1)$ 这种对应于我们原来近似能量密度的选取), 这个选取将导致一致的单位开球上的平均, 即

$$d\nu(\lambda) = (n+p)\lambda^{n+p-1}d\lambda, \qquad 0 < \lambda < 1. \tag{1.2 vii}$$

对光滑函数 $u : \Omega \to \mathbb{R}$, 从我们的定义容易看到

$$\begin{aligned} \lim_{\varepsilon\to 0} {}_\nu e_\varepsilon(x) &= c_{n,p}|\nabla u(x)|^p, \\ c_{n,p} &= \int_{S^{n-1}} |x^1|^p d\sigma(x) \end{aligned} \tag{1.2 viii}$$

(其中 $x = (x^1, \cdots, x^n) \in \mathbb{R}^n$ 以及 $S^{n-1} = \{|x| = 1\}$). 特别地, $c_{n,2} = \omega_n$. 如果 $u : \Omega \to N^k$ 是 Riemann 流形间的光滑映照, 那么, 也能验证对 $p = 2$, $e_\varepsilon \to \omega_n|\nabla u(x)|^2$. 但是, 对 $p \neq 2$, 当 $k > 1$ 时, e_ε 并不收敛于 $|\nabla u(x)|^p \equiv (|\nabla u(x)|^2)^{\frac{p}{2}}$.

§1.3 泛函 ${}_\nu E_\varepsilon$

设 $1 \leqslant p < \infty$, $u \in L^p(\Omega, X)$, ν 的定义由 (1.2iv) 给出. 那么, 对 $\varepsilon > 0$ 以及 $f \in C_c(\Omega)$ 定义

$$ {}_\nu E_\varepsilon(f) = \int_\Omega f(x){}_\nu e_\varepsilon(x)d\mu(x). \tag{1.3 i} $$

(在 $\nu = \delta(1)$ 时, 我们记号中不用 ν.) 我们说 u 是有限能量的(对 $p > 1$ 记 $u \in W^{1,p}(\Omega, x)$ 而对 $p = 1$ 记 $u \in BV(\Omega, X)$), 如果对上述某些 ν,

$$ \sup_{f \in C_c(\Omega), 0 \leqslant f \leqslant 1} \left(\limsup_{\varepsilon \to 0} \ {}_\nu E_\varepsilon(f) \right) \equiv \ {}_\nu E < \infty. \tag{1.3 ii} $$

(我们在引理 1.4.1 中说明上述表达式是有限或无限的并不依赖于 ν.) 设 Ω 是局部紧的度量空间. 对 $f \in C_c(\Omega)$ 定义

$$ \begin{aligned} |f| &= \max_{x \in \Omega} |f(x)|, \\ \omega(f, \varepsilon)(x) &= \max_{|y-x| \leqslant \varepsilon} |f(y) - f(x)|, \\ \omega(f, \varepsilon) &= \max_x \omega(f, \varepsilon)(x). \end{aligned} \tag{1.3 iii} $$

对 $C > 0$ 定义

$$ f_\varepsilon^C(x) = (1 + C\varepsilon)(f(x) + \omega(f, 2\varepsilon)(x)). \tag{1.3 iv} $$

我们现在证明一个基本的 "子分割引理", 它将实质上确保有限能量映照的能量密度测度的存在性. 它是(度量空间中曲线)当分割精细时, 曲线的近似长度就增加的引理的综合模拟. 这个单调性是说明度量空间中的可求长曲线具有良定的弧长的本质要素, 下列引理将起同样的作用.

引理 1.3.1 设 $1 \leqslant p < \infty$, $u \in L^p(\Omega, X)$, ν 同 (1.2iv). 那么, 对 $f \in C_c(\Omega)$, $f \geqslant 0$, 存在常数 $C > 0$ (仅依赖于由度量 g 决定的 Ricci 曲率), 对所有充分小的 $\varepsilon > 0$, 下列"子分割估计" 成立:

$$ {}_\nu E_\varepsilon(f)^{1/p} \leqslant \sum_i \lambda_i({}_\nu E_{\lambda_i \varepsilon}(f_\varepsilon^C))^{1/p}. \tag{1.3 v} $$

这里

$$ \sum \lambda_i = 1, \text{ 每个} \lambda_i > 0, \text{ 并且作和是有限项}. \tag{1.3vi} $$

证明 我们首先考虑 $\nu = \delta(1)$ 的情形, 即 (1.2ii) 中的 e_ε. 对充分小的 $\varepsilon > 0$, 我们可将 $E_\varepsilon(f)$ 更对称地写成 $\Omega \times \Omega$ 上积分:

$$E_\varepsilon(f) = \int\int_{|x-y|=\varepsilon} f(x) e_\varepsilon(x,y) d\sigma_\varepsilon(x,y), \tag{1.3 vii}$$

其中 $d\sigma_\varepsilon(x,y)$ 是 $\{|x-y|=\varepsilon\}$ 上规范 $(2n-1)$ 维曲面测度, 由 (1.2ii), 它可用 $d\sigma_{x,\varepsilon}(y)$ 来表示:

$$d\sigma_\varepsilon(x,y) \equiv \frac{d\sigma_{x,\varepsilon}(y)}{\varepsilon^{n-1}} d\mu(x) = \frac{d\sigma_{y,\varepsilon}(x)}{\varepsilon^{n-1}} d\mu(y). \tag{1.3 viii}$$

设 $\{\lambda_1, \cdots, \lambda_\ell\}$ 满足 (1.3vi). 对 f 支集中的一点 x, 且对充分小的 ε, 存在唯一的从 x 到 y 的长度为 $|x-y| = \varepsilon$ 的测地线. 设 $\varphi: [0,1] \to \Omega$ 是从 x 到 y 的(常速)测地线. 定义子分割

$$\begin{aligned} &x_0 = x, \\ &x_i = \varphi\Big(\sum_{k=1}^{i} \lambda_k\Big), \qquad i = 1, \cdots, \ell. \end{aligned}$$

那么,

$$|x_i - x_{i-1}| = \lambda_i \varepsilon,$$

并且 X–三角不等式意味着

$$d(u(x), u(y)) \leqslant \sum_{i=1}^{n} d(u(x_{i-1}), u(x_i)).$$

由标准的(迭代) L^p–三角不等式(在 (1.3vi) 中应用于 $(fe_\varepsilon)^{\frac{1}{p}}$) 得到

$$E_\varepsilon(f)^{1/p} \leqslant \sum_{i=1}^{\ell} \lambda_i \left(\int\int_{|x_i - x_{i-1}| = \lambda_i \varepsilon} f(x) e_{\lambda_i \varepsilon}(x_{i-1}, x_i) d\sigma_\varepsilon(x,y) \right)^{1/p}. \tag{1.3 ix}$$

对每个固定的 i, 我们可在上述不等式中将变量 (x,y) 变成 (x_{i-1}, x_i). 容易证明

$$d\sigma_\varepsilon(x,y) \leqslant (1 + C\varepsilon) d\sigma_{\lambda_i \varepsilon}(x_{i-1}, x_i), \tag{1.3 x}$$

这里 C 是依赖于被 g 决定的 Ricci 曲率. (如果 Ω 是欧氏空间, 最后的不等式是等式且 $C = 0$.) 在 (1.3ix) 中我们用 $f(x_{i-1}) + \omega(f,\varepsilon)(x_{i-1})$ 控制 $f(x)$ 并且还用 (1.3x) 导出这种情形的子分割估计 (1.4i).

对一般 ν 的证明实质上是相同的. 我们可写成

$$_{\nu}E_{\varepsilon}(f)=\int_0^2\int\int_{|x-y|<2\varepsilon}f(x)e_{\varepsilon}(x,y)d\sigma_{\lambda\varepsilon}(x,y)\lambda^{-p}d\nu(\lambda).$$

重复运用上述测地子分割来导出 (1.3ix) 的一般形式, 这时对任何 $x\in\operatorname{supp}(f)$ 以及 $|x-y|<2\varepsilon$. 结果是

$$_{\nu}E_{\varepsilon}(f)^{1/p}\leqslant\sum\lambda_i\left(\int_0^2\int\int_{|x_i-x_{i-1}|<2\varepsilon\lambda_i}f(x)e_{\lambda_i\varepsilon}(x_{i-1},x_i)d\sigma_{\lambda\varepsilon}(x,y)\lambda^{-p}d\nu(\lambda)\right)^{1/p}. \tag{1.3 xi}$$

注意到

$$d\sigma_{\lambda\varepsilon}(x,y)\leqslant(1+C\varepsilon)d\sigma_{\lambda_i\lambda\varepsilon}(x_{i-1},x_i),$$

在这种一般情形, 我们可同上讨论而得到 (1.4i). □

§1.4 泛函分析的引理

我们证明两个引理, 使我们能得到有限能量映照的能量密度测度的存在性. 当我们讨论有向能量时, 我们将再次用到那些引理.

引理 1.4.1 设 Ω 是局部紧的度量空间. 设 $\{\mathcal{L}_{\varepsilon}\}_{0<\varepsilon\leqslant\varepsilon_0}$ 是 $C_c(\Omega)$ 上的正线性泛函族. 设 $1\leqslant p<\infty$. 假定存在常数 $C>0$, 使对 $f\in C_c(\Omega)$, $f\geqslant0$, 对以 (1.3iv) 定义的 f_{ε}^C, 以及对任何满足 (1.3vi) 的 $\{\lambda_i\}$, 当 $\varepsilon>0$ 充分小时, 下列子分割不等式成立:

$$(\mathcal{L}_{\varepsilon}(f))^{1/p}\leqslant\sum_i\lambda_i(\mathcal{L}_{\lambda_i\varepsilon}(f_{\varepsilon}^C))^{1/p}. \tag{1.4 i}$$

设 ν 是满足 (1.2iv) 的非负 Borel 测度. 假定

$$_{\nu}\mathcal{L}_{\varepsilon}(f)\equiv\int_0^2\mathcal{L}_{\rho\varepsilon}(f)d\nu(\rho) \tag{1.4 ii}$$

是良定的(即 $\mathcal{L}_{\varepsilon}(f)$ 对任何 $f\in C_c(\Omega)$ 对 ε 是 Borel 可测的). 假定

$$\sup_{f\in C_c(\Omega),0\leqslant f\leqslant1}\left(\limsup_{\varepsilon\to0}\ {}_{\nu}\mathcal{L}_{\varepsilon}(f)\right)\equiv\ {}_{\nu}L<\infty.$$

那么, 也有

$$\sup_{f\in C_c(\Omega),0\leqslant f\leqslant1}\left(\limsup_{\varepsilon\to0}\mathcal{L}_{\varepsilon}(f)\right)\equiv L<\infty. \tag{1.4 iii}$$

证明 由假定, 如果 $f \geqslant 0$, $f \in C_c(\Omega)$, 那么, 对 $\varepsilon > 0$ 充分小, 有

$$_{\nu}\mathcal{L}_{\varepsilon}(f) = \int_0^2 \mathcal{L}_{\rho\varepsilon}(f)d\nu(\rho) \leqslant C|f|,$$

其中 C 不依赖于 f. 所以,

$$\int_0^1 \int_0^2 \mathcal{L}_{\mu\rho\varepsilon}(f)d\nu(\rho)d\mu \leqslant C|f|,$$

即

$$\int_0^2 \Big(\int_0^1 \mathcal{L}_{\mu\rho\varepsilon}(f)d\mu\Big)d\nu(\rho) \leqslant C|f|.$$

现在, 存在 $\delta > 0$, 使 $\nu((\delta, 2)) > \frac{1}{2}$. 那么, 存在 $\rho \in (\delta, 2)$, 满足

$$\int_0^1 \mathcal{L}_{\mu\rho\varepsilon}(f)d\mu \leqslant 2C|f|.$$

记 $\varepsilon' = \varepsilon\delta$, 我们有

$$\int_0^1 \mathcal{L}_{\mu(\rho/\delta)\varepsilon'}(f)d\mu \leqslant 2C|f|.$$

进行变量变换 $\mu' = \mu(\frac{\rho}{\delta})$, 注意到 $1 \leqslant \frac{\rho}{\delta} \leqslant \frac{2}{\delta}$, 对 $f \in C_c(\Omega)$ 以及 ε' 充分小(依赖于 $\mathrm{supp}(f)$), 有

$$\int_0^1 \mathcal{L}_{\mu'\varepsilon'}(f)d\mu' \leqslant \frac{4C}{\delta}|f|. \tag{1.4 iv}$$

现在, 固定 $f \in C_c(\Omega)$, $0 \leqslant f \leqslant 1$. 从 (1.4i) 我们有

$$\mathcal{L}_{\varepsilon}(f) \leqslant 2^p \mathcal{L}_{\lambda\varepsilon}(f_{\varepsilon}^C) + 2^p \mathcal{L}_{(1-\lambda)\varepsilon}(f_{\varepsilon}^C),$$

其中 ε 充分小. 特别地,

$$\mathcal{L}_{\varepsilon}(f) \leqslant 2^{p+1} \int_0^1 \mathcal{L}_{\lambda\varepsilon}(f_{\varepsilon}^C)d\lambda. \tag{1.4 v}$$

当 ε 充分小时, 函数 f_{ε}^C 有一致有界的上确界以及一致的紧支集. 所以, 我们对 f_{ε}^C 用 (1.4iv)来估计 (1.4v) 中的积分, 得到

$$\mathcal{L}_{\varepsilon}(f) \leqslant C'. \qquad \square$$

引理 1.4.2 设 Ω 是局部紧的度量空间. 设 $\{\mathcal{L}_{\varepsilon}\}_{0<\varepsilon\leqslant\varepsilon_0}$ 是 $C_c(\Omega)$ 上的正线性泛函族. 设 $1 \leqslant p < \infty$. 假定存在常数 $C > 0$, 使对 $f \in C_c(\Omega)$, $f \geqslant 0$, 对以

(1.3iii) 定义的 f_ε^C, 以及对任何满足 (1.3vi) 的 $\{\lambda_i\}$, 当 ε 充分小时, 子分割不等式 (1.4i) 成立. 又假定有界性假定 (1.4iii) 成立. 那么, 极限

$$\lim_{\varepsilon\to 0}\mathcal{L}_\varepsilon(f)\equiv\mathcal{L}(f) \tag{1.4 vi}$$

对任何 $f\in C_c(\Omega)$ 存在, 并定义了一个正线性泛函 $\mathcal{L}$, 满足 $\|\mathcal{L}\|=L$. 进而, 对 $f\in C_c(\Omega)$, $f\geqslant 0$ 以及充分小的 ε, 我们有不等式

$$\mathcal{L}_\varepsilon(f)\leqslant\mathcal{L}(f_\varepsilon^C). \tag{1.4 vii}$$

证明 设 $\varepsilon'\ll\varepsilon$ 并用 [ ] 表示最大整数部分. 设对 $i=1,\cdots,k$, $\lambda_i=\left(\frac{\varepsilon'}{\varepsilon}\right)$, 其中 $k=\left[\frac{\varepsilon'}{\varepsilon}\right]$. 如有必要令 $\lambda_{k+1}=1-\left(\frac{\varepsilon'}{\varepsilon}\right)k$. 应用 (1.4i) 并且对充分小的 ε 利用 (1.6i), 我们有估计

$$(\mathcal{L}_\varepsilon(f))^{1/p}\leqslant\left[\frac{\varepsilon}{\varepsilon'}\right]\left(\frac{\varepsilon'}{\varepsilon}\right)\left(\mathcal{L}_{\varepsilon'}(f_\varepsilon^C)\right)^{1/p}+\left(\frac{\varepsilon'}{\varepsilon}\right)\left((L+1)|f_\varepsilon^C|\right)^{1/p}. \tag{1.4 viii}$$

令 $\varepsilon'\to 0$, 我们看到

$$\mathcal{L}_\varepsilon(f)\leqslant\liminf_{\varepsilon'\to 0}\mathcal{L}_{\varepsilon'}(f_\varepsilon^C). \tag{1.4 ix}$$

然后根据有界性假设 (1.4iii), 我们有

$$\mathcal{L}_\varepsilon(f)\leqslant\liminf_{\varepsilon'\to 0}\mathcal{L}_{\varepsilon'}(f)+|L|(C\varepsilon|f|+(1+C\varepsilon)\omega(f,\varepsilon)),$$

所以,

$$\limsup_{\varepsilon\to 0}\mathcal{L}_\varepsilon(f)\leqslant\liminf_{\varepsilon'\to 0}\mathcal{L}'_\varepsilon(f).$$

这样, (1.4vi) 对 $f\geqslant 0$ 成立. 这就得到引理的结论对 $f\in C_c(\Omega)$ 成立. 显然, $\mathcal{L}$ 是满足 $\|\mathcal{L}\|=L$ 的正线性泛函. 当 $\varepsilon'\to 0$ 时, 从 (1.4viii) 得到估计 (1.4vii). □

附注 1.4.3 如果泛函 $\mathcal{L}_\varepsilon(f)$ 对任何 $f\in C_c(\Omega)$ 随 ε 连续变化, 那么, 我们可以仅用子分割估计推导出 (1.4ix): (1.4i) 立即意味着(对 $\varepsilon'<\varepsilon$)

$$\mathcal{L}_{[\frac{\varepsilon}{\varepsilon'}]\varepsilon'}(f)\leqslant\mathcal{L}_{\varepsilon'}(f_\varepsilon^C), \tag{1.4 x}$$

当 $\varepsilon'\to 0$ 时, 这就给出 (1.4ix). (当然, 没有有界性假定 (1.4iii), 那两个数都可能是无限的.) 注意到如果 ν 满足 (1.2iv) 并且关于 λ 是绝对连续的, 那么, 泛函 ${}_\nu E_\varepsilon$ (1.3i) 满足连续性假设. 当我们讨论有向能量时将利用这个事实.

§1.5 能量密度测度

定理 1.5.1 设 $1 \leqslant p < \infty$, $u \in L^p(\Omega, X)$ 关于满足 (1.2iv) 的某测度 ν_1 具有有限能量 ${}_{\nu_1}E$. 那么, 它关于所有这样的 ν 具有有限能量, 并且每个测度 ${}_\nu e_\varepsilon(x)d\mu(x)$ 弱收敛于相同的"能量"测度 de, 具有全能量 ${}_{\nu_1}E$. 进而, 对 $\mathcal{L}_\varepsilon = {}_\nu E_\varepsilon$ 以及 $\mathcal{L} = E$, 估计 (1.4vii) 成立.

证明 根据引理 1.4.1, u 关于标准测度 $\nu = \delta(1)$ 有有限能量. 所以, 它的能量关于满足 (1.2iv) 的任何 ν 是有限的. 从引理 1.3.1, 1.4.1, 1.4.2, 以及 $C_c(\Omega)$ 上的连续线性泛函的 Riesz 表示定理, 我们得到每个 ${}_\nu e_\varepsilon(x)d\mu(x)$ 弱收敛于一个极限测度. ${}_\nu E_\varepsilon$ 的定义 (1.2v) 说明极限测度是从 $\nu = \delta(1)$ 引起的, 即 $e_\varepsilon(x)d\mu(x)$ 的弱极限. (1.4vii) 成立的事实是清楚的. □

附注 1.5.2 对$1 \leqslant p < \infty$, $u \in W^{1,p}(\Omega, X)$, 容易看出 $u \in W^{1,p'}(\Omega, X)$ 对 $1 \leqslant p' < p$ 成立, 并且 p'–能量密度测度 $de_{p'}$ 关于 Lebesgue 测度是绝对连续的. (如果 $u \in BV(\Omega, X)$, 我们将说 $u \in W^{1,1}(\Omega, X)$ 并且它的能量密度 de 关于 Lebesgue 测度是绝对连续的.) 事实上, 如果 E 是 u 的 (Sobolev) 全 p–能量, 那么, 存在常数 C (仅依赖于维数 n), 使对任何 Borel 可测集 $S \subset \Omega$, 有

$$e_{p'}(S) \leqslant C(\mu_g(S))^{\frac{p-p'}{p}} E^{\frac{p'}{p}}.$$

为了说明这是成立的, 只要考虑 $S \subset\subset \Omega$ 的情形. 这时, 对任何 $\delta > 0$, 我们可取 $f \in C_c(\Omega)$, $0 \leqslant f \leqslant 1$, 并且在 S 上 $f \equiv 1$, 以及 $\mu_g(\mathrm{supp}(f)) \leqslant \mu_g(S) + \delta$. 那么, 根据 Hölder 不等式,

$$\begin{aligned} E_{\varepsilon,p'}(f) &= \int_\Omega f e_{\varepsilon,p'}(x)d\mu(x) \\ &\leqslant C \int_\Omega \left(f^{\frac{p}{p'}} e_{\varepsilon,p}(x)d\mu(x)\right)^{\frac{p'}{p}} (\mu(\mathrm{supp}\,(f)))^{\frac{p-p'}{p}}. \end{aligned}$$

这里, 我们已经用 $E_{\varepsilon,p}(f)$ 和 $e_{\varepsilon,p}(x)$ 表示对应于 p 次幂的近似能量泛函和 ε–近似能量函数. 当 $\varepsilon \to 0$ 时我们得到

$$e_{p'}(S) \leqslant E_{p'}(f) \leqslant CE^{\frac{p'}{p}}(\mu(S)+\delta)^{\frac{p-p'}{p}},$$

当 $\delta \to 0$ 时, 这证明了我们的断言.

§1.6 下半连续性以及当 $X=\mathbb{R}$ 时的一致性

定理 1.6.1 设 $1\leqslant p<\infty$, 如果 $p>1$, 那么, $\{u_k\}\subset W^{1,p}(\Omega,X)$ (或者当 $p=1$ 时 $\{u_k\}\subset BV(\Omega,X)$). 令 $\{u_k\}$ 按 L^p 测度收敛于 u. 记 e^k 为 u_k 的能量密度测度, $E^k\equiv e^k(\Omega)$. 假定存在 $E<\infty$ 使 $E^k<E$. 那么, 当 $p>1$ 时 $u\in W^{1,p}(\Omega,X)$ (或当 $p=1$ 时 $u\in BV(\Omega,X)$), 并且, 它的能量密度测度 e 按测度满足

$$de\leqslant \liminf de^k.$$

证明 对 $d\nu(\lambda)=(n+p)\lambda^{n+p-1}d\lambda$ (球平均 (1.2vii)) 并对固定的 $f\in C_c(\Omega)$, 从引理 1.3.1, 引理 1.4.2 的 (1.4vii), 以及定理 1.5.1, 我们有

$${}_\nu E^k_\varepsilon(f)\leqslant E^k(f^C_\varepsilon)=E^k(f)+E^k(f^C_\varepsilon-f). \tag{1.6 i}$$

因为我们用球平均, 当 $k\to\infty$ 时, 能量密度泛函 ${}_\nu e^k_\varepsilon(x)$ 一致收敛于 ${}_\nu e_\varepsilon(x)$ ($\varepsilon>0$ 是固定的). 因此,

$$\lim_{k\to\infty}{}_\nu E^k_\varepsilon(f)={}_\nu E_\varepsilon(f). \tag{1.6 ii}$$

所以,

$${}_\nu E_\varepsilon(f)\leqslant \liminf_{k\to\infty}E^k(f)+E(C\varepsilon|f|+\omega(f,2\varepsilon)).$$

这样, u 具有有限能量并且如果令 $\varepsilon\to 0$, 我们就得到

$$E(f)\leqslant \liminf_{k\to\infty}E^k(f).$$

□

定理 1.6.2

$$W^{1,p}(\Omega,\mathbb{R})=W^{1,p}(\Omega),\quad \text{对 } p>1,$$
$$BV(\Omega,\mathbb{R})=BV(\Omega).$$

并且, 在所有情形下能量密度都相互差一个常数因子.

证明 我们首先假定 (Ω,g) 是欧氏空间的区域. 如果 $u\in L^p(\Omega,\mathbb{R})$ 是光滑的, 那么, 在 Ω 的一个紧子集上 $e_\varepsilon(x)$ 一致地收敛于 $c_{n,p}|\nabla u(x)|^p$, 因而显然 de 等于 $c_{n,p}|\nabla u(x)|^p d\mu_x$. 如果 $u\in L^p(\Omega,\mathbb{R})$, 那么, 我们用 C^∞ 逼近来修正它:

$$\eta_t(x)=t^{-\eta}\eta\left(\frac{x}{t}\right),$$
$$\eta(x)\in C^\infty_0(B(0,1)),\quad \eta\geqslant 0,\quad \int_{B(0,1)}\eta=1,$$
$$\eta(x)=\varphi(|x|).$$

我们记 $u_t = u * \eta_t$.

如所熟知, 如果 $u \in W^{1,p}(\Omega)$, 那么, 在 $W^{1,p}_{\mathrm{loc}}(\Omega)$ 中 $u_t \to u$, 即在紧子集上按 $W^{1,p}$–模收敛 [GT]. 特别地, 对 $p > 1$, 我们有按测度(弱)收敛 $|\nabla u_t|^p d\mu \rightharpoonup |\nabla u|^p d\mu$. 根据 (通常的) Sobolev 空间的下半连续性, 在 $u \in L^p(\Omega)$ 但是 $u \notin W^{1,p}(\Omega)$ 的情形, 有 $\int_{\Omega_t} |\nabla u_t|^p d\mu \to \infty$. 在 $p = 1$ 时, $u \in BV(\Omega)$ 意味着 $|\nabla u_t| d\mu$ 弱收敛于 BV-测度 $|\nabla u|$, 并且 $u \notin BV(\Omega)$ 意味着 $\int_{\Omega_t} |\nabla u_t| d\mu \to \infty$ [Gi]. 如果我们能说明能量密度的对应结论, 定理 1.6.2 就证明了.

如果 $u \in L^p(\Omega, \mathbb{R})$ 并且 u 没有有限能量(在我们的意义下), 那么, 必须有 $\int_{\Omega_t} |\nabla u_t|^p \, d\mu \to \infty$, 否则, 取适当的子序列, 可得到和下半连续性 (1.6i) 相抵触的结论. 这样, 我们只要对 u 具有限能量时说明 $c_{n,p} |\nabla u_t|^p d\mu = de^{u_t} \rightharpoonup de$ 就够了. 从上面的评述, 以及从定理 1.6.1, 我们知道

$$de^u \leqslant \liminf_{t \to 0} de^{u_t}, \tag{1.6 iii}$$

所以只要有反向不等式就可以了. 我们对近似能量用 $d\nu(\lambda) = (n+p)\lambda^{n+p-1} \, d\lambda$, 即球平均, 并且取 $f \in C_c(\Omega)$, $f \geqslant 0$. 那么,

$$\begin{aligned} {}_\nu E^{u_t}_\varepsilon(f) &= \int_\Omega f(x) {}_\nu e^{u(t)}_\varepsilon(x) dx \\ &= (n+p) \int_\Omega \int_{B(0,1)} f(x) \frac{|u^t(x) - u^t(x+\varepsilon v)|^p}{\varepsilon^p} dv dx. \end{aligned}$$

根据卷积的性质以及 Jensen 不等式

$$\begin{aligned} |u^t(x) - u^t(x+\varepsilon v)|^p &\leqslant |u(\cdot) - u(\cdot + \varepsilon v)|^p * \eta_t \\ &= \int_{B(0,1)} |u(x - tw) - u(x - tw + \varepsilon v)|^p \eta(w) dw. \end{aligned}$$

所以

$${}_\nu E^{u_t}_\varepsilon(f) \leqslant \frac{n+p}{\varepsilon^p} \int_{B(0,1)} \int_{B(0,1)} \int_\Omega f(x) \eta(w) |u(x - tw) - u(x - tw + \varepsilon v)|^p dx dv dw.$$

令 $z = x - tw$, 估计 $|f(x) - f(z)| \leqslant \omega(f, t)$, 得到

$${}_\nu E^{u_t}_\varepsilon(f) \leqslant \frac{n+p}{\varepsilon^p} \int \int \int f(z) \eta(w) |u(z) - u(z + \varepsilon v)|^p dz dv dw + C\omega(f, t),$$

这里 C 只依赖于 u 的能量(ε 充分小). 这就是

$${}_\nu E^{u_t}_\varepsilon(f) \leqslant {}_\nu E^u_\varepsilon(f) + C\omega(f, t),$$

所以($\varepsilon \to 0$),

$$E^{u_t}(f) \leqslant E^u(f) + C\omega(f,t).$$

因此

$$\limsup_{t\to 0} E^{u_t}(f) \leqslant E^u(f),$$

即

$$\limsup_{t\to 0} de^{u_t} \leqslant de^u. \tag{1.6 iv}$$

当 (Ω, g) 是一般 Riemann 流形中的区域, 我们如上面一样处理, 并且最后只需验证 (1.6iv), 我们采取如下的方法. 将 Ω 表示为开子集的和, 其中每个有近似的欧氏局部坐标图. 应用附属的单位分解 $\{\eta_i\}$, 从而将 $E(f)$ 表示为 $E(\eta_i(f))$ 的和. 然后可如上一样估计 ${}_\nu E_\varepsilon^{u_t}(\eta_i f)$, 并由于度量不是真正的欧氏度量, 引入 (1.6iv) 的一个小的误差项. 当子集的直径趋向于零时, 这个误差项也趋向于零. 这样, 也可验证一般情形的 (1.6iv). □

推论 1.6.3 设 $1 \leqslant p < \infty$, $u, v \in W^{1,p}(\Omega, X)$ (如果 $p = 1$ $u, v \in BV(\Omega, X)$). 定义 $X \times X$ 上的 p–距离为

$$d^p((x_1,x_2),(y_1,y_2)) = d^p(x_1,y_1) + d^p(x_2,y_2).$$

设 $f : X \times X \to \mathbb{R}$ 为 Lipschitz 连续的, (关于 D 的) Lipschitz 常数为 L. 那么, 映照 $h(x) = f(u(x), v(x))$ 满足 $h \in W^{1,p}(\Omega)$ (如果 $p = 1$, $h \in BV(\Omega)$), 并且, 有测度关系

$$c_{n,p}|\nabla h|^p d\mu \leqslant L^p(de^u + de^v). \tag{1.6 v}$$

证明 h 的 ε–能量密度是下式 (关于 y) 的平均

$$\begin{aligned}\frac{|h(x)-h(y)|^p}{\varepsilon^p} &= \frac{|f(u(x),v(x)) - f(u(y),v(y))|^p}{\varepsilon^p}\\ &\leqslant L^p\Big(\frac{d^p(u(x),u(y)) + d^p(v(x),v(y))}{\varepsilon^p}\Big).\end{aligned}$$

这就立即得到结果. 一种(容易验证的)特殊情形是 $f(p,q) = d(p,q)$, 只要 u, $v \in W^{1,p}(\Omega, X)$ (对应地 $BV(\Omega, X)$), 我们有 $d(u,v) \in W^{1,p}(\Omega, \mathbb{R})$ (对应地 $BV(\Omega)$), 并且

$$c_{n,p}|\nabla d(u,v)|^p d\mu \leqslant 2^p(de^u + de^v). \tag{1.6 vi}$$

如果 $v \equiv P$, 我们能直接如 (1.6v) 一样讨论并且去掉因子 2^p, 从而得到

$$c_{n,p}|\nabla d(u,P)|^p d\mu \leqslant de^u. \tag{1.6 vii}$$

□

§1.7 有向能量

对 $u \in L^p(\Omega, X)$ 自然可定义有向能量, 即沿光滑向量场方向它们变化率的测度. 对有限能量映照 ($u \in W^{1,p}(\Omega)$ 或 $u \in BV(\Omega)$) 它们的有向能量密度总是良定的测度, 并且由此得到的那些演算不仅在本章用到, 并在以后也将用到. 设 $1 \leqslant p < \infty$, $u \in L^p(\Omega, x)$. 设 Z 是 $\bar{\Omega}$ 上的 Lipschitz 向量场, $Z \in \Gamma(T\bar{\Omega})$, 并回顾 §1.1 中 $\bar{x}(x,t)$ 和 ${}^Z\Omega_\varepsilon$ 的定义. 对 $x \in {}^Z\Omega_\varepsilon$, 定义 (沿 Z 方向的 u 的) ε 能量密度函数为

$${}^Ze_\varepsilon(x) = \frac{d^p(u(x), u(\overline{x}(x,\varepsilon)))}{\varepsilon^p}. \tag{1.7 i}$$

(对 $x \notin {}^Z\Omega_\varepsilon$ 定义 ${}^Ze_\varepsilon(x) = 0$.) 如 §1.1 我们得到 ${}^Ze_\varepsilon \in L^1(\Omega, \mathbb{R})$, 并且

$$\int_\Omega {}^Ze_\varepsilon(x)d\mu(x) \leqslant C\varepsilon^{-p}.$$

对满足 (1.2iv) 的非负 Borel 测度 ν, 我们记 (从这儿往下省略对 Z 的依赖性)

$${}_\nu e_\varepsilon(x) = \int_{(0,2)} e_{\rho\varepsilon}(x)d\nu(\rho), \tag{1.7 ii}$$

其中 $x \in {}^Z\Omega_{2\varepsilon}$ (否则 ${}_\nu e_\varepsilon(x) = 0$). 显然也有 ${}_\nu e_\varepsilon \in L^1(\Omega, \mathbb{R})$. 对 $f \in C_c(\Omega)$, 记

$$\begin{aligned} {}_\nu E_\varepsilon(f) &= \int_\Omega f(x){}_\nu e_\varepsilon(x)d\mu(x) = \int_{(0,2)} {}_\nu E_{\rho\varepsilon}(f)d\nu(\rho), \\ {}_\nu E &= \sup_{0\leqslant f\leqslant 1, f\in C_c(\Omega)} \limsup_{\varepsilon\to 0} {}_\nu E_\varepsilon(f). \end{aligned} \tag{1.7 iii}$$

在 ${}_\nu E < \infty$ 的情形, 我们说 u 具有有限 (p–) 能量 (沿 Z 方向). 对 Sobolev (或 BV) 能量的定理 1.7 的类比在有向能量时的相应定理是下列结果:

定理 1.7.1 设 $1 \leqslant p < \infty$, $u \in L^p(\Omega, X)$, Z 同上. 如果对某 ν_1 如上述我们有 ${}_{\nu_1}E < \infty$, 那么, 对所有 ν, 有 ${}_\nu E < \infty$. 对任何这样的测度 ${}_\nu e_\varepsilon(x)d\mu(x)$, 当 $\varepsilon \to 0$ 时, 弱收敛于一个能量密度 de, 它不依赖于 ν 并且有总能量 ${}_{\nu_1}E$.

证明 由于出发空间的度量可作伸缩变换, 我们可假定 $|Z| \leqslant 1$. 如果我们能对 $\mathcal{L}_\varepsilon(f) \equiv {}_\nu E_\varepsilon(f)$ 验证子分割估计 (1.4i), 那么, 恰如证明定理 1.5.1 一样, 引理 1.3.1, 1.4.1, 1.4.2 以及 Riesz 表示定理立即蕴涵着我们的结果. 设 $\{\lambda_i\}$ 满足 (1.3vi). 给定 x, $\bar{x}(x,\varepsilon)$, 定义 $\bar{x}_0(x,\varepsilon) = x$ 以及

$$\overline{x}_i(x,\varepsilon) = \overline{x}\Big(x, \Big(\sum_{j=1}^{i} \lambda_j\Big)\varepsilon\Big), \qquad i \geqslant 1.$$

现在,

$${}_\nu E_\varepsilon(f) = \int_\Omega \int_0^2 f(x) \frac{d^p(u(x), u(\overline{x}(x,\varepsilon\rho)))}{\varepsilon^p} \rho^{-p} d\nu(\rho) d\mu(x).$$

用如 (1.3ix) 一样的三角不等式, 我们有估计

$$({}_\nu E_\varepsilon(f))^{\frac{1}{p}} \leqslant \sum_i \lambda_i \Big(\int \int f(x) \frac{d^p(u(\overline{x}_{i-1}(x,\varepsilon\rho)), u(\overline{x}_i(x,\varepsilon\rho)))}{\varepsilon^p \lambda_i^p} \rho^{-p} d\nu(\rho) d\mu(x) \Big)^{\frac{1}{p}}.$$

对固定的 i (以及 ρ) 我们将变量从 x 变到 $w = \bar{x}_{i-1}(x,\varepsilon\rho)$. 注意到 $\bar{x}(x,\varepsilon\rho) = \bar{x}(w,\varepsilon\rho\lambda_i)$, 并用 $f(w) + \omega(f, 2\varepsilon)(\omega)$ 估计 $f(x)$ 的上界, $d\mu(x) \leqslant (1 + C\varepsilon) d\mu(w)$. (这时 C 不仅依赖于度量 g 也依赖于 Z 的 Lipschitz 常数.) 所以,

$$\begin{aligned}({}_\nu E_\varepsilon(f))^{\frac{1}{p}} &\leqslant \sum \lambda_i \Big(\int \int f_\varepsilon^C(\omega) \frac{d^p(u(w), u(\overline{x}(w,\varepsilon\rho\lambda_i)))}{(\varepsilon\lambda_i)^p} \rho^{-p} d\nu(\rho) d\mu(x) \Big)^{\frac{1}{p}} \\ &= \sum \lambda_i \Big({}_\nu E_{\lambda_i \varepsilon}(f_\varepsilon^C) \Big)^{\frac{1}{p}}. \qquad (1.7\,\text{iv})\end{aligned}$$

□

§1.8 有向能量的演算

我们在这里综述有向导数测度的一些性质. 我们固定 $1 \leqslant p < \infty$, 如果 $p > 1$, 那么 $u \in W^{1,p}(\Omega, X)$, 或如果 $p = 1$ 时, $u \in BV(\Omega, X)$. 我们用 $E(f)$ 表示由 u 导出的 (Sobolev 或 BV) 泛函, 记 E 为它的模. 对 $Z \in \Gamma(T\bar{\Omega})$ 我们记 ${}^Z E(f)$ 以及 ${}^Z E$ 为有向泛函以及它的模.

定理 1.8.1 如果 $Z \in \Gamma(T\bar{\Omega})$, 那么, ${}^Z E < \infty$ 并有常数 C (只依赖于 Ω 的维数 n) 使有下列估计

$$d({}^Z e) \leqslant C|Z|_\infty^p de. \qquad (1.8\text{i})$$

如果 $z(x,t)$ 是任何具有 Lipschitz 速率向量场的 $C^{1,1}$ 微分同胚的单参数族, 且对 $Z \in \Gamma(T\bar{\Omega})$ 满足

$$z(x,0)=x, \qquad \frac{\partial}{\partial t}z(x,t)|_{t=0}=Z(x)\ (x\in\Omega),$$

那么, 当 $\varepsilon \to 0$ 时

$$\frac{d^p(u(x),u(z(x,\varepsilon)))}{\varepsilon^p} \to d({}^Z e). \tag{1.8ii}$$

对 $p=1$ 以及 $W \in \Gamma(T\bar{\Omega})$, 我们有三角不等式

$$d({}^{Z+W}e) \leqslant d({}^Z e)+d({}^W e). \tag{1.8 iii}$$

更一般地, 对任何 $1 \leqslant p < \infty$ 以及 $f \in C_c(\Omega)$, $f \geqslant 0$, 我们有

$$({}^{Z+W}E(f))^{\frac{1}{p}} \leqslant ({}^Z E(f))^{\frac{1}{p}}+({}^W E(f))^{\frac{1}{p}}. \tag{1.8 iv}$$

如果 h 是 $\bar{\Omega}$ 上的一个 Lipschitz 函数, 那么

$$d({}^{hZ}e)=|h|^p d({}^Z e). \tag{1.8 v}$$

在 (Ω,g) 具有单位正交标架 $\{e_1,\cdots,e_n\}$ 的情形时, 通过

$$\omega=(\omega^1,\cdots,\omega^n)\longmapsto \omega^i e_i$$

将 $S^{n-1}\subset\mathbb{R}^n$ 与 $S_x^{n-1}\subset T\Omega_x$ 相等价, 并用 ω 表示 $\omega^i e_i \in \Gamma(T\Omega)$. 那么, 我们有

$$E(f)=\int_{S^{n-1}} {}^\omega E(f)d\sigma(\omega). \tag{1.8 vi}$$

证明 这些结果是下列技术性估计的推论:

引理 1.8.2 设 $\psi:\Omega\to\psi(\Omega)\subset M$ 是从 Ω 到它的像的双 Lipschitz 映照. 我们认为 ψ 接近于恒同映照, 并有 $|\psi-id|_\infty=\delta$. 假定 δ 充分小, 使 $x\in\Omega_{3\delta}$ 以及 $|x-y|<3\delta$ 时 §.1.4 中的测地子分割技术是可用的. 那么, 存在只依赖于 n, p, (Ω,g) 的曲率, 以及 ψ 和 ψ^{-1} 的一阶导数的界的常数 C, 使下式成立

$$\int_\Omega f(x)d^p(u(x),u(\psi(x)))d\mu_g(x)\leqslant C\delta^p E|f|_\infty. \tag{1.8 vii}$$

证明 对 $x \in \Omega_{3\delta}$, 我们记 $\tilde{x}$ 为 x 和 $\psi(x)$ 间的测地中点. 那么, 从三角不等式以及 $B(\tilde{x}, \frac{\delta}{2})$ 上的积分平均, 我们有

$$\begin{aligned} d^p(u(x), u(\psi(x))) \leqslant\, & 2^p \bigg(\fint_{B(\tilde{x}, \frac{\delta}{2})} d^p(u(x), u(y)) d\mu(y) \\ & + \fint_{B(\tilde{x}, \frac{\delta}{2})} d^p(u(\psi(x)), u(y)) d\mu(y) \bigg) \\ \leqslant\, & C({}_\nu e_\delta(x) + {}_\nu e_\delta(\psi(x)))\delta^p. \end{aligned}$$

这里我们用 ν 对应于球平均 (1.2vii), 而 C 依赖于容许的量. 我们将这个估计应用于 (1.8vii) 中的被积函数, 在第二项中将变量从 x 变为 $\psi(x)$, 从而化为

$$\int_\Omega f(x) d^p(u(x), u(\psi(x))) d\mu(x) \leqslant C\delta^p \left({}_\nu E_\delta(f) +_\nu E_\delta(\tilde{f}) \right), \tag{1.8 viii}$$

其中

$$\tilde{f}(x) = f(x) + \omega(f, \delta)(x).$$

从 (1.4vii) 我们看到这最后的估计以

$$C\delta^p(E(f_\delta^C) + E((\tilde{f})_\delta^C)) \leqslant C\delta^p E|f|_\infty$$

为上界. 这就证明了 (1.8vii). □

我们第一个断言 (1.8i) 立即从上述讨论得到: 我们取 $\psi(x) = \bar{x}(x, \varepsilon)$ 并从 (1.8vii) 得到 ${}^Z E < \infty$. 那么, 我们在 (1.8viii) 中取 $\delta = \varepsilon |Z|_\infty$, 除以 ε^p 并且令 $\varepsilon \to 0$, 从而得到 (1.8i).

我们来证明 (1.8ii). 从三角不等式, 我们可估计

$$\begin{aligned} & \left| \left(\int f(x) \frac{d^p(u(x), u(z(x, \varepsilon)))}{\varepsilon^p} d\mu(x) \right)^{\frac{1}{p}} \right. \\ & \qquad \left. - \left(\int f(x) \frac{d^p(u(x), u(\overline{x}(x, \varepsilon)))}{\varepsilon^p} d\mu(x) \right)^{\frac{1}{p}} \right| \\ & \qquad \leqslant \left(\int f(x) \frac{d^p(u(z(x, \varepsilon)), u(\overline{x}(x, \varepsilon)))}{\varepsilon^p} d\mu(x) \right)^{\frac{1}{p}}. \end{aligned}$$

对充分小的 $\varepsilon > 0$, 我们将 ψ 看成 $z(x, \varepsilon)$ 到 $\bar{x}(x, \varepsilon)$ 的映照. 由于 $|\psi - id|_\infty$ 是 $o(\varepsilon)$, 我们从 (1.8vii) 导出上述不等式的右端当 $\varepsilon \to 0$ 趋向于零. 这就证明了 (1.8ii).

我们再证明 (1.8iv), 而 (1.8iii) 是它的特殊情形. 我们可假定在局部坐标图中处理. 这时记

$$\begin{aligned}&\Big(\int f(x)\frac{d^p(u(x),u(x+\varepsilon(Z+W)(x)))}{\varepsilon^p}d\mu(x)\Big)^{\frac{1}{p}}\\&\qquad\leqslant\Big(\int f(x)\frac{d^p(u(x),u(x+\varepsilon Z(x)))}{\varepsilon^p}d\mu(x)\Big)^{\frac{1}{p}}\\&\qquad\quad+\Big(\int f(x)\frac{d^p(u(y),u(y+\varepsilon W(x)))}{\varepsilon^p}d\mu(x)\Big)^{\frac{1}{p}},\end{aligned}$$

其中在最后一个积分中我们已经将 $x+\varepsilon Z(x)$ 记成 y. 根据 (1.8ii), 第一个积分当 $\varepsilon\to 0$ 时收敛于 ${}^{Z+W}E(f)$, 而中间的积分收敛于 ${}^{Z}E(f)$. 事实上, 最后一个积分收敛于 ${}^{W}E(f)$, 因为可将 x 变成 y, 用 $f(y)+\omega(f,\varepsilon|W|_\infty)(y)$ 控制 $f(x)$, 并且再用 (1.8ii). 这就证明了 (1.8iv).

我们再证明 (1.8v). 我们先考虑 h 为常数的情形: 如果 $h>0$, 那么, 我们观察到 $h^p({}^{Z}e_{\varepsilon h}(x))={}^{hZ}e_\varepsilon(x)$. 当 $\varepsilon\to 0$ 时, 这意味着结果. 在 $h=-1$ 时, 我们注意到 ${}^{-Z}e_\varepsilon(\bar{x}(x,\varepsilon))={}^{Z}e_\varepsilon(x)$, 从而用通常的变量变换技术得到 $d({}^{-z}e)=d({}^{Z}e)$. 这样 (1.8v) 对任何常数 h 成立.

下面我们假定有常数 h_0 以及小的数 $\delta>0$, 使 $|h-h_0|\leqslant\delta$. 我们用三角不等式 (1.8iv) 两次: 对向量场 hZ, $(h_0-h)Z$ 用第一次, 以及对向量场 h_0Z, $(h-h_0)Z$ 用第二次. 取 p 次幂, 利用 (1.8i), 应用我们刚证明的常数因子的结果, 并用一些常用的不等式, 对任何 $\varepsilon>0$, 我们得到

$$\begin{aligned}{}^{Z}E(h_0^pf)&\leqslant(1+\varepsilon)^p({}^{hZ}E(f))+\Big(\frac{1+\varepsilon}{\varepsilon}\Big)^pC\delta^pE(f),\\{}^{hZ}E(f)&\leqslant(1+\varepsilon)^p({}^{Z}E(h_0^pf))+\Big(\frac{1+\varepsilon}{\varepsilon}\Big)^pC\delta^pE(f).\end{aligned}$$

这些不等式意味着测度的不等式

$$|h_0|^pd({}^{Z}e)-c(\varepsilon,\delta)de\leqslant d({}^{hZ}e)\leqslant|h_0|^pd({}^{Z}e)+c(\varepsilon,\delta)de,\tag{1.8 ix}$$

其中 $c(\varepsilon,\delta)$ 可任意小, 只要取 ε, 再取 δ 充分小. 现在我们能证明 (1.8v) 的一般情形. 取 $c(\varepsilon,\delta)$ 充分小. 用有限个开集 $\{U_i\}$ 覆盖 Ω, 使有常数 $\{h_i\}$, 在 U_i 上满足 $|h-h_i|<\delta$. 取附属于 $\{U_i\}$ 的单位分解 $\{\eta_i\}$. 注意到 ${}^{hZ}E(f)=\sum_i{}^{hZ}E(\eta_if)$. 在每个 U_i 中利用估计 (1.8ix) 并且相加, 得到

$$\begin{aligned}{}^{Z}E(\textstyle\sum_i|h_i|^p\eta_if)-c(\varepsilon,\delta)E(f)&\leqslant{}^{hZ}E(f)\\&\leqslant{}^{Z}E(\textstyle\sum_i|h_i|^p\eta_if)+c(\varepsilon,\delta)E(f).\end{aligned}\tag{1.8 x}$$

这个最后估计意味着 ${}^{hZ}E(f) = {}^{Z}E(|h|^p f)$, 它等价于 (1.8v). (具体理由是我们取 $c(\varepsilon,\delta)$, ε, $\delta \to 0$ 并且覆盖 $\{U_i\}$ 的直径趋于零. 那么, 和式 $\sum \|h_i\|^p \eta_i f$ 一致收敛于 $|h|^p f$, 然后线性泛函 ${}^{Z}E$ 的连续性给出了结论.) 最后, 我们研究 (1.8vi). 回顾 (1.2ii) 定义的 $e_\varepsilon(x)$. 将它和用指数映照

$$\tilde{e}_\varepsilon(x) \equiv \int_{S_x^{n-1}} \frac{d^p(u(x), u(\exp(x, \varepsilon w)))}{\varepsilon^p} d\sigma(w)$$

得到的逼近量相比较. 因为相应曲面测度的一致闭的性质, 我们有

$$(1 - o(1))e_\varepsilon(x) \leqslant \tilde{e}_\varepsilon(x) \leqslant (1 + o(1))e_\varepsilon(x),$$

其中 $o(1)$ 表示当 $\varepsilon \to 0$ 时, 一致(关于 x) 趋于零的项. 所以

$$\tilde{e}_\varepsilon(x) d\mu \to de. \tag{1.8xi}$$

我们也注意到对固定的向量场 ω (如上述 (1.8vi) 定义), 两组微分同胚 $\psi_1(x,t) = \bar{x}(x,t)$ 以及 $\psi_2(x,t) = \exp(x, t\omega)$ 在 $t = 0$ 时有相同的速率向量场 ω. 接下去我们用 (1.8xi), Fubini 定理, Lebesgue 控制收敛定理 (被 (1.8vii) 所验证), 以及对 (ψ_1, ψ_2) 用 (1.8ii):

$$\begin{aligned}
E(f) &= \lim_{\varepsilon \to 0} \int f(x) \tilde{e}_\varepsilon(x) d\mu(x) \\
&= \lim_{\varepsilon \to 0} \int \Big(\int f(x) \frac{d^p(u(x), u(\exp(x, \varepsilon w)))}{\varepsilon^p} d\mu(x) \Big) d\sigma(w) \\
&= \int \lim_{\varepsilon \to 0} \Big(f(x) \frac{d^p(u(x), u(\exp(x, \varepsilon w)))}{\varepsilon^p} d\mu(x) \Big) d\sigma(w) \\
&= \int {}^{\omega}E(f) d\sigma(w).
\end{aligned}$$

这就证明了 (1.8vi), 从而完成了定理 1.8.1 的证明. □

§1.9 有向能量的可微性理论

对 $p > 1$, $u \in W^{1,p}(\Omega, X)$ 以及 $Z \in \Gamma(T\bar{\Omega})$, 我们证明有向导数能量 $d({}^{Z}e)$ 关于 Lebesgue 测度是绝对连续的, 即对 L^1 能量密度函数 ${}^{Z}e(x)$ 有 $d({}^{Z}e) = {}^{Z}e(x) d\mu(x)$. 并且, ε–能量函数几乎处处收敛于 ${}^{Z}e(x)$. 当 Z 非零时, 总能取局部坐标使 $Z = \partial^1$. 这使我们首先考虑下列特殊情形:

定义 设 $\Omega \subset \mathbb{R}^n$ 是有界区域, 并设 g 是欧氏度量. 设 $1 \leqslant p < \infty$, $u \in$

$L^p(\Omega, X)$, $\omega = \partial^1$, 并设 u 沿 ω 方向有有限 p–能量,

$$E \equiv {}^{\omega}E < \infty,$$

并记 $E(f)$ 为对应的线性泛函. (在下面讨论中 ω 将被固定并常常被省略.) 假定沿 ω 方向的每条直线至多只交 Ω 于一个区间. 记 Π 表示 Ω 到 $(n-1)$–平面 $\{x^1 = 0\}$ 的投影. 这样我们可记

$$\begin{aligned}\Omega &= \{x = (t, y), y \in \Pi, t \in I_y \subset \mathbb{R}\},\\ E^y &= E(u|_{I_y}).\end{aligned}$$

即, E^y 是从 I_y 到 X 的单变量映照 $u|_{I_y}$ 的 p–能量. 在 $E^y < \infty$ 的条件下, 我们记 $E^y(f)$ 为 $C_c(I_y)$ 上的对应线性泛函. 对一个函数 $f \in C_c(\Omega)$, 我们也用 f 表示它在 I_y 上的限制. (1.9 i)

引理 1.9.1 对 (1.9i) 的特殊情形, 我们有

$$E = \int E^y dy, \text{ 并且对任何 } f \in C_c(\Omega), \quad E(f) = \int E^y(f) dy.$$

反之, 如果 $u \in L^p(\Omega, X)$ 是一个使 $\int E^y dy$ 有限的映照, 那么, u 具有有限能量 ${}^{\omega}E$, 并有上述恒等式.

证明 如果引理的第一部分成立, 那么逆命题就立即得到. 事实上, 从定理 1.5.1 以及 (1.4vii), 对 $f \geqslant 0$, $f \in C_c(\Omega)$, 我们有下列估计

$$E_\varepsilon(f) = \int E_\varepsilon^y(f) dy \leqslant \int E^y(f_\varepsilon^0) dy \leqslant (|f|_\infty + o(\varepsilon)) \int E^y dy.$$

所以, ${}^{\omega}E < \infty$, 引理的第一部分就可应用了.

我们现在来证明引理的第一部分. 我们用满足 (1.2iv) 的绝对连续测度 ν 来定义 ε–能量密度. (例如, 对 $0 < \lambda < 1$ 取 $d\nu(\lambda) = (p+1)\lambda^p$ 将对应于区间平均.) 对任何 $f \in C_c(\Omega)$, $0 \leqslant f \leqslant 1$, 事实 $E < \infty$ 意味着, 给定 $\delta > 0$ 以及 $C \leqslant 0$, 存在 $\varepsilon_1 > 0$, 满足

$$\lim_{\varepsilon' \to 0} E_{\varepsilon'}(f_{\varepsilon_1}^C) \leqslant E + \delta. \tag{1.9 ii}$$

因为 $E_{\varepsilon'}(f_\varepsilon^C) = \int E_{\varepsilon'}^y(f_\varepsilon^C) dy$, (1.9ii) 以及 Fatou 引理意味着

$$\int \liminf_{\varepsilon' \to 0} E_{\varepsilon'}^y(f_{\varepsilon_1}^C) dy \leqslant E + \delta. \tag{1.9 iii}$$

固定 δ, ε_1 并且令 $C=0$. 用 $h(y,\varepsilon')$ 表示上述被积函数. 根据 ν 的绝对连续性、附注 1.4.3 (以及每个 I_y 是欧氏区间的事实), 对任何 $\varepsilon<\varepsilon_1$ 有

$$E_\varepsilon^y(f)\leqslant \liminf_{\varepsilon'\to 0} h(y,\varepsilon').$$

所以(取右端的上极限并考虑到 δ 是任意小)

$$\int \limsup_{\varepsilon\to 0} E_\varepsilon^y(f)dy\leqslant E. \tag{1.9 iv}$$

任取随 i 单调增加的子序列 $\{f_i\}\subset C_c(\Omega)$, 且当 $i\to\infty$ 时, 它们收敛于 1 (在紧子集上一致收敛). 由单调收敛定理以及 (1.9iv) 得到

$$\int \sup_{0\leqslant f\leqslant 1}\left(\limsup_{\varepsilon\to 0} E_\varepsilon^y(f)dy\right)\leqslant E,$$

即

$$\int E^y dy\leqslant E. \tag{1.9 v}$$

这样, 对任何 $f\in C_c(\Omega)$, 根据 Lebesgue 控制收敛定理有

$$E(f)=\lim_{\varepsilon\to 0}\int E_\varepsilon^y(f)dy=\int E^y(f)dy, \tag{1.9 vi}$$

再应用上面描述的序列 $\{f_i\}$, 这时, (1.9vi) 说明 $E=\int E^y dy$. □

引理 1.9.2 对 (1.9i) 的特殊情形, 存在具有下列性质的 u 的一个表示: 对几乎所有的 $I_y=(a_y,b_y)$, $y\in\Pi$, 极限

$$\begin{aligned}&\lim_{t\to a_y^+} u(t,y)\equiv u(a_y,y),\\ &\lim_{t\to b_y^-} u(t,y)\equiv u(b_y,y)\end{aligned} \tag{1.9 vii}$$

存在. 当 $p>1$ (对上述 y) 时, $u|_{I_y}$ 是 Hölder 指数为 $\alpha=\frac{p-1}{p}$ 的 Hölder 连续映照. 在 $p=1$ 时, $u|_{I_y}$ 是有界变差映照. 在所有情形, 我们有估计

$$\int_\Pi d^p(u(a_y,y),u(b_y,y))dy\leqslant {}^\omega E\max_{y\in\Pi}(b_y-a_y)^{p-1}. \tag{1.9 viii}$$

证明 我们先证 $p>1$ 的情形, 然后说明 $p=1$ 时如何对论证做适当的变化. 根据引理 1.9.1, 几乎所有 $u|_{I_y}\in W^{1,p}(I_y,X)$. 对这样的 y, 记 $u|_{I_y}=v$, 并假

定(借助于重新标度化) $I_y = I = (0,1)$. 对这样的 $v \in W^{1,p}(I, X)$ 以及 $t \in I$, 对 $s \in (-t, 1-t)$, 定义

$$w(s) = d(v(t+s), v(t)).$$

从推论 1.6.3 的 (1.6vii) 得到 $w \in W^{1,p}((-t, 1-t), \mathbb{R})$, 并且有测度关系 $|\nabla_s w|^p ds \leqslant de_p$. 特别地, (它的一个表示) $w \in C^\alpha((-t, 1-t))$, $\alpha = \frac{p-1}{p}$, 因而是绝对连续的. 所以, 我们有估计

$$w(\varepsilon) - w(0) \leqslant \int_0^\varepsilon |\nabla_s w| ds \leqslant \int_t^{t+\varepsilon} e_1(t') dt'. \tag{1.9 ix}$$

我们想知道在上述估计中 $w(0) = 0$ 和 $w(\varepsilon) = d(u(t), u(t+\varepsilon))$. 这看起来是对的. 但是由于 v 只是几乎处处有定义, 而需要做技术上的验证. 为此, 对任何固定的 $0 < \mu < \frac{1}{2}$, 我们取 $f \in C_c(\Omega)$, 满足 $0 \leqslant f \leqslant 1$ 并在区间 $(\mu, 1-\mu)$ 上 $f \equiv 1$. 从 (1.4vii) 以及 $p' = 1$, 对小 $\delta > 0$, 我们有

$$\int_I f(t)_\nu e_\delta(t) dt \leqslant \int_I e_1(t) dt < \infty,$$

这里, 对应于区间平均, 我们取 $d\nu(\lambda) = 2\lambda$. 这样, 根据 Fatou 引理,

$$\int_\mu^{1-\mu} \liminf_{\delta \to 0} \ {}_\nu e_\delta(t) dt < \infty,$$

从而, 对几乎所有的 t,

$$\liminf_{\delta \to 0} 2 \int_0^\delta \frac{d(v(t), v(t+s))}{\delta} \frac{ds}{\delta} < \infty.$$

因为上述表达式中的分子是 $w(s)$ 而 w 是 Hölder 连续的, 对这样一个 t, 我们得到 $w(0) = 0$. 对这样的 t, 估计 (1.9ix) 意味着对几乎所有的 ε 有

$$d(v(t), v(t+\varepsilon)) \leqslant \int_0^\varepsilon |\nabla_s w| ds \leqslant \int_t^{t+\varepsilon} e_1(t') dt'. \tag{1.9 x}$$

从上列第一个不等式我们看到 v 等价于一个 C^α 映照, $\alpha = \frac{p-1}{P}$. 两边取 p 次幂, 用 Hölder 不等式, 且考虑到 $w \in W^{1,p}(\Omega, \mathbb{R})$ 的事实, 我们有估计 (先对几乎所有的 t, ε, 然后用重新定义得到) 对所有 t, ε,

$$d^p(v(t), v(t+\varepsilon)) \leqslant \Big(\int_t^{t+\varepsilon} |\nabla_s w|^p \Big) \varepsilon^{p-1}.$$

这意味着对 $y \in \Pi$ 以及 $u|_{I_y} \in W^{1,p}(\Omega, X)$, 极限 (1.9vii) 存在, 并进而有估计

$$d^p(u(a_y, y), u(b_y, y)) \leqslant (b_y - a_y)^{p-1} E^y. \tag{1.9 xi}$$

积分上式得到 (1.9viii).

在 $p=1$ 的情形必须将论证稍做修改. 现在, 函数 $w(s)$ 等价于一个有界变差函数, 从而可取左连续, 并只有可列不连续点, 因此所有单边极限存在. 我们用估计

$$w(\varepsilon^-) - w(0^+) \leqslant \mathrm{Var}(0, \varepsilon) w \leqslant e_1((t, t+\varepsilon)) \tag{1.9 xii}$$

取代 (1.9ix), 这里上标 +, − 分别表示右极限和左极限. 对满足上述有限下极限条件的 t, 有 $w(0^+) = 0$. 对这样的 t, 我们得到对几乎所有 ε,

$$d(v(t), v(t+\varepsilon)) = w(\varepsilon) \leqslant \mathrm{Var}(0, \varepsilon) w \leqslant e_1((t, t+\varepsilon)). \tag{1.9 xiii}$$

我们重新定义 v 是 $v(t')$ 的左极限, 这里 t' 满足 (1.9xiii). 直接验证说明 v 在这些 t' 上不变, 并且产生一个左连续的并且处处满足 (1.9xiii) 的函数. 特别地, v 的这个表示只有可数个不连续点, 即测度 e_1 在那里恰好有点质量的点. 我们说明了映照 v 是经典意义下的有界变差映照. 特别地, 所有的单边极限存在. 再回到满足 $E^y < \infty$ 条件的区间 I_y, 我们得到估计

$$d(u(a_y, y), u(b_y, y)) \leqslant E^y.$$

积分上式就得到 (1.9viii), 从而完成了引理 1.9.2 的证明. □

引理 1.9.3 设 $1 < p < \infty$, $u \in W^{1,p}(I, X)$. 那么, (它的 Hölder 连续表示) 几乎处处满足

$$\lim_{\varepsilon \to 0} \frac{d(u(t), u(t+\varepsilon))}{\varepsilon} = e_1(t).$$

证明 从 (1.9x) 的第一和最后项间的不等式 (以及 Lebesgue 可微定理应用于 L^1–函数 $e_1(t)$) 立即看到, 对几乎所有 t 下式成立

$$\limsup_{\varepsilon \to 0} \frac{d(u(t), u(t+\varepsilon))}{\varepsilon} \leqslant e_1(t). \tag{1.9 xiv}$$

现在, 设 $\delta > 0$. 定义

$$S_\delta \equiv \{t \in I \text{ 使 } t \text{ 是 } e_1 \text{ 的 Lebesgue 点, 并且 } \liminf_{\varepsilon \to 0} \frac{d(u(t), u(t+\varepsilon))}{\varepsilon} < e_1(t) - \delta\}.$$

根据定义, 对任何固定的 $\mu > 0$, 能用区间 $(t-\varepsilon, t+\varepsilon)$ $(\varepsilon < \mu)$ 覆盖 S_δ 并且对此 $t \in S_\delta$,

$$\frac{d(u(t), u(t+\varepsilon))}{\varepsilon} < e_1(t) - \delta,$$

$$e_1(t) - \frac{1}{\varepsilon}\int_t^{t+\varepsilon} e_1(s)ds < \frac{\delta}{2}.$$

根据著名的覆盖引理 [Rudin, 引理 8.4], 我们能取这个覆盖的有限的互不相交的子集, 这个子集具有区间长度至少 $\frac{1}{4}$ 的 S_δ 的测度的有限和. 用

$$\{I_i\}_{i=1}^k, \ I_i = [t_i, t_i + \varepsilon_i)$$

记对应的半区间. 借助于添加区间

$$\{J_{i'}\}_{i'=1}^{k'}, \ J_{i'} = [t_{i'}, t_{i'} + \varepsilon_{i'}),$$

它们的最大长度以 μ 为界, 完成 $[0,1]$ 的有限区间分割. 从 (1.9x) 以及覆盖假定, 我们有

$$\begin{aligned}
&\sum_i d(u(t_i), u(t_i+\varepsilon_i)) + \sum_{i'} d(u(t_{i'}), u(t_{i'}+\varepsilon_{i'})) \\
&\leqslant \sum_i \Big(\int_{I_i} e_1(t)dt - \frac{\delta}{2}\varepsilon_i\Big) + \sum_{i'}\int_{J_{i'}} e_1(t)dt \qquad (1.9\,\text{xv}) \\
&\leqslant \int_I e(t)dt - \frac{\delta}{8}|S_\delta|.
\end{aligned}$$

如果我们对 I 的任何分割 P 能证明

$$\int_I e_1(t)dt = \lim_{\|P\|\to 0}\sum d(u(t_{i+1}), u(t_i)), \qquad (1.9\,\text{xvi})$$

我们在 (1.9x) 中令 $\mu \to 0$, 就得到 S_δ 的测度是零. 对 $\delta_i \to 0$, 取一个序列 S_{δ_i} 就蕴涵着引理 1.9.3. 下面我们来验证 (1.9xvi).

因为 $de_1 = e_1(t)dt$ 是绝对连续的, 容易看到映照 u 的 $p=1$ 总能量 E_1 被给定为

$$\begin{aligned}
\int_I e_1(t)dt &= \lim_{\varepsilon\to 0}\int_0^{1-\varepsilon}\frac{d(u(t), u(t+\varepsilon))}{\varepsilon}dt \\
&= \lim_{\varepsilon\to 0}\int_0^{\varepsilon}\sum_{i=0}^{[\frac{1}{\varepsilon}]-2}\frac{d(u(t+i\varepsilon), u(t+(i+1)\varepsilon))}{\varepsilon}dt \\
&\equiv \lim_{\varepsilon\to 0}\frac{1}{\varepsilon}\int_0^{\varepsilon}\sum_{\varepsilon}(t)dt.
\end{aligned}$$

从而对 $\delta>0$, $\varepsilon>0$ 充分小, 存在 $t_\varepsilon\in(0,\varepsilon)$ 满足 $\sum_\varepsilon(t_\varepsilon)\geqslant E_1-\delta$. 现在, 设

$$P: 0=t_0<t_1<\cdots<t_k=1$$

是 I 的任意一组分割, 对充分大的 N 满足 $N\|P\|<\varepsilon$. 我们取一个子分割 $P'\subset P$, 对此, t_i 在 $\frac{\varepsilon}{N}$ 和 $t_\varepsilon+i\varepsilon$ 之间, $i=1,\cdots,([\frac{1}{\varepsilon}]-2)$. 注意到这意味着

$$\sum_i|t_\varepsilon+i\varepsilon-t_i|\leqslant\frac{1}{N}.$$

因此,

$$\begin{aligned}\sum_P d(u(t_j),u(t_{j+1}))&\geqslant\sum_{P'}d(u(t_i),u(t_{i+1}))\\&\geqslant\sum_\varepsilon(t_\varepsilon)-2\sum\left|\int_{t_i}^{t_\varepsilon+i\varepsilon}e_1(t)dt\right|\\&\geqslant\int_I e_1(t)dt-\delta-2\Big(\frac{1}{N}\Big)^{\frac{p-1}{p}}(E_p)^{\frac{1}{p}}\end{aligned}$$

(这里, 我们已经应用了上一步的附注 1.5.2). 因为 δ 和 N 是任意的, 并由于单边估计已足够(见 (1.9x)), 我们得到 (1.9xvi) 从而完成了引理 1.9.3 的证明. □

引理 1.9.4 设 (Ω,g), ω 以及 u 都同 (1.9i) 中一样. 设 $1<p<\infty$. 那么, 对任何 $1\leqslant p'<p$, 能量密度函数 $e_{p'}(x)$ (对方向 ω), 几乎处处满足

$$e_{p'}(x)=(e_1(x))^{p'}. \tag{1.9 xvii}$$

并且, 存在 u 的表示, 几乎处处满足

$$\lim_{\varepsilon\to0}\frac{d^{p'}(u(t,y),u(t+\varepsilon,y))}{\varepsilon^{p'}}=e_{p'}(t,y). \tag{1.9 xviii}$$

证明 从引理 1.9.1 和引理 1.9.3 我们知道能取 u 的一个表示, 几乎处处满足

$$\lim_{\varepsilon\to0}\frac{d^{p'}(u(t,y),u(t+\varepsilon,y))}{\varepsilon^{p'}}=(e_1(t,y))^{p'},$$

所以 (1.9xviii) 将从 (1.9xvii) 得到. (1.9xvii) 的成立则由于下面的测度论引理.

引理 1.9.5 设 $1<p<\infty$, $\{g_\varepsilon\}\subset L^p_{loc}(\Omega,\mathbb{R})$, $g_\varepsilon\geqslant0$. 假定在 Ω 的任意紧致子集上, g_ε 的 L^p–模当 $\varepsilon\to0$ 时是一致有界的. 设当 $\varepsilon\to0$ 时, $g_\varepsilon(x)\to g(x)$ 几乎处处成立. 如果, 对 $1\leqslant p'\leqslant p$, 也有 $g_\varepsilon^{p'}d\mu\rightharpoonup hd\mu$, $h\in L^1(\Omega,\mathbb{R})$, 那么, 事实上几乎处处有 $h=g^{p'}$.

证明 设 $f \in C_c(\Omega)$. 记 $\Omega = G \cup B$, $G \cap B = \emptyset$, 在 G 上有一致收敛 $g_\varepsilon \to g$. (所以 B 可取为具有任意小的正测度.) 那么,

$$\lim_{\varepsilon \to 0} \int_G g_\varepsilon^{p'} f d\mu = \int_G f g^{p'} d\mu,$$

并且,

$$\limsup_{\varepsilon \to 0} \int_B g_\varepsilon^{p'} f d\mu \leqslant |f|_\infty C^{\frac{p'}{p}} (\mu(B))^{\frac{p-p'}{p}},$$

这里 C 依赖于紧致子集 $\operatorname{supp}(f)$ 上, 当 $\varepsilon \to 0$ 时的 g_ε 的一致 L^p 估计. 对固定的 f, 取 $\mu(B)$ 充分小, 我们可使这最后一项小于任何给定的 $\delta > 0$. 据此并用 Fatou 引理, 我们有

$$\int_\Omega f g^{p'} d\mu \leqslant \int_\Omega f h d\mu = \lim_{\varepsilon \to 0} \int_\Omega f g_\varepsilon^{p'} d\mu \leqslant \int_\Omega f g^{p'} d\mu + \delta.$$

这就证明了引理.

将这个结果用于函数

$$g_\varepsilon(t, y) = \frac{d(u(t, y), u(t+\varepsilon, y))}{\varepsilon},$$
$$h(x) = e_{p'}(x),$$

我们立即得到 (1.9xvii) 以及引理 1.9.4.

引理 1.9.6 *记号 (Ω, g), ω 以及 u 同 (1.9i). 设 $1 < p < \infty$. 那么, 能量密度测度 de (对方向 ω) 关于 Lebesgue 测度 $de = e_p(x) d\mu(x)$ 是绝对连续的, 并且, 几乎处处有*

$$e_p(x) = e_1(x)^p.$$

进而, 存在 u 的表示, 几乎处处有

$$\lim_{\varepsilon \to 0} \frac{d^p(u(t, y), u(t+\varepsilon, y))}{\varepsilon^p} = e_p(t, y).$$

对 u 的任何表示, 以及 (1.2iv) 中的任何选取 ν, 对此 $\lambda^{-p} d\nu(\lambda)$ 和 $d\lambda$ 相差有界因子, 我们有

$$\lim_{\varepsilon \to 0} {}_\nu e_\varepsilon(x) = e_p(x)$$

几乎处处成立.

证明 如同引理 1.9.4, 只要证明第一个结论即可. 注意到第三个结论将从第二个结论得到, 如果改变 u 的表示, 几乎所有的 $u|_{I_y}$ 将仍为同一个 L^p 函数, 并对这样的 y, 由于 ν 的限制, ${}_\nu e_\varepsilon(t,y)$ 将不变. 我们用验证下面两个测度论的不等式来证明引理的第一个结论.

$$e_1^p d\mu \leqslant de,$$
$$de \leqslant e_1^p d\mu.$$

其中第一个不等式从 Fatou 引理立即得到: 固定 $f \in C_c(\Omega)$, 那么,

$$\begin{aligned}\int f e_1^p d\mu &= \int \liminf_{\varepsilon\to 0} f \frac{d^p(u(t,y),u(t+\varepsilon,y))}{\varepsilon^p} d\mu \\ &\leqslant \int_\Omega f de.\end{aligned}$$

为了证明第二个不等式, 再固定 $f \in C_c(\Omega)$. 那么,

$$\int_\Omega f de = \lim_{\varepsilon\to 0}\int_\Omega f \frac{d^p}{\varepsilon^p} d\mu,$$

这里省略了各种变量 $x=(t,y)$, $u(t,y)$, $u(t+\varepsilon,y)$. 所以,

$$E(f) = \int_\Omega f\frac{d^p}{\varepsilon^p} d\mu + \delta_1(\varepsilon),$$

这里当 $\varepsilon \to 0$ 时, $\delta_1(\varepsilon)\to 0$. 但是对固定的 $\varepsilon > 0$,

$$\int_\Omega f\frac{d^p}{\varepsilon^p} d\mu = \int_\Omega f\frac{d^{p'}}{\varepsilon^{p'}} d\mu + \delta_2(p'),$$

这里, 当 $p' \to p$ 时, $\delta_2(p') \to 0$. 将估计 (1.4vii) 应用于积分的右端, 并且也应用引理 1.9.4, 就得到

$$\begin{aligned}E(f) &= \int_\Omega f\frac{d^{p'}}{\varepsilon^{p'}} d\mu + \delta_1(\varepsilon) + \delta_2(p') \\ &\leqslant \int_\Omega f_\varepsilon^C(x) e_1(x)^{p'} d\mu(x) + \delta_1(\varepsilon) + \delta_2(p').\end{aligned}$$

为了说明可用 Lebesgue 的控制收敛定理, 应用刚建立的不等式 $(e_1)^p d\mu \leqslant de$, 令 $p' \to p$ 我们得到

$$\int_\Omega f de \leqslant \int_\Omega f_\varepsilon^C e_1(x)^p d\mu + \delta_1(\varepsilon).$$

令 $\varepsilon \to 0$, 我们得到所要的第二个不等式 $de \leqslant (e_1^p) d\mu$. 这样, 引理 1.9.6 就被证明了. □

引理 1.9.7 设 (Ω, g) 是 Riemann 流形的区域 (1.1i). 设对 $1 < p < \infty$,

$$u \in W^{1,p}(\Omega, X),$$

以及设 $Z \in \Gamma(T\bar{\Omega})$. 那么, 对每一个 $1 \leqslant p' \leqslant p$, 能量密度测度 $d^Z e$ 关于 Lebesgue 测度是绝对连续的. 特别地, 如果我们用 $|u_*(Z)|(x)$ 表示 $p=1$ 的能量密度函数, 那么, 对每个 $1 \leqslant p' \leqslant p$, p'–能量测度由

$$|u_*(Z)|^{p'} d\mu_g(x)$$

给出. 对 (1.2iv) 中 ν 的选取, 使 $\lambda^{-p} d\nu(\lambda)$ 和 $d\lambda$ 相差一个有界因子, (对每个 $1 \leqslant p' \leqslant p$) 我们有

$$\lim_{\varepsilon \to 0} {}^Z_\nu e_\varepsilon(x) = |u_*(Z)|^{p'}(x)$$

几乎处处成立.

证明 我们取一个坐标图并用局部坐标方向场表示 $Z = Z^i \partial_i$. 只需要在 $p = p'$ 的情形证明我们的断言. 从三角不等式 (1.8iv) 以及齐次性质 (1.8v), 我们有估计

$$^Z E(f) \leqslant |Z|_\infty^p n^p \sum_{i=1}^n {}^{\partial_i} E(f).$$

利用引理 1.9.6 得到

$$d(^Z e) \leqslant |Z|_\infty^p n^p \sum_{i=1}^n |u_*(\partial_i)|^p(x) d\mu(x). \tag{1.9 xix}$$

由于欧氏测度 $d\mu(x)$ 和度量测度 $d\mu_g(x)$ 是一致等价的, 这个最后的不等式证明了 $d^Z e$ 的绝对连续性.

为证明 ${}^Z_\nu e_\varepsilon(x)$ 到 $|u_*(Z)|^p(x)$ 逐点的收敛性, 我们首先注意到 (1.9xix) 意味着在 $\{x | Z(x) = 0\}$ 上几乎处处有 $|u_*(Z)|^p(x) = 0$. 所有近似能量 ${}^Z_\nu e_\varepsilon(x)$ 在这个集上也是零. 这样我们只要验证在 $\{x | Z(x) \neq 0\}$ 上的收敛性结论. 这里我们可对初始坐标图做 $C^{1,1}$ 的坐标变换, 将 Z 变到坐标方向. 从引理 1.9.6 以及相应体积测度的一致等价性就得到所要的结果. □

§1.10 $p > 1$ 时 de 的绝对连续性

定理 1.10.1 设 (Ω, g) 是 Riemann 流形的区域 (1.1i), $1 < p < \infty$. 设 $u \in W^{1,p}(\Omega, X)$. 那么, 能量密度测度 de 关于 Lebesgue 测度是绝对连续的, 即,

存在 $|\nabla u|_p(x) \in L^1(\Omega, \mathbb{R})$, 使

$$de = |\nabla u|_p(x) d\mu(x).$$

证明 (在证明以后我们将说明为什么对 p 用上标而不用下标.) 像 (1.8.1) 中一样, 我们将问题化为 Ω 有局部标架的情形. 我们有下列等式:

$$E(f) = \int_{S^{n-1}} {}^{\omega}E(f) d\sigma(\omega). \tag{1.10 i}$$

根据定理 1.9.7, 我们将对应的能量密度测度表示为

$$d({}^{\omega}e) = |u_*(\omega)|^p(x) d\mu(x),$$

这样, (1.10i) 可改写成

$$E(f) = \int_{S^{n-1}} \int_{\Omega} |u_*(\omega)|^p(x) f(x) d\mu(x) d\sigma(\omega). \tag{1.10 ii}$$

容易验证非负函数 $|u_*(\omega)|^p(x)$ 在 (x, ω) 中是联合可测的. 对在 Ω 的紧子集中内闭一致收敛的增加序列 $f_i \to 1$, $\{f_i\} \subset C_c(\Omega)$, 应用单调控制定理, 我们有

$$\int_{S^{n-1}} \int_{\Omega} |u_*(\omega)|^p(x) d\mu(x) d\sigma(\omega) = E < \infty. \tag{1.10 iii}$$

对 L^1 函数

$$|\nabla u|_p(x) \equiv \int_{S^{n-1}} |u_*(\omega)|^p(x) d\sigma(\omega) \tag{1.10 iv}$$

应用 Fubini 定理就有

$$E(f) = \int_{\Omega} f(x) \Big(\int_{S^{n-1}} |u_*(\omega)|^p(x) d\sigma(\omega) \Big) d\mu(x). \qquad \square$$

在记号 $|\nabla u|_p$ 中 p 用上标代替的原因是避免与不同的 p–能量相混淆: (除了 $X = \mathbb{R}$) $|\nabla u|_p$ 不等于 $|\nabla u|_{p'}^{\frac{p}{p'}}$. (当然, 如果两个表达式都有意义, 它们将是一致等价的.) 在 §2 中, 我们对 $p = 2$ 的情形有特别的兴趣, 为此对 $u \in W^{1,2}(\Omega, X)$ 定义

$$|\nabla u|^2(x) = \frac{1}{\omega_n} |\nabla u|_2(x) = \frac{1}{\omega_n} \int_{S^{n-1}} |u_*(\omega)|^2(x) d\sigma(\omega). \tag{1.10 v}$$

我们将在 §2 看到这个定义和对 Riemann 流形间映照定义 $|du|^2$ 的通常方法是一致的(也见 (1.2viii)).

§1.11 能量密度函数的演算

我们这里收集各类能量密度函数的有用的运算事实.

定理 1.11.1 对 $1 < p < \infty$, 设 $u \in W^{1,p}(\Omega, X)$. 如果 $Z, W \in \Gamma(T\bar{\Omega})$ 并且 $h \in C^{0,1}(\bar{\Omega})$, 那么

$$\begin{aligned} |u_*(Z+W)| &\leqslant |u_*(Z)| + |u_*(W)|, \\ |u_*(hZ)|^p &= |h|^p |u_*(Z)|^p, \\ |u_*(Z)|^p &\leqslant C(n)|Z|^p |\nabla u|_p. \end{aligned} \tag{1.11 i}$$

如果 ψ 是一个从 $\bar{\Omega}_1$ 到 $\bar{\Omega}$ 的 $C^{1,1}$ 微分同胚并记 $v = u \circ \psi$, 那么, $v \in W^{1,p}(\Omega_1, X)$, 且成立链式法则

$$|v_*(Z)|^p = |u_*(\psi_*(Z))|^p. \tag{1.11 ii}$$

如果两个度量是接近的, 那么, 它们的 Sobolev 能量密度函数也是接近的. 特别地, 设 $\Omega \subset \mathbb{R}^n$ 并设 δ, g 分别是 Ω 上的欧氏度量和 Riemann 度量. 用 $|\nabla u|_p$ 和 $|\nabla u|_{p,g}$ 表示 u 的对应能量密度函数, 且设 $d\mu$ 和 $d\mu_g$ 是相应的体积形式. 设 λ^2 和 Λ^2 分别是 g (关于 δ) 特征值的最小和最大值. 那么, 我们有估计

$$\frac{\lambda^{2n}}{\Lambda^{n+p}} |\nabla u|_p d\mu \leqslant |\nabla u|_{p,g} d\mu_g \leqslant \frac{\Lambda^{2n}}{\lambda^{n+p}} |\nabla u|_p d\mu. \tag{1.11 iii}$$

证明 如果我们应用后一节定理 1.9.7 以及定理 1.10.1 的可微性结果, 那么公式 (1.11i) 是定理 1.8.1 结论的推论. 注意到, 我们已在第三个不等式中用逐点模 $|Z|_\infty$ 代替最大模 $|Z|_\infty$. 利用 (1.8i) 和单位分解的论证容易验证这点.

对上述 ψ 显然(用球平均) 有 $v = u \circ \psi \in W^{1,p}(\Omega, X)$. 链式法则 (1.11 ii) 从下列事实得到: ε 能量密度函数满足

$${}^{Z}_{\nu}e_\varepsilon(x) = {}^{\psi_* Z}_{\nu}e_\varepsilon(\psi(x)),$$

并对适当的 ν, 当 $\varepsilon \to 0$ 时, 它们几乎处处收敛于对应的有向能量函数 (定理 1.9.7).

我们证明断言 (1.11iii) 如下. 回顾在 §1.2 中计算一个以半径为 εR 的球平均的 ε–能量对应于选取

$$d\nu(\rho) = \frac{n+p}{R^{n+p}} \rho^{n+p-1} d\rho, \quad 0 < \rho < R.$$

称上述测度为 ν_R. 那么, ε–逼近的能量密度函数(关于度量 g) 给定为

$$_{\nu_R}e_{\varepsilon,g}(x)=\frac{n+p}{R^{n+p}}\frac{1}{\varepsilon^n}\int_{B(x,\varepsilon R)}\frac{d^p(u(x),u(y))}{\varepsilon^p}d\mu_g(y).$$

在我们的情形有不等式

$$\lambda^n d\mu\leqslant d\mu_g\leqslant\Lambda^n d\mu$$

以及球包含关系

$$B\left(x,\frac{\varepsilon}{\Lambda}\right)\subset B(x,\varepsilon)_g\subset B\left(x,\frac{\varepsilon}{\lambda}\right).$$

设 $r=\frac{1}{\Lambda}$ 以及 $R=\frac{1}{\lambda}$, 我们得到

$$\frac{\lambda^n}{\Lambda^{n+p}}\ {}_{\nu_r}e_\varepsilon(x)\leqslant\ {}_{\nu_1}e_{\varepsilon,g}(x)\leqslant\frac{\Lambda^n}{\lambda^{n+p}}\ {}_{\nu_R}e_\varepsilon(x).$$

取积分(并再利用体积不等式), 我们看到(对任何 $f\geqslant 0,\ f\in C_c(\Omega)$)

$$\frac{\lambda^{2n}}{\Lambda^{n+p}}\ {}_{\nu_r}E_\varepsilon(f)\leqslant\ {}_{\nu_1}E_{\varepsilon,g}(f)\leqslant\frac{\Lambda^{2n}}{\lambda^{n+p}}\ {}_{\nu_R}E_\varepsilon(f).$$

从 ε–能量泛函的弱收敛性, 我们得到极限测度满足相同的不等式, 即

$$\frac{\lambda^{2n}}{\Lambda^{n+p}}|\nabla u|_p d\mu\leqslant|\nabla u|_{p,g}d\mu_g\leqslant\frac{\Lambda^{2n}}{\lambda^{n+p}}|\nabla u|_p d\mu.$$

这恰好是 (1.11iii) 的断言. □

§1.12 Lipschitz 域的迹理论

本节中我们展开定义在 Lipschitz 域上的有限能量映照的 L^p 迹理论. 我们证明两个函数有相同的迹的充要条件是它们间的距离是一个在边界上有零迹的有限能量的实函数. 我们也证明一个替代定理: 如果 Ω 能被分割成两个 Lipschitz 子域, 并且对每个子域存在有限能量映照, 它们在公共边界上有相等的迹, 那么, 结合起来, 它们定义了在整个 Ω 上的具有限能量的整体映照, 它的总能量恰为其部分能量之和.

定义 如果 (Ω,g) 是一个 Riemann 流形的区域, 那么说 $\partial\Omega$ 在 $x\in\partial\Omega$ 附近是 Lipschitz 的是要求存在 x 点的一个邻域 U 以及 U 上的局部坐标图, 使在该坐标中 $\partial\Omega\cap U$ 是某 $(n-1)$ 维超平面上的一个 Lipschitz 函数的图. 容易看到这个定义等价于下列定义, 它要求适当的横截向量场的存在性. 我们说 $\partial\Omega$ 在

点 $x \in \partial\Omega$ 附近是 Lipschitz 的, 如果存在 x 的一个邻域 U 和定义在 U 上的光滑向量场 Z, 以及正数 ρ, t_0, 使对所有的 $x \in \partial\Omega$, 在 1.1 中的流 $\bar{x}(x,t)$ 满足

$$\begin{aligned} &\overline{x}(x,t) \in \Omega, && \text{如果 } 0 < t < t_0, \\ &\overline{x}(x,t) \notin \Omega, && \text{如果 } -t_0 < t < 0, \\ &d(\overline{x}(x,t), \partial\Omega) > \rho|t|, && \text{如果 } |t| < t_0. \end{aligned} \tag{1.12 i}$$

对紧致子集 $\Gamma \subset \partial\Omega$, 如果 $\partial\Omega$ 在每点 $x \in \Gamma$ 附近是 Lipschitz 的, 我们就称 Γ 是 Lipschitz 的. 容易看出这等价于在 Γ 的一个邻域中存在一个光滑的向量场 Z, 它对适当选取的正数 ρ, t_0 满足 (1.12i). 我们称 Ω 本身是一个 Lipschitz 域, 如果 $\partial\Omega$ 是 Lipschitz 的.

设 $1 \leqslant p < \infty$, 如果 $p > 1$, $u \in W^{1,p}(\Omega, X)$ ($u \in BV(\Omega, X)$, 如果 $p = 1$). 如果 $\Gamma \subset \partial\Omega$ 是 Lipschitz 的, 并且 Z 是对所有 $x \in \Gamma$ 满足 (1.12i) 的横截向量场, 那么, 有一个定义迹映照 $u \in L^p(\Gamma, X)$ 的自然方法如下. 回顾 §1.1 中, 我们记 $\bar{x}(x,t)$ 为被 Z 所诱导的流. 在有限个局部坐标图上应用引理 1.9.2 (其中 Z 对应于定义 (1.9i) 中的方向 ω), 我们看到 u 有一个代表, 使对所有 $x \in \Gamma$, 映照 $u(\bar{x}(x,t))$ $(0 < t < t_0)$ 或者是 Hölder 连续的 $(p > 1)$ 或者是有界变差的 $(p = 1)$. 因此, 映照

$$u(x) \equiv \lim_{t \to 0^+} u(\overline{x}(x,t))$$

几乎处处有定义 (关于 Γ 上的 $(n-1)$ 维 Hausdorff 测度). 并且, 我们从估计 (1.9viii) 以及定理 1.8.1 得到 (对依赖于 Ω 的常数 C)

$$\int_\Gamma d^p(u(x), u(\overline{x}(x,t)))d\Sigma_x^{n-1} \leqslant C\left(\int_{\Omega^C_{t|Z|_\infty}} de\right)(t|Z|_\infty)^{p-1}. \tag{1.12 ii}$$

(这里我们用 Ω_ε^C 表示 Ω_ε 在 Ω 中的补集, 而 Ω_ε 表示 Ω 中与 $\partial\Omega$ 的距离至多为 ε 的点集.) 因为 $u \in L^p(\Omega, X)$, 对几乎所有的 t, 映照 $u(\bar{x}(x,t))$ 是属于 $L^p(\partial\Omega, X)$ 的. 我们从 (1.12ii) 得到结论, 迹映照是映照 $u(\bar{x}(x,t))$ 当 $t \to 0$ 时的 L^p 极限, 因而也是 L^p 映照. 进而, 如果我们用 u 的任一表示, 那么迹映照是 $t \to 0$ 时映照 $u(\bar{x}(x,t))$ 的几乎处处的 L^p 极限, 因而是良定的, 不依赖于 u 的表示.

引理 1.12.1 上述迹的定义不依赖于横截向量场 Z 的选取. 并且, 如果 $\Gamma_1 \subset \Gamma$, 那么 u 在 Γ_1 上的迹是 u 在 Γ 上的迹在 Γ_1 上的限制.

证明 第二个结论从第一个结论得到. 第一个结论则是引理 1.8.2 以及下列论证的结论. 设 Z 和 W 是两个满足 (1.12i) 的横截向量场. 设 $\bar{x}_1(x,t)$ 以及

$\bar{x}_2(x,t)$ 是对应的流. 我们来证明(从 $\partial\Omega$ 到 X) 映照 $u(\bar{x}_1(x,t))$ 和 $u(\bar{x}_2(x,t))$ 收敛于(几乎处处) 同一个迹映照. 将 $\bar{x}_1(x,t)$ 映到 $\bar{x}_2(x,t)$ 的映照记为 ψ. 注意到 ψ 是一个将 Γ 的某邻域映照到自身的双 Lipschitz 映照. 这样, 我们有估计

$$\begin{aligned}&\int_{\frac{\mu_1}{\rho}}^{\frac{\mu_2}{|Z|_\infty}}\int_{\partial\Omega}d^p(u(\overline{x}_1(x,t)),u(\overline{x}_2(x,t)))d\Sigma_x dt\\ \leqslant\ & C\int_{\Omega^C_{\mu_2}}f(x)d^p(u(x),u(\psi(x)))d\mu(x),\end{aligned}\tag{1.12 iii}$$

其中 $f\in C_c(\Omega^C_{\mu_2+\delta})$ 满足 $0\leqslant f\leqslant 1$, 且对满足

$$\mu_1\leqslant d(x,\partial\Omega)\leqslant\mu_2$$

的 x, $f\equiv 1$. 记 δ 为 $|\psi(x)-x|$ 在子集 $U\cap\Omega^C_{\mu_2}$ 上的上确界. 那么对充分小的 μ_2, 从关于参数的连续依赖性我们得到

$$\delta\leqslant C\mu_2\max_{\Gamma}|Z-W|.$$

取 μ_1 满足 $\frac{\mu_1}{\rho}=\frac{\mu_2}{2|Z|_\infty}$. 在 $|Z-W|$ 充分小时我们能保证 $3\delta<\mu_1$ (对所有小的 μ_2). 在这种情形下我们能构造一个对 (1.11iii) 适当的 f, 它也满足应用引理 1.8.2 必需的条件, 即 $f\in C_c(\Omega_{3\delta})$. 从该引理我们有

$$\int_{\Omega^C_{\mu_2}}f(x)d^p(u(x),u(\psi(x)))d\mu(x)\leqslant C\delta^p\int_{\Omega^C_{\mu_2+\delta}}de.\tag{1.12 iv}$$

应用 (1.12iii) 以及 (1.12iv) 我们得到 $d^p(u(\bar{x}_1(x,t)),u(\bar{x}_2(x,t)))$ 的积分平均值 (关于 $\frac{\mu_2}{2|Z|_\infty}<t<\frac{\mu_2}{|Z|_\infty}$) 当 $\mu_2\to 0$ 时收敛于零. 这样, Z 和 W 定义了 Γ 上的相同的迹函数, 如果上述闭的假定满足. 因为严格的横截向量场集合是一个正锥(即, 如果 Z 和 W 是适合的, 那么对正常数 a, b, $aZ+bW$ 也是适合的), 所以它是连通的. 因此, 正如我们已经做的, 只要对充分接近的向量场证明引理. □

定理 1.12.2 设 (Ω,g) 是一个 Lipschitz Riemann 区域并设 $1<p<\infty$. 任何 $u\in W^{1,p}(\Omega,X)$ 有一个良定的迹映照 u (或 $\mathrm{Tr}(u)$), 满足 $\mathrm{Tr}(u)\in L^p(\partial\Omega,X)$. 如果序列 $\{u_i\}\subset W^{1,p}(\Omega,X)$ 具有一致有界的能量 E^{u_i}, 并且如果序列 $\{u_i\}$ 按 L^p 距离收敛于映照 u, 那么, u_i 的迹函数在 $L^p(\partial\Omega,X)$ 中收敛于 u 的迹函数. 两个映照 u, $v\in W(\Omega,X)$ 有相同迹的充要条件是 $d(u,v)\in W^{1,p}(\Omega,\mathbb{R})$ 的迹为零.

证明 从引理 1.12.1 以及它前面的注记可得到 $u \in W^{1,p}(\Omega, X)$ 有良定的迹映照 $\mathrm{Tr}(u) \in L^p(\partial\Omega, X)$. 并且, 如果我们固定一个满足 (1.12i) 的横截向量场 Z, 以及 $|Z|_\infty < 1$, 那么, 对几乎所有 (小的) t, 我们有估计 (从 (1.12ii))

$$\int_{\partial\Omega} d^p(\mathrm{Tr}(u)(x), u(\overline{x}(x,t))d\Sigma_x^{n-1} \leqslant Ct^{p-1}\int_{\Omega_t^C} |\nabla u|_p d\mu. \tag{1.12 v}$$

积分这个不等式得到

$$\int_0^{t_0}\int_{\partial\Omega} d^p(\mathrm{Tr}(u)(x), u(\overline{x}(x,t)))d\Sigma_x^{n-1}dt \leqslant C\frac{t_0^p}{p}\int_{\Omega_{t_0}^C} |\nabla u|_p d\mu. \tag{1.12 vi}$$

我们能用 L^p–不等式以及对两个 Sobolev 函数 u, v 用估计 (1.12vi) 来控制

$$\left(\int_0^{t_0}\int_{\partial\Omega} d^p(\mathrm{Tr}(u)(x), \mathrm{Tr}(v)(x))d\Sigma_x^{n-1}dt\right)^{\frac{1}{p}}.$$

在相关项中将 $d\Sigma dt$ 改成 $d\mu$ 推出不等式

$$\begin{aligned}\left(\int_{\partial\Omega} d^p(\mathrm{Tr}(u), \mathrm{Tr}(v))d\Sigma\right)^{\frac{1}{p}} \leqslant\ & Ct_0^{1-\frac{1}{p}}\left(\left(\int_{\Omega_{t_0}^C} |\nabla u|_p d\mu\right)^{\frac{1}{p}} + \left(\int_{\Omega_{t_0}^C} |\nabla v|_p d\mu\right)^{\frac{1}{p}}\right)\\ &+ Ct_0^{-\frac{1}{p}}\left(\int_{\Omega_{t_0}^C} d^p(u,v)d\mu\right)^{\frac{1}{p}}.\end{aligned} \tag{1.12 vii}$$

这个不等式说明如果序列 $\{u_i\}$ 在 $L^p(\Omega, X)$ 中收敛于 u 并且 $\{u\}$ 有一致有界的能量, 那么迹收敛于 u 的迹. 特别地, 我们从半连续性得到 u 的能量以 u_i 的能量为界, 所以 (1.12vii) 右端的第一项当取 t_0 充分小时能任意小(对函数选取 $u = u$, $v = u_i$). 一旦 t_0 取定, 第二项用取 i 充分大使其充分小. 我们再来证明相等迹函数的特征. 对函数 u 和 v 用 (1.12vi), 在 L^p–三角不等式中, 我们做另一选取 (并做如上变量变换) 来估计左边项如下:

$$\begin{aligned}\left(\int_{\Omega_{\rho t_0}^C} d^p(u,v)d\mu\right)^{\frac{1}{p}} \leqslant\ & C_p t_0\left(\left(\int_{\Omega_{t_0}^C} |\nabla u|_p d\mu\right)^{\frac{1}{p}} + \left(\int_{\Omega_{t_0}^C} |\nabla u|_p d\mu\right)^{\frac{1}{p}}\right)\\ &+ Ct_0^{\frac{1}{p}}\left(\int_{\partial\Omega} d^p(\mathrm{Tr}(u), \mathrm{Tr}(v))d\Sigma\right)^{\frac{1}{p}}.\end{aligned} \tag{1.12 viii}$$

如果 $\mathrm{Tr}(u) = \mathrm{Tr}(v)$, 那么 (1.12viii) 意味着

$$\lim_{t\to 0} t^{-p}\int_{\Omega_t^C} d^p(u(y), v(y))d\mu(y) = 0. \tag{1.12 ix}$$

将 $d(u(y),v(y))$ 记为 $h(y)$. 定义截断函数 $\eta_t(y)$, 它在 Ω_t 内部为 1, 在 $\Omega_{\frac{t}{2}}$ 的补集中为零, 而在离 $\partial\Omega$ 为 $\frac{t}{2}$ 到 t 间的环形区域中为 0 到 1 间线性插值. 显然, 当 $t\to 0$ 时, 在 $L^p(\Omega,\mathbb{R})$ 中 $\eta_t h\to h$. 并且,

$$\Big(\int_\Omega|\nabla(\eta_t h)-\nabla h|^p d\mu\Big)^{\frac{1}{p}}\leqslant\Big(\int_\Omega h^p|\nabla\eta_t|^p d\mu\Big)^{\frac{1}{p}}+\Big(\int_\Omega(\eta_t-1)^p|\nabla h|^p d\mu\Big)^{\frac{1}{p}}. \tag{1.12x}$$

从 (1.12ix) 我们看到当 $t\to 0$ 时, (1.12x) 右端第一项趋向于零, 显然, 第二项也趋向于零. 因而, 函数 $\eta_t h$ 按 $W^{1,p}$ 模收敛于 h. 由于每个 $\eta_t h$ 的迹为零, (由定理的第一部分) 我们得到 h 的迹也为零. (事实上, 这论证说明 (在 u 是具零迹的实值函数且 $v\equiv 0$ 的情形), 对 Lipschitz 域, 具零迹的函数集恰为空间 $W_0^{1,p}(\Omega,\mathbb{R})$, 即 C_0^∞ 在 Sobolev 模下的闭包. 这个事实是熟知的.)

我们现在必须说明逆命题, 如果 h 的迹是零, 那么 $\mathrm{Tr}(u)=\mathrm{Tr}(v)$. 在 (1.12vi) 中 $u=h$ 时, 由于 $\mathrm{Tr}(h)=0$,

$$\int_{\Omega^C_{\rho t_0}}h^p(y)d\mu(y)\leqslant C\frac{t_0^p}{p}\int_{\Omega^C_{t_0}}|\nabla h|^p d\mu.$$

在 (1.12vii) 的右端用这个估计, 并且令 t_0 趋向于零, 我们得到 $\mathrm{Tr}(u)=\mathrm{Tr}(v)$. □

定理 1.12.3 设 Ω 是一个 Lipschitz Riemann 区域, 而它本身是 Lipschitz 子域 Ω_1, Ω_2 的不相交的和, 并且 Lipschitz 边界为 $\partial\Omega_1\cap\Omega_2$. 设 $1<p<\infty$, 并且 $u_i\in W^{1,p}(\Omega_i,X)$, 其中 $i=1,2$. 假定在 $\partial\Omega_1\cap\partial\Omega_2$ 上迹函数 $\mathrm{Tr}(u_1)=\mathrm{Tr}(u_2)$. 那么, 映照 u 定义为

$$u(x)=u_i(x),\quad 如果\ x\in\Omega_i.$$

它是具有限能量的映照, 并且

$$\int_\Omega|\nabla u|_p d\mu=\int_{\Omega_1}|\nabla u_1|_p d\mu+\int_{\Omega_2}|\nabla u_2|_p d\mu.$$

证明 为简单起见, 我们在这定理中限于 $p>1$ 的情形. 例如在这种情形, 只需要证明 u 是一个有限能量的映照, 这是由于它的能量密度在 Ω_i 和 u_i 的能量密度一样, 并且能量密度关于 Lebesgue 测度的绝对连续性立即意味着定理中所断言的总能量的可加性. 设 Z 是在 $\partial\Omega_1\cap\partial\Omega_2$ 的一个邻域中的横截向量场, 指向 Ω_2 且满足 (1.12i). 因为我们定理中的 Lipschitz 假设, $\partial\Omega_1\cap\partial\Omega_2$ 被有限多个(相对)开子集 Γ 所覆盖, 而每个 Γ 是从 $\mathbb{R}^{n-1}$ 中的半径为 r 的球出发的映照 ϕ 的双 Lipschitz 映照的像. 我们将(借助于伸缩) 化为标准情形

$$\phi: B^{n-1}(0,1)\to\Gamma.$$

那么对小 t_0, 我们用被 Z 所诱导的流, 定义一个双 Lipschitz 映照 ψ 为

$$\psi(y,t)=\overline{x}(\phi(y),t),\quad (y,t)\in B^{n-1}(0,1)\times(-t_0,t_0).$$

定义映照 v 为 $v=u\circ\psi$. 那么, $v=v_2$ 是从 $B\times(0,t_0)$ 出发的有限能量映照, 而 $v=v_1$ 是从 $B\times(-t_0,0)$ 出发的有限能量映照 (因为有限能量映照在双 Lipschitz 复合下是保持的). 并且, 利用在 Ω 中的向量场 Z 以及在 $B\times(-t_0,t_0)$ 中的向量场 ∂_t, 我们看到 v 在 B^{n-1} 中的两个迹是一致的. 如果我们能证明 v 是 $B\times(t_0,t_0)$ 中的有限能量映照, 那么, u 是 Γ 的某邻域中的一个有限能量映照, 因而我们的定理从上面的附注得到.

取一个横截于 $\partial_t\equiv\partial_1$ 的(单位) 方向 ω, 并取定向使 $\omega^1>0$. 取 v 的一个代表使 v 在平行于 ω 的几乎所有直线上是 Hölder 连续的. 这是可能的, 这是由于引理 1.9.2 以及在 B^{n-1} 上 v 的两个迹是一致的事实. 用 $y\in B^{n-1}\times\{0\}$ 来参数化 ω–方向的直线. 我们断言对每个 ω–线是连续的y, 它有有限能量, 并且这个能量是对应于 v_1 和 v_2 的有向能量的和. 为了看出为什么如此, 我们求助于单变量情形的引理 1.9.2, Π 是一个点, 我们有两个有限能量映照 (因而是 Hölder 连续的) $w_1:(-t_0,0)\to X$ 以及 $w_2:(-t_0,0)\to X$, 它们在 $t=0$ 时有公共的 (迹) 值. 令 w 是最终的连续映照, 我们来导出它有有限能量. 我们用估计 (1.9viii) 以及三角不等式导出对 $t<0<t+\varepsilon$,

$$\begin{aligned}d^p(w(t),w(t+\varepsilon))&\leqslant 2^p(d^p(w(t),w(0)))+d^p(w(0),w(t+\varepsilon))\\&\leqslant 2^p\varepsilon^{p-1}\Big(\int_t^0|\nabla w_1|_p ds+\int_0^{t+\varepsilon}|\nabla w_2|_p ds\Big).\end{aligned}\tag{1.12 xi}$$

当然, 如果 t 和 $t+\varepsilon$ 都在 0 的同一边, 那么对应于 (1.12xi) 的估计也成立, 事实上没有 2^p 的因子. 如果在 $t_1<0<t_2$ 间积分 (1.12xi) (以及对应的估计), 并用 Fubini 定理, 我们得到

$$\int_{t_1}^{t_2}d^p(w(t),w(t+\varepsilon))dt\leqslant 2^p\varepsilon^p\Big(\int_{t_1}^0|\nabla w_1|_p dt+\int_0^{t_2+\varepsilon}|\nabla w_2|_p dt\Big),$$

即

$$\int_{t_1}^{t_2}e_\varepsilon(t)dt\leqslant 2^p\Big(\int_{t_1}^0|\nabla w_1|_p dt+\int_0^{t_2+\varepsilon}|\nabla w_2|_p dt\Big).$$

这个最后的不等式说明 ε–能量在 $t=0$ 附近的贡献是任意小 (依赖于 t_1, t_2), 所以我们得到 w 是一个有限能量映照, 以及它的能量是 w_1 和 w_2 能量的和. 我们已经证明了对几乎所有 $y\in B^{n-1}\times\{0\}$, ω–方向线有有限能量, 被其两个分量

的能量所给定. 我们 (从引理 1.9.1 中的逆命题) 立即得到映照 v 沿 ω 方向具有等于其两个分量能量和的有限能量. 关于所有横截方向 (即几乎所有方向) 的积分, 我们看出映照 v 满足

$$\int {}^{\omega}E d\sigma(w) < \infty.$$

利用和引理 1.9.1 中同样的原理, 容易得到 $v \in W^{1,p}(B^{n-1} \times (-t_0, t_0), X)$. 这样, 就证明了定理 1.12.3. □

§1.13 预紧性

这里给出的预紧性定理不是在 §2 中调和映照理论所需要的, 但因为它是 Sobolev 理论的一个自然组成部分并能用我们已经发展的结果很快证明, 我们在本节中给出.

定理 1.13.1 设 Ω 是一个 Riemann 区域, (X, d) 是局部紧的完备度量空间, 且 $1 \leqslant p < \infty$. 如果 $p > 1$, 设 $\{u_i\} \subset W^{1,p}(\Omega, X)$ (如果 $p = 1$, 设 $\{u_i\} \subset BV(\Omega, X)$) 满足

$$\int_{\Omega} d^p(u(x), Q) d\mu(x) + E^{u_i} \leqslant C.$$

(这里 Q 是 X 中的固定点, C 是一个固定常数, E^{u_i} 是映照 u_i 的能量.) 那么, $\{u_i\}$ 的一个子序列在 $L^p(\Omega, X)$ 中收敛于一个有限能量映照 u.

证明 我们用的局部紧定义是每个有限半径的闭球是紧的. 对 $j = 0$, 我们定义 $Q_{j1} = Q$. 对每个 $j \in \mathbb{N}$, 我们用有限个点

$$\{Q_{j_r}\}_{r=1,\cdots,N_j}$$

覆盖 $B(Q, j)$, 使得每一个 $P \in B(Q, j)$ 是在那些点之一的 $\frac{1}{j}$ 邻域之中. 实值函数

$$d(u_i(x), Q_{j_r})$$

具有有界的 Sobolev 模 (或 BV 模). 模的 L^p 分量是被依赖于 j 的量控制, 但根据推论 1.6.3, 能量分量是一致有界的. 这样根据 BV 以及 Sobolev 函数的预紧性定理, 以及 Cantor 对角线法, 我们得到一个子序列 (对此我们仍然记为 $\{u_i\}$), 从而对每个固定的 (j, r) 存在一个 L^p 函数 d_{jr} 在 $L^p(\Omega, \mathbb{R})$ 中满足

$$d(u_i(x), Q_{j_r}) \to d_{j_r}(x).$$

对所有 (j,r) 我们也假定对几乎所有 x (借助于取子序列)

$$d(u_i(x), Q_{j_r}) \to d_{j_r}(x) < \infty.$$

我们断言对所有 (j,r), 对这样的 x 存在唯一的点 $u(x) \in X$ 满足

$$d(u(x), Q_{j_r}) = d_{j_r}(x).$$

为了说明为何如此, 像上面一样固定一个 x 以及满足 $j > d_{01}(x)$ 的 j. 然后取 i_0 使 $i \geqslant i_0$, 则意味着

$$|d(u_i(x), Q_{j_r}) - d_{j_r}(x)| < \frac{1}{j}, \qquad r = 1, \cdots, N_j.$$
$$d(u_i(x), Q) < j.$$

根据构造点列 $\{Q_{jr}\}$ 的方法, 存在一个 $r = r(x,j)$, 使

$$d(u_{i_0}(x), Q_{jr(x,j)}) < \frac{1}{j}.$$

从三角不等式可得

$$d(u_i(x), Q_{jr(x,j)}) < \frac{3}{j}, \qquad i \geqslant i_0. \tag{1.13 i}$$

这个估计说明点列 $\{Q_{jr(x,j)}\}$ 是 Cauchy 序列以及 $u(x)$ 是它的极限.

函数 u 显然是可测的(具有分离的值域), 且根据构造对几乎所有 x,

$$u_i(x) \to u(x).$$

根据 Fatou 引理,

$$\int_\Omega d^p(u(x), Q) d\mu(x) \leqslant \liminf_{i\to\infty} \int_\Omega d^p(u_i(x), Q) d\mu(x) \leqslant C,$$

因而 $u \in L^p(\Omega, X)$. 根据下半连续性 (定理 1.6.1) u 是一个有限能量映照, 且 $E^u \leqslant C$. 利用三角不等式,

$$d^p(u_i(x), u(x)) \leqslant 2^p d^p(u_i(x), Q) + 2^p d^p(u(x), Q).$$

根据构造, 右端的序列在 $L^1(\Omega, \mathbb{R})$ 中收敛于函数 $2^{p+1} d^p(u(x), Q)$. 根据熟知的 Lebesgue 控制收敛定理的推广得到

$$\int_\Omega d^p(u_i(x), u(x)) d\mu \to 0,$$

因而, 在 $L^p(\Omega, X)$ 中 $u_i \to u$. □

§2. 到非正曲率度量空间的调和映照

在 §2.1 我们回顾非正曲率 (NPC) 度量空间的意义. 这个定义是利用和欧氏空间的三角形比较来给出的, 这就推广了 Riemann 流形中非正曲率的概念 (在单连通的情形). 我们回顾一些有用的四边形比较不等式, 它们出现在 Y. G. Reshetnyak [Re] 的文章中. 为了研究调和映照问题, 我们将NPC 定义的推论和第一节中的 $W^{1,2}(\Omega, X)$ Sobolev 空间理论结合起来. 在 §2.2 我们研究 Dirichlet 问题, 即对给定的迹寻找一个对 $p=2$ 的 Sobolev 能量的 $W^{1,2}(\Omega, X)$ 驻点映照 (在具有相同迹的 $W^{1,2}(\Omega, X)$ 映照中). 我们证明存在一个唯一的解, 并且它的能量是所有可允许能量函数中的极小值. 事实上, NPC 的假定意味着能量泛函关于有限能量映照的自然测地同伦是近似凸的. 这个凸性用来说明极小化序列在 $L^2(\Omega, X)$ 中是 Cauchy 序列, 即应用了找调和函数的 Dirichlet 原理的恰当推广. 和经典的情形一样, 凸性也意味着唯一性结果. 我们这里给出了一般的、优美的、简洁的证明, 这表明我们找到了它们表述的合适框架. 我们将能量的正确定义 (利用距离) 和距离比较结果 (从 NPC 假定得到) 结合起来, 取代通常论证中用的一阶导数表示以及仅包含 (第零阶) 距离不等式. 在 §2.2 中的存在性定理用到了目标流形的完备性而没用到任何局部紧性. 这在后继工作中的应用是重要的, 例如目标流形是 $L^2(M, X)$ 的情形, 其中 M 是 Riemann 流形而 X 是 NPC 空间 (这种目标流形也是 NPC).

在第一节我们描述了一个映照 $u \in W^{1,2}(\Omega, X)$ 对固定的向量场 $Z \in \Gamma T(\bar{\Omega})$ 如何诱导可积的有向能量函数 $|u_*(Z)|^2(x)$. 在 §2.3 我们证明 NPC 假定的推论是那些有向能量函数满足平行性公理, 即

$$|u_*(Z+W)|^2 + |u_*(Z-W)|^2 = 2|u_*(Z)|^2 + 2|u_*(W)|^2.$$

因而存在一个非负可积张量 π, 它推广了到 Riemann 目标流形 (N, h) 映照的拉回度量 u^*h 的概念, 从而 $p=2$ 的 Sobolev 能量密度函数 $|\nabla u|^2$ 在局部坐标中被

$$|\nabla u|^2 = g^{ij}\pi_{ij}$$

所给出. 内积 π 在理解到 NPC 空间的调和映照结构, 以及对刚性理论应用都起重要的作用.

为证明到 NPC 空间的调和映照的内 Lipschitz 连续性, 我们可按照 [GS] 的方法, 如有必要对各种论证进行推广. 在 §2.4 我们用证明 $\Delta|\nabla u|^2$ 的经典 Bochner 不等式的一个(弱) 形式来导出这个正则性, 这个 Bochner 不等式意味

着 $|\nabla u|^2$ 事实上是次调和的. 在调和函数情形, 这个不等式能由能量积分的有限差分技巧所得到. (当然, 在形式上只是计算 $\Delta|\nabla u|^2$.) 这个技巧包含将解 u 沿自身平移方向收缩, 估计能量的变化, 并注意到它必须是非负的. 这些思想推广到 NPC 的框架, 并蕴涵相同的 Bochner 不等式.

在 §2.5 我们回顾如何构造到 NPC 空间映照 (关于不同重量的) 的质心. 为了导出不同映照 (关于不同重量) 的质心间距离的定量估计, 我们用 [Re] 的四边形比较法. 将这些估计积分, 能用能量的平均来估计映照平均的能量. 在 §2.6 中我们研究等变调和映照问题. 我们指出在某些情形如何构造有限能量的初始映照, 如何将 Dirichlet 问题的解与 §2.5 中的平均化技巧结合起来, 用来产生具有 (局部) 一致 Lipschitz 控制的极小化序列. 这种方法类似于, 但技术上不同于 Perron 找调和函数的方法. 我们以 §2.7 结束本文, 其中我们指出如何解到 NPC 覆盖空间调和映照的同伦问题; 我们给出了 Eells-Sampson [ES] 的经典结果的自然推广.

§2.1 非正曲率度量空间

一个完备的度量空间 (X,d) 如果满足下列两条件, 就称为非正曲率的 (NPC):

1 (X,d) 是一个长度空间. 即对 X 中的任何两个点 P, Q, 距离 $d(P,Q)$ 被连接 P 到 Q 的一条可求长曲线的长度所实现. (我们称实现距离的曲线为测地线.)

2 对 X 中的任何三点 P, Q, R 以及选取连接对应点的测地线 $\gamma_{P,Q}$ (长度为 r)、$\gamma_{Q,R}$ (长度为 p) 和 $\gamma_{R,P}$ (长度为 q), 下列比较性质保持: 对任何 $0<\lambda<1$, 记 Q_λ 为 $\gamma_{Q,R}$ 上的点, 它是 Q 到 R 距离分比为 λ 的点. 即

$$d(Q_\lambda,Q)=\lambda p,\ d(Q_\lambda,R)=(1-\lambda)p. \tag{2.1 i}$$

在欧氏三角形 (可能退化) 上, 三角形的边长为 p, q, r, 对角顶点为 $\bar{P}$, $\bar{Q}$, $\bar{R}$, 有对应点

$$\overline{Q}_\lambda=\overline{Q}+\lambda(\overline{R}-\overline{Q}).$$

NPC 假定就是度量空间距离 $d(P,Q_\lambda)$ (从 Q_λ 到它对角顶点的距离) 以欧氏距离 $|\overline{P}-\overline{Q}_\lambda|$ 为上界. 这个不等式能精确地写为

$$d^2(P,Q_\lambda)\leqslant(1-\lambda)d^2(P,Q)+\lambda d^2(P,R)-\lambda(1-\lambda)d^2(Q,R). \tag{2.1 ii}$$

利用逐次再分割, 我们看到从 $\lambda=\frac{1}{2}$ 时的比较性质可证明对所有 $0<\lambda<1$ 的比较性质.

上述性质 2 的简单推论是 NPC 空间中的测地线是唯一的. 事实上, 如果 γ_1, γ_2 是两条从 Q 到 R 的测地线, 取 γ_1 上的点 P, 在 Q 到 R 的分比为 μ 处. 取 $\lambda=\mu$ 并和上面一样(在 γ_2 上) 构造 Q_μ. 根据构造, 欧氏空间的比较三角形一定退化为一条直线, 因而 $\overline{P}=\overline{Q}_\mu$, 即 $d(\overline{P},\overline{Q}_\mu)=0$. 比较性质 2 意味着 $d(P,Q_\mu)=0$ 也成立. 由于 μ 是任意的, 我们得到测地线 γ_1 和 γ_2 相重合. 至少在 X 是局部紧空间的情形, 测地线的唯一性的简单推论是 NPC 空间 X 一定是单连通的. 反过来, 熟知的事实是 (用 Jacobi 场方法分析) 任何完备单连通的具有非正截面曲率的 Riemann 流形是 NPC 空间的一个例子. (定义两点间距离为连接该两点的曲线长度的下确界.) 存在许多非 Riemann 的 NPC 空间的例子, 例如, 树 (trees), 欧氏建筑 (Euclidean Buildings), Hilbert 空间, 以及其他无限维对称空间. 又比如 X 是 NPC 以及 (M,g) 是一个有限体积的 Riemann 流形, 那么, $L^2(M,X)$ 也是 NPC.

NPC 假定的一个有用结论是四边形比较性, 对此我们现在来描述. 那些结果以实质上更一般的定理中的引理出现在 Reshetnyak [Re] 的论文中, 为完备起见, 我们在这里给出它们的证明.

设 $\{P,Q,R,S\}$ 是 (X,d) 中四个点的有向序列. 我们说 $\{P,Q,R,S\}$ 是可次嵌入 $\mathbb{R}^2$ 中的, 如果存在一个有向序列

$$\{\overline{P},\overline{Q},\overline{R},\overline{S}\}\subset\mathbb{R}^2$$

满足

$$\begin{aligned}&d(P,Q)=|\overline{P}-\overline{Q}|,\ d(Q,R)=|\overline{Q}-\overline{R}|,\\&d(R,S)=|\overline{R}-\overline{S}|,\ d(S,P)=|\overline{S}-\overline{P}|,\\&d(P,R)\leqslant|\overline{P}-\overline{R}|,\ d(Q,S)\leqslant|\overline{Q}-\overline{S}|.\end{aligned}\tag{2.1 iii}$$

在上述结构中我们称 $\{\overline{P},\overline{Q},\overline{R},\overline{S}\}$ 是 $\{P,Q,R,S\}$ 的一个次嵌入. (如果任何点集在 $\mathbb{R}^2$ 中有对应的点集, 使每对点间的距离和对应点间的距离相等, 我们称欧氏点集是度量空间点集的一个嵌入.) 如果一个度量空间对每个四点的有向序列能次嵌入到 $\mathbb{R}^2$ 中, 我们称度量空间 (X,d) 这样的性质为次嵌入性质.

定理 2.1.1 一个距离空间是 NPC 的充要条件是它满足上述次嵌入性质. 事实上, 如果 (X,d) 是 NPC, 那么, 总能对 $\{P,Q,R,S\}$ 选取一个次嵌入 $\{\bar{P},\bar{Q},\bar{R},\bar{S}\}$ 使欧氏序列构成凸平行四边形的相继顶点.

证明 假定 (X,d) 满足次嵌入性质. 设 $\{P,Q,R\}\subset X$ 以及 $0<\lambda<1$. 如上面 2 中讨论的一样构造 Q_λ. 那么, $\{P,Q,Q_\lambda,R\}$ 有一个次嵌入 $\{\bar{P},\bar{Q},\bar{Q}_\lambda,\bar{R}\}\subset\mathbb{R}^2$. 从 (2.1i) 和 (2.1iii) 我们得到 $\bar{Q}_\lambda$ 落在连接 $\bar{Q}$ 和 $\bar{R}$ 的线段上, 即

$$\overline{Q}_\lambda=\overline{Q}+\lambda(\overline{R}-\overline{Q}).$$

因此, 次嵌入假定 (2.1iii) $d(P,Q_\lambda)\leqslant|\bar{P}-\bar{Q}_\lambda|$ 恰好是三角形比较性质 2 成立所要求的. 从而 (X,d) 是 NPC.

反之, 设 (X,d) 是 NPC. 令 $\{P,Q,R,S\}\subset X$ 被给定. 对点列 $\{P,Q,S\}$ 和 $\{Q,R,S\}$ 分别构造欧氏嵌入$\{\bar{P},\bar{Q},\bar{S}\}$ 以及 $\{\bar{Q},\bar{R},\bar{S}\}$, 我们能构造那些嵌入使所得到的三角形具有公共边 $\overline{QS}$, 并使 $\bar{P}$ 和 $\bar{R}$ 落在那条边的两边.

情形 I: 具有相继顶点的 $\{\bar{P},\bar{Q},\bar{R},\bar{S}\}$ 的平行四边形是凸的. 在这种情形我们断言 $d(P,R)\leqslant|\bar{P}-\bar{R}|$ 从而我们有一个适当的次嵌入. 为证实这一断言, 考虑对角线 $\overline{PR}\subset\mathbb{R}^2$. 它交 $\overline{QS}$ 于一点

$$\overline{Q}_\lambda=\overline{Q}+\lambda(\overline{S}-\overline{Q}).$$

考虑连接 Q 到 S 测地线 (在 X 中) 上的对应点 Q_λ. 那么, 从三角不等式和 NPC 假定我们有

$$\begin{aligned}d(P,Q)&\leqslant d(P,Q_\lambda)+d(Q_\lambda,R)\\&\leqslant|\overline{P}-\overline{Q}_\lambda|+|\overline{Q}_\lambda-\overline{R}|\\&=|\overline{P}-\overline{R}|.\end{aligned}$$

这就证明了断言.

情形 II: 具有相继顶点 $\{\bar{P},\bar{Q},\bar{R},\bar{S}\}$ 的四边形不是凸的. 由于欧氏四边形内角和是 2π, 内角 $\angle\bar{P}\,\bar{Q}\,\bar{R}$, $\angle\bar{R}\,\bar{S}\,\bar{P}$ 之一恰大于 π. 我们假定 (否则重新记那些顶点) $\angle\bar{P}\,\bar{Q}\,\bar{R}>\pi$. 取适当的坐标系, 使 $\bar{R}=(0,0)$, $\bar{P}=(0,a)$, $a>0$, 并且 $\bar{Q}$ 以及 $\bar{S}$ 落在 y 轴的右边 (且 $\bar{S}$ 离 y 更右边).

情形 IIa: $d(P,R)\leqslant|\bar{P}-\bar{R}|$. 在这种情形, 我们的点是次嵌入. 如果我们将 $\bar{Q}$ 关于 y 轴反射使 $|\bar{Q}-\bar{S}|$ 距离增加并使其余 5 对点的距离不变. 这样, 我们产生了一个凸次嵌入.

情形 IIb: $d(P,R)>|\bar{P}-\bar{R}|$. 在这种情形, 我们没有次嵌入. 如果我们提升 $\bar{P}$ (增加 a), 并保持 $\bar{R}=(0,0)$ 不变, 那么, $\bar{Q}$, $\bar{S}$ 一定按唯一的方式改动, 如

果我们要求

$$d(\overline{P},\overline{Q}),\qquad d(\overline{Q},\overline{R}),$$
$$d(\overline{P},\overline{S}),\qquad d(\overline{S},\overline{R})$$

保持不变. 应用初等几何能知道对角距离 $|\bar{Q}-\bar{S}|$ 随 a 增加而增加. (通过研究被序列 $\{\bar{P},\bar{Q},\bar{R},\bar{S}\}$ 决定的四边形其他两个内角改变的比例, 可以说明内角 $\angle\bar{Q}\,\bar{R}\,\bar{S}$, $\angle\bar{S}\,\bar{P}\,\bar{Q}$ 关于 a 是递增的.) 我们不断增加 a 直到 $d(P,R)=|\bar{P}-\bar{R}|$. 由于在这种情形

$$d(P,R)\leqslant d(P,Q)+d(Q,R)=|\overline{P}-\overline{Q}|+|\overline{Q}-\overline{R}|=|\overline{P}-\overline{R}|,$$

上述情形必在 $\bar{Q}$ 碰到 y 轴时发生. 这样对 $0<a\leqslant d(P,R)$ 我们得到一个次嵌入, 并且用情形 IIa 中的反射, 可以假定点 $\{\bar{P},\bar{Q},\bar{R},\bar{S}\}$ 是凸四边形的相继顶点.

□

定理 2.1.2 设 (X,d) 是 NPC 空间. 设 $\{P,Q,R,S\}\subset X$ 是一组有向序列并设 $\{\bar{P},\bar{Q},\bar{R},\bar{S}\}\subset\mathbb{R}^2$ 是其次嵌入. 设 $0\leqslant\lambda,\ \mu\leqslant 1$ 被给定. 定义 P_λ 是从 P 到 S (在测地线 $\gamma_{P,S}$ 上) 的分比为 λ 的点. 设 Q_μ 是从 Q 到 R (沿对边测地线 $\gamma_{Q,R}$) 分比为 μ 的点. 构造欧氏空间的对应点

$$\overline{P}_\lambda=(1-\lambda)\overline{P}+\lambda\overline{S},\quad \overline{Q}_\mu=(1-\mu)\overline{Q}+\mu\overline{R}.$$

那么,

$$d(P_\lambda,Q_\mu)\leqslant|\overline{P}_\lambda-\overline{Q}_\mu|.$$

证明 反复应用三角形比较性质可得到这个估计. 作为第一步, 我们断言

$$d(P,Q_\mu)\leqslant|\overline{P}-\overline{Q}_\mu|.$$

事实上, 应用适当的欧氏恒等式以及三角形比较性质(2.1ii), 我们可估计对应的长度:

$$\begin{aligned}|\overline{P}-\overline{Q}_\mu|^2&=(1-\mu)|\overline{P}-\overline{Q}|^2+\mu|\overline{P}-\overline{R}|^2-\mu(1-\mu)|\overline{Q}-\overline{R}|^2\\&\geqslant(1-\mu)d^2(P,Q)+\mu d^2(P,R)-\mu(1-\mu)d^2(Q,R)\\&\geqslant d^2(P,Q_\mu).\end{aligned}$$

类似地,

$$d(S,Q_\mu)\leqslant|\overline{S}-\overline{Q}_\mu|.$$

最后用比较性质, 我们有估计

$$\begin{aligned}|\overline{P}_\lambda - \overline{Q}_\mu|^2 &= (1-\lambda)|\overline{P} - \overline{Q}_\mu|^2 + \lambda|\bar{S} - \bar{Q}_\mu|^2 - \lambda(1-\lambda)|\overline{P} - \overline{S}|^2 \\ &\geqslant (1-\lambda)d^2(P, Q_\mu) + \lambda d^2(S, Q_\mu) - \lambda(1-\lambda)d^2(P, S) \\ &\geqslant d^2(P_\lambda, Q_\mu).\end{aligned}$$

□

推论 2.1.3 将距离函数 $d(T,U)$ 简记为 d_{TU}. 对有向序列 $\{P,Q,R,S\} \subset X$, 定义如定理 2.1.2 中的测地插值点 P_λ, Q_μ, 那么对任何 $0 \leqslant \alpha,\ t \leqslant 1$, 下列估计成立:

$$\begin{aligned}d^2(P_t, Q_t) \leqslant{}& (1-t)d_{PQ}^2 + td_{RS}^2 \\ &-t(1-t)(\alpha(d_{SP} - d_{QR})^2 + (1-\alpha)(d_{RS} - d_{PQ})^2).\end{aligned} \tag{2.1 iv}$$

$$\begin{aligned}d^2(Q_t, P) + d^2(Q_{1-t}, S) \leqslant{}& d_{PQ}^2 + d_{RS}^2 + t(d_{SP}^2 - d_{QR}^2) + 2t^2 d_{QR}^2 \\ &-t(\alpha(d_{SP} - d_{QR})^2 + (1-\alpha)(d_{RS} - d_{PQ})^2).\end{aligned} \tag{2.1 v}$$

在 (2.1v) 中 $t=1$ 时, 我们得到平行四边形不等式:

$$\begin{aligned}d_{PR}^2 + d_{QS}^2 \leqslant{}& d_{PQ}^2 + d_{QR}^2 + d_{RS}^2 + d_{SP}^2 \\ &-\alpha(d_{SP} - d_{QR})^2 - (1-\alpha)(d_{RS} - d_{PQ})^2.\end{aligned} \tag{2.1 vi}$$

证明 给定 $\{P,Q,R,S\} \subset X$, 我们取一个次嵌入 $\{\bar{P}, \bar{Q}, \bar{R}, \bar{S}\} \subset \mathbb{R}^2$, 并取 A, B, C, D 是指向欧氏四边形相继顶点的有向向量, 即

$$A = \overline{Q} - \overline{P}, \qquad B = \overline{R} - \overline{Q},$$
$$C = \overline{S} - \overline{R}, \qquad D = \overline{P} - \overline{S}.$$

我们有欧氏恒等式

$$\begin{aligned}|\overline{P}_t - \overline{Q}_t|^2 &= \frac{1}{2}|t(B+D) + A|^2 + \frac{1}{2}|(1-t)(B+D) + C|^2 \\ &= t|C|^2 + (1-t)|A|^2 - t(1-t)|B+D|^2.\end{aligned} \tag{2.1 vii}$$

其中, 我们省略某些中间计算, 只是反复应用事实 $A+B+C+D=0$. 因为 $|A+C| = |B+D|$ 控制 $||C|-|A||$ 以及 $||D|-|B||$, 次嵌入假设、定理 2.1.2 以及 (2.1vii) 结合起来就得到 (2.1iv).

另一个欧氏恒等式 (对 $A+B+C+D=0$) 是

$$\begin{aligned}|tB + A|^2 + |tB + C|^2 ={}& |A|^2 + |C|^2 + t^2|B|^2 \\ &+ t(|D|^2 - |B|^2) - t|B+D|^2.\end{aligned} \tag{2.1 viii}$$

由它推出 (2.1v), 然后令 $t=1$ 就得到 (2.1vi). □

§2.2 Dirichlet 问题的解

为了说明下面证明的一般存在和唯一性定理的意义, 我们首先回顾 $X=\mathbb{R}$ 的经典情形的 Dirichlet 变分原理 (一般情形的证明将和经典情形证明是类似的). 设 (Ω, g) 是 Riemann 区域. 给定一个映照 $\phi \in W^{1,2}(\Omega, \mathbb{R})$, 我们考虑闭凸子集

$$W_\phi^{1,2}(\Omega, \mathbb{R}) = \{u \in W^{1,2}(\Omega, \mathbb{R}) \mid u - \phi \in W_0^{1,2}(\Omega, \mathbb{R})\}.$$

($W_0^{1,2}(\Omega, \mathbb{R})$ 已在 (1.12.2) 中讨论过.) 调和函数 u 是 Dirichlet 积分关于小 $W_0^{1,2}(\Omega, \mathbb{R})$ 扰动的临界点. 事实上, 存在唯一的临界点 $u \in W_\phi^{1,2}(\Omega, \mathbb{R})$, 并且正如下面论证中说明的, 它是那类中唯一的能量极小映照. 定义

$$E_0 = \inf_{v \in W_\phi^{1,2}(\Omega, \mathbb{R})} \int_\Omega |\nabla v|^2.$$

对 u, $v \in W^{1,2}(\Omega, \mathbb{R})$, 回顾平行四边形恒等式:

$$\int_\Omega \left|\nabla\left(\frac{u+v}{2}\right)\right|^2 d\mu + \int_\Omega \left|\nabla\left(\frac{u-v}{2}\right)\right|^2 d\mu = \frac{1}{2}\int_\Omega |\nabla u|^2 d\mu + \frac{1}{2}\int_\Omega |\nabla v|^2 d\mu. \quad (2.2\,\mathrm{i})$$

取极小化序列 $\{u_i\} \subset W_\phi^{1,2}(\Omega, \mathbb{R})$, 即对应的 Dirichlet 积分收敛于 E_0. 在 (2.2i) 中取 $u = u_i$, $v = v_j$. 当 i, $j \to \infty$ 时 (2.2i) 的右端收敛于 E_0. 由于 $\frac{u+v}{2} \in W_\phi^{1,2}(\Omega, \mathbb{R})$, (2.2i) 的左端第一项至少是 E_0. 对极小化序列我们有

$$\lim_{i,j \to \infty} \int_\Omega |\nabla(u_i - u_j)|^2 = 0.$$

但是 $u_i - u_j \in W_0^{1,2}(\Omega, \mathbb{R})$ 并对 $v \in W_0^{1,2}(\Omega, \mathbb{R})$ 有 Poincaré 不等式

$$\int_\Omega v^2 d\mu \leqslant C(\Omega) \int_\Omega |\nabla v|^2 d\mu. \quad (2.2\,\mathrm{ii})$$

因而也有

$$\lim_{i,j \to 0} \int_\Omega (u_i - u_j)^2 d\mu = 0.$$

这样, $\{u_i\}$ 按 $W^{1,2}$ 模是 Cauchy 序列, 它收敛于能量为 E_0 的映照 $u \in W_\phi^{1,2}$. 如果 v 是任何其他可允许函数, 那么, $v_t = (1-t)u + tv$ 是可允许函数族并且 (2.2i) 意味着 Dirichlet 积分是 t 的严格凸函数 (除非 $u = v$). 这个凸函数在 $t = 0$ 时导数为零, 它的导数在 $t = 1$ 时一定是非零的, 所以, 不可能有另外的调和映照 $v \in W_\phi^{1,2}$.

我们现在来证明一般的定理.

定理 2.2.1 设 (Ω, g) 是一个 Lipschitz Riemann 区域, 而 (X, d) 是 NPC 度量空间. 设 $\phi \in W^{1,2}(\Omega, X)$. 定义

$$W_{\phi}^{1,2} = \{u \in W^{1,2}(\Omega, X) | \operatorname{Tr}(u) = \operatorname{Tr}(\phi)\}.$$

那么, 存在唯一的映照 $u \in W_{\phi}^{1,2}$, 它对 $p = 2$ 的 Sobolev 能量是驻点映照. 事实上, u 的能量满足

$$E^u = E_0 \equiv \inf_{v \in W_{\phi}^{1,2}} E^v.$$

(注意: E 在本节的定义和 (1.10v) 相一致, 而和第一节的定义相差一个常数因子.)

证明 设 $u,\ v \in W^{1,2}(\Omega, X)$. 那么, 有一个上面考虑的映照 $\frac{u+v}{2}$ 的自然类比, 即我们定义 $w(x)$ 是连接 $u(x)$ 和 $v(x)$ 的测地线的中点. 容易验证 $w \in L^2(\Omega, X)$.

如果 $x,\ y \in \Omega$, 我们考虑序列 $\{u(y), u(x), v(x), v(y)\} \subset X$. 在推论 2.1.3 的 (2.1iv) 中令 $t = \frac{1}{2}$ 以及 $\alpha = 1$, 我们得到

$$\begin{aligned} 2d^2(w(x), w(y)) \leqslant\ & d^2(u(x), u(y)) + d^2(v(x), v(y)) \\ & -\frac{1}{2}(d(u(y), v(y)) - d(u(x), v(x)))^2. \end{aligned} \tag{2.2 iii}$$

用 $f(x)$ 乘以 (2.2iii) (这里 $f \geqslant 0$ 以及 $f \in C_c(\Omega)$), 那么, 积分并在 $\Omega \times \Omega$ 的子集 $|x - y| < \varepsilon$ 上取平均 (如在 (1.3) 中一样), 我们首先得到 $w \in W^{1,2}(\Omega, X)$. 从定理 1.12.2 我们得到 w 有迹 ϕ, 从而是可容许函数. 对任何 $f \in C_c(\Omega)$, $f \geqslant 0$, 我们也有

$$2\int_{\Omega} f|\nabla w|^2 \leqslant \int_{\Omega} f|\nabla u|^2 + \int_{\Omega} f|\nabla v|^2 - \frac{1}{2}\int_{\Omega} f|\nabla d(u, v)|^2 d\mu.$$

(我们已用了定理 1.6.2.) 因而, 我们有 (2.2i) 的类似关系式

$$2E^{\omega} \leqslant E^u + E^v - \frac{1}{2}\int_{\Omega} |\nabla d(u, v)|^2 d\mu. \tag{2.2 iv}$$

现在设 $\{u_i\} \subset W_{\phi}^{1,2}$ 是极小化序列. 从 (2.2iv) 可见

$$\lim_{i,j \to \infty} \int_{\Omega} |\nabla d(u_i, u_j)|^2 d\mu = 0.$$

由于 $d(u_i, u_j) \in W_0^{1,2}(\Omega, \mathbb{R})$ (定理 1.12.2), Poincaré 不等式 (2.2 ii) 成立并且我们得到 $\{u_i\}$ 在 $L^2(\Omega, X)$ 中收敛于极限函数 u. 根据定理 1.12.2, 我们有 $u \in W_{\phi}^{1,2}$,

所以根据半连续性 (1.6.1), 我们也有 $E^u = E_0$. 如果 v 是任何可容许函数, 那么, 我们可定义单参数 L^2 函数 u_t, 根据定义, $u_t(x)$ 是从 $u(x)$ 到 $v(x)$ 测地线上分比为 t 的点. 在 (2.1iv) 中令 $\alpha = 1$, 我们有

$$
\begin{aligned}
d^2(u_t(x), u_t(y)) \leqslant (1-t)d^2(u(x), u(y)) + td^2(v(x), v(y))& \\
-t(1-t)(d(u(y), v(y)) - d(u(x), v(x)))^2.&
\end{aligned} \tag{2.2 v}
$$

和上面一样, 每个 $u_t \in W^{1,2}_\phi$, 并且

$$
E^{u_t} \leqslant (1-t)E^u + tE^v - t(1-t)\int_\Omega |\nabla d(u, v)|^2. \tag{2.2 vi}
$$

所以, 如果 $u \neq v$, 函数 E^{u_t} 是严格凸的. 因为它在 $t = 0$ 时有一个极小点, 在 $t = 1$ 时是严格增加的, 所以, 其他可容许函数 v 都不是调和的. □

§2.3 拉回内积 π

我们来证明引言中讨论的平行四边形恒等式, 并且讨论所得到的 L^1 张量 π.

引理 2.3.1 设 (Ω, g) 是一个 Riemann 区域, 而 (X, d) 是 NPC 度量空间. 如果 $u \in W^{1,2}(\Omega, X)$, 那么, 对任何 Z, $W \in \Gamma(T\bar{\Omega})$, 下列平行四边形恒等式成立:

$$
|u_*(Z+W)|^2 + |u_*(Z-W)|^2 = 2|u_*(Z)|^2 + 2|u_*(W)|^2.
$$

证明 我们将平行四边形不等式 (2.1vi) 关于非负函数 $f \in C_c(\Omega)$ 逐点积分如下. 对固定的 $\varepsilon > 0$, 以及对 Ω (充分) 内部的每一点 x, 记

$$
x_1(\varepsilon) = x + \varepsilon Z(x), \qquad x_2(\varepsilon) = x + \varepsilon(Z+W)(x),
$$
$$
x_3(\varepsilon) = x + \varepsilon W(x).
$$

那么, 我们有:

$$
\begin{aligned}
\int_\Omega f(x)\Big\{&\frac{d^2(u(x), u(x_2(\varepsilon)))}{\varepsilon^2} + \frac{d^2 u(x_1(\varepsilon), u(x_3(\varepsilon)))}{\varepsilon^2} \\
&-\frac{d^2(u(x), u(x_1(\varepsilon)))}{\varepsilon^2} - \frac{d^2(u(x_2(\varepsilon)), u(x_1(\varepsilon)))}{\varepsilon^2} \\
&-\frac{d^2(u(x_3(\varepsilon)), u(x_2(\varepsilon)))}{\varepsilon^2} - \frac{d^2(u(x_3(\varepsilon)), u(x))}{\varepsilon^2}\Big\}d\mu \leqslant 0.
\end{aligned}
$$

我们断言当 $\varepsilon \to 0$ 时, 这表达式收敛于不等式

$$\int_{\Omega} f(|u_*(Z+W)|^2 + |u_*(Z-W)|^2 - 2|u_*(Z)|^2 - 2|u_*(W)|^2)d\mu \leqslant 0.$$

为此, 比如考虑第二项. 将坐标系从 x 变到 $y = x_3(\varepsilon) = x + \varepsilon W(x)$, 它就可改写成

$$\int_{\Omega} (f(y) + o(1)) \frac{d^2(u(y), u(y + \varepsilon((Z-W)(y) + o(1))))}{\varepsilon^2} (1 + C\varepsilon) d\mu(y).$$

这里, 第一个 $o(1)$ 项依赖于连续函数

$$\omega(f, \varepsilon|Z|_\infty)(y)$$

的模, 而第二个 $o(1)$ 依赖于 $Z - W$ 在 x 和 y 取值的差. 从定理 1.8.1 得到当 $\varepsilon \to 0$ 时这个积分收敛于

$$\int_{\Omega} f(x)|u_*(Z-W)|^2(x) d\mu(x).$$

从上面论证我们得到

$$|u_*(Z+W)|^2 + |u_*(Z-W)|^2 \leqslant 2|u_*(Z)|^2 + 2|u_*(W)|^2. \tag{2.3 i}$$

将 (2.3i) 应用于向量 $Z + W$ 以及 $Z - W$ 得到

$$|u_*(2Z)|^2 + |u_*(2W)|^2 \leqslant 2|u_*(Z+W)|^2 + 2|u_*(Z-W)|^2.$$

它恰为反向不等式. 平行四边形恒等式因而成立. □

对 $Z, W \in \Gamma T(\bar{\Omega})$ 我们定义

$$\pi(Z, W) \equiv \frac{1}{4}|u_*(Z+W)|^2 - \frac{1}{4}|u_*(Z-W)|^2. \tag{2.3 ii}$$

定理 2.3.2 上面定义的算子 π,

$$\pi : \Gamma(T\overline{\Omega}) \times \Gamma(T\overline{\Omega}) \to L^1(\Omega, \mathbb{R})$$

是连续的、对称的、双线性的张量式. 具体而言,

$$\begin{aligned} \pi(Z, Z) &= |u_*(Z)|^2 \geqslant 0, \\ \pi(Z, W) &= \pi(W, Z), \\ \pi(Z, hV + W) &= h\pi(Z, V) + \pi(Z, W) \qquad (h \in C^{0,1}(\overline{\Omega})). \end{aligned} \tag{2.3 iii}$$

如果 (Ω, g) 有局部坐标

$$(x^1, x^2, \cdots, x^n)$$

以及对应切空间的基

$$\{\partial_1, \cdots, \partial_n\},$$

我们记

$$\pi_{ij} = \pi(\partial_i, \partial_j).$$

那么, 对 $Z = Z^i\partial_i$ 以及 $W = W^j\partial_j$, 我们有

$$\pi(Z, W) = \pi_{ij}Z^iW^j. \tag{2.3 iv}$$

如果 $\psi : \Omega_1 \to \Omega$ 是 $C^{1,1}$ 映照, 那么, 记 $v = u \circ \psi$, 并且对应的算子记为 π_v, 我们有公式

$$(\pi_v)_{ij} = \pi_{lm}\psi^l_{,i}\psi^m_{,j}. \tag{2.3 v}$$

所以, 在局部坐标系中

$$|\nabla u|^2 = g^{ij}\pi_{ij}, \tag{2.3 vi}$$

其中 $[g^{ij}]$ (通常) 记为 Riemann 度量矩阵

$$[g_{ij}] = [\langle \partial_i, \partial_j \rangle]$$

的逆阵.

证明 从定义以及定理 1.11.1, 映照 π 显然是连续的. 用 $\langle Z, W\rangle$ 简记 $\pi(Z, W)$, 并记 $\langle Z, Z\rangle = |Z|^2$, 从定理 1.11.1 的比例性质我们看到, 对任何 $h \in C^{0,1}(\overline{\Omega})$,

$$|hZ|^2 = |h|^2|Z|^2. \tag{2.3 vii}$$

特别地, $|Z|^2 = |-Z|^2$. 我们可将平行四边形恒等式 (2.3.1) 写成通常的形式:

$$|Z + W|^2 + |Z - W|^2 = 2|Z|^2 + 2|W|^2.$$

如所熟知, 平行四边形恒等式等价于一个内积结构, 我们来说明这个等价的理由. 从表达式 $|Z+V+W|^2$ 开始, 我们用平行四边形恒等式将它用 $|Z+V-W|^2$ (以及 "长度" 一或二的和的平方) 表示, 然后用 $|Z - V - W|^2$ 表示, 最后用

$|-Z-V-W|^2$ 即 $|Z+V+W|^2$ 表示. 将所得到的恒等式对称化 (借助于平行四边形法则) 得到

$$\begin{aligned}|Z+V+W|^2 = 3(|Z|^2+|V|^2+|W|^2)\\ -(|Z-V|^2+|Z-W|^2+|V-W|^2).\end{aligned} \tag{2.3 viii}$$

这个简化公式以及定义 (2.3 ii) 意味着

$$\pi(Z,V+W)=\pi(Z,V)+\pi(Z,W).$$

相继应用这一线性可加性以及比例性, 得到对任何有理数 h,

$$\pi(Z,hW)=h\pi(Z,W). \tag{2.3 ix}$$

根据 π 的连续性, 我们得到 (2.3 ix) 对任何实数成立. 用 Ω 中单位分解的论证 (如同 (1.8 v) 的证明) 我们得到 (2.3 ix) 对 $h\in C^{0,1}(\overline{\Omega})$ 成立. 我们就此验证了 (2.3 iii).

断言 (2.3 iv) 是多次应用线性可加性的推论. 为得到链式法则, 我们从定理 1.11.1 注意到

$$\begin{aligned}\pi_v(\bar{\partial}_i,\bar{\partial}_i) &= |v_*(\bar{\partial}_i)|^2 = |u_*(\psi_*(\bar{\partial}_i))|^2\\ &= \pi(\psi^l_{,i}\partial_l,\psi^m_{,i}\partial_m)\\ &= \pi_{lm}\psi^l_{,i}\psi^m_{,i}.\end{aligned}$$

(这里我们用了 $\{\bar{\partial}_i\}$ 表示 Ω_1 中的基.) 因此 (2.3 v) 当 $i=j$ 时成立, 而将定义 (2.3 ii) 应用于 $\pi_v(\bar{\partial}_i,\bar{\partial}_j)$ 并且应用线性将得到一般的结果.

还剩下验证 (2.3 vi). 我们注意到函数 $|\nabla u|^2$ 以及 $g^{ij}\pi_{ij}$ 都是不依赖于坐标的选取, 前者因为定义, 而后者因为 π 和 g 的张量变换法则 (2.3 v). 现在, 如果 g 是欧氏度量 δ_{ij}, 那么, 从定理 1.10.1 以及归一化 (1.10 v) 我们有

$$|\nabla u|^2=\frac{1}{\omega_n}\int_{S^{n-1}}e_\omega(x)d\sigma(\omega).$$

记 $\omega=\omega^i\partial_i$ 并且应用 (2.3 iv) 我们看到

$$|\nabla u|^2=\frac{1}{\omega_n}\int_{S^{n-1}}\pi_{ij}\omega^i\omega^j d\sigma(\omega).$$

由于

$$\frac{1}{\omega_n}\int_{S^{n-1}}\omega^i\omega^j d\sigma(\omega)=\delta^{ij},$$

我们看到 (2.3 vi) 对欧氏度量成立. 一般的结果也成立, 因为在小邻域中我们总可选取几乎欧氏的局部坐标. 根据 $|\nabla u|^2$ 关于度量的连续性 (定理 1.11.1), 我们看到在这样的局部坐标图中 (2.3 vi) 几乎成立. 这样, 函数 $|\nabla u|^2$ 和 $g^{ij}\pi_{ij}$ 是任意接近的, 所以, 它们是相等的. □

§2.4 测地同伦和内 Lipschitz 连续性

关于 $\Delta|\nabla u|^2$ 的 Bochner 不等式告诉我们 $|\nabla u|^2$ 几乎是次调和的, 作为它的弱形式的一个推论, 本节推导 Dirichlet 问题解的内 Lipschitz 连续性. 利用这里给出的证明的改进, 我们在以后将推导精确得多的估计, 不仅对 $\Delta|\nabla u|^2$, 而且对 $\Delta\pi(V,V)$, 其中 V 是任何 Lipschitz 向量场.

为了给出一般定理的动机, 让我们回顾如何利用 (欧氏区域上调和函数) 经典理论中导出内梯度界时的有限差思想. 一般情形时的证明将遵循同样的思想, 但更为复杂, 既由于目标流形更一般, 也由于出发流形是非欧氏的. 由于我们不想对目标流形做任何线性结构的假定, 我们将强调我们的有限差证明, 表述为我们的解与其某紧致支集的扭曲间的能量不等式, 而在 NPC 框架下, 这种扭曲还是有意义的.

设 Ω 是欧氏区域, 且设 u 是如 2.2 节中 Dirichlet 问题的解. 设 $\eta \in C_0^\infty(\Omega)$, $\eta \geqslant 0$. 设 w 是小模长的常向量场, 定义

$$u_w(x) = u(x+w). \tag{2.4 i}$$

只要 $|w| < \operatorname{dist}(\operatorname{supp}(\eta), \partial\Omega)$, 函数 $(1-\eta)u + \eta u_w$ 就是可容许的比较函数, 我们有

$$\int_\Omega |\nabla u|^2 d\mu \leqslant \int_\Omega |\nabla((1-\eta)u + \eta u_w)|^2 d\mu. \tag{2.4 ii}$$

但由于 u_w 也是调和的, 我们有对称不等式

$$\int_{\Omega_w} |\nabla u_w|^2 d\mu \leqslant \int_{\Omega_w} |\nabla((1-\eta)u_w + \eta u)|^2. \tag{2.4 iii}$$

将这两个不等式相加, 消去零阶项, 且将关于 η 的一阶项和二阶项整理出来, 我们得到

$$\begin{aligned} 0 \leqslant & \int -\nabla\eta \cdot \nabla(u-u_w)^2 - 2\int \eta|\nabla(u-u_w)|^2 + 2\int |\nabla\eta|^2(u-u_w)^2 \\ & +2\int \eta^2|\nabla(u-u_w)|^2 + \int \nabla(\eta^2)\cdot\nabla(u-u_w)^2. \end{aligned} \tag{2.4 iv}$$

注意到二次项是良定的, 我们得到(当 $t \to 0^+$ 时借助于变分 $t\eta$)

$$0 \leqslant \int -\nabla\eta \cdot \nabla(u-u_w)^2 - 2\int \eta|\nabla(u-u_w)|^2. \tag{2.4 v}$$

而这恰恰表示

$$\Delta(u_w-u)^2 - 2|\nabla(u_w-u)|^2 \geqslant 0 \tag{2.4 vi}$$

的弱形式. (由于我们能考虑(t 为正以及 t 为负) 两边的变分, 我们现在事实上得到 (2.4 vi) 中的等式. 这对一般的 NPC 作为目标流形是不可能的.) 特别地, $(u-u_w)^2$ 是次调和的, 它在一个半径为 R 的球中心的取值被它在整个球上的平均值所控制. 根据近似能量泛函的单调性(或根据方向导数理论 (1.9)), 这个平均值以 $|w|^2E/R^n$ 的依赖于维数的常数倍为上界(其中 E 是映照 u 的能量). 我们得到 u 是 Lipschitz 连续的, 其常数依赖于到 Ω 边界的距离.

我们要指出, 如果考虑推移 tw 且 $t \to 0^+$, 我们能从 (2.4vi) 推导

$$\Delta|u_*(w)|^2 \geqslant 0$$

的弱形式. 然后, 在单位球面(或单位球) 的所有方向取平均, 我们得到

$$\Delta|\nabla u|^2 \geqslant 0$$

的弱形式. 从最后的不等式可导出 Lipschitz 估计, 这就是在非欧氏区域情形所遵循的策略. 在这种情形, 我们的证明由于不能取到 Killing 移动向量场(像上述 w) 而更为复杂, 因而在我们的估计中有误差项.

为了将上面的论证应用于到 NPC 空间的映照, 我们必须先证一些引理来说明映照 $(1-\eta)u+\eta u_w$ 在一般情形的类比具有良好的性质. 对 u_0, $u_1 \in W^{1,2}(\Omega, X)$, $0 \leqslant t \leqslant 1$ 以及 $x \in \Omega$, 定义 $u_t(x)$ 是从 $u_0(x)$ 到 $u_1(x)$ 测地线上分比为 t 的点.

引理 2.4.1 *设 (Ω, g) 是 Lipschitz Riemann 区域, (X, d) 是 NPC 度量空间. 设 u_0, $u_1 \in W^{1,2}(\Omega, X)$ 以及 $\eta \in C^{0,1}(\bar{\Omega})$ 是 Lipschitz 函数, $0 \leqslant \eta \leqslant 1$. 定义*

$$u_\eta(x) \equiv ((1-\eta)u_0 + \eta u_1)(x) \equiv u_{\eta(x)}(x).$$

那么, $u_\eta \in W^{1,2}(\Omega, X)$.

证明 这个引理从测地同伦下距离的凸性以及三角不等式立即得到. 事实上, 我们有估计

$$
\begin{aligned}
&d^2(u_{\eta(y)}(y), u_{\eta(x)}(x))\\
&\quad\leqslant 4d^2(u_{\eta(x)}(x), u_{\eta(x)}(y)) + 4d^2(u_{\eta(x)}(y), u_{\eta(y)}(y))\\
&\quad\leqslant 4[d^2(u_0(x), u_0(y))\\
&\qquad + d^2(u_1(x), u_1(y)) + (\eta(y)-\eta(x))^2 d^2(u_0(y), u_1(y))],
\end{aligned}
$$

这意味着 u_η 是一个有限能量映照. □

引理 2.4.2 设 u_0, u_1, η 同上且 $0 \leqslant \eta < \frac{1}{2}$. 用 π 的下标指出为计算特别的张量而正在用的映照. 那么, 看成双线性形式, 我们有下列各种 π 间的不等式:

$$
\pi_{u_\eta} + \pi_{u_{1-\eta}} \leqslant \pi_{u_0} + \pi_{u_1} - \nabla\eta \otimes d^2(u_0, u_1) + Q(\eta, \nabla\eta),
$$

其中 $Q(\eta, \nabla\eta)$ 由关于 η 以及 $\nabla\eta$ 二次的可积项组成.

证明 定义

$$
\eta_- = \min(\eta(x), \eta(y)), \qquad \eta^+ = \max(\eta(x), \eta(y)).
$$

如果 $\eta_- = \eta(y)$, 我们考虑有向序列

$$
\{u_{\eta_-}(y), u_{\eta_-}(x), u_{1-\eta_-}(x), u_{1-\eta_-}(y)\},
$$

取

$$
t = \frac{\eta(x)-\eta(y)}{1-2\eta(y)},
$$

并应用 (2.1 v). 在 $\eta_- = \eta(x)$ 的情形, 我们交换 x 和 y 的作用并且也应用 (2.1 v). 在两种情形我们导出

$$
\begin{aligned}
&d^2(u_\eta(y), u_\eta(x)) + d^2(u_{1-\eta}(y), u_{1-\eta}(x))\\
&\quad\leqslant d^2(u_{\eta_-}(y), u_{\eta_-}(x)) + d^2(u_{1-\eta_-}(y), u_{1-\eta_-}(x))\\
&\qquad - (\eta(y)-\eta(x))(d^2(u_0(y), u_1(y)) - d^2(u_0(x), u_1(x)))(1-2\eta(y))\\
&\qquad + 2(d^2(u_0(x), u_1(x)) + d^2(u_0(y), u_1(y)))\left(\frac{\eta(y)-\eta(x)}{1-2\eta(y)}\right)^2.
\end{aligned}
\tag{2.4 vii}
$$

从测地凸性的表述式 (2.1 v) 得到

$$
\begin{aligned}
&d^2(u_{\eta_-}(y), u_{\eta_-}(x)) + d^2(u_{1-\eta_-}(y), u_{1-\eta_-}(x))\\
&\qquad\leqslant d^2(u_0(y), u_0(x)) + d^2(u_1(y), u_1(x)).
\end{aligned}
\tag{2.4 viii}
$$

设 $Z \in \Gamma(T\bar{\Omega})$ 是一个 Lipschitz 向量场. 取 $y = \bar{x}(x, \varepsilon)$. 对非负函数 $f \in C_c(\Omega)$ 积分 (2.4 vii), 注意 (2.4 viii), 关于 ε 取平均, 并令 $\varepsilon \to 0$, 我们得到

$$\begin{aligned} &|(u_\eta)_*(Z)|^2 + |(u_{1-\eta})_*(Z)|^2 \\ &\quad \leqslant |(u_0)_*(Z)|^2 + |(u_1)_*(Z)|^2 - \eta_*(Z)(d^2(u_0, u_1))_*(Z) + Q(\eta, \nabla\eta), \end{aligned} \tag{2.4 ix}$$

这就是引理的断言. 在这一推导过程中我们已用到了 $d^2(u_0, u_1)$ 是实值 Sobolev 函数的事实(推论 1.6.3), 以及当 η 和 h 是两个 $W^{1,2}(\Omega, \mathbb{R})$ 函数, 那么, 测度 $\eta_*(Z)h_*(Z)d\mu$ 是下列表达式当 $\varepsilon \to 0$ 时的弱极限

$$\frac{(\eta(y) - \eta(x))(h(y) - h(x))}{\varepsilon^2} d\mu$$

(其中 $y = \bar{x}(x, \varepsilon)$). 这最后的事实从不等式

$$|(\eta + h)_*(Z)|^2 = |\eta_*(Z)|^2 + |h_*(Z)|^2 + 2\eta_*(Z)h_*(Z)$$

以及

$$\begin{aligned} &((\eta + h)(y) - (\eta + h)(x))^2 \\ &\quad = (\eta(y) - \eta(x))^2 + (h(y) - h(x))^2 + 2(\eta(y) - \eta(x))(h(y) - h(x)) \end{aligned}$$

立即得到. 这样, 引理的证明就完成了.

附注 2.4.3 在 Ω 是欧氏区域的情形, 我们能用引理 2.4.2 和本节开始给出的证明完全类似地讨论, 可得到调和映照在内部是 Lipschitz 连续的. 事实上, 取 w 为常向量场并且如 (2.4 i) 定义 $u_w(x)$. 那么, 引理 2.4.1 以及调和映照的极小性蕴涵着 (2.4 ii) 和 (2.4 iii) 都成立. 我们将这两个不等式相加并用引理 2.4.2 展开右端项. (对双线性型不等式取迹, 即将它用于基向量 ∂_i 并对 i 作和.) 这推出

$$\begin{aligned} \int_\Omega |\nabla u|^2 + \int_{\Omega_w} |\nabla u_w|^2 &\leqslant \int_\Omega |\nabla u_\eta|^2 + \int_{\Omega_w} |\nabla u_{1-\eta}|^2 \\ &\leqslant \int_\Omega |\nabla u|^2 + \int_{\Omega_w} |\nabla u_w|^2 - \int_\Omega \nabla d^2(u, u_w) \cdot \nabla\eta + \int_\Omega Q(\eta, \nabla\eta). \end{aligned}$$

和前面一样, 消去零阶项, 用 $t\eta$ 代替 η 并令 $t \to 0$, 我们导出弱次调和结果, 它相当于 (2.4 vi):

$$\Delta d^2(u, u_w) \geqslant 0.$$

这意味着内 Lipschitz 连续性. 这里要指出, 我们这里真正证明的事实是只要 u_0 和 u_1 关于同样的出发流形的度量是调和的, 那么, $d^2(u_0, u_1)$ 是次调和的.

但是, 对非欧氏出发流形我们必须估计得更精细. 特别地, 引入另外的可积张量是方便的. 在实值映照 u_0, u_1 的情形, 它对应于 $|(1-\eta)(u_0)_*(Z)+\eta(u_1)_*(Z)|^2$.

引理 2.4.4 给定 $u_0,\ u_1 \in W^{1,2}(\Omega, X)$ 以及 $\eta \in C(\Omega)$, $0 \leqslant \eta \leqslant 1$, 存在一个定义在子集 $\{0<\eta<1\} \subset \Omega$上的对称双线性可积张量 $\mathcal{P}(u_0, u_1, \eta)$ 如下: 对任何 $Z \in \Gamma(T\bar{\Omega})$,

$$\frac{d^2(u_{\eta(x)}(x), u_{\eta(x)}(\overline{x}(x,\varepsilon)))}{\varepsilon^2}d\mu \rightharpoonup \mathcal{P}(u_0,u_1,\eta)(Z,Z)d\mu.$$

证明 $\mathcal{P}$ 存在的原因是 $d^2(P_t, Q_t)$ 在测地线上的凸性 (2.1iv). 由于 d^2 总是非负的, 立即得到除了 $t=0,1$, 它是 Lipschitz 连续的. 事实上, 对 $0<s<t<1$ 我们有估计

$$\frac{s-t}{1-s}d^2(P_0,Q_0) \leqslant d^2(P_t,Q_t)-d^2(P_s,Q_s) \leqslant \frac{t-s}{1-t}d^2(P_1,Q_1). \tag{2.4 x}$$

现在设 $f \geqslant 0$ 是连续的且对 $\delta>0$ 它的支集在 $\{\delta<\eta(x)<1-\delta\}$ 中. 首先假定 $\eta \in C_0^\infty(\Omega)$. 给定任何 $\Delta t>0$, 我们将包含 f 支集的区间 $(\delta, 1-\delta)$ 分割为区间的集合 $\{(t_{i-1}, t_i]\}$, 使 t_i 是 η 的正则值, 并且分割的模(最大区间的长度) 至多是 Δt.

对 $Z \in \Gamma(T\bar{\Omega})$ 以及给定的 ε 和 x, 我们用 y 记 $\bar{x}(x,\varepsilon)$. 在这样的记号下, 定义:

$$\begin{aligned}
\mathcal{L}_\varepsilon(f) &= \int_\Omega f(x)\frac{d^2(u_{\eta(x)}(x), u_{\eta(x)}(y))}{\varepsilon^2}d\mu,\\
\Omega_i &= \{x | t_{i-1}<\eta(x) \leqslant t_i\},\\
\mathcal{L}_\varepsilon^i(f) &= \int_{\Omega_i} f(x)\frac{d^2(u_{t_i}(x), u_{t_i}(y))}{\varepsilon^2}d\mu,\\
\mathcal{L}^i(f) &= \int_{\Omega_i} f(x)|(u_{t_i})_*(Z)|^2 d\mu,\\
\mathcal{M}_\varepsilon(f) &= \int_\Omega f(x)\frac{d^2(u_0(x),u_0(y))+d^2(u_1(x),u_1(y))}{\varepsilon^2}d\mu,\\
\mathcal{M}(f) &= \int_\Omega f(x)(|(u_0)_*(Z)|^2+|(u_1)_*(Z)|^2)d\mu.
\end{aligned}$$

显然,

$$\lim_{\varepsilon\to 0}\mathcal{M}_\varepsilon(f)=\mathcal{M}(f).$$

由于 Ω_i 有光滑的边界, 容易说明

$$\lim_{\varepsilon\to 0}\mathcal{L}^i_\varepsilon(f)=\mathcal{L}^i(f).$$

从连续性估计 (2.4x), 我们得到

$$\begin{aligned}\sum_i \mathcal{L}^i_\varepsilon(f)-\frac{\Delta t}{\delta}\mathcal{M}_\varepsilon(f)&\leqslant \mathcal{L}_\varepsilon(f)\\&\leqslant \sum_i \mathcal{L}^i_\varepsilon(f)+\frac{\Delta t}{\delta}\mathcal{M}_\varepsilon(f).\end{aligned}\tag{2.4 xi}$$

在 (2.4xi) 中令 $\varepsilon\to 0$ 得到

$$\begin{aligned}\sum_i \mathcal{L}^i(f)-\frac{\Delta t}{\delta}\mathcal{M}(f)&\leqslant \liminf_{\varepsilon\to 0}\mathcal{L}_\varepsilon(f)\\&\leqslant \limsup_{\varepsilon\to 0}\mathcal{L}_\varepsilon(f)\leqslant \sum_i \mathcal{L}^i(f)+\frac{\Delta t}{\delta}\mathcal{M}(f).\end{aligned}\tag{2.4 xii}$$

因为 Δt 可以取得任意小, (2.4 xii) 意味着到泛函 $\mathcal{L}_\varepsilon$ 弱极限的存在性. 对应的测度关于 Lebesgue 测度是绝对连续的 (从 (2.1 iv)), 因而有 L^1 密度函数 $\mathcal{P}(u_0,u_1,\eta)$ (Z,Z). 因为泛函 $|(u_{t_i})_*(Z)|^2$ 从张量 π_{t_i} 得来, 具有双线性和对称张量的性质 (引理 2.4.1), $\mathcal{P}$ 也有这些性质.

如果 η 在 $C(\Omega)$ 中, 令 f, δ 同上且令 $\bar\eta\in C(\Omega)$, $|\eta-\bar\eta|_\infty<\frac{\delta}{2}$. 不等式 (2.4 x) 和 (1.4 vii) 蕴涵着

$$|\mathcal{L}^\eta_\varepsilon(f)-\mathcal{L}^{\bar\eta}_\varepsilon(f)|\leqslant\frac{2|\eta-\bar\eta|_\infty}{\delta}\mathcal{M}_\varepsilon(f)\leqslant\frac{2|\eta-\bar\eta|_\infty}{\delta}\mathcal{M}(f^C_\varepsilon).\tag{2.4 xiii}$$

用这个估计, 可以用光滑的 $\bar\eta$ 逼近连续的 η 来导出引理 2.4.4 的一般的结论. □

从上述函数 u_0,u_1,η 以及引理 2.4.4 中讨论的张量 $\mathcal{P}$, 我们定义另一个辅助张量 $\mathcal{C}\geqslant 0$ 为

$$\mathcal{C}(u_0,u_1,\eta)=\pi_{u_0}+\pi_{u_1}-\mathcal{P}(u_0,u_1,\eta)-\mathcal{P}(u_0,u_1,1-\eta).\tag{2.4 xiv}$$

下一引理包含的估计使我们能将 Lipschitz 连续性的证明推广到一般的框架.

引理 2.4.5 设 u_0, $u_1\in W^{1,2}(\Omega,X)$, $\eta\in C^1_0(\Omega)$, $0\leqslant\eta\leqslant 1/2$. 如同我们前面引理 2.4.2 用 $Q(\eta,\nabla\eta)$ 表示可积二次误差项, 我们在 $\{\eta>0\}$ 上有下列估计:

$$\begin{aligned}\pi_{u_\eta}+\pi_{u_{1-\eta}}&\leqslant\pi_{u_0}+\pi_{u_1}-\mathcal{C}(u_0,u_1,\eta)\\&\quad-\nabla\eta\otimes\nabla d^2(u_0,u_1)+Q(\eta,\nabla\eta),\end{aligned}\tag{2.4 xv}$$

$$0 \leqslant \eta\pi_{u_0} + (1-\eta)\pi_{u_1} - \mathcal{P}(u_0, u_1, 1-\eta) \leqslant \mathcal{C}(u_0, u_1, \eta), \tag{2.4 xvi}$$

$$\begin{aligned} &|\pi_{u_{1-\eta}} - \mathcal{P}(u_0, u_1, 1-\eta)| \\ &\quad \leqslant C|\nabla\eta| d(u_0, u_1)(|\nabla u_0|_1 + |\nabla u_1|_1) + Q(\eta, \nabla\eta). \end{aligned} \tag{2.4 xvii}$$

证明 不等式 (2.4 xv) 从引理 2.4.4 (也用 (2.4 xiii)) 以及不等式 (2.4 vii) 得到. 注意到 (2.4 xv) 是引理 2.4.2 的改进. 第二个不等式 (2.4 xvi) 成立是由于凸函数的性质. 为什么呢? 设 $c(t)$ 是定义在 $[0,1]$ 上的一个凸函数, 并定义

$$\mathcal{C}(t) = c(0) + c(1) - c(t) - c(1-t).$$

那么, 不等式

$$0 \leqslant tc(0) + (1-t)c(1) - c(1-t) \leqslant \mathcal{C}(t) \tag{2.4 xviii}$$

成立, 因为前一个立即从凸性得到, 而后一个化为另外的凸性的表述

$$c(t) \leqslant (1-t)c(0) + tc(1).$$

取 $t = \eta(x)$, $y = \bar{x}(x, \varepsilon)$, $c(t) = d^p(u_t(x), u_t(y))$, 积分并关于适当的 f 取平均, 再利用 (2.4 xviii) 给出结论 (2.4 xvi).

我们还剩下最后的估计 (2.4 xvii). 从三角不等式我们有

$$\begin{aligned} &d(u_{1-\eta(x)}(x), u_{1-\eta(x)}(y)) - |\eta(y) - \eta(x)| d(u_0(y), u_1(y)) \\ &\quad \leqslant d(u_{1-\eta(x)}(x), u_{1-\eta(y)}(y)) \\ &\quad \leqslant d(u_{1-\eta(x)}(x), u_{1-\eta(x)}(y)) + |\eta(y) - \eta(x)| d(u_0(y), u_1(y)). \end{aligned} \tag{2.4 xix}$$

从不等式 (2.4 xix) 出发, 平方, 积分并且取平均, 再令 $\varepsilon \to 0$, 就得到不等式 (2.4 vii). 具体验证留给读者, 我们指出证明中用到估计

$$\begin{aligned} &d(u_t(x), u_t(y)) \leqslant d(u_0(x), u_0(y)) + d(u_1(x), u_1(y)), \\ &|\eta(y) - \eta(x)| \leqslant \varepsilon |Z|_\infty (|\nabla\eta(x)| + o_\varepsilon(1)), \end{aligned}$$

也注意到事实: 当对一个 L^2 函数 h 积分时, $p=2$ 的 Sobolev 映照的近似于 $p=1$ 的能量函数收敛于极限 $p=1$ 能量密度乘以 h, 这就完成了引理 2.4.5 的证明. □

定理 2.4.6 设 (Ω, g) 是 Lipschitz Riemann 区域, 设 u 是如定理 2.2.1 中的 Dirichlet 问题的解. 那么, u 是 Ω 中内点的局部 Lipschitz 连续函数, 其中局部 Lipschitz 常数以

$$C\left(\frac{E}{\min(1, \mathrm{dist}(x, \partial\Omega)^n)}\right)^{\frac{1}{2}}$$

为上界, 这里 C 是常数, 只依赖于维数 n 和 度量 g 的正则性, 而 E 是映照 u 的总能量.

证明 设 w 是只依赖于 Ω 的局部坐标图的单位向量场. 记 $u_{sw}(x)=u(\bar{x}(x,s))$. 函数 u_{sw} 关于拉回度量 $g_{sw}=\bar{x}^*(g)$ 是调和的. 设 $\eta\in C_0^2(\Omega)$, $0\leqslant\eta<\frac{1}{2}$. 假定(为技术上原因) $\partial\{\eta>0\}$ 是 Lebesgue 零测度集. 取 $u_0=u$, $u_1=u_{sw}$ 并定义 u_η 同上. 假定 s 充分小, 我们可记 (2.4 ii) 与 (2.4 iii) 的和的类比为

$$\begin{aligned}&\int_\Omega(\pi_{u_0})_{ij}g^{ij}d\mu+\int_\Omega(\pi_{u_1})_{ij}(g^{ij}d\mu)_{sw}\\&\qquad\leqslant\int_\Omega(\pi_{u_\eta})_{ij}g^{ij}d\mu+\int_\Omega(\pi_{u_{1-\eta}})_{ij}(g^{ij}d\mu)_{sw}.\end{aligned}$$

重新合并整理为:

$$\begin{aligned}\int_\Omega(\pi_{u_0}+\pi_{u_1})_{ij}g^{ij}d\mu\leqslant&\int_\Omega(\pi_{u_\eta}+\pi_{u_{1-\eta}})_{ij}g^{ij}d\mu\\&+\int_\Omega(\pi_{u_{1-\eta}}-\pi_{u_1})_{ij}((g^{ij}d\mu)_{sw}-g^{ij}d\mu).\end{aligned}\tag{2.4 xx}$$

如果我们定义泛函 $\mathcal{P}$ 以及 $\mathcal{C}$ 在 $\{\eta=0\}$ 为零, 那么, 由于假定 $\partial\{\eta>0\}$ 有零测度, 我们从引理 2.4.5 导出

$$\begin{aligned}&\int_\Omega(\pi_{u_\eta}+\pi_{u_{1-\eta}})_{ij}g^{ij}d\mu\\&\leqslant(\pi_{u_0}+\pi_{u_1})_{ij}g^{ij}d\mu-\int_\Omega\nabla\eta\cdot\nabla d^2(u,u_{sw})d\mu\\&\quad-\int_\Omega\mathcal{C}(u_0,u_1,\eta)_{ij}g^{ij}d\mu+Q(\eta,\nabla\eta).\end{aligned}\tag{2.4 xxi}$$

为估计 (2.4 xx) 中的其他项, 我们记

$$\begin{aligned}\pi_{u_{1-\eta}}-\pi_u=&\,\pi_{u_{1-\eta}}-\mathcal{P}(u_0,u_1,1-\eta)\\&+\mathcal{P}(u_0,u_1,1-\eta)-\eta\pi_{u_0}-(1-\eta)\pi_{u_1}+\eta(\pi_{u_1}-\pi_{u_0}).\end{aligned}\tag{2.4 xxii}$$

(2.4 xxii) 中的最后项和 (2.4 xx) 中的某一项有关, 将该表达式的部分做从 x 到 $\bar{x}(x,s)$ 的变量变换, 可改写为

$$\begin{aligned}&\int_\Omega\eta(\pi_{u_{sw}}-\pi_u)_{ij}((g^{ij}d\mu)_{sw}-g^{ij}d\mu)\\&=\int_\Omega\eta(\pi_u)_{ij}(2g^{ij}d\mu-(g^{ij}d\mu)_{sw}-(g^{ij}d\mu)_{-sw})\\&\quad+\int_\Omega(\pi_u)_{ij}(\eta_{-sw}-\eta)(g^{ij}d\mu-(g^{ij}d\mu)_{-sw}).\end{aligned}\tag{2.4 xxiii}$$

将引理 2.4.5 中的估计以及 (2.4 xx)—(2.4 xxiii) 结合起来我们得到

$$
\begin{aligned}
0 \leqslant & \int_\Omega d^2(u, u_{sw}) \Delta\eta d\mu - \int_\Omega \mathcal{C}(u_0, u_{sw}, \eta)_{ij} g^{ij} d\mu \\
& + Cs \int_\Omega |\nabla\eta| d(u, u_{sw})(|\nabla u|_1 + |\nabla u_{sw}|_1) d\mu \\
& + Cs \int_\Omega |\mathcal{C}(u_0, u_{sw}, \eta)| d\mu + Cs^2 \int_\Omega (\eta + |\nabla\eta|)|\nabla u|^2 d\mu.
\end{aligned}
\tag{2.4 xxiv}
$$

将 (2.4 xxiv) 除以 s^2, 在单位向量 w 上取平均, 并令 $s \to 0$ 我们得到

$$
\int_\Omega |\nabla u|^2 (\Delta\eta + C|\nabla\eta| + C\eta) d\mu \geqslant 0. \tag{2.4 xxv}
$$

(注意到我们可去掉 $\partial\{\eta > 0\}$ 有 Lebesgue 零测度的技术性条件, 一旦 (2.4 xxv) 对满足该要求的函数成立, 就可用逼近来证明.) 这个最后的不等式说明 $|\nabla u|^2$ 实质上是次调和的. 如所熟知 (如见 [Mo]), 这样的微分不等式意味着 $|\nabla u|^2$ 在半径为 $\frac{R}{2}$ 的球中的本性上确界以它在共心且半径为 R 的球中平均值乘以一常数为上界, 只要 $R \leqslant 1$. (也可在 (2.4 xxv) 中用径向对称试验函数来证明这一点, 对 $|\nabla u|^2$ 在以 $\frac{R}{2}$ 半径的球中点为中心、以 r 为半径的球面上的积分平均, 推导一个微分不等式.) 所以, 有向能量 $|u_*(Z)|^2$ 也有界(对有界向量场 Z). 利用引理 1.9.1 中的技巧和结果, 对局部坐标曲线向量场 ∂_1 构造 u 的表示, 它在 ∂_1 方向是局部 Lipschitz 连续的. 对相继方向 $\partial_2, \cdots, \partial_n$, 我们都构造了在 $\frac{R}{2}$ 半径的球中是 Lipschitz 连续的 u 的表示, Lipschitz 常数以 $|\nabla u|$ 的界乘以一常数为界. 对给定的 $x \in \Omega$, 我们取 R 为 $d(x, \partial\Omega)$ 和 1 的极小值. 对 Lipschitz 常数的最后估计恰如定理所断言的. □

附注 2.4.7 当 Ω 的边界是光滑的且边界条件是 C^α $(0 < \alpha < 1)$ 时, T. Serbinowski 已经证明, 解 u 可 C^α 延拓到边界, 且其 C^α 模依赖于边界以及映照的能量 [Se].

§2.5 质量中心的构造

我们看到平均化方法很好地适用于到 NPC 空间 (X, d) 的映照, 也看到质心间的距离以映照间平均距离为上界. 这样的距离估计来自我们在 §2.1 中讨论过的四边形比较引理. 在下一节, 我们将距离估计转为用对各种辅助 Sobolev 映照的 Lipschitz 以及能量界来进行, 它们是与等变调和映照的研究相关的.

注意到 (1.1) 给出的 L^2 映照实际上只要求出发流形是一个测度空间, 只要限制于可分映照, 对此开集的原像是可测的. 这样, 我们研究一般的测度空间 $\mathcal{M}$ 作为出发流形, 且在 $\mathcal{M}$ 上定义一个概率测度 ν (即, ν 是非负的, 具全质量 1).

定理 2.5.1 设 $(\mathcal{M},\nu)$ 是概率测度空间, (X,d) 是 NPC 空间, 且设 $f\in L^2(\mathcal{M},X)$. 那么, 存在 f 的唯一的质心 $\bar{f}=\bar{f}_\nu$, 定义为 X 上的点, 使积分

$$I_{f,\nu}(Q)=\int_{\mathcal{M}}d^2(f(m),Q)d\nu(m).$$

极小.

证明 我们断言上述积分在 Q 中是一致凸的, 所以, 任何极小化序列收敛于一个 (唯一的) 极限. 事实上, 如果 P_0, P_1 是 X 中的两个点, 中点为 $P_{\frac{1}{2}}$, 那么, 三角形比较 (2.1 ii) 推出

$$d^2(f(m),P_{\frac{1}{2}})\leqslant\frac{1}{2}d^2(f(m),P_0)+\frac{1}{2}d^2(f(m),P_1)-\frac{1}{4}d^2(P_0,P_1).$$

在 $\mathcal{M}$ 上积分, 我们得到

$$\frac{1}{4}d^2(P_0,P_1)\leqslant\frac{1}{2}[I(P_0)+I(P_1)]-I(P_{\frac{1}{2}}).$$

因此, 任何极小化序列 $\{P_i\}$ 是 Cauchy 序列, 积分也就在 X 中唯一的点达到它的极小. □

命题 2.5.2 设 $\mathcal{M}$ 是测度空间, 且设 ν, ν' 是 $\mathcal{M}$ 上的两个概率测度. 假定对这两个测度, f, h 都是 $L^2(\mathcal{M},X)$ 映照. 用 $\bar{f}$ 表示 $\bar{f}_\nu$, $\bar{h}$ 表示 $\bar{h}_{\nu'}$. 那么, 对任何 $0\leqslant\alpha\leqslant 1$, 我们有估计

$$\begin{aligned}d^2(\bar{f},\bar{h})\leqslant&\int_{\mathcal{M}}d^2(f,h)d\nu-\alpha\int_{\mathcal{M}}[d(f,h)-d(\bar{f},\bar{h})]^2d\nu\\&-(1-\alpha)\int_{\mathcal{M}}[d(f,\bar{f})-d(h,\bar{h})]^2d\nu+2d(\bar{f},\bar{h})\int_{\mathcal{M}}d(h,\bar{h})|d\nu-d\nu'|.\end{aligned}$$

证明 考虑从 $Q=\bar{f}$ 到 $R=\bar{h}$ 的测地线并记 Q_t 为从 Q 到 R 的距离的分比为 t 的点. 由于

$$I_{f,\nu}(\bar{f})\leqslant I_{f,\nu}(Q_t),\qquad I_{h,\nu'}(\bar{h})\leqslant I_{h,\nu'}(Q_{1-t}),$$

我们有

$$\begin{aligned}\int d^2(f,\bar{f})+d^2(h,\bar{h})d\nu\leqslant&\int d^2(f,Q_t)+d^2(h,Q_{1-t})d\nu\\&+\int[d^2(h,\bar{h})-d^2(h,Q_{1-t})](d\nu-d\nu').\end{aligned}\tag{2.5 i}$$

用欧氏距离的比较来估计右端第一项的被积函数: 对每一 $m \in \mathcal{M}$, 我们构造以相继顶点为 $f(m), \bar{f}, \bar{h}, h(m)$ 的四边形并利用 (2.1 v):

$$\begin{aligned} d^2(f, Q_t) + d^2(h, Q_{1-t}) \leqslant\ & d^2(f, \overline{f}) + d^2(h, \overline{h}) + t[d^2(f, h) - d^2(\overline{f}, \overline{h})] \\ & - t(\alpha[d(f, h) - d(\overline{f}, \overline{h})]^2 \\ & + (1-\alpha)[d(f, \overline{f}) - d(h, \overline{h})]^2) + 2t^2 d^2(\overline{f}, \overline{h}). \end{aligned} \tag{2.5 ii}$$

关于 ν 积分 (2.5 ii) 得到 (2.5 i) 右端第一项的一个界. 我们来估计第二项. 记

$$d^2(h, \overline{h}) - d^2(h, Q_{1-t})$$

为平方差, 利用事实

$$d(\overline{h}, Q_{1-t}) = t d(\overline{f}, \overline{h}),$$

并对相差项利用三角不等式, 得到的上界是

$$t d(\overline{f}, \overline{h}) \int [d(h, \overline{h}) + d(h, Q_{1-t})] |d\nu - d\nu'|.$$

在 (2.5 i) 中利用那些估计并注意到关于 t 的零阶项被消去. 用 t 除所得到的不等式. 命题 2.5.2 是当 $t \to 0$ 时的极限不等式. □

附注 2.5.3 注意到命题 2.5.2 是距离凸性 (2.2 iii) 的自然推广, 这是 Dirichlet 问题的解的核心. 事实上 (2.2 iii) 是命题 2.5.2 的下列特殊情形: 测度空间由 a, b 两个点组成, 每一质量是 $\frac{1}{2}$ $(\nu = \nu')$ 并且 $\alpha = 0$. 映照 f, h 被给定为

$$\begin{aligned} f(a) = u(x), \quad f(b) = v(x), \quad \overline{f} = w(x) \\ h(a) = v(y), \quad h(b) = v(y), \quad \overline{h} = w(y). \end{aligned}$$

更一般地, 如果 $u \in L^2(M \times \mathcal{M}, X)$ 是映照的参数化族, 那么, 可类似地构造平均映照. 这时, 我们在 $\mathcal{M}$ 上取任何概率测度 $\nu = \nu'$, 取 $f(\lambda) = u(x, \lambda)$ 以及 $h(\lambda) = u(y, \lambda)$. 运用命题 2.5.2 于 $\alpha = 0$, 我们得到 (在集合 $|x - y| = \varepsilon$ 上积分, 平均化, 并令 $\varepsilon \to 0$) (2.2 vi) 的推广

$$E^{\overline{u}} \leqslant \int_{\mathcal{M}} E^{u_\lambda} d\nu(\lambda) - \int_{\mathcal{M}} \int_M |\nabla d(u_\lambda(x), \overline{u}(x))|^2 d\mu(x) d\nu(\lambda). \tag{2.5 iii}$$

(我们已经记 $u(x, \lambda)$ 为 $u_\lambda(x)$.)

最后, 让我们回顾到 NPC 空间凸子集上投影的距离减小性质. 这是熟知的事实, 至少在 Riemann NPC 空间 X 的情形. 在度量空间的一般情形, 用平行四

边形比较来证明是最容易的.

命题 2.5.4 设 K 是 NPC 空间 X 的闭的测地凸子集. 那么, 对所有 P_0, $P_1 \in X$, 存在良定的最近点投影映照 $\pi: X \to K$, 满足

$$d(\pi(P_0), \pi(P_1)) \leqslant d(P_0, P_1).$$

特别地, 如果 $\mathcal{M}, \nu, f$ 如同引理 2.5.1, 并且 f 的像落在 K 中, 那么, 质心 $\bar{f}$ 也落在 K 中.

证明 只要 f 落在 K 中则质心 $\bar{f}$ 也落在 K 中的最后的断言来自 π 的存在性: 因为 π 固定 f 的像, 距离减小性质立即意味着对所有 $Q \in X$,

$$I_{f,\nu}(\pi(Q)) \leqslant I_{f,\nu}(Q).$$

$\bar{f}$ 的唯一性就证明了这个断言.

投影映照的存在性在于每一 $Q \in X$ 在 K 中有唯一的最近点: 如果 P_0, P_1 在 K 中, 那么 $P_{\frac{1}{2}}$ 也在 K 中, 读者也就可 (如引理 2.5.1) 验证, 三角形比较 (2.1 ii) 迫使 (到 Q 距离的) 极小化序列 $\{P_i\} \subset K$ 是 Cauchy 序列.

我们现在来证明 π 的距离减小性质. 考虑具相继顶点为 $P_0, \pi(P_0), \pi(P_1), P_1$ 的四边形. 设 Q_t 是从 $\pi(P_0)$ 到 $\pi(P_1)$ 的测地线上分比为 t 的点. (如在命题 2.5.2) 应用 (2.1 v) 得到

$$\begin{aligned} d^2(P_0, Q_t) + d^2(P_1, Q_{1-t}) \leqslant\ & d^2(P_0, \pi(P_0)) + d^2(P_1, \pi(P_1)) \\ & + t[d^2(P_0, P_1) - d^2(\pi(P_0), \pi(P_1))] \\ & + 2t^2 d^2(\pi(P_0), \pi(P_1)). \end{aligned}$$

将它与 "竞争性"

$$d^2(P_0, \pi(P_0)) + d^2(P_1, \pi(P_1)) \leqslant d^2(P_0, Q_t) + d^2(P_1, Q_{1-t})$$

结合起来. 注意到关于 t 的零阶项消去, 除以 t, 并令 $t \to 0$ (和命题 2.5.2 的证明中一样), 就得到命题 2.5.4. □

§2.6 等变映照问题

设 (M, g) 是度量完备的 Riemann 流形, 可能有光滑紧致边界 ∂M. 用 Γ 表示基本群, 并用 $\tilde{M}$ 表示 M 的通用覆盖. 设 X 是度量空间, $\rho: \Gamma \to \mathrm{isom}(X)$ 是

一个同态. 这样的 ρ 也称为 Γ 的表示. 我们将用 $\rho(\gamma)x$ 表示 $\rho(\gamma)(x)$. 这种构图的特别情形是 Γ 到 $\mathrm{isom}(\tilde{M})$ 的(恒等) 表示, 这时, Γ 通过甲板变换起作用.

映照 $u: \tilde{M} \to X$ 称为 Γ–等变的, 如果, 对所有 $x \in \tilde{M}$ 以及 $\gamma \in \Gamma$,

$$u(\gamma x) = \rho(\gamma)u(x).$$

对 Γ–等变映照 u, 实值函数 $d(u(x), u(y))$ 关于出发流形的作用是等变的, 那么, 在第 1 节中考虑的有向 Sobolev 能量密度是 Γ–不变的, 因而我们把它们看成定义在商空间 M 上的.

一个等变映照 u 如果是一个 $p=2$ 的 Sobolev 映照并且对 $p=2$ 的总能量是驻点, 那么, 它是调和的, 对局部 Sobolev, 等变映照的能量被

$$E^v \equiv \int_M |\nabla v|^2 d\mu. \tag{2.6 i}$$

所定义. 当 M 具有限体积时, 这个积分是良定的. 在 NPC 目标流形的情形, 显然, 能量凸性 (2.2vi) 成立:

$$E^{u_t} \leqslant (1-t)E^u + tE^v - t(1-t)\int_M |\nabla d(u,v)|^2. \tag{2.6 ii}$$

(事实上, 更一般的结果 (2.5 iii) 成立.) 这样的驻点映照等价于极小映照. (注意, 在 §2.2 考虑的 Dirichlet 问题是等变映照的特殊情形, 如果取同态 ρ 是平凡的.)

在群表示论的研究中已表明是行之有效的方略是构造 Γ–等变的调和映照, 因为在很多情形, 得到的映照的 Euler 方程(或 Bochner 公式) 能推导出关于表示的信息. (例如, 在很多情形, 能够证明所研究的映照是常值映照, 从而映照的等变性蕴涵着 $\rho(\Gamma)$ 有不动点.) 下面命题 2.6.1 的一个推论是当 M 为紧时, 有限能量的等变映照类是非空的, 因而能量极小化直接法有机会生成一个等变调和映照.

假定 Γ 是有限生成的, 如被 $\gamma_1, \cdots, \gamma_p$ 所生成. (当 M 为紧致时, 它的基本群总是有限生成的.) 对 $P \in X$, 定义

$$\delta(P) = \max_{i=1,\cdots,p} d(\rho(\gamma_i)P, P). \tag{2.6 iii}$$

(显然, δ 是 X 上的正函数的充分必要条件是 Γ 的表示 ρ 没有不动点.)

命题 2.6.1 设 M, Γ, ρ 同上且 $\partial M = \emptyset$. 假定 X 是 NPC 空间. 那么, 存在一个局部 Lipschitz 等变映照 $u: \tilde{M} \to X$. 对 $P \in X$ 定义 $\delta(P) = \delta'$. 如果

M 是紧的, 那么, u 可构造为整体 Lipschitz 的, 并存在常数 $C = C(M)$, 使 u 的 Lipschitz 常数 L 的整体界具下列形式

$$L \leqslant C\delta'.$$

如果 M 是完备 (非紧) 的, $u(x)$ 的局部 Lipschitz 常数 $L(x)$ 的界为

$$L(x) \leqslant C(x)\delta',$$

其中 $C(x)$ 是局部界函数, 它仅依赖于出发流形 M.

证明 在构造 u 之前, 注意到等式 $\delta = \delta'$ 意味着, 对任何 $\gamma \in \Gamma$ 我们可用 γ 关于生成集 $\gamma_1, \cdots, \gamma_p$ 的字长来估计 $d(\rho(\gamma)P, P)$: 例如, 记 $\rho(\gamma_i)$ 为 ρ_i 并估计界为

$$\begin{aligned} d(\rho_i\rho_j P, P) &= d(\rho_j P, \rho_i^{-1}P) \\ &\leqslant d(\rho_j P, P) + d(P, \rho_i^{-1}P) \\ &= d(\rho_j P, P) + d(\rho_i P, P) \\ &\leqslant 2\delta'. \end{aligned}$$

用归纳法可见, 如果 γ 关于生成集有字长 $|\gamma| \leqslant k$, 那么,

$$d(\rho(\gamma)P, P) \leqslant k\delta'. \tag{2.6 iv}$$

我们构造初始等变映照 v, 它在 $\tilde{M}$ 上是分块常数, 并首先研究 M 为紧致的情形: 对 M 取 $\tilde{M}$ 的基本域 M_0, 使它的边界测度为零. $\gamma \in \Gamma$ 在 $\tilde{M}$ 上的作用将 M_0 变换到 γM_0, 并且那些像定义了 $\tilde{M}$ 上的一个分割, 除了它们边界构成的零测度集. 借助于 $v(M_0) = P$ 的等变延拓用

$$v(\gamma M_0) \equiv \rho(\gamma)P$$

来定义分块常数的函数 v.

我们定义 (修正) 映照 $u(x)$ 为 v 在 $B(x, 1)$ 上的平均. 在命题 2.5.2 的框架下, 取测度空间 $\mathcal{M}$ 为自然数 $\mathbb{N}$. 设 $\gamma_1, \gamma_2, \cdots$ 是 Γ 的可列集, 它是 $\gamma_1, \cdots, \gamma_p$ 的拓展. 定义从 $\mathbb{N}$ 到 X 的映照为

$$f(i) = \rho(\gamma_i)P.$$

对 $x \in M_0$ 定义 $\mathbb{N}$ 上的概率测度 $\nu = \nu_x$ 为

$$\nu_x(i) = \frac{\mu(B(x,1) \cap \gamma_i(M_0))}{\mu(B(x,1))}.$$

(这里 μ 是 $\tilde{M}$ 上的 Riemann 体积测度, 它是 M 上对应测度的提升.) 定义

$$u(x) = \overline{f}_{\nu_x}.$$

由于测度 ν_x 是 Γ–不变的并且 f 关于 Γ 在 $\mathbb{N}$ 上的自然作用是等变的, 映照 u 是 Γ–等变的.

因为 M_0 是紧的, 存在有限常数 k, 只要 "平移" γM_0 有距 M_0 的距离为 1 内的点, 那么, 字长 $|\gamma| \leqslant k$. 从而 (2.6 iv) 以这样选择的 k, 关于任何 γ 成立. 因而, 对上面的 $\gamma = \gamma_i$有

$$d(u(x), f(i)) \leqslant 2k\delta'. \tag{2.6 v}$$

这是因为所有 $f(i)$ 在 P 的 $k\delta'$ 距离之内, 因而质心 $u(x)$ (它只依赖于 $f(i)$ 的那些值) 也在 P 为中心、$k\delta'$ 为半径的球中 (如命题 2.5.4).

如果 $x,\ y \in \tilde{M}$, 显然, 我们也有估计

$$\sum_i |\nu_x(i) - \nu_y(i)| \leqslant C_1|x-y|, \tag{2.6 vi}$$

其中常数 C_1 只依赖于 M.

我们现在对 $f = h,\ \nu = \nu_y$ 以及 $\nu' = \nu_x$ 的情形应用命题 2.5.2. 得到的估计的第一项是零, 第二项是非正的, 我们可忽略不计, 我们用上面的 (2.6v, 2.6vi) 来估计最后一项. 结果是不等式

$$d^2(u(x), u(y)) \leqslant 2d(u(x), u(y))2k\delta' C_1|x-y|, \tag{2.6 vii}$$

它蕴涵着所要的 u 的一致 Lipschitz 常数. (因为 u 的 Lipschitz 常数是 Γ–不变的, 只要在 M_0 上估计它.)

对非紧的 M, 证明本质上是相同的, 除了现在基本域 M_0 只是局部紧的. 我们将 (2.6 vii) 中的整体常数 k 换成 $k(x)$, 度量满足

$$B(x,1) \cap \gamma M_0 \neq \emptyset$$

的 γ 的最大字长 $|\gamma|$. 常数 C_1 现在也必须取成依赖于 x, 使 (2.6 vi) 对所有 $y \in B(x,1)$ 成立. 如果取 $C_1 \geqslant 2$, 不等式就对所有 y 成立. (如果 M 的截面曲

率有下界, 那么, C_1 仍然能整体取到.) 上述修正的结果是不等式

$$d^2(u(x),u(y)) \leqslant 2d(u(x),u(y))2k(x)\delta' C_1(x)|x-y| \tag{2.6 viii}$$

对所有 $x, y \in \tilde{M}$ 成立. 这就证明了命题 2.6.1. □

附注 2.6.2 假定命题 2.6.1 的构图. 如果我们取 M 中 "小" 闭集 $\mathcal{C}_\varepsilon$, 将它提升到 M_0 内部的紧子集, 那么, 我们能找到等变映照 u, 它在 $\mathcal{C}_\varepsilon$ 的每一个提升上都为常数, 并且有如在命题 2.6.1 中给出的相同 Lipschitz 常数. 用我们前面的计算构造这个函数的方法是先放大或缩小出发流形的度量, 使 $\mathcal{C}_\varepsilon$ 的提升到边界的距离至少为 1. 在这种情形, 命题中构造的函数 u 将有所要求的性质.

对一般完备的 M, 不清楚命题 2.6.1 中构造的映照 u 是否具有有限能量; 对特别的 M 的计算依赖于当在 M 上趋向于 ∞ 时, Lipschitz 常数的退化和体积的发散之间的相互作用.

即使等变问题 (无边界) 的候选映照可说明是非空的, 不存在 Poincaré 不等式, 以致收敛问题比 Dirichlet 问题更为精细. 例如, 可能有 X 中趋于 ∞ 的极小化序列. 在非局部紧的目标流形情形, 甚至存在没有收敛子序列的一致有界的序列. 但是, 有点意外的是任何能量极小化序列的张量 π 的序列收敛于唯一的极限张量:

命题 2.6.3 设 M 是度量完备的 Riemann 流形, 可能有紧致的 Lipschitz 边界 ∂M, 并有基本群 $\pi_1(M)=\Gamma$. 设 X 是 NPC 空间, 且设 $\rho:\Gamma\to \mathrm{isom}(X)$ 是同态. 如果等变($p=2$) Sobolev 映照的对应集 $\mathcal{S}$ 是非空的, 那么对任何能量极小化序列 $\{u_i\}\subset\mathcal{S}$, 我们有

$$\lim_{i,j\to\infty}\int_M\int_{S^{n-1}} \left||(v_i)_*(\omega)|-|(v_j)_*(\omega)|\right|^2 d\sigma(\omega)d\mu(x)=0.$$

特别地, 存在一个唯一的可积张量 π 满足

$$\lim_{i\to\infty}\int_M\int_{S^{n-1}} |\pi(\omega,\omega)-\pi_{v_i}(\omega,\omega)|d\sigma(\omega)d\mu(x)=0.$$

证明 对两个映照 u, v 以及它们的中点映照 w, 我们应用四边形比较 (2.1iv), 其中 $t=\frac{1}{2}$ 以及 $\alpha=0$:

$$\begin{aligned} d^2(w(x),w(y)) \leqslant &\frac{1}{2}d^2(u(x),u(y))+\frac{1}{2}d^2(v(x),v(y))\\ &-\frac{1}{4}[d(u(x),u(y))-d(v(x),v(y))]^2. \end{aligned}$$

以支集在 M 内部的非负函数 f 乘这个不等式, 和 (1.2vii) 中一样在球中取平均, 并令 $\varepsilon \to 0$, 这就产生

$$\limsup_{\varepsilon\to 0} \frac{n+2}{4\omega_n} \int\int_{|x-y|<\varepsilon} f(x)\Big(\frac{d(u(x),u(y))}{\varepsilon} - \frac{d(v(x),v(y))}{\varepsilon}\Big)^2 \frac{d\mu(x)d\mu(y)}{\varepsilon^n}$$

$$\leqslant \frac{1}{2}E^u(f) + \frac{1}{2}E^v(f) - E^w(f). \tag{2.6 ix}$$

(我们已经将泛函 $E^u(\cdot)$ 规范化而与总能量的定义 (1.10 v) 相一致.) 利用第 1 节的技巧能证明当 $\varepsilon \to 0$ 时, (2.6 ix) 左端的表达式趋向于下列积分的 $\frac{1}{4\omega_n}$ 倍

$$\int_{S^{n-1}} \int_M f(x)||u_*(\omega)| - |v_*(\omega)||^2 d\mu(x) d\sigma(\omega).$$

它的详细证明留给读者, 只概述它们的思想: 用包含 ε 有向能量的和逼近 (2.6 ix) 中的积分, 利用单位分解, 使新的极限是 $\Omega \times S^{n-1}$. 然后利用事实: 对有向能量 $p=2$ 的 Sobolev 映照的 $p=1$ 的近似能量密度函数在 L^2_{loc} 中收敛于 $p=1$ 的能量函数. 所断言的极限就从 Lebesgue 控制收敛定理得到.

取一个紧支集在 M 内部的递增序列 $\{f_k\}$, 使 f_k 收敛于常数 1. (2.6 ix) 的右边收敛于一个数

$$\frac{1}{2}E^u + \frac{1}{2}E^v - E^w.$$

在 (2.6 ix) 中对函数 $\{f_k\}$ 取 $u = v_i$, $v = v_j$ 就得到命题 2.6.3 中的第一个不等式. 第二个不等式从下列事实

$$|\pi_u(\omega,\omega) - \pi_v(\omega,\omega)| \leqslant ||u_*(\omega)| - |v_*(\omega)| \cdot |||u_*(\omega)| + |v_*(\omega)||$$

以及 Cauchy-Schwartz 不等式得到. □

如果我们要理解极小化序列的形态, 那么了解连续模的可控性是有益的. 下列定理可用来构造 Lipschitz 极小化序列. 思想是修改给定的极小化序列如下: 对一族 Dirichlet 问题, 用它的值作为边界数据, 然后, 用 §2.5 中的平均化技巧将那些 Dirichlet 问题的解构成一个 Lipschitz 序列, 这个序列仍然是极小的. 在本质上, 这像构造调和函数的 Perron 方法, 但是, 技术上的想法相当不同, 因为, 它们并不基于极大值原理.

定理 2.6.4 设 M 是完备的、具有限体积的 Riemann 流形 (并且没有边界), 设 X 是 NPC 度量空间. 设 $\rho: \Gamma \to \mathrm{isom}(X)$ 是基本群 $\pi(M) = \Gamma$ 的一个表示. 如果 M 是紧的, 存在能量极小的 ρ–等变的序列 $\{u_i\}$, 所有 u_i 是 (一致)

Lipschitz 连续的. 事实上, 存在只依赖于 M 的 C 使每个 u_i 的 Lipschitz 常数能以

$$C\delta(P)$$

为界, 其中 δ 是位移函数 (2.6 iii) 并且 P 是 X 中的任何一点.

如果 M 是完备的 (但不是紧的), 假定从 $\tilde{M}$ 到 X 的有限能量的 ρ–等变映照集是非空的, 并有一个能量为 $E<\infty$ 的映照. 那么, 存在等变极小化序列 $\{u_i\}:\tilde{M}\to X$, 使对任何紧致子集 $K\subset M$ 以及充分大的 i (依赖于 K), u_i 在 K (到 $\tilde{M}$ 的提升) 上是 Lipschitz 连续的, 其逐点的 Lipschitz 常数以 $C(x)E^{\frac{1}{2}}$ 为界. 这里, $C(x)$ 是仅依赖于 M 的局部有界函数.

证明 首先处理 M 是紧的情形. 先取它的有限球覆盖 $\{B^j\}_{j=1,\cdots,m}$. 将那些球取得充分小, 使对任何 $x\in M$, 集合

$$\bigcup_{j|x\in B^j} B^j \tag{2.6 x}$$

是单连通的. 取一个附属的单位分解, $\{\eta^i\}$, 以及紧子集 $Z^j\subset B^j$, 使每个 η^j 的支集包含在 Z^j 的内部. 将函数 η^j 以及集合 B^j, Z^j 提升到 $\tilde{M}$ 上为不变函数 $\tilde{\eta}_j$ 以及不变集合 $\tilde{B}^j$ 和 $\tilde{Z}^j$.

根据 2.6.1, 可容许映照集是非空的, 并且它们能量的下确界 E_0 有估计

$$E^0\leqslant C\delta(P)^2, \tag{2.6 xi}$$

其中 C 仅依赖于 M. 设给定一个极小化序列 $\{v_i\}$, 具有能量 $E^{v_i}\to E^0$. 在每个 $\tilde{B}^j$ 中用 v_i 的(等变) 迹作为 Dirichlet 数据, 并利用定理 2.2.1 构造等变调和映照 u_i^j. 将 u_i^j 扩充到 $\tilde{B}^j$ 以外, 并在那里定义为 $u_i^j=v_i$. 根据定理 1.12.3 得到

$$E^{u_i^j}\leqslant E^{v_i}. \tag{2.6 xii}$$

现在用

$$u_i(x)=\sum_{i=1}^m \tilde{\eta}^j(x)u_i^j(x)$$

定义 $\tilde{M}$ 上的等变映照序列 $\{u_i\}$. 根据命题 2.5.2, 这意味着对测度空间 $\mathcal{M}=\{1,\cdots,m\}$ 以及 $x\in\tilde{M}$, 我们用

$$\nu_x(j)=\tilde{\eta}^j(x)$$

定义一个测度 ν_x, 映照 $f:\{1,\cdots,m\}\longrightarrow X$ 被

$$f(j)=u_i^j(x),$$

所给出, 并定义 $u_i(x)$ 是质量 $\bar{f}_{\nu_x}$ 的中心.

命题 2.5.2 使我们对接近 x 的 y 能比较 $u_i(x)$ 和 $u_i(y)$. 用 $\tilde{\eta}^j(y)$ 值定义 ν_y 并用 $u_i^j(y)$ 的值定义 h, 我们得到

$$\begin{aligned}d^2(u_i(x),u_i(y))\leqslant&\sum_{j=1}^m\tilde{\eta}^j(x)d^2(u_i^j(x),u_i^j(y))\\&+2d(u_i(x),u_i(y))\sum_{j=1}^m d(u_i^j(y),u(y))|\tilde{\eta}^j(y)-\tilde{\eta}^j(x)|.\end{aligned}\tag{2.6 xiii}$$

离开主题, 我们来证明下列极限式, 它定量地说明 (2.6 xiii)右端第二项当 $i\to\infty$ 时可被忽略:

$$\lim_{i\to\infty}\sup_{j\in\{1,\cdots,m\},y\in\tilde{Z}^j}d(u_i^j(y),u_i(y))=0.\tag{2.6 xiv}$$

由于 $u_i(y)$ 是 $u_i^j(y)$ 对 $y\in\tilde{Z}^j$ 的平均, (2.6 xiv) 从命题 2.5.4 以及方程

$$\lim_{i\to\infty}\sup_{j,l\in\{1,\cdots,m\},y\in\tilde{Z}^j\cap\tilde{Z}^l}d(u_i^j(y),u_i^l(y))=0\tag{2.6 xv}$$

得到. 我们证明 (2.6 xv) 如下: 存在依赖于集合 Z^j 的 $\delta_0>0$, 使得球 $B(y,2\delta_0)\subset\tilde{B}^j$, 只要 $y\in\tilde{Z}^j$. 从内 Lipschitz 连续性(定理 2.4.6) 以及 (2.6 xi), 我们看到对 $|z-y|<\delta_0$, $u_i^j(z)$ 的 $L_i^j(z)$ 的 Lipschitz 常数是一致有界的(不依赖于 y, Z^j 以及大的 i),

$$L_i^j(z)\leqslant L\delta(P)^2\equiv L'\tag{2.6 xvi}$$

(对依赖于 M 和 E^0 的某常数 L). 这样, 对 $y\in\tilde{Z}^j\cap\tilde{Z}^l$ 以及 $|z-y|<\delta$, 三角不等式产生

$$d(u_i^j(z),u_i^l(z))\geqslant d(u_i^j(y),u_i^l(y))-2L'\delta.$$

在 $B(y,\delta)$ 上积分, 得到

$$\int_{B(y,\delta)}d^2(u_i^j(z),u_i^l(z))d\mu(z)\geqslant C\delta^n[d(u_i^j(y),u_i^l(y))-2L'\delta]^2.\tag{2.6 xvii}$$

定义在 M 上的函数 $d(u_i^j,u_i^l)$ 在 $B^j\cup B^l$ 外等于零, 所以我们能借助于 Poincaré 不等式

$$\int_{B^j\cup B^l}d^2(u_i^j,u_i^l)d\mu\leqslant C\int_{B^j\cup B^l}|\nabla d(u_i^j,u_i^l)|^2d\mu\tag{2.6 xviii}$$

得到上述不等式左端的界. 根据能量凸性 (2.6 ii) 以及 (2.6 xii), (2.6 xiii) 的右端以下式为界

$$\int_{B^j\cup B^l}|\nabla d(u_i^j,u_i^l)|^2d\mu\leqslant 4(E^{v_i}-E^0).\tag{2.6 xix}$$

将 (2.6 xvii), (2.6 xiii) 以及 (2.6 xix) 结合起来并令 δ 任意小就得到关于极限的断言 (2.6 xv).

为证明函数 u_i 对大的 i 的一致 Lipschitz 连续性, 我们现在回到估计 (2.6 xiii). 根据 (2.6 xiv) 以及几何–算术平均不等式, 我们取充分大的 i, 使 (2.6 xiii) 式右端的第二项对任何 x, y 以

$$\frac{1}{2}d^2(u_i(x),u_i(y))$$

为界. 这样,

$$d^2(u_i(x),u_i(y))\leqslant 2\sum_{j=1}^m\tilde{\eta}^j(x)d^2(u_i^j(x),u_i^j(y)).$$

利用对调和映照 u_i^j 的内 Lipschitz 连续性估计 (2.6 xvi), 给出

$$d^2(u_i(x),u_i(y))\leqslant C\delta(P)^2,$$

其中 C 是只依赖于 M 的普适常数. 从我们的序列 $\{u_i\}$ 中除去有限个映照, 我们导出了定理 2.6.4 中所断言的 Lipschitz 控制性.

为了说明 $\{u_i\}$ 是极小化序列, 我们也用 (2.6 xiii). 将 Young 不等式用于它的右端的第二项给出

$$\begin{aligned}(1-\delta)d^2(u_i(x),u_i(y))\leqslant&\sum_{j=1}^m\eta^j(x)d^2(u_i^j(x),u_i^j(y))\\&+\frac{1}{\delta}\Big(\sum_j d^2(u_i^j(y),u_i(y))\Big)\Big(\sum_j|\eta^j(y)-\eta^j(x)|^2\Big).\end{aligned}$$

关于 $|y-x|\leqslant\varepsilon$ 求平均, 在 M 上积分, 令 $\varepsilon\to 0$, 注意到 $E^u(f)$ 是线性泛函 $E^u(\cdot)$ 作用于 f 的值, 上述不等式意味着

$$(1-\delta)E^{u_i}\leqslant\sum_j E^{u_i^j}(\eta^j)+\frac{C}{\delta}o_i(1).\tag{2.6 xx}$$

(根据 (2.6 xiv) 当 $i\to\infty$ 时 $o_i(1)$ 项趋于零.) 因为 $\{\eta^j\}$ 组成一个单位分解, 又因为 $E^u(\cdot)$ 是线性的,

$$(1-\delta)E^{u_i}\leqslant E^{v_i}+\sum_j(E^{u_i^j}(\eta^j)-E^{v_i}(\eta^j))+\frac{C}{\delta}o_i(1).$$

应用命题 2.6.3, 我们得到当 $i \to \infty$ 时, 上述不等式中的作和项趋于零, 从而

$$\limsup_{i\to\infty}(1-\delta)E^{u_i} \leqslant E^0. \tag{2.6 xxi}$$

δ 是任意的, 所以 $\{u_i\}$ 是极小化序列. 这样, 命题 2.6.4 在 M 是紧致情形下的证明就完成了.

非紧 M 情形的证明将上述论证进行适当修改即可. 对一个基点 $x_0 \in M$, 记

$$K_m = \{x \in M : |x - x_0| \leqslant m\}.$$

取可列球 $\{B^j\}_{j\in N}$ 将 M 覆盖, 使对一组增加序列 $\{j_m\}_{m\in N}$, 有限球集

$$\{B^j\}_{j=1,\cdots,j_m}$$

覆盖 K_m, 使 $j > j_m$ 意味着 $B^j \cap K_{m-1} = \emptyset$. 和紧致情形一样, 取一个附属的单位分解 $\{\eta^j\}$ 以及集合 $Z^j \subset B^j$, 并和前面一样记它们到 $\tilde{M}$ 提升. 对固定的 $m \in N$, 我们考虑有限单位分解

$$\{\eta^j\}_{j=1,\cdots,j_m} \cap \{1 - \sum_{j=1}^{j_m}\eta^j\}.$$

和前面一样, 给定极小化序列 $\{v_i\}$, 我们再在 $\{\tilde{B}^j\}_{j=1,\cdots,j_m}$ 中做球中的替代, 和前面一样定义平均映照 u_i: 现在是在 $j_m + 1$ 点的集合中平均, 其中最后一点是 $v_i(x)$ 本身. 由于它们构造方法, $\{\eta^j\}_{j=1\cdots,j_m}$ 是 $K_{m'-1}$ 的单位分解. 所以当 i 充分大时, 将函数 u_i 的一致 Lipschitz 界 L 限于 $\tilde{K}_{m'-1}$. 它有形式

$$L \leqslant C_{m'}E^{\frac{1}{2}},$$

这就是所断言的依赖性. $\{u_i\}$ 是极小化的证明和前面一样, 除了现在用下列弱形式

$$\lim_{i\to\infty}\int_M d^2(u_i^j(y), u_i(y)) = 0, \qquad j = 1, \cdots, j_m$$

取代对 $d(u_i^j(y), u_i(y))$ 的逐点估计 (2.6 xiv). 这从三角不等式以及

$$\lim_{i\to\infty}\int_M d^2(u_i^j(y), v_i(y)) = 0, \qquad j = 1, \cdots, j_m$$

得到. 由于在 M 的紧子集以外 $d(u_i^j(y), v_i(y)) = 0$, 这最后的等式从 Poincaré 不等式以及能量的凸性, 即 (2.6 xvii) 以及 (2.6 xix) 的类似关系式得到. 这样, 用关于 K_m 以及 v_i 的对角化序列, 我们能构造适当的序列 $\{u_i\}$. 定理 2.6.4 的证明就完成了. □

应用具局部连续控制模的极小化序列使我们可以将全局收敛问题化为在一点的收敛问题:

命题 2.6.5 设 M 是完备的 Riemann 流形, 可能有紧致的 Lipschitz 边界 ∂M. 设 $\Gamma = \pi_1(M)$, 并且 $\rho : \Gamma \to \mathrm{isom}(X)$ 是一个同态. 设 $\{u_i\}$ 是一个具局部连续控制模的极小化序列. 即, 对每一 $x \in \tilde{M}$ 我们假定存在(等变) 函数 $\omega(x, r)(0 \leqslant r < r_x)$, 它是关于 r 单调增加的, 且满足 $\omega(x, 0) = 0$ 以及

$$\sup_i \sup_{|x-z| \leqslant r} d(u_i(x), u_i(z)) \leqslant \omega(x, r).$$

那么, 序列 $\{u_i\}$ (局部一致因而在 L^2_{loc} 中) 收敛于一个等变调和映照 u 的充要条件是存在 $x \in \tilde{M}$, 使点列 $\{u_i(x)\}$ 是收敛的.

证明 这个命题成立的原因是能量的凸性表达式 (2.6 ii), 它意味着

$$\int_M |\nabla d(u_i, u_j)|^2 d\mu \to 0. \tag{2.6 xxii}$$

设 $x \in \tilde{M}$ 是一个收敛点, $\{u_i(x)\} \to P$. 根据连续模估计以及三角不等式, 有

$$\limsup_{i,j \to \infty} \sup_{|z-x| \leqslant r} d(u_i(z), u_j(z)) \leqslant 2\omega(r).$$

(其中, 我们将 $\omega(x, r)$ 记为 $\omega(r)$.) 这样, 对 i, j 充分大, 函数

$$d(u_i(z), u_j(z)) - 3\omega(r)$$

在 $|z - x| = r$ 的集合上是负的. 对这样的 i, j, 我们可对 $B(x, r)$ 的紧致外区域用 Poincaré 不等式:

$$\int_{B(x,R)} [(d(u_i(z), u_j(z)) - 3\omega(r))^+]^2 d\mu(z) \leqslant C_{r,R,x} \int_{B(x,R)} |\nabla d(u_i, u_j)|^2 d\mu. \tag{2.6 xxiii}$$

根据 (2.6 xxii), 右端的积分当 i, $j \to \infty$ 时收敛于零, 所以, 我们从 (2.6 xxiii) 以及连续控制模得到

$$\limsup_{i,j \to \infty} d(u_i(z), u_j(z)) \leqslant 3\omega(r),$$

这里 $z \in B(x, R)$. 由于 R 和 r 是任意的, 从而, 序列 $\{u_i\}$ 处处收敛. 因为这个连续控制模, 这是在 M 的紧子集的提升上的一致收敛. 特别地, u_i 在 L^2 中局部收敛于一个等变映照 u, 因而, 半连续性(定理 1.6.1) 可应用, 映照 u 是调和的. □

附注 2.6.6 比较最后三个命题的结果. 如果等变 Sobolev 映照类是非空的, 并且如果 X 是局部紧的, 那么, 2.6.4 的极小化序列或者收敛于 X 的理想边界 (在无穷远), 或者一个子序列收敛于一个调和映照. 从能量凸性 (2.6 ii) 和 (2.5 iii) 得到所有调和映照包含在(可能的) "平行" 调和映照的多参数族中. (且从 2.6.3 得到所有它们诱导同一个张量 π.) 一个非常有趣和重要的(未解决的) 问题是理解什么时候调和映照实际上是唯一的(相差出发流形或目标流形的等距).

即使当从 2.6.4 得到的极小化序列在 X 中没有收敛子序列, 还是有结果: 实值函数 $d(u_i(x), u_i(y))$ 有收敛于 Γ–不变的定义在 $\tilde{M} \times \tilde{M}$ 上的距离函数 $d(x, y)$ 的子序列. 本文的余下部分我们将说明任何这样的极限 d 所诱导的无穷小度量是 2.6.3 的唯一的张量 π. 事实上, 取 X 空间的凸子集构造的 NPC 空间, d 是到这样 (极限) NPC 空间的映照诱导的距离所得到的. 我们称那些极限为 d "调和", 它们的构造是我们以后很多工作的焦点.

确保极限存在性的一个方法是加上 Dirichlet 条件. 后面我们将用到下列结果:

命题 2.6.7 考虑命题 2.6.1 的构图以及如附注 2.6.2 中定义的 M 中的小集合 $\mathcal{C}_\varepsilon$. 设有一个从 $\tilde{M}$ 到 X 的 ρ–等变的 Sobolev 映照 ψ. 那么, 存在一个唯一的局部 Lipschitz ρ–等变的调和映照 $u : \tilde{M} - \tilde{\mathcal{C}}_\varepsilon \to X$, 且在 $\partial\tilde{\mathcal{C}}_\varepsilon$ 上与 ψ 一样. 如果边界是光滑的并且 ψ 直到边界是 $C^\alpha (0 < \alpha < 1)$ 的, 那么, u 也一样.

证明 根据能量的凸性 (2.6 ii) 以及 (对 $\partial\mathcal{C}_\varepsilon$) 外区域的 Poincaré 不等式, 极小化序列在 L^2_{loc} 中收敛于一个等变调和映照. 从定理 2.4.6 得到内正则性而边界正则性从 [Se] 得到 (见附注 2.4.7). □

§2.7 同伦问题

作为本文技巧的最后一个应用, 我们将经典的 Eells-Sampson 调和映照的理论推广到度量空间目标流形的情形. 为技术上简单起见, 我们假定出发流形是紧致的. 设 N 是度量空间, 它的通用覆盖 X 是 NPC. 我们称一个连续映照 $u : M \to N$ 是调和的, 如果它是局部能量极小的. 详而言之, 每点 $x \in M$ 一定有一个邻域, 使在这个邻域外都和 u 一样的所有连续比较映照有较小的能量. 我们来证明:

定理 2.7.1 设 M 同上, 且 $\partial M = \emptyset$. 设 N 是紧致的且设 $f : M \to N$ 是一个连续映照. 那么, 存在一个同伦于 f 的 Lipschitz 调和映照 $u : M \to N$.

证明 对固定的 $x \in M$, f 诱导了同态 $f_*: \pi_1(M)_x \to \pi_1(N)_{f(x)}$. 将 f 提升为 $\tilde{f}: \tilde{M} \to X$, 使 $\tilde{f}$ 是f_*–等变的. 利用命题 2.6.1 构造一个有限能量的 f_*–等变的映照, 并且利用定理 2.6.4 构造一个一致 Lipschitz 极小化序列 $\{\tilde{u}_i\}$. 因为 X 是 NPC, 可以用测地同伦得到所有的连续 f_*–等变的映照是同伦的. (同伦的连续性 [Re] 从四边形比较, 即定理 2.1.2 得到.) 所以, 映照 $\tilde{u}_i$ 等变同伦于 $\tilde{f}$, 我们因此得到投影 u_i 同伦于 f. 由于 u_i 是一致 Lipschitz 连续的, 它的一个子序列一致地收敛于一个极限 u, 所以它同伦于 f.

剩下来证明 u 是调和的. 设 $x \in M$ 且设 $\mathcal{O}$ 是 x 的一个具有 Lipschitz 边界的单连通邻域. 我们来证明 u 关于在 $\mathcal{O}$ 以外和 u 一致的比较映照而言是能量极小的. 由于 $\mathcal{O}$ 是单连通的, 映照 $u_{\mathcal{O}}$ 提升为从 $\mathcal{O}$ 到 X 的映照 $\tilde{u}$, 我们就将问题化为证明 $\tilde{u}$ 是 §2.2 中的 Dirichlet 问题的解.

对任何 $\varepsilon > 0$ 以及 i 充分大, 我们可取提升 $\tilde{u}$ 使

$$\begin{gathered}\sup_{z\in\mathcal{O}} d(\tilde{u}_i(z), \tilde{u}(z)) < \varepsilon,\\ \int_{\mathcal{O}} d^2(\tilde{u}_i, \tilde{u}) d\mu < \varepsilon.\end{gathered} \tag{2.7 i}$$

设 $\tilde{v}_i$ 是 $\mathcal{O}$ 上以 u_i 为边界条件的 Dirichlet 问题的解. 设 $\tilde{v}$ 是以 $\tilde{u}$ 为边界条件的解. 由于 $d^2(\tilde{v}_i, \tilde{v})$ 是次调和的 (附注 2.4.3), $d(\tilde{v}_i, \tilde{v})$ 在 $\partial\mathcal{O}$ 上达到它的极大值, 所以以 $d(u_i, u)$ 在那里的极大值为界. 特别地, 我们看到对大的 i 有

$$\int_{\mathcal{O}} d^2(\tilde{v}_i, \tilde{v}) d\mu < \varepsilon. \tag{2.7 ii}$$

最后, 从能量凸性 (2.6 ii) 以及对 $\mathcal{O}$ 的 Poincaré 不等式, 对大的 i 我们有

$$\int_{\mathcal{O}} d^2(\tilde{u}_i, \tilde{v}_i) d\mu < \varepsilon, \tag{2.7 iii}$$

将这三个估计结合起来并且应用 L^2 三角不等式, 我们得到

$$\int_{\mathcal{O}} d^2(\tilde{u}, \tilde{v}) d\mu < 9\varepsilon.$$

因而, $\tilde{u} = \tilde{v}$ 从而 u 是调和的. □

如果我们研究同伦的 Dirichlet 问题, 那么我们不一定要假定目标空间的局部紧性:

定理 2.7.2 设 M 是紧致且具有光滑边界的流形, N 是完备的、具有 NPC 通用覆盖 X 的度量空间. 设 $f: M \to N$ 是连续的 $p = 2$ 的 Sobolev 映照, 它在

边界 ∂M 上的迹对某 $0<\alpha<1$ 是 C^α 的. 那么, 存在一个唯一的整体极小的调和映照 $u: M\to N$, 它同伦于 f 且具有相同的边界值. u 在 M 内部是 Lipschitz 连续的并直到边界是 C^α 的.

证明 我们如同上一定理可将 f 提升为 f_*-等变的映照 $\tilde{f}$. 对一个基点 $x\in\partial M$ 构造从 $\pi_1(M)_x$ 到 $\pi_1(N)_{f(x)}$ 的同态 f_*. 根据假定, 提升是一个有限能量的映照 (在 §2.6 的意义下). 从能量凸性 (2.6 ii) 以及 $(M,\partial M)$ Poincaré, 不等式得到, f_*-等变的、与 $\tilde{f}$ 有相同边界的极小化序列在 L^2 中收敛于唯一的等变调和映照. 这个映照是局部 Lipschitz 的并且直到边界是 C^α 的 (根据定理 2.4.6 和 [Se] 的结果). 从而, (和前面一个定理一样, 通过测地同伦) 它的投影 u 同伦于 f. 从基点的选取我们看到关于边界 ∂M 相对同伦于 f 的连续映照 $v: M\to N$ 提升为一个 f_*-等变映照, 从而得到 u 关于所有这种映照是能量极小的映照. □

参考文献

[CZ] Corlette, K. and Zimmer, R.J., *Super Rigidity for cocycles and hyperbolic geometry*, preprint.

[ES] Eells, J. and Sampson, J.H., *Harmonic mappings of Riemannian Manifolds*, Amer. J. Math., **86**(1964), 109-160.

[Fe] Federer, H., *Geometric Measure Theory*, Grundlehrer der mathematische Wissenschafte Band, **153** Springer-Verlag, New York 1969.

[Gi] Giusti, E., *Minimal Surfaces and Functions of Bounded Variation*, Birkhäuser, Boston 1984.

[GS] Gromov, M. and Schoen, R., *Harmonic maps into singular spaces and p-adic superrigidity for lattices in groups of rank one*, IHES Publications Mathématique **76** (1992), 165-246.

[GT] Gilbarg, D. and Trudinger, N.S., *Elliptic Partial Differential Equations of Second Order*, Second Edition, Srpinger-Verlag, New York 1983.

[Ha] Hamilton, R., *Harmonic maps of manifolds with boundary*, Lecture Notes in Math., **471** Springer, 1975.

[J] Jost, J., *Equilibrium maps between metric spaces*, Calc. Var. **2**(1994), 173-204.

[KS] Korevaar, N. and Schoen, R., *Sobolev spaces and harmonic maps for metric space targets*, Comm. Anal. Geom. **1**(1993), 561-659.

[Mo] Morrey, C.B., *Multiple Integrals in the calculus of variations*, Springer-Verlag, New York 1966.

[Re] Reshetnyak, Y.G., *Nonexpanding maps in a space of curvature no greater than K*, Siberian Math. Journ., **9**(1968), 918-927.

[Ru] Rudin, W., *Real and Complex Analysis*, second edition, McGraw-Hill, New York 1974.

[Sch] Schoen, R., *Analytic aspects of the harmonic map problem*, Math Sci. Res. Inst. Publ. vol. 2, Springer Berlin, 1984, 321-358.

[Se] Serbinowski, T., *Boundary regularity of harmonic maps to nonpositively curved metric spaces*, Comm. Anal. Geom. **2**(1994), 139-154.

[Wa] Wald, A., *Begründung einer koordinatenlosen Differentialgeometrie der Flächen*, Ergebnisse eines mathematischen Kooloquiums, **7**(1935), 2-46.

[Zi] Zimmer, R., *Strong rigidity for ergodic actions of semisimple Lie groups*, Ann. of Math. **112**(1980), 511-529.

第十一章　调和映照的模空间、紧群作用和非正曲率流形的拓扑

Eells-Sampson 证明他们著名的调和映照存在性定理后不久, P. Hartman ([7]) 研究了这种映照的唯一性. 这一章我们给出到非正曲率流形 N 的调和映照空间的更详尽的研究. 然后我们将这应用于容许到 N 的同伦非平凡映照的流形上的紧致群作用的研究. 一方面, 我们得到关于流形上 (可微) 群作用的新信息. 另一方面, 我们得到容许非正曲率度量流形的拓扑障碍. 这些结果解释了第二作者在 [13] 中的主要结果, 它是论文 [12] 的部分动机, 我们在这里展开.

在这章的第一部分, 我们描述了从 M 到 N 的同伦于一个给定映照的调和映照的空间. 在 [7] 中, P. Hartman 证明了这个空间是连通的, 并且当 N 具有严格负曲率且 M 的像既不是一点也不是一个圆周时, 这个空间只是一个点. 我们证明这个空间是 N 的紧致连通的全测地子流形, 并且当 $\pi_1(N)$ 没有非平凡交换子群且 M 的像不是一点或圆周时, 这个空间仅有一点. 我们的证明不同于 Hartman 的证明, 而依赖于 N 上的距离函数看作为定义在 $N \times N$ 上的函数时 Hessian 的计算. 这一计算本身就很有趣.

当调和映照是从 M 到 N 的满映照并且从 $\pi_1(N)$ 到 $\pi_1(M)$ 的诱导映照是满映照时, 调和映照的空间是很简单的且同胚于 N 上平行移动生成的群. 根据

[8] 中证明的定理, 这个群的维数等于 $\pi_1(N)$ 的中心的秩.

在第二部分, 我们应用前面对调和映照的描述来研究紧致群在紧致流形 M 上的作用. 例如, 如果有一个从 M 到非正曲率流形 N 的映照 f 使对某类 $\omega \in H^k(N,\mathbb{R})$ 满足 $f^*\omega \neq 0$, 我们能证明在项武义意义下当 $k>1$ 时, M 的对称度 $\leqslant \frac{1}{2}(\dim M-k)(\dim M-k+1)$, 而当 $k=1$ 时, 这个对称度 $\leqslant \frac{1}{2}(\dim M-1)\dim M+1$.

对有限群 G 在 M 上的光滑作用, 我们能按下列步骤得到信息. 我们先赋予 M 一个 Riemann 度量使紧致群 G 等距地作用于其上. 然后我们能应用 Eells-Sampson 定理 [5] 将 f 形变成一个调和映照, 对此仍记成 f. 假定对 N 中的闭的 k–形式 $\omega(k>1)$ 使它在任何整数链上的积分是整数, 我们有 $f^*(\omega)[M]=m\neq 0$. 那么, 我们证明 G 局部自由地作用于 N, 并且 G^0 是一个环面, 它的维数 $\leqslant$ 基本群 $\pi_1(N)$ 的极大交换子群的秩数或 M 的第一 Betti 数. 并且, 子群 $\{g\in G|f\circ g=f\}$ 是有限的且具有整除 m 的阶数. 如果我们限于 $m=1$ 并且 $\pi_1(N)$ 没有非平凡交换子群的情形或 M 的第一 Betti 数为零的情形, 那么, G 是有限的并且我们证明 G 在 $\pi_1(N)$ 的外自同构群上的表示是单的. 这不仅说明负曲率紧流形的对称度为零, 并且对这类流形同调类中的任一代表流形 (维数 >1) 也有相同的结果.

如果存在从 M 到紧局部对称空间的度数为 1 的映照, 这个目标流形有非正曲率且不容许闭的 1 维或 2 维测地子空间作为局部直积因子, 那么, 我们证明 f 同伦于 G–等变映照, 使 G 等距作用于目标流形. 并且, G 自由地作用于 M 的充要条件是 G 自由地作用于上述局部对称空间. 如果我们用紧致平坦且进一步假定 $f_*[\pi_1(M)]=\pi_1(N)$ 的流形代替上述局部对称空间, 同样结论也成立. 一个颇有趣的推论是任何作用于同伦环面的有限群是等变同伦于作用于标准环面的线性群. 如果能知道拓扑框架下的类似结论将是有意义的.

最后, 我们证明, 如果 M 是紧致的旋流形, 容有从 M 到非正曲率流形 N 的映照 f, 使 $(f^*\omega)\cup\Omega[M]\neq 0$, 这里 ω 是 N 中的 k 维上同调类而 Ω 是 M 中的 $\dim M-k$ 维的 $\hat{A}$–类, 那么, 作用于 M 上的任何连通群是一个局部自由的环作用, 它的维数不大于 $\pi_1(N)$ 的极大交换子群的秩数, 或不大于 M 的第一 Betti 数. 最后这个定理当 N 是一般 $K(\pi,1)$ 流形时曾独立被 W. Browder 与项武忠用完全不同的方法所证明. (但是, 他们的结论在我们这里的特殊情形时比我们的结论弱.)

§1. 距离函数 Hessian 的计算

设 N 是完备的 Riemann 流形. 设 $r: N\times N\to\mathbb{R}$ 定义为 $r(u_1,u_2)=$ 从 u_1 到 u_2 的距离. 设 D 是 $N\times N$ 的对角线且 $\mathcal{O}$ 是 D 的开集使 r 在 $\mathcal{O}\backslash D$ 上是光滑的, 并且对每对点 $(u_1,u_2)\in\mathcal{O}\backslash D$ 存在从 u_1 到 u_2 的唯一极小测地线. 设 ∇ 是 $N\times N$ 上由乘积度量诱导的 Riemann 联络. 这样, 对每点 $(u_1,u_2)\in\mathcal{O}\backslash D$ 以及 $X,Y\in T_{(u_1,u_2)}N\times N$ ($N\times N$ 在(u_1,u_2) 的切空间), r 沿 X 和 Y 方向的 Hessian 为

$$r_{XY}=XY(r)-(\nabla_X Y)r,$$

其中 Y 按任意方式被延拓为 (u_1,u_2) 邻域中的一个光滑向量场. 如所熟知 $r_{XY}=r_{YX}$. 本节的目的是计算 r_{XY}, 将其用 N 的曲率来表示.

对任何 $(u_1,u_2)\in\mathcal{O}\backslash D$, 设 $\gamma_{u_1u_2}(t)$ $(0\leqslant t\leqslant 1)$ 是从 u_1 到 u_2 的常速参数的极小测地线. 设 $X=X_1+X_2\in T_{(u_1,u_2)}N\times N$, 其中 X_1 以及 X_2 分别是切于乘积 $N\times N$ 的第一和第二因子的分量. 设 $\sigma(s)$ 表示常速测地线, 满足 $\sigma(0)=(u_1,u_2)$ 以及 $\sigma'(0)=X$. 那么, 我们有 $\sigma=(\sigma_1,\sigma_2)$, 其中对 $i=1,\ 2$, $\sigma_i(0)=u_i$ 以及 $\sigma_i'(0)=X_i$. 从 Hessian 的定义, 在 $s=0$, 我们有

$$r_{XX}(u_1,u_2)=\frac{d^2}{ds^2}r(\sigma_1(s),\sigma_2(s))=0.$$

从弧长的第二变分公式 (见 [4], 第 20 页), 我们有

$$r_{XX}(u_1,u_2)=\int_0^1\{\|\nabla V^{\perp}\|^2-\langle R(V,T)T,V\rangle\}dt,$$

其中, V 是沿 $\gamma_{u_1u_2}$ 的 Jacobi 场, 它在 u_i $(i=1,2)$ 的值是 X_i, $V^{\perp}$ 表示 V 的正交于测地线 $\gamma_{u_1u_2}(t)$ 的分量, 而 T 表示 $\gamma_{u_1u_2}$ 的切向量.

我们现在能证明下列命题.

命题 1 假定 N 的截面曲率是非正的. 设 $X=X_1+X_2\in T_{(u_1,u_2)}N\times N$. 那么, $(r^2)_{XX}$ 是非负的, 且等于零的充要条件是下列性质成立: 沿着 $\gamma_{u_1u_2}$ 存在平行向量场 V 使 $V(u_1)=X_1$, $V(u_2)=X_2$, 并且在 $\gamma_{u_1u_2}$ 上 $\langle R(V,T)T,V\rangle\equiv 0$. 特别地, 如果 N 的截面曲率是负的, V 与 T 成比例.

证明 从上述第二变分公式立即得到结论. □

§2. 调和映照的唯一性

设 M 和 N 是两个完备的 Riemann 流形. 假定 N 的截面曲率是非正的. 我们来研究给定的从 M 到 N 的映照的自由同伦类中调和映照的唯一性.

我们首先回顾调和映照的定义. 设 $f: M \to N$ 是 C^1 映照. 设 ds_N^2 是 N 的度量张量, 考虑被映照拉回的对称张量 $f^*ds_N^2$. 我们定义能量密度 $e(f)$ 是 $f^*ds_N^2$ 关于 M 上的度量张量 ds_M^2 的迹. 如果对每个紧区域 $D \subset M$, 以及对每一单参数映照族 $f_t: M \to N$, $t \in (-1,1)$, $f_0 = f$ 以及在 D 以外对任何 $t \in (-1,1)$ 有 $f_t \equiv f$, 我们有

$$\frac{d}{dt}\int_D e(f_t)dV_M|_{t=0} = 0,$$

那么, f 是调和映照. 定义能量泛函 $E(f)$ 为

$$E(f) = \int_M e(f)dV_M,$$

这里 dV_M 表示 M 的体积元.

设 f 和 g 是从 M 到 N 的两个调和映照, 它们是自由同伦的, 且 $E(f)$ 和 $E(g)$ 都是有限的. 我们将证明, 如果 M 具有有限体积, 那么, f 和 g 以一个明显的方式通过调和映照同伦(见下面定理 2).

设 $\tilde{M}$ 和 $\tilde{N}$ 分别是 M 和 N 的通用覆盖. 那么, $\pi_1(M,*)$ 以及 $\pi_1(N,*)$ 分别用等距群作用于 $\tilde{M}$ 和 $\tilde{N}$, 使 $M = \tilde{M}/\pi_1(M,*)$ 和 $N = \tilde{N}/\pi_1(N,*)$. 设 $\tilde{r}: \tilde{N}\times\tilde{N} \to \mathbb{R}$ 被定义为 $\tilde{r}(x,y) =$ 从 x 到 y 的距离. 由于 $\tilde{N}$ 有非正截面曲率, 我们知道 $\tilde{r}$ 在 $\tilde{N}\times\tilde{N}\backslash\{$对角线$\}$ 上是光滑的. 现在 $\pi_1(N,*)$ 在 $\tilde{N}\times\tilde{N}$ 上作为等距群以下列方式作用

$$\alpha(x,y) = (\alpha(x),\alpha(y)) \qquad \text{对 } \alpha \in \pi_1(N,*).$$

这样 $\tilde{r}$ 诱导了一个函数 $r: \tilde{N}\times\tilde{N}/\pi_1(N,*) \to \mathbb{R}$. 设 $F: M\times[0,1] \to N$ 是 f 与 g 的同伦且对所有 $p \in M$ 有 $F(p,0) = f(p)$ 以及 $F(p,1) = g(p)$. 我们取一个提升 $\tilde{F}: \tilde{M}\times[0,1] \to \tilde{N}$, 并对所有 $p \in M$ 称 $\tilde{F}(p,0) = \tilde{f}(p)$ 以及 $\tilde{F}(p,1) = \tilde{g}(p)$. 这定义了 f,g 的提升 $\tilde{f},\tilde{g}$. 我们现在有如果 $\gamma \in \pi_1(M,*)$, 那么存在 $\alpha \in \pi_1(N,*)$, 对所有 $p \in \tilde{M}$ 满足

$$\tilde{f}(\gamma(p)) = \alpha\tilde{f}(p) \quad \text{和} \quad \tilde{g}(\gamma(p)) = \alpha\tilde{g}(p). \tag{1}$$

这样, 如果用 $\tilde{h}(p) = (\tilde{f}(p), \tilde{g}(p))$ 定义映照 $\tilde{h} : \tilde{M} \to \tilde{N} \times \tilde{N}$, 我们看到 $\tilde{h}$ 是一个调和映照, 并且根据 (1), $\tilde{h}$ 诱导了一个调和映照

$$h : M \to N \times N/\pi_1(N, *).$$

我们现在用 $\rho(f,g) = r \circ h$ 定义一个函数 $\rho(f,g) : M \to \mathbb{R}$. 函数 $\rho^2(f,g)$ 是 M 上的光滑函数, 我们将计算它的 Laplacian. 在此之前我们先建立一些记号.

设 $f : M \to N$ 是光滑映照, 且设 $\theta_1, \cdots, \theta_m$ 是 $p \in M$ 一点附近的单位正交余标架场. 设 $\omega_1, \cdots, \omega_n$ 是点 $f(p) \in N$ 某邻域中的单位正交余标架场. 以

$$f^*\omega_i = \sum_{\alpha=1}^{m} f_{i\alpha}\theta_\alpha \tag{2}$$

定义 $f_{i\alpha}$, $1 \leqslant i \leqslant n$, $1 \leqslant \alpha \leqslant m$. 我们有 N 和 M 的结构方程

$$\begin{aligned} d\omega_i &= \sum_{j=1}^{n} \omega_{ij} \wedge \omega_j, \qquad \text{对 } 1 \leqslant i \leqslant n, \\ d\theta_\alpha &= \sum_{\beta=1}^{m} \theta_{\alpha\beta} \wedge \theta_\beta, \qquad \text{对 } 1 \leqslant \alpha \leqslant m. \end{aligned} \tag{3}$$

以

$$df_{i\alpha} + \sum_{j=1}^{n} f_{j\alpha} f^*\omega_{ji} + \sum_{\beta=1}^{m} f_{j\beta}\theta_{\beta\alpha} = \sum_{\beta=1}^{m} f_{i\alpha\beta}\theta_\beta \tag{4}$$

定义 $f_{i\alpha\beta}$. 外微分 (2) 并利用 (3), 我们有

$$f_{i\alpha\beta} = f_{i\beta\alpha}, \text{ 对 } 1 \leqslant i \leqslant n, 1 \leqslant \alpha, \beta \leqslant m. \tag{5}$$

如果 φ 是 M 上的光滑函数, 我们定义它的梯度和 Hessian 为

$$\begin{aligned} d\varphi &= \sum_{\alpha=1}^{m} \varphi_\alpha \theta_\alpha, \\ d\varphi_\alpha + \sum_{\beta=1}^{m} \varphi_\beta \theta_{\beta\alpha} &= \sum_{\beta=1}^{m} \varphi_{\alpha\beta}\theta_\beta, \text{ 对 } 1 \leqslant \alpha \leqslant m, \\ \varphi_{\alpha\beta} &= \varphi_{\beta\alpha}. \end{aligned} \tag{6}$$

类似地, 如果 ψ 是 N 上的函数, 我们有

$$\begin{aligned} d\psi &= \sum_{i=1}^{n} \psi_i \omega_i, \\ d\psi_i + \sum_{j=1}^{n} \psi_j \omega_{ji} &= \sum_{j=1}^{n} \psi_{ij} \omega_j, \text{ 对 } 1 \leqslant i \leqslant n, \\ \psi_{ij} &= \psi_{ji}. \end{aligned} \tag{7}$$

映照 f 是调和的条件被表示为下列方程组

$$\sum_{\alpha=1}^{m} f_{i\alpha\alpha} = 0, \text{ 对 } 1 \leqslant i \leqslant n. \tag{8}$$

我们现在来计算 $\rho^2 = \rho^2(f,g)$ 的 Laplacian.

$$(\rho^2)_\alpha = 2\rho\rho_\alpha = 2\sum_{i=1}^{n} \rho r_i f_{i\alpha} + \rho r_{\bar{i}} g_{\bar{i}\alpha}, \tag{9}$$

其中我们用 $\bar{i}(1 \leqslant i \leqslant n)$ 表示关于 $\tilde{N} \times \tilde{N}/\pi_1(N,*)$ 的最后 n 坐标的微分. 现在我们有

$$\begin{aligned} \Delta\rho^2 &= \sum_{\alpha} (\rho^2)_{\alpha\alpha} = 2\sum_{\alpha,i} (\rho r_i f_{i\alpha} + \rho r_{\bar{i}} g_{\bar{i}\alpha})_\alpha \\ &= 2\sum_{\alpha,i} (r_i f_{i\alpha} + r_{\bar{i}} g_{\bar{i}\alpha})^2 + 2\sum_{\alpha,i} (\rho r_i f_{i\alpha\alpha} + \rho r_{\bar{i}} g_{\bar{i}\alpha\alpha}) \\ &\quad + 2\sum_{\alpha,i,j} \rho(r_{ij} f_{i\alpha} f_{j\alpha} + 2r_{i\bar{j}} f_{i\alpha} g_{\bar{j}\alpha} + r_{\bar{i}\bar{j}} g_{\bar{i}\alpha} g_{\bar{j}\alpha}). \end{aligned}$$

由于 f,g 是调和的, 我们利用 (8) 得到

$$\begin{aligned} \Delta\rho^2 =& 2\sum_{\alpha,i} (r_i f_{i\alpha} + r_{\bar{i}} g_{\bar{i}\alpha})^2 \\ &+ 2\sum_{\alpha,i,j} \rho(r_{ij} f_{i\alpha} f_{j\alpha} + 2r_{i\bar{j}} f_{i\alpha} g_{\bar{j}\alpha} + r_{\bar{i}\bar{j}} g_{\bar{i}\alpha} g_{\bar{j}\alpha}). \end{aligned} \tag{10}$$

如果 $e_1, \cdots, e_n$, $\bar{e}_1, \cdots, \bar{e}_n$ 是 $\tilde{N} \times \tilde{N}/\pi_1(N,*)$ 上的单位正交标架场, 我们定义向量场 X_α 为

$$X_\alpha = \sum_{i=1}^{n} f_{i\alpha} e_i + \sum_{i=1}^{n} g_{i\alpha} \bar{e}_i,$$

并注意到 (10) 可写为

$$\Delta\rho^2 = 2\sum_{\alpha,i}(r_i f_{i\alpha} + r_{\bar{i}} g_{\bar{i}\alpha})^2 + 2\sum_{\alpha}\rho^r X_\alpha X_\alpha. \tag{11}$$

这样, 我们可用命题 1 知道 ρ^2 是一个 M 上的次调和函数. 我们现在证明一个引理.

引理 1 假定 M 是完备流形, 而 φ 是定义在 M 上的函数, 满足 $\Delta\varphi \geqslant 0$ 以及 $\int_M |\nabla\varphi| dV_M < \infty$, 那么, φ 是调和的.

证明 固定一点 $P_0 \in M$. 取序列 $R_i \to \infty$ 使 $\int_{\partial B_{R_i}(P_0)} |\nabla\varphi| \to 0$. 因为 $\int_M |\nabla\varphi| < \infty$, 这样的序列存在. 现在, 我们有

$$\int_{B_{R_i}(P_0)} \Delta\varphi = \int_{\partial B_{R_i}(P_0)} \frac{\partial\varphi}{\partial\nu} \leqslant \int_{\partial B_{R_i}(P_0)} |\nabla\varphi|,$$

其中 ν 是 $\partial B_{R_i}(P_0)$ 的单位法向量. 令 $i \to \infty$ 我们有 $\int_M \Delta\varphi < \infty$ 从而 $\Delta\varphi = 0$. □

推论 1 如果 M 具有有限体积, 且 φ 是 M 上满足 $\Delta\varphi \geqslant 0$ 且 $\int_M |\nabla\varphi|^2 < \infty$ 的函数, 那么, φ 是调和函数.

证明 这从引理 1 和 Schwartz 不等式得到. □

引理 2 设 φ 是定义在具有有限体积的完备流形 M 上的调和函数. 假定 $\int_M |\nabla\varphi|^2 < \infty$. 那么, φ 是常值函数.

证明 设 ψ 是 M 上满足 $\int_M \psi^2 < \infty$ 以及 $\int_M |\nabla\psi|^2 < \infty$ 的函数. 设 η 是 M 的一个 Lipschitz 函数且 $1 \geqslant \eta \geqslant 0$,

$$\eta = \begin{cases} 1, & \text{在 } B_R(P_0) \text{ 中}, \\ 0, & \text{在 } B_{2R}(P_0) \text{ 外}, \end{cases} \quad \text{以及 } |\nabla\eta| \leqslant \frac{2}{R}.$$

我们计算得到

$$\begin{aligned} \int_M \nabla\varphi \cdot \nabla\psi &= \int_M \nabla\varphi \cdot ((1-\eta)\psi) + \int_M \nabla\varphi \cdot \nabla(\eta\psi) \\ &= \int_M (\nabla\varphi \cdot \nabla\psi)(1-\eta) - \int_M (\nabla\varphi \cdot \nabla\eta)\psi. \end{aligned}$$

这样,

$$\begin{aligned}\left|\int_M \nabla\varphi\cdot\nabla\psi\right|^2 &\leqslant 2\Big(\int_M |\nabla\varphi||\nabla\psi|(1-\eta)\Big)^2 + 2\Big(\int_M |\nabla\varphi||\nabla\eta|\psi\Big)^2 \\ &\leqslant 2\Big(\int_{M\setminus B_R} |\nabla\varphi|^2\Big)\Big(\int_{M\setminus B_R} |\nabla\psi|^2\Big) \\ &\quad + \frac{8}{R^2}\Big(\int_M |\nabla\varphi|^2\Big)\Big(\int_M \psi^2\Big).\end{aligned}$$

□

令 $R\to\infty$ 我们得到对任何满足 $|\nabla\psi|\in L^2(M)$ 的 ψ 有 $\int_M \nabla\varphi\cdot\nabla\psi=0$. 我们现在取

$$\psi=\begin{cases}K, & 如果\ \varphi>K,\\ \varphi, & 如果\ \varphi\in[-K,K],\\ -K, & 如果\ \varphi<-K.\end{cases}$$

对 ψ 的这种选取, 我们得到

$$\int_{\varphi\in[-K,K]} |\nabla\varphi|^2=0.$$

令 $K\to\infty$ 我们得到 φ 是常数. 这就证明了引理 2. □

我们现在考虑 M 上的函数 φ, 定义为 $\varphi=(\rho^2+1)^{\frac{1}{2}}$. 现在 φ 是 M 上的光滑函数, 我们从 (9) 看到

$$|\nabla\varphi|^2=\rho^2\sum_\alpha \frac{\sum_{i=1}^n (r_i f_{i\alpha}+r_{\bar{i}} g_{\bar{i}\alpha})}{\rho^2+1}\leqslant 2(e(f)+e(g)).$$

从 (11) 我们得到 $\Delta\varphi\geqslant 0$. 如果 $E(f)+E(g)<\infty$, 并且 M 具有有限体积, 那么, 我们能应用推论 1 以及引理 2 得到 φ 在 M 上是常数. 这样我们看到 $\rho(f,g)$ 在 M 上是常数, 所以 (11) 蕴涵着

$$(r^2)_{X_\alpha X_\alpha}\equiv 0,$$

其中 $1\leqslant\alpha\leqslant m$. 特别地, 我们能提升到通用覆盖并且得到 $(\tilde{r}^2)_{\tilde{X}_\alpha\tilde{X}_\alpha}\equiv 0$, 这里

$$\tilde{X}_\alpha=\sum \tilde{f}_{i\alpha}e_i+\tilde{g}_{\bar{i}\alpha}\bar{e}_i.$$

应用命题 1, 我们找到向量场 W_α, 它沿着从 $\tilde{f}(p)$ 到 $\tilde{g}(p)$ 的唯一测地线 $\tilde{\gamma}_p$ 是平行的并且满足 $W_\alpha(\tilde{f}(p))=\sum_{i=1}^n \tilde{f}_{i\alpha}e_i(\tilde{f}(p))$ 以及 $W_\alpha(\tilde{g}(p))=\sum_{i=1}^n \tilde{f}_{i\alpha}\bar{e}_i(\tilde{g}(p))$. 命题 1 也给出, 沿着 $\tilde{\gamma}_p$ 有

$$\langle R(W_\alpha,\tilde{\gamma}_p')\tilde{\gamma}_p', W_\alpha\rangle\equiv 0. \tag{12}$$

由于 $\tilde{r}$ 是常数, 我们将每个 $\tilde{\gamma}_p$ 在 $[0,1]$ 上参数化使其和弧长成比例 (不依赖于点 $p\in\tilde{M}$). 令 $\tilde{f}_t(p)=\tilde{\gamma}_p(t)$ 而定义单参数映照族 $\tilde{f}_t:\tilde{M}\to\tilde{N}$. 那么, 我们有 $\tilde{f}_0=\tilde{f}$ 以及 $\tilde{f}_1=\tilde{g}$. 从 W_α 的平行性以及 (12) 得到

$$W_\alpha(\tilde{\gamma}_p(t))=\sum_{i=1}^{n}(\tilde{f}_t)_{i\alpha}e_i(\tilde{f}_t(p)). \tag{13}$$

因为 $\pi_1(N)$ 等距地作用于 $\tilde{N}\times\tilde{N}$, 我们看到, 给定 $\sigma\in\pi_1(M)$, 存在 $\alpha\in\pi_1(M)$ 使得对 $0\leqslant t\leqslant 1$ 有 $\tilde{f}_t\circ\sigma=\alpha\circ\tilde{f}_t$. 从而对任何 $0\leqslant t\leqslant 1$, 我们有诱导映照 $f_t:M\to N$ 使 $f_0=f$ 以及 $f_1=g$.

我们来证明每个 f_t 都是调和映照. 设 $\gamma_p(t)$ 是 N 中从 $f(p)$ 到 $g(p)$ 的测地线, 它是 $\tilde{\gamma}_p$ 的投影. 从 (13) 得到 $df_t(v_\alpha)$ 对每点 $p\in N$ 沿 γ_p 是平行的向量场. 所以, 我们得到

$$e(f_t)(p)=\sum_{\alpha=1}^{m}|df_t(v_\alpha)|^2 \text{ 在 } \gamma_p \text{ 上是常数},$$

这里 $v_1,\cdots,v_m$ 是 T_pM 的一组正交基. 所以, 对每一 $t\in[0,1]$, 我们有

$$E(f_t)=E(f). \tag{14}$$

特别地, $E(f)=E(g)$, 即, 同伦于 f 的每个具有限能量的调和映照和 f 有相同的能量. 为证明 f_t 是调和的, 我们考虑两种情形. 首先假定 M 是紧的. 在这种情形, 如果 f_t 不是调和的, Eells-Sampson 的方法 [5] 说明我们能找到 f_t 的形变 $f_{t,s}$ 使 $f_{t,0}=f_t$, 并且 $f_{t,s}$ 是热方程的解. 将极大值原理应用于函数 $r(f_{t,s},f)$, 说明 $f_{t,s}(M)$ 当 s 增加时, 仍然落在 N 的紧子集中. [6] 的技巧说明调和映照 $f_{t\infty}$ 的存在性且 $E(f_{t\infty})<E(f_t)$. 现在 $f_{t\infty}$ 同伦于 f, 我们有 $E(f_{t\infty})=E(f)$ 而和 (14) 矛盾.

如果 M 非紧, 我们可用 [6] 在 $B_R(P_0)\subset M$ 上解边值问题, 得到一个调和映照 $f_{t,R}:B_R(P_0)\to N$, 它同伦于 f_t 且在 $\partial B_R(P_0)$ 上 $f_{t,R}\equiv f_t$. 由于 $r(f_{t,R},f)$ 是 $B_R(P_0)$ 中的次调和函数, 在 $\partial B_R(P_0)$ 上是常数, 我们知道对一个紧子集 $K\subset M$, $f_{t,R}(K)$ 落在 N 的紧子集中 (不依赖于 R). 根据第九章第 8 节, 存在同伦于 f_t 的调和映照 $f_{t,\infty}$ 且满足 $E(f_{t,\infty})<E(f_t)=E(f)$, 也得到矛盾. 这样, 对 $t\in[0,1]$, f_t 是调和映照. 我们证明了下列定理.

定理 1 假定 M 是完备的且具有有限体积, N 是完备的且具严格负截面曲率. 设 $f:M\to N$ 是一个有限能量的调和映照. 那么, 在同伦于 f 的映照类中没有其他的具有限能量的调和映照, 除非 $f(M)$ 包含在 N 的一条测地线上.

定理 2 假定 M 是完备的且具有有限体积, N 是完备的且具有非正截面曲率. 如果 $f, g: M \to N$ 是具有限能量的同伦调和映照, 那么, 存在一个光滑的单参数映照族 $f_t: M \to N$, 它对每个 $t \in \mathbb{R}$ 是调和的且 $f_0 = f$ 以及 $f_1 = g$. 进而, 对每一 $p \in M$, 曲线 $\{f_t(x): t \in \mathbb{R}\}$ 是常速参数化的测地线. 并且, 被 $(p,t) \to f_t(p)$ 给定的映照 $M \times \mathbb{R} \to N$ 关于乘积度量 $M \times \mathbb{R}$ 是调和的. 进而, $p \to f_{t*}\left(\frac{\partial}{\partial t}\right)$ 是 N 的切丛的拉回丛 f^*TN 关于拉回联络的平行截面.

推论 2 在定理 2 的假定下, M 存在一个调和 1–形式.

证明 设 $\omega_1, \cdots \omega_n$ 是 N 的单位正交基, 且设 ω 是 $f_*\left(\frac{\partial}{\partial t}\right)$ 的对偶形式. ω 的局部表示为, 对 $p \in M$,

$$\omega(p) = \sum_{i=1}^{n} a_i(p)\omega_i(f(p)).$$

设 $\theta_1, \cdots, \theta_m$ 是 M 的单位正交标架, 定义

$$da_i + \sum_{j=1}^{n} a_j f^* \omega_{ji} = \sum_{\alpha=1}^{m} a_{i\alpha}\theta_\alpha.$$

从定理 2 得到对 $1 \leqslant i \leqslant n$, $1 \leqslant \alpha \leqslant m$ 有 $a_{i\alpha} \equiv 0$. 设 τ 是形式 ω 的拉回. 那么, 我们有 $\tau = \sum_{i,\alpha} a_i f_{i\alpha}\theta_\alpha = \sum_{\alpha=1}^{m} b_\alpha \theta_\alpha$. 现在,

$$b_{\alpha\beta} = \sum_i a_{i\beta} f_{i\alpha} + \sum_i a_i f_{i\alpha\beta} = \sum_i a_i f_{i\beta\alpha} = b_{\beta\alpha},$$

$$\sum_\alpha b_{\alpha\alpha} = \sum_{i,\alpha} a_{i\alpha} f_{i\alpha} + \sum_{i,\alpha} a_i f_{i\alpha\alpha} = 0,$$

这里, 我们用到了(5) 和 (8). 从而 τ 是一个调和形式. □

附注 如果映照 $f: M \to N$ 的像包含 N 的一个开子集, 那么, 取 f 在 N 中的正则值, 我们看到 τ 不是处处为零.

如果 M 和 N 是紧的, 对同伦调和映照空间有下列结构.

定理 3 设 f 是给定的从紧流形 M 到紧的实解析的有非正截面曲率的流形 N 的调和映照. 那么, 同伦于 f 的调和映照空间可等价于 N 中的紧致全测地浸入子流形. 事实上, 存在一个非正截面曲率的紧流形 N_0 和映照 $F: M \to N$, 使对每一 $p \in N$, $F|_{\{p\}\times N_0}$ 是到 N 中全测地子流形的等距浸入, 并使

$$\{F|_{M\times\{t\}}: t \in N_0\}$$

是同伦于 f 的调和映照空间.

以下是定理 3 的直接推论.

推论 3 在定理 3 的条件下还假定 $\pi_1(N)$ 没有非循环交换子群. 如果 $f_*(\pi_1(M))$ 不是循环或平凡的, 那么, f 是它所在的同伦类中唯一的调和映照.

因为不唯一性意味着 N_0 包含一个圆周, 它的像 γ 在 $\pi_1(N)$ 中是非平凡的. 假设意味着存在 $\sigma \in f_*(\pi_1(M))$ 使得 γ 和 σ 生成秩为 2 的交换子群. 这与假设矛盾. 因而得到推论.

(定理 3 的) 证明 设 N_0 是同伦于 f 的调和映照空间. 我们首先说明 N_0 能赋予紧致的 N 的全测地子流形的结构. 固定一点 $p_0 \in M$, 以及 $g \in N_0$. 设 $U(g) = \{h \in N_0 :$ 对所有 $p \in M, \mathrm{dist}(g(p), h(p)) < \varepsilon_0\}$, 这里 $\varepsilon > 0$ 是 N 的单一半径. 从本节的讨论很清楚知道 $U(g)$ 在 C^0 拓扑下同胚于 $\mathcal{O}(g) = \{h(p_0) : h \in U(g)\}$. 我们来证明 $\mathcal{O}(g)$ 是 N 的全测地子流形. 事实上, 定理 2 蕴涵着 $\mathcal{O}(g)$ 是通过 $g(p_0)$ 测地线的并. 设 $\mathcal{L}(g) \subseteq T_{g(p_0)}N$ 是 $g(p_0)$ 点切于那些测地线的切向量的所有倍数的集合. 这样, 我们有

$$\mathcal{O}(g) = \{\exp_{g(p_0)} t\frac{v}{|v|} : t \in [0, \varepsilon_0), v \in \mathcal{L}(g)\backslash\{0\}\}.$$

我们断言 $\mathcal{L}(g)$是 $T_{g(p_0)}N$ 的线性子空间. 为此, 我们首先注意到 $\mathcal{L}(g)$ 是闭的, 这是由于给定 $\{v_i\} \subseteq \mathcal{L}(g)$, $v_i \to v \in T_{g(p_0)}N$, 我们有调和映照 $h_i \in U(g)$ 且

$$h_i(p_0) = \exp_{g(p_0)}(\epsilon_0/2)(v_i/|v_i|).$$

现在 $E(h_i) = E(f)$ 是一致有界的, 所以 [5] 中的估计意味着 $\{h_i\}$ 是 C^∞ 等度连续的, 所以, $h_i \to h$ 是一个调和映照且 $h(p_0) = \exp_{g(p_0)}\left(\frac{\varepsilon_0}{2}\right)\left(\frac{v}{|v|}\right)$. 这说明 $\mathcal{L}(g)$ 是闭的. 为了证明 $\mathcal{L}(g)$ 是一个线性子空间, 我们只要注意到如果 v_1, $v_2 \in \mathcal{L}(g)$ 且 $\langle v_1, v_2\rangle \geqslant 0$, 那么 $v_1 + v_2$ 是连接 $g(p_0)$ 到 γ_t 上点的测地线的切向量的极限, 而 γ_t 是连接 $\exp_{g(p_0)} t\left(\frac{v_1}{|v_1|}\right)$ 到 $\exp_{g(p_0)} t\left(\frac{v_2}{|v_2|}\right)$ 的最短测地线, 并由于它连接 $\mathcal{O}(g)$ 中的两个点而包含在 $\mathcal{O}(g)$ 中. 因为 N 是实解析的, 当 $v \in \mathcal{L}(g)$ 时, $-v \in \mathcal{L}(g)$, 这说明 $\mathcal{L}(g)$ 是一个线性子空间, 我们因而得到

$$\mathcal{O}(g) = \{\exp_{g(p_0)} v : v \in \mathcal{L}(g), |v| < \varepsilon_0\}$$

是 N 的子流形. 并且, $\mathcal{O}(g)$ 是 N 的凸子集而为全测地子流形. 这样, 我们已经证明了被 $h \to h(p_0)$ 给出的 $N_0 \to N$ 是 N_0 到 N 的全测地子流形的浸入. 我

们以这个浸入赋予 N_0 诱导度量, 并注意到对所有 $h \in N_0$ 有 $E(h) = E(f)$ 而使 N_0 是紧的. 因而, N_0 是非正截面曲率的紧流形, 我们定义映照

$$F : M \times N_0 \to N \text{ 为 } F(p,h) = h(p).$$

如果我们能证明 $F|_{\{p\}\times N_0}$ 是到 N 的全测地子流形的等距浸入, 定理就完成了. 这可从 $\text{dist}(h_1(p), h_2(p)) = \text{dist}(h_1(p_0), h_2(p_0))$ 对所有 $p \in M$ 成立, 且所有 h_1, h_2 充分接近来得到. 这就完成了定理 3 的证明. □

附注 如果 N 没有实解析的假定, 定理 3 不再严格成立. 对只有 C^∞ 的 N, 上面的证明说明同伦调和映照的空间 N_0 是 N 的一个连通的全测地子流形, 它的边界为 ∂N_0. 这里 ∂N_0 不一定是光滑的, 但是为 N 的一个 Lipschitz 子流形.

现在我们来研究能保证单参数调和映照族诱导 N 上一个平行向量场的条件.

定理 4 假定 M, N 是实解析的 Riemann 流形. 假定 $m \geqslant n$ 以及 $f : M \to N$ 是紧流形间的调和映照, N 有非正截面曲率. 假定 N 的基本上同调类在映照 f 下拉回到 M 是非零的. 还假定诱导映照 $f_* : \pi_1(M) \to \pi_1(N)$ 是满的. 设 $g : M \to N$ 是同伦于 f 的调和映照. 设 $F : M \times \mathbb{R} \to N$ 是定理 2 中的调和映照. 那么, 在 N 上存在平行向量场 V, 对所有 $p \in M$ 满足

$$dF_{(p,0)}\left(\frac{\partial}{\partial t}\right) = V(f(p)).$$

证明 定理 2 意味着$dF_{(p,0)}\left(\frac{\partial}{\partial t}\right)$ 是拉回切丛 $f^*(TN)$ 的平行截面. 我们考虑将 F 提升到通用覆盖流形 $\tilde{F} : \tilde{M} \to \tilde{N}$. 设 $q \in \tilde{N}$ 是 $\tilde{f}$ 的一个正则点, 且设 $p \in \tilde{f}^{-1}(q)$. 我们的假定蕴涵着 f 是满映照, 故存在 p 在 $\tilde{M}$ 中的邻域 U, 它被映照到 q 在 $\tilde{N}$ 中的邻域 $\mathcal{O}$. 对任何 $\bar{q} \in \mathcal{O}$, 定义 $V(\bar{q}) = d\tilde{F}_{(\bar{p},0)}\left(\frac{\partial}{\partial t}\right)$, 这里 $\bar{p} \in U \cap \tilde{f}^{-1}(\bar{q})$. $\tilde{V}(\bar{q})$ 的值不依赖于 $\bar{p}$ 的选取, 因为 $U \cap \tilde{f}^{-1}(\bar{q})$ 能被取成一个连通的 $m-n$ 维的流形, 并且 $dF_{(\bar{p},0)}\left(\frac{\partial}{\partial t}\right)$ 是线性空间 $\tilde{f}^*(T_{\bar{q}}\tilde{N})$ 的平行截面. 因此, $\tilde{V}$ 是 $\mathcal{O}$ 中的平行向量场, 沿着从 q 出发的射线用平行移动将它扩充成整个 $\tilde{N}$ 上的向量场. 因为 $\tilde{V}$ 在 $\mathcal{O}$ 上是平行的, $\tilde{N}$ 是实解析的, 可得 $\tilde{V}$ 在 $\tilde{N}$ 上是平行的. 如果我们将 $\tilde{V}$ 看成 $\tilde{f}^*(T\tilde{N})$ 的一个截面. 那么, 我们看到在 U 上 $\tilde{V} = dF_{(\cdot,0)}\left(\frac{\partial}{\partial t}\right)$, 由于 f 是实解析的 (见 Morrey 的书 [10]), 我们就在 $\tilde{M}$ 的所有点有 $\tilde{V} = dF_{(\cdot,0)}\left(\frac{\partial}{\partial t}\right)$.

我们现在来证明 $\tilde{V}$ 投影到 N 得到一个向量场 V. 设 $\pi : \tilde{N} \to N$ 是投影映照. 设 $q \in N$, 并取 $\tilde{q} \in \pi^{-1}(q)$. 设 γ 是 N 中的闭曲线, 满足 $\gamma(0) = \gamma(1) = q$. 在

$q=\gamma(0)$ 附近局部地定义 V 为 $V=d\pi(\tilde{V})$. 用小邻域覆盖 γ, 我们得到沿曲线 γ 的向量场 V 的定义. 我们必须证明 $V(\gamma(1))=V(\gamma(0))$. 选取一点 $\tilde{p}\in\tilde{f}^{-1}(\tilde{q})$. 设 $p\in M$ 是 $\tilde{p}$ 的投影. 从上面讨论我们已经知道 $d\tilde{F}_{(\tilde{p},0)}\left(\frac{\partial}{\partial t}\right)=\tilde{V}(\tilde{q})$, 从而有 $dF_{(p,0)}\left(\frac{\partial}{\partial t}\right)=V(\gamma(0))$. 由于 $f_*:\pi_1(M)\to\pi_1(N)$ 是满映照, 存在 M 中的一条曲线 α, 使 $\alpha(0)=\alpha(1)=p$ 以及 $f(\alpha)=\gamma$. 现在, $dF_{(\alpha(s),0)}\left(\frac{\partial}{\partial t}\right)$ 以及 $V(f(\alpha(s)))$ 都是沿 α 的 $f^*(TN)$ 的平行截面, 它们在 $s=0$ 相等, 所以, 我们有 $V(f(\alpha(1)))=V(\gamma(1))=dF_{(p,0)}\left(\frac{\partial}{\partial t}\right)=V(\gamma(0))$. 这就完成了定理 4 的证明. □

推论 4 在定理 4 的假定下得到如果 f, g 是同伦调和映照, 那么, $g=\alpha\circ f$, 这里 α 是被平行向量场生成的等距(交换) 群的元素. 这时, 同伦于 f 的调和映照空间被上述的群所参数化, 它的维数等于 $\pi_1(N)$ 中心的秩数.

§3. 调和映照和完备流形

在这一节, 我们将 Riemann 流形间调和映照的标准存在定理以下列方式推广为非紧流形的情形.

定理 5 设 N 是具有非正截面曲率的完备 Riemann 流形. 设 M 是任意 Riemann 流形. 设 f 是从 M 到 N 的光滑映照, 使对 M 的某紧子集 Ω, $f|_{M\setminus\Omega}$ 同伦于常值映照且对 M 的某一紧致的 k 维链 α, $f_*\alpha$ 在 $H_k(N,N\setminus C)$ 中不同调于零, 这里 C 是 N 中的某紧子集. 那么, f 同伦于具有限能量的调和映照.

证明 证明和 [11] 中给出的几乎相同. 只有两处需修改. Hamilton 关于 Dirichlet 边值问题的定理 [6] 能被推广为 N 为非紧的情形. 这在第九章第 8 节中已经做了. 在 [11] 中, 我们找到了从 M 到 N 的调和映照序列. 我们证明了这个序列的等度连续性. 假设中同调类的存在性保证了这个序列事实上是收敛的. □

附注 如果我们在 $\pi_1(M)$ 中能找到一个元素 α, 使 $f_*(\alpha)$ 在 $\pi_1(N,N\setminus C)$ 中是非平凡的, 这里 C 是 N 的某一紧子集, 那么, 定理 5 还是成立. 从本附注, 可将 [11] 中的定理推广为 N 非紧但满足适当假定时的情形.

我们在这里指出 [8] 中的平坦环面定理的下列推广.

定理 6 设 M 是具非正曲率的完备的 Riemann 流形. 设 A 是 $\pi_1(M)$ 的一个交换子群, 使对某 $\alpha\in A$ 以及 M 中的某紧子集 C, α 在 $\pi_1(M,M\setminus C)$ 中不是平凡的. 那么, 在 M 中存在一个 k 维的全测地平环, 使它的基本群包含 A 作为有限指标的子群.

证明 这容易从上述定理以及 §2 的唯一性定理得到. □

§4. 光滑作用于流形的紧群

设 M 是具有有限体积的完备 Riemann 流形. 设 G 是 M 上的等距群. 设 N 是非正曲率的完备 Riemann 流形. 设 $A(N)$ 是 N 上的仿射变换群. 那么, 用直接计算可知道, 如果 f 是从 M 到 N 的调和映照且 g 是 $A(N)$ 的一个元素, 那么, $g\circ f$ 是调和的. 我们用 §2 的唯一性定理来研究 G 在 M 上作用的性态.

我们从下列定理开始.

定理 7 假定存在从 M 到 N 的光滑映照 f, 使在 M 的一个紧子集外同伦于常值映照. 假定对某同调类 $\alpha\in H_k(M,\mathbb{Z})$, $f_*(\alpha)$ 在 $H_k(N,N\backslash C)$ 中不同调于零, 其中 C 是 N 中的紧集. 假定对每个作用于 M 的 $g\in G$, 存在一个映照 $\tilde{g}\in A(N)$, 使 $f\circ g$ 自由同伦于 $\tilde{g}\circ f$. (我们没有假定 $\tilde{g}$ 是唯一的或非平凡的.) 那么, 如果 N 有负曲率, 存在(光滑) 同伦于 f 的调和映照 h, 使或者 $h(M)$ 是圆周, 或对所有 $g\in G$, $h\circ g=\tilde{g}\circ h$.

证明 根据定理 5 我们知道 f 同伦于某调和映照, 称为 h. 还要证明最后的方程. 对任何 $g\in G$, 映照 $h\circ g$ 显然是调和的. 因为 $h\circ g$ 自由同伦于 $\tilde{g}\circ h$, 在 §2 中的定理 1 说明, 或者 $h(M)$ 是圆周或者 $h\circ g=\tilde{g}\circ h$. □

推论 5 设 M 是具有限体积的完备流形. 假定存在从 M 到完备负曲率流形 N 的光滑映照 f, 在紧集外它同伦于常值映照. 还假定对某同调类 $\alpha\in H_k(M,\mathbb{Z})$, $f_*(\alpha)$ 在 $H_k(N,N\backslash C)$ 中不同调于零, 这里 C 是 N 中的紧集. 那么, $\dim G\leqslant\frac{1}{2}(\dim M-k)(\dim M-k+1)$.

证明 只要将 G 限于它的单位元分支. 这时, 每个元 $g\in G$ 同伦于单位元, 并且对所有 $g\in G$, $f\circ g$ 同伦于 f. 所以, 存在从 M 到 N 的调和映照 h, 使得或者 $h(M)$ 是圆周, 或对所有 $g\in G$ 有 $h\circ g=h$. 由于 $h(M)$ 是圆周的情形的讨论和后者相同, 我们假定 $h(M)$ 不是圆周. 同调类 α 的存在性显然意味着对某点 $p\in M$, h_* 在 $T_p(M)$ 上的秩至少是 k. 所以, 对某开集 U, h_* 的秩至少是 k. 但由于主轨道是稠密的(见 [3]), 存在一点 $q\in U$, 使轨道 $G(q)$ 是主轨道. 对所有 $g\in G$, 方程 $h\circ g=h$ 说明 $G(q)$ 是纤维 $h^{-1}[h(q)]$ 的子集并且有不大于 $\dim M-k$ 的维数. 由于 G 在它主轨道上的作用是有效的, 关于 $\dim G$ 的估计就

可立即得到. □

定理 8 设 N 是具有非正曲率的完备的实解析流形. 设 M 是 k 维 $(k>1)$ 实解析的且有紧群实解析地作用的完备定向流形. 假定对从 M 到 N 的光滑映照 f, 对所有 $g\in G$, $f\circ g$ 自由同伦于 f. 假定在 N 中存在一个闭的 k–形式 ω, 使 ω 在任何紧致 k 维整链上的积分是整数并且 $f^*\omega[M]$ 是非零整数 m. 如果在 $\pi_1(M)$ 中存在一个元素 α, 使 $f_*(\alpha)$ 在 $\pi_1(N,N\backslash C)$ 中是非平凡的, 这里 C 是 N 的一个紧集, 那么, 存在一个同伦于 f 的实解析映照 h, 具有下列性质:

1 群 $\bar{G}=\{g\in G|h\circ g=h\}$ 是有限的且有整除 m 的阶数. 并且, $\bar{G}$ 的每个元素保持 M 的定向.

2 对任何 $p\in M$, 在 p 点的迷向子群是有限的.

3 $G(p)$ 在 h 下的像是某些 l 维全测地平坦子流形的并, 这里 l 不大于 $\pi_1(M)$ 的极大交换子群的秩或 M 的第一 Betti 数.

4 G 的连通分支是维数 $\leqslant l$ 的环面.

5 当 N 的曲率为负或 $\pi_1(N)$ 没有非平凡交换子群或当 M 的第一 Betti 数是零时, 群 $\{g\colon\ h\circ g$ 同伦于 $h\}$ 等于 G.

证明 由于 G 实解析地作用于 M, 我们能赋予 M 的实解析度量, 使 G 等距地作用于具某实解析 Riemann 度量的 M. 根据定理 5, 我们能找到从 M 到 N 的同伦于 f 的调和映照 h. 由于 M 和 N 都是实解析的, Morrey 的一个定理 [10] 说明光滑映照事实上是实解析的. 根据实解析的几何中的著名定理 [9], 我们知道 M 和 N 都能三角剖分, 并使 $h(M)$ 是 N 中的单纯子复形.

关于这个 h, 我们可定义 $\bar{G}$. 我们必须证明 $\bar{G}$ 是有限的并且阶数不超过 m. 事实上, 假定 $f^*(\omega)[M]=h^*(\omega)[M]\neq 0$ 意味着 $h(M)$ 是一个 k维单纯复合形. 进而, 对 $h(M)$ 某开的稠密集中的点 x, $h^{-1}(x)$ 是有限的, 并且 h 在 $h^{-1}(x)$ 每点的微分有秩数 k. 方程 $h\circ g=h$ 说明如果 $g\in\bar{G}$, 并且 g 固定 $h^{-1}(x)$ 中的一点, g 必须固定那一点切空间的一组单位正交基. 这仅当 g 是单位元并且 $\bar{G}$ 自由地作用于 $h^{-1}(x)$, $x\in U$ 时才是可能的.

设 T 是 $h(M)$ 的 $(k-1)$ 维骨架 (在 N 中的) 管状邻域. 那么, 闭 k–形式 ω 限制于 T 是同调于零的. 所以, 通过减去 N 中某正合形式, 我们可假定 ω 在 $h(M)$ 的 $(k-1)$ 维骨架的管状邻域中为零. 对 $F(M)$ 的每个 k 维复形 S, 我们能取一个光滑的 k–形式 ω_S, 它的紧支集在 S 的开集 U_S 中, 使 $U_S\subset U$, 且 $h^{-1}(U_S)$ 的分支数等于 $h^{-1}(x)$ $(x\in U_S)$ 中的点数, $h|_{h^{-1}(U_S)}$ 是覆盖映照并且 $\omega_S[S]=1$.

显然, 闭 k–形式 ω, 限制于 $h(M)$, 同调于 $\sum_S a_S\omega_S$, 其中 a_S 是实数而 S 走遍 $h(M)$ 中所有 k 维单形. 现在, $[h(M)]$ 能写为 k 维链 $C_1,\cdots,C_l$ 的和, 其中 C_i 的支集和 C_j 的支集的交是维数 $\leqslant k-1$ 的复形, 每个 k–单形恰在一个 C_i 中出现并且任何 C_i 的真子复形不可能构成一个链. 如有必要将 S 变成 $-S$, 我们可假定 $\omega_S[C_i]=1$, 如果 $S\in C_i$. 然后考虑闭形式 $\sum_{i=1}^l(\sum_{S\in C_i}a_S)\omega_{S_i}$, 其中 S_i 是随机地取自 C_i 的 k–单形. 对每个 C_j, $\omega[C_j]=\sum_{i=1}^l(\sum_{S\in C_i}a_S)\omega_{S_i}[C_j]=\sum_{S\in C_j}a_S$. 由于 C_j 是整链, 关于 ω 的假定说明 $\sum_{S\in C_j}a_S$ 是一个整数.

现在考虑 $f^*\omega[M]$. 它等于

$$h^*\omega[M]=\sum_{i=1}\Big(\sum_{S\in C_i}a_Sh^*\omega_S\Big)[M].$$

我们断言 $h^*\omega_S[M]=h^*\omega_{\bar S}[M]$, 只要 S 和 $\bar S$ 都属于相同的 C_i. 事实上, 设 $T(C_i)$ 为 C_i 的一个单形的管状邻域, 使 $H_k(T(C_i))$ 被 $H_k(C_i)$ 所生成. 由于 C_i 的任何真子复形都不构成一个链, $H_k(C_i)$ 是一个链. 如果我们将 ω_S 和 $\omega_{\bar S}$ 都延拓为 $T(C_i)$ 中光滑的 k–形式, 它们在 C_i 的 $(k-1)$ 维骨架的一个邻域中为零, 那么, ω_S 和 $\omega_{\bar S}$ 在 $H_k(T(C_i))$ 的生成元上有相同的值, 根据 de Rham 定理 $\omega_S-\omega_{\bar S}$ 在 C_i 的一个邻域中是正合形式. 所以, $h^*\omega_S[M]=h^*\omega_{\bar S}[M]$.

所以, 我们有 $m=h^*\omega[M]=\sum_{i=1}^l(\sum_{S\in C_i}a_S)h^*\omega_{S_i}[M]$. 为证明 $\bar G$ 的阶数能整除 m, 只要证明它整除 $h^*\omega_{S_i}[M]$. 回顾 $\{\omega_{S_i}$的支集$\}\subset U_{S_i}$, 这里 $h^{-1}(U_{S_i})=\bigcup_j O_j$, 使 $h|_{O_i}$ 是一个秩为 k 的微分同胚. 所以 $h^*\omega_{S_i}[M]$ 能按下列方式计算. 固定 N 中的一个点 x, 使 $\omega_{S_i}\neq 0$. 那么, 如果 $\{x_1,\cdots,x_q\}$ 是 $h^{-1}(x)$ 中的点集并且 dV 是 M 的体积形式, $h^*\omega_{S_i}[M]=\sum_{j=1}^q\operatorname{sign}[h^*\omega_{S_i}(x_j)/dV]$, 其中 $\operatorname{sign}(a)=+1$ (如果 $a>0$), 为 -1 (如果 $a<0$).

设 $\bar{\bar G}$ 是 $\bar G$ 的子群, 它保持 M 的定向. 那么, 或者 $\bar{\bar G}=\bar G$ 或者 $\bar{\bar G}$ 在 $\bar G$ 中指标为 2. 我们断言后者不可能发生. 事实上, 设 $g\in\bar G\backslash\bar{\bar G}$ 以及 $\{g_1,\cdots,g_p,gg_1,\cdots,gg_p\}$ 是 $\bar G$ 中所有元素的集合且对 $1\leqslant i\leqslant p$ 有 $g_i\in\bar{\bar G}$. 那么, 对 $1\leqslant i\leqslant p$, $g_i^*dV=dV$, $(gg_i)^*dV=-dV$. 对 $g\in G$, 方程 $h\circ g=h$ 说明 $\operatorname{sign}[h^*\omega_{S_i}(g_j(x))/dV]=\operatorname{sign}[h_*\omega_{S_i}(x)/dV]$, 并且当 h 在 x 的秩为 k 时 $\operatorname{sign}[h^*\omega_{S_i}(gg_j(x))/dV]=-\operatorname{sign}[h^*\omega_{S_i}(x)/dV]$. 由于 $\bar G$ 自由地作用在 $h^{-1}(x)$ 上, 从上述两个方程和关于 $h^*\omega_{S_i}[M]$ 的公式, 显然对所有 i 有 $h^*\omega_{S_i}[M]=0$. 特别地, $h^*\omega[M]=0$, 这得到矛盾. 所以 $\bar G$ 由保持定向的等距所组成. 上述证明也说明 $\bar G$ 的阶对所有 i 整除 $h^*\omega_{S_i}[M]$. 这就完成了 (1) 的证明.

为证明 (2), 我们注意到如果 g_t 是 G 中元素的单参数族, 满足 $h\circ g_t(p)=h(p)$. 那么, 由于 $h\circ g_t$ 自由同伦于 h, 定理 2 的证明说明事实上 $h\circ g_t=h$. 因

为 $\bar{G}$ 是有限的, g_t 必是平凡族.

为证明其余的结论, 我们看到如果 X 是 M 上的 Killing 向量场, 那么, h_*X 是 h^*TN 的一个平行截面. 从定理 3 的证明, 对每点 $x \in M$, 存在通过 $h(x)$ 的 N 的全测地子流形, 它对应于同伦于 h 的调和映照空间. 我们能找到 h^*TN 的平行截面 $v_1, \cdots, v_k$, 使 $h_*v_1, \cdots, h_*v_k$ 构成全测地子流形在 $h(x)$ 的基. 固定使 h_* 是单映照的点 x. 由于 X 生成单参数等距族 g_t, 它也生成单参数调和映照族 $h \circ g_t$, X 定义了 h^*TN 的一个截面, 并在 x 的一个邻域中可写成 $\sum_{i=1}^{k} c_i v_i$, 其中 c_i 是光滑函数. 令 τ_i 是对偶于 v_i 的形式的拉回. 那么, 由于定理 2 的推论 2, τ_i 是调和的, 因而 $\tau_i(X)$ 是常数 (见 [13]). 这说明 X 在 M 的一个开集中是 h^*TN 的平行截面. 唯一延拓性就说明 X 处处是平行的.

如果 Y 是 M 上的其他 Killing 向量场, 那么, $\nabla_{h_*X} h_*Y = 0$ 且 $\nabla_{h_*Y} h_*X = 0$. 所以, $h_*[X, Y] = 0$. 断言 (2) 说明 $[X, Y] = 0$. 所以, G^0, G 的连通分支, 是可交换的. 因为 $h \circ g(p) = h(p)$ 意味着对 $g \in G^0$ 有 $h \circ g = h$, $h(G^0(p))$ 是环面 $G^0/\bar{G} \cup G^0$ 的一个嵌入的映像. 显然, 全测地平坦的维数不超过 $\pi_1(N)$ 的极大可交换子群的秩数. 它也不超过 $b_1(M)$, 因为每个 Killing 向量场定义了生成 M 上调和 1–形式的 h^*TN 的平行截面. □

推论 6 设 N 是具非正截面曲率的紧致的实解析的 Riemann 流形. 设 M 是 k 维紧致定向的实解析流形, 它表示 $H^k(N, \mathbb{Z})$ 中整系数上同调类 ω, 即存在从 M 到 N 的光滑映照 f 使 $f^*\omega[M] = 1$. 假定 $\pi_1(N)$ 没有非平凡交换子群或 M 的第一 Betti 数为零. 那么, 任何实解析地作用于 M 的紧群 G 是有限的. 并且, 从 G 到 $\pi_1(M)$ 的外自同构群的自然同态是单映照. 事实上, f_* 和上述到 $\pi_1(M)$ 的外自同构群映照的合成也是单映照.

证明 设 $\bar{G}$ 是 G 的子群使 $f \circ g$ 自由同伦于 f. 那么, 定理 8 说明 $\bar{G}$ 是平凡的. 由于 N 是 $K(\pi, 1)$, $f \circ g$ 是自由同伦于 f 的条件是关于 g 在 M 的基本群作用与同态 $f_* : \pi_1(M) \to \pi_1(N)$ 合成的条件. 这显然蕴含推论的另一半的结论. □

当从 M 到 N 的映照为单映照时, 我们能得到多一点的结果.

定理 9 设 M 和 N 是两个紧致定向且相同维数的流形. 假定 N 具有非正曲率并有一个从 M 到 N 的映照使 $f^*[N] = m[M] \neq 0$ 以及 $f_*\pi_1(M) = \pi_1(N)$. 设 G 是光滑作用于 M 上的紧群. 设 $\bar{G}$ 是由使 $f \circ g$ 自由同伦于 f 的元素 $g \in G$ 组成的子群. 设 $\bar{A}(N)$ 是由平行向量场生成的 $A(N)$ 的单位元分支的子群. 假

定对每个 $g \in G$, 存在一个(不一定唯一或非平凡) 元素 $\bar{g} \in A(N)$ 使得 $f \circ g$ 自由同伦于 $\bar{g} \circ f$. 那么, 存在一个光滑映照 $h: M \to N$ 和一个同态 $\gamma: G \to A(N)$, 使得

1 对所有 $g \in G$, 有 $f \circ g = \gamma(g) \circ f$.

2 γ 的核$(= \mathrm{Ker}(\gamma))$ 是一个阶数能整除 m 的有限群.

3 $\bar{G} = \gamma^{-1}(\bar{A}(N))$ 并且 $\bar{G}/\mathrm{Ker}(\gamma)$ 是同构于 p 维环面 $\bar{A}(N)$ 的一个子群, 其中 $p = \pi_1(N)$ 的中心的秩数.

4 群 $\bar{G}$ 在 M 任何点的迷向子群是 $\mathrm{Ker}(\gamma)$ 的一个子群的有限交换延拓.

5 $\gamma(G)$ 在 M 任何点的迷向子群是有限的. 进而, 如果素数 p 是能整除 $\gamma(G)$ 在一点 x 迷向子群的阶数, 那么, p 也能整除 m 或整除 G 在 $h^{-1}(x)$ 的相同点的迷向群的阶数. 特别地, 如果 $m = 1$ 并且 G 自由作用于 M, $\gamma(G)$ 就自由作用于 N.

6 群 $G/\bar{G}$ 是有限群并且有一个借助于 f_* 的到 $\pi_1(N)$ 外自同构群的忠实表示.

7 如果 N 是平坦流形, 那么 $\bar{A}(N)$ 的秩也等于 N 的第一 Betti 数.

证明 (1) 因为在定理中我们能假定 f 同伦于一个调和映照 h. 根据假定, 对每个 $g \in G$, 存在一个元素 $\bar{g} \in A(N)$, 使 $h \circ g$ 自由同伦于 $\bar{g} \circ h$. 根据 §2 的定理 4, 我们知道, 存在 $\bar{A}(N)$ 中的一个元素 g', 使 $h \circ g = (g' \circ \bar{g}) \circ h$. 由于 $h^*[N] \neq 0$, h 是满的并且 $g' \circ \bar{g}$ 被上述方程唯一地定义. 那么, 显然 γ 是所要求的群同态.

(2) γ 的核是使 $h \circ g = h$ 成立的元素 $g \in G$ 组成的 G 的子群. 能用定理 8 中相同的论证得到所要的结论.

(3) 如果 $g \in \bar{G}$, 那么, h 和 $h \circ g$ 是自由同伦. 定理 4 说明存在唯一确定的 $\gamma(g) \in \bar{A}(N)$, 使 $h \circ g = \gamma(g) \circ h$. 反之, 如果 $\gamma(g) \in \bar{A}(N)$, $\gamma(g)$ 自由同伦于恒等元, 从而 $h \circ g$ 自由同伦于 h. $\dim \bar{A}(N)$ 等于 $\pi_1(N)$ 的中心的秩数的事实在 Lawson-Yau [8] 一文中可见.

(4) 由于 $\bar{A}(N)$ 局部自由地作用于 N, 使 $\bar{A}(N)$ 的迷向群是有限交换子群, 结论由此可得.

(5) 第一个结论从 $\gamma(G)$ 的连通分支局部自由作用的事实可得. 为证明第二个结论, 设 F 是 $\gamma(G)$ 素数阶 p 的固定一点 $x \in N$ 的循环子群. 那么, 我们能在 $\gamma^{-1}(F)$ 中找到阶数 p 的子群 $\bar{F}$. 设 $f \in \bar{F}$ 是一个生成元. 那么, 或者 f 固定 $h^{-1}(x)$ 中的一点, 或者 $\bar{F}$ 在 $h^{-1}(x)$ 中自由作用. 我们的结论从定理的讨论

容易得到.

(6) 这从 N 是 $K(\pi,1)$ 的事实得到, 使 $h\circ g$ 和 h 之间同伦的存在性仅依赖于它们在基本群上的作用.

(7) 这是因为对非负 Ricci 曲率的紧流形, Bochner 方法 (见 [2]) 说明调和向量场是平行的. □

在上面定理中, 我们假定对每个 $g\in G$, 存在 $\bar{g}\in A(N)$, 使 $f\circ g$ 自由同伦于 $\bar{g}\circ f$. 由此看来, 自然要问下列问题.

问题 设 N 是非正曲率的紧流形. G 是 $\pi_1(N)$ 的外自同构群的有限子群. 那么, 能否在 N 上找到非正的曲率度量使 G 被 N 的等距群的某有限子群的作用所诱导?

我们能回答上述问题的某些特殊情形. 下列是 Mastow 刚性定理的平凡推论.

定理 10 *设 N 是非正曲率的紧局部对称空间. 假定 N 没有闭的 1 维或 2 维全测地子空间作为局部直积. 那么, N 的外自同构群是有限的并且被 N 的等距群所诱导.*

当 N 有零曲率时, 我们能证明下列定理.

定理 11 *设 N 是紧致平坦 Riemann 流形. 设 G 是 $\pi_1(N)$ 外自同构群的任何有限子群. 那么, G 被 N 上某平坦的等距群的一个子群所诱导.*

证明 如果 $g\in G$, 那么, 由于 N 是 $K(\pi,1)$, 我们能用 N 的一个同伦等价实现 g. 根据给定同伦类中调和映照的存在性, 我们能假定 g 被从 N 到 N 的某调和映照 $\tilde{g}$ 所诱导.

因为 N 是平坦的, 从 N 到 N 的仅有的调和映照是线性的. (曲率条件蕴涵着能量密度在 N 上是次调和的. N 的紧性就意味着能量密度事实上是常数. 所以, 能量密度的 Laplacian 是零, 这就说明调和映照是全测地的.) 如果我们将 $\tilde{g}$ 提升为从欧氏空间 $\mathbb{R}^n$ 到自身的一个映照, 那么, 对 $x\in\mathbb{R}^n$, $\tilde{g}(x)=A_gx+B_g$, 其中 A_g 是常数可逆矩阵而 B_g 是常向量. 显然, 集合 $\{A_g|g\in G\}$ 构成 $GL(n,\mathbb{R})$ 的一个有限子群. 所以, 我们将它共轭为 $O(n,\mathbb{R})\subset GL(n,\mathbb{R})$ 的一个有限子群. 换言之, 我们可取 N 上的一个平坦度量, 使矩阵 A_g 正交地作用于 N.

以这样选取的度量, 我们能将每个元素 $g\in G$ 以下列方式联系于 N 等距群的元素 $\tilde{\tilde{g}}$. 设 $\tilde{B}_g$ 是被 N 的平行向量张成的线性空间正交补中 B_g 的分量. 那么, 对 $x \in \mathbb{R}^n$ 定义 $\tilde{\tilde{g}} = \tilde{\tilde{A}}_g x + \tilde{B}_g$. 由于平行向量场平凡地作用于 $\pi_1(N)$, $\tilde{\tilde{g}}$ 诱导了和 $\tilde{g}$ 相同的在 $\pi_1(N)$ 上的作用. 进而, 根据调和映照的唯一性定理, 我们知道 $\tilde{\tilde{g}}$ 被 g 唯一地所确定, 并且 $\{\tilde{\tilde{g}} \mid g \in G\}$ 全体构成 N 的等距群(关于新的平坦度量) 的一个子群. 这就完成了定理的证明. □

作为上面最后两个定理的推论, 我们推导下列对有限群作用的应用.

定理 12　设 M 是一个具有有限群有效光滑作用的紧流形. 假定存在从 M 到紧局部对称空间 N 的度数为 1 的映照, 其中 N 具有非正曲率且不容有闭 1 维或 2 维的全测地子空间局部直积因子. 那么, G 有到 N 的等距群的忠实表示. 进而, G 的作用与某度数为 1 的从 M 到 N 的映照可换, 使 G 自由地作用于 M 的充要条件是 G 自由地作用于 N.

附注　在这种情形 N 不可能有一个平行向量场, 以致我们不要求基本群的满射性.

定理 13　设 M 是一个具有有限群有效光滑作用的紧致 n 维流形. 假定存在 n 个 1 维整同调类, 它的对偶 $\alpha_1, \cdots, \alpha_n$ 满足等式 $\alpha_1 \cup \cdots \cup \alpha_n[M] = 1$. 那么, 存在 G 到某平环 $\mathbb{T}^n$ 等距群的忠实表示. G 的作用与从 M 到 $\mathbb{T}^n$ 的某度数为 1 的映照可换, 使 G 在 M 上自由作用的充要条件是 G 自由地作用于 $\mathbb{T}^n$. 群 $\tilde{G} = \{g \in G \mid g^*\alpha_i = \alpha_i \text{ 对 } i = 1, 2, \cdots, n\}$ 是 G 的正规交换子群, 它自由地作用于 M.

定理 14　设 M 是一个具有有限群有效可微作用的紧流形. 假定我们能找到一个度数为 1 的从 M 到一个紧致平坦 Riemann 流形 N 的映照, 使 $f_*[\pi_1(M)] = \pi_1(N)$. 如果或者 $\pi_1(N)$ 没有中心或者 $b_1(M) = 0$, 那么, 存在一个 G 到 N 的等距群的忠实表示, 它又给出 G 到 $\pi_1(N)$ 的外自同构群的一个忠实表示. G 的作用与从 M 到 N 的度数为 1 映照可换, 使 G 在 M 上自由作用的充要条件是 G 在 N 上自由作用.

附注　在所有这些定理中, 如果我们只假定到对应 “模型” 流形的非零度数映照的存在性, 我们能得到类似的结果.

迄今为止, 我们总假定流形 M 表示和 M 同维数流形的同调类. 事实上, 这不一定必要. 至少当 G 是连通的时, 我们有下列定理.

定理 15　设 N 是一个完备的且具非正曲率的实解析流形. 设 ω 是 N 中的一个 k 维同调类, 它不同调于 $N \backslash C$ 中的同调类, 其中 C 是 N 中的某紧子集.

设 M 是一个紧致的实解析的定向旋流形, 且具有连通紧流形 G 的实解析作用. 假定对某 $(m-k)$ 维 $\hat{A}$–类 Ω, $\Omega\cup f^*\omega[M]\neq 0$. 那么, 我们能找到一个同伦于 f 的实解析调和映照 h, 满足

1 群 $\bar{G}=\{g\in G|h\circ g=h\}$ 是有限群.

2 任何作用于 M 的 G 的迷向子群是有限的.

3 $G(p)$ 在 h 下的像是某些 l 维全测地平坦子流形的有限并, 这里 l 不大于 $\pi_1(N)$ 的极大交换子群的秩数, 也不大于 M 的第一 Betti 数.

4 G 的连通分支是维数 $\leqslant l$ 的环面.

5 假定 $k>1$. 那么, 当 N 具负曲率或 $\pi_1(N)$ 没有非平凡交换子群或 M 的第一 Betti 数是零时, G 是平凡的.

证明 我们将应用定理 8 中的术语. 正如那里的证明中, 我们能找到同伦于 f 的调和映照 h. 我们也能选取那里定义的开集 U, 使 $h|_{h^{-1}(U)}$ 是一个纤维丛.

为证明 (1), 我们注意到由于 $h^{-1}(U)$ 是开集, G 有效地作用于 $h^{-1}(U)$. 限制于 U, 我们甚至可假定 $\bar{G}$ 对每点 $x\in U$ 有效作用于 $h^{-1}(x)$. 由于 $h^{-1}(x)$ 有平凡法丛, $W_2(h^{-1}(x))=0$, 因此 $h^{-1}(x)$ 是旋流形以及 $\Omega[h^{-1}(x)]$ 是 $h^{-1}(x)$ 的 $\hat{A}$–亏格. 所以, Atiyah 和 Hirzebruch 的一个定理 [1] 说明, 当 $\bar{G}$ 不是有限时 $\Omega[h^{-1}(x)]=0$. 因为 ω_S 的支集在 U 中, 显然 $\Omega\cup h^*\omega_S[M]=0$, 与 $\Omega\cup h^*(\omega)[M]=0$ 矛盾. 至于 (2)—(5) 的证明和定理 8 一样, 我们就省略具体的细节. □

校样时注记 最近 Eells 教授告诉我们 T. Sunata 已在紧局部对称空间的特殊情形独立地证明了定理 3. 他的文章发表在 Invent. Math. **51**(1979), 297-307. 还有 Connor 和 Raymond 的相关文章, 在 Proceedings of Symposia in Pure Math., Vol. 23 (1978) 中.

参考文献

[1] M. Atiyah and F. Hirzebruch, *Spin-manifolds and group actions*, Essays on Topology and Related Topics, Memories dédiés à Georges de Rham, Springer-Verlag, New York, Heidelbeg, Berlin (1970), 18-28.

[2] S. Bochner and Y. Yano, *Curvature and Betti numbers*, Annals of Math. Studies **32**(1953).

[3] G. E. Bredon, *Introduction to Compact Transformation Groups*, Academic Press, New York (1972).

[4] J. Cheeger and D. Ebin, *Comparison Theorems in Riemannian Geometry*, North-Holland, Amsterdam (1975).

[5] J. Eells and J. Sampson, *Harmonic mappings of Riemannian manifolds*, Am. J. Math. **86**(1964), 109-160.

[6] R. Hamilton, *Harmonic Maps of Manifolds with Boundary*, Lecture notes, Mathematics, No. 471, Springer, Berlin, Heidelberg, New York (1975).

[7] P. Hartman, *On homotopic harmonic maps*, Can. J. Math. **19**(1967), 673-687.

[8] H. B. Lawson and S. T. Yau, *Compact manifolds of nonpositive curvature*, J. Diff. Geom. **7**(1972), 211-228.

[9] S. Lojasiewicz, *Triangulations of semianalytic sets*, Ann. Scuola Norm. Sup. di Pisa **18**(1964), 449-474.

[10] C. B. Morrey, *On the analyticity of the solutions of analytic non-linear elliptic systems of partial differential equations*, I and II, Am. J. Math. **80**(1958), 198-234.

[11] R. Schoen and S. T. Yau, *Harmonic maps and the topology of stable hypersurfaces and manifolds of non-negative Ricci curvature*, Comm. Math. Helv. **39**(51)(1976), 333-341.

[12] R. Schoen and S. T. Yau, *Compact group actions and the topology of manifolds with nonpositive curvature*, Topology **18**(1979), 361-380.

[13] S. T. Yau, *Remarks on the group of isometries of a Riemannian manifolds*, Topology **16**(1977), 239-247.

第十二章 调和映照、稳定超曲面的拓扑以及具有非负 Ricci 曲率的流形

在这一章我们给出论文 [11] 中的结果, 该文中, 用调和映照理论给出了容有非负曲率完备度量的流形的拓扑障碍, 或作为非负截面曲率的流形中稳定完备极小超曲面的拓扑障碍. 为说明该想法的动机, 我们先做一些观察. 容易看出 (见下面 §2) 从紧致正 Ricci 曲率的流形到非正曲率流形的每一调和映照是常值映照. 取出发流形为球, 我们立即得到具非正曲率的紧流形是 $K(\pi,1)$, 这是 Cartan-Hadamard 著名定理的推论. 另一方面, 也容易看到从环面到负曲率紧流形的每一调和映照的像是一条测地线. 将上述事实结合起来, 我们能说明在负曲率紧流形的基本群中, 每个交换子群是循环群. 这是 Preissman 的定理.

为了得到新的结果, 我们回到上述讨论并研究具有非负 Ricci 曲率的完备非紧流形.

就我们所知, 对那些流形只知道很少的拓扑障碍. Milnor [6] (随后, Wolf [7] 和 Cheeger-Gromoll [3]) 证明那些流形的基本群的有限生成子群有阶数小于流形维数的多项式增长. 后来 Gromoll-Meyer [5] 证明每一个具正 Ricci 曲率的完备非紧流形至多只有一个端. 利用最后这个结果, 对完备非紧且具正 Ricci 曲率

的流形能证明具有紧支集的第一上同调群是有挠的.

这一章的主要定理之一是证明在非负 Ricci 曲率的完备流形中给定任何紧区域 D, 使它的边界 ∂D 是单连通的, 任何从 $\pi_1(D)$ 到非正曲率紧流形的基本群的同态是平凡的. 为了看出这不是上述拓扑障碍的推论, 设 M 是任何紧致单连通流形且设 $\bar{M}$ 是 $S^1\times M$ 中一点的补集. 那么, $\bar{M}$ 只有一个端以及 $\pi_1(\bar{M})$ 是小的. 但是, 根据我们的定理, $\bar{M}$ 不容有非负 Ricci 曲率的完备度量.

这章的第二个主要定理是运用相同的思想研究完备非负曲率流形中完备非紧稳定极小超曲面的拓扑. 我们找到了这类流形的相同拓扑障碍. 即使我们假定外围流形是欧氏空间, 我们的定理看来给出了稳定极小超曲面的第一个拓扑障碍.

由于调和映照是不一定线性的, 那些定理可被看成非线性的消灭定理.

§1. 具有有限能量调和映照的存在性

设 M 是完备 Riemann 流形以及 N 是具有非正截面曲率的紧流形. 设 $f: M\to N$ 是光滑映照. 那么, 我们将证明当 $E(f)<\infty$ 时, 我们能找到一个调和映照 $h: M\to N$ 使 h 在 M 的每个紧集中都同伦于 f 以及 $E(h)<\infty$.

设 M_i 是紧致 (有边) 流形, 使 $M=\cup_i M_i$. 那么, 根据 Hamilton 的结果, 我们能找到调和映照 $h_i: M_i\to N$, 它同伦于 $f|_{M_i}$. 并且 $E(h_i)\leqslant E(f|_{M_i})$. 所以, 还要证明存在 $\{h_i\}$ 的一个子序列, 它在 M 的紧子集中一致收敛.

设 p 是 M 中的任意一点. 那么, 我们将找到 p 的一个邻域 U 以及 $\{h_i\}$ 的一个子序列, 它在 U 上一致收敛.

第一步是构成 p 的一个邻域使 h_i 的能量密度 $e(h_i)=\mathrm{Tr}_M(h_i^* ds_N^2)$ 在这个邻域中是一致有界的. 这样, 设 U_1 是 p 的一个紧致邻域, c 是 Ricci 曲率在 U_1 中的下确界. 直接计算说明在 U_1 中 $\Delta e(h_i)-ce(h_i)\geqslant 0$.

对我们而言 $c=0$ 是最有趣的情形. 这里, 首先给出这种特殊情形的证明.

设 (r,θ) 是 p 点的测地极坐标, 其中 θ 是单位球面 Σ 中的一点. 设 $\sqrt{g}r^{n-1}drd\theta$ 是关于这个坐标系的体积元. 那么, Stokes 定理以及 $\Delta e(h_i)\geqslant 0$ 说明, 当 ρ 小于 p 点的单一半径时,

$$\int_{\theta\in\Sigma}\frac{\partial e(h_i)}{\partial r}(\rho,\theta)\sqrt{g}d\theta\geqslant 0. \tag{1.1}$$

所以,

$$\begin{aligned}&\frac{\partial}{\partial\rho}\Big[\int_{\theta\in\Sigma}e(h_i)(\rho,\theta)\sqrt{g}d\theta\Big]\\&\qquad+\sup_{\theta\in\Sigma}\Big|\frac{\partial}{\partial r}\log\sqrt{g}(\rho,\theta)\Big|\int_{\theta\in\Sigma}e(h_i)(\rho,\theta)\sqrt{g}d\theta\geqslant 0.\end{aligned}\tag{1.2}$$

积分这个不等式, 我们得到

$$e(h_i)(p)\leqslant\Big[\int_{\theta\in\Sigma}e(h_i)(R,\theta)\sqrt{g}d\theta\Big]\exp\Big[R\sup_{\theta\in\Sigma,r\leqslant R}\Big|\frac{\partial}{\partial r}\log\sqrt{g}(\rho,\theta)\Big|\Big],\tag{1.3}$$

这里 R 小于 p 点的单一半径.

根据均值定理, 我们看到对在 p 点单一半径内的每个 R, 存在一个数 $\bar{R}$ 使得

$$\int_{\theta\in\Sigma}e(h_i)(\overline{R},\theta)\sqrt{g}d\theta\leqslant R^{-n}\int_{R\leqslant r\leqslant 2R}e(h_i).\tag{1.4}$$

所以, 当 R 不超过 p 点的单一半径且 M_i 覆盖半径为 R 的球时,

$$e(h_i)(p)\leqslant R^{-n}\exp\Big[R\sup_{\theta\in\Sigma,r\leqslant R}\Big|\frac{\partial}{\partial r}\log\sqrt{g}(\rho,\theta)\Big|\Big]E(h_i|_{M_i}).\tag{1.5}$$

在 $c<0$ 的情形, 可利用 [1] 中的论证. 事实上, 设 R 是一个小的数, 使对从 p 点出发且不超过 nR ($n=\dim M$) 距离的所有点 q, 在 q 点的单一半径大于 R. 设 ϕ 是定义在实轴上的函数, 使对 $|x|\leqslant R^{-n+2}$, $\phi(x)=0$, 而对 $|x|\geqslant(R/2)^{-n+2}$ 定义 $\phi(x)=x$. 那么, 对 $n\geqslant 3$, 定义 $M\times M$ 上的函数 $F(q_1,q_2)=\phi(d(q_1,q_2)^{-n+2})$, 其中 $d(q_1,q_2)$ 是 q_1 和 q_2 间的距离. (对 $n=2$, 用 $\log d(q_1,q_2)$ 代替 $d(q_1,q_2)^{-n+2}$.)

如 [1] 中的第 142 页所示, 存在一个常数 A, 使

$$e(h_i)(p)\leqslant A\int_{d(p,q)\leqslant R}(F(p,q)+1)e(h_i)(q).\tag{1.6}$$

将它迭代, 我们得到

$$e(h_i)(p)\leqslant A^k\int_{d(p,q)\leqslant kR}(F_k(p,q)+1)e(h_i)(q),\tag{1.7}$$

其中 F_k 由 $F_1=F+1$ 递推地定义并且

$$F_k(q_1,q_2)=\int_M F_{k-1}(q_1,x)(F(x,q_2)+1).\tag{1.8}$$

当 $k > \frac{n}{2}$ 时, 对 $d(p,q) \leqslant nR$, $F_k(p,q)$ 是有界的. 据此以及 (1.7) 可知道能量密度 $e(h_i)(p)$ 能被总能量 $E(h_i|_M)$ 所控制.

有了能量密度的界, 那么, 估计 h_i 的高阶导数是标准的(参考 [1]), 从而证明 h_i 子序列在 p 的某邻域中一致收敛. 那么, 用对角线方法, 我们就证明了这节开始的断言.

§2. 具有非负 Ricci 曲率完备流形的基本群

设 M 是具有非负 Ricci 曲率的完备流形, N 是具有非正截面曲率的紧流形. 设 f 是从 M 到 N 的具有限能量的调和映照. 那么, 我们断言 f 是常值映照.

Bochner 公式说明

$$\Delta e(f) = |\beta(f)|^2 + Q(f^*), \tag{2.1}$$

其中在曲率的假定下 $Q(f^*) \geqslant 0$.

根据 $\beta(f)$ 的定义, 容易验证

$$2e(f)|\beta(f)|^2 \geqslant |\nabla e(f)|^2. \tag{2.2}$$

不等式 (2.1) 和 (2.2) 结合起来说明 $\sqrt{e(f)}$ 是 M 上的次调和函数.

在 [8] 中, 证明了在完备 Riemann 流形上每个非负的 L^2 可积的次调和函数一定是常数. 将这应用于 $e(f)$, 我们得到 $e(f)$ 是一个常数.

另一方面, 我们也已在 [8] 中证明当 M 是具有非负 Ricci 曲率的完备非紧流形时, M 的体积是无限的 (E. Calabi 也已知道 [9]). 这使得常数 $e(f)$ 必须为零并且 f 是常值映照. 所以我们已证明了下列结果:

定理 1 设 M 是具有非负 Ricci 曲率的完备流形且 N 是具有非正曲率的紧流形. 设 f 是从 M 到 N 的具有有限能量的光滑映照. 那么, f 在每一紧集上同伦于一个常值映照.

作为这个定理的应用, 我们有下列的结果:

推论 设 M 是具有非负 Ricci 曲率的完备流形. 设 D 是 M 中的具有单连通光滑边界的紧致区域. 那么, 不存在从 $\pi_1(D)$ 到具有非正曲率紧流形基本群的非平凡同态.

证明 假定 $h:\pi_1(D)\to\pi_1(N)$ 是一个同态, 其中 N 是具有非正曲率的紧流形. 那么, 因为 N 是 $K(\pi,1)$, 存在一个光滑映照 $f:D\to N$ 使得 $f_*=h$. 因为 ∂D 是单连通的, 这个映照在 ∂D 上同伦于常值映照. 所以, 我们能将 f 延拓为一个光滑映照 $\tilde{f}:M\to N$, 使在紧集外 $\tilde{f}$ 是常值映照. 显然, $\tilde{f}$ 具有有限能量, 我们能应用定理得到 f 同伦于一个常值映照从而 h 是平凡的. □

§3. 稳定浸入的基本群

在本节中, 设 M^n 是具有非负截面曲率流形 $\bar{M}^{n+1}$ 中完备非紧的浸入子流形. 还假定浸入是稳定的(即, 极小且关于紧支集的第二变分是非负的). 设 $e_1,\cdots,e_n,e_{n+1}$ 是 $\bar{M}$ 上的局部单位正交标架场, 使在 $x_0\in M$ 的一个邻域中 $e_1,\cdots,e_n$ 构成 M 的单位正交标架场. 设 $\omega_1,\cdots,\omega_{n+1}$ 是对偶标架. 设 ω_{ij} 是 $\bar{M}$ 上的联络 1–形式且限制于 M 上时 $\omega_{n+1,i}=\sum_{j=1}^n h_{ij}\omega_j$ 定义了 M 上的对称的第二基本形式. 由于浸入是极小的, 我们有 $\sum_{i=1}^n h_{ii}=0$, 并且稳定性不等式是

$$\int_M\Big(\sum_{i=1}^n K_{n+1,i,n+1,i}+\sum_{i,j=1}^n h_{ij}^2\Big)\varphi^2dV_M\leqslant\int_M|\nabla\varphi|^2dV_M,$$

这里 φ 是 M 上具有紧支集的任何 Lipschitz 函数, K_{ijkl} 是 $\bar{M}$ 的曲率张量, 且 dV_M 是 M 的体积元 (见 [10]).

引理 1 *M 具有无限体积.*

证明 设 $B_R(x_0)$ 是 M 中以 x_0 为中心, 半径为 R 的测地球. 选取 φ 是一个 Lipschitz 函数, 具有性质

$$\varphi=\begin{cases}1, 在\ B_R(x_0)\ 内,\\ 0, 在\ B_{3R}(x_0)\ 外,\end{cases}\ 并且\ |\nabla\varphi|\leqslant 1/R.$$

稳定性不等式蕴涵着

$$\int_{B_R(x_0)}\sum_{i,j=1}^n h_{ij}^2dV_M\leqslant\frac{\mathrm{Vol}(M)}{R^2}.$$

如果 $\mathrm{Vol}(M)<\infty$, 令 $R\to\infty$ 我们得到 M 是全测地的. 这样, M 的截面曲率是非负的且根据文献 [8] 中的一个定理, 我们必有 $\mathrm{Vol}(M)=\infty$, 得到矛盾. □

设 N^k 是具非正截面曲率的紧流形. 设 $f:M\to N$ 是调和映照. 设 $x_0\in M$ 以及 $\bar{e}_1,\cdots,\bar{e}_k$ 是 $f(x_0)\in N$ 的一个邻域中的单位正交标架场. 设 $\theta_1,\cdots,\theta_k$ 是

对偶余标架, $\theta_{\alpha\beta}$ $(1 \leqslant \alpha, \beta \leqslant k)$ 是联络形式. 用 $f^*\theta_\alpha = \sum_{i=1}^n f_{\alpha i}\omega_i$ 定义 $f_{\alpha i}$, $1 \leqslant \alpha \leqslant k$, $1 \leqslant i \leqslant n$. 那么, $e(f) = \sum_{i=1}^n \sum_{\alpha=1}^k f_{\alpha i}^2$. 用 $df_{\alpha i} + \sum_{\beta=1}^k f_{\beta i} f^*\theta_{\beta\alpha} + \sum_{j=1}^n f_{\alpha i}\omega_{ji} = \sum_{j=1}^n f_{\alpha ij}\omega_j$ 定义 $f_{\alpha ij}$. 那么, f 是调和的意味着对 $1 \leqslant \alpha \leqslant k$, $\sum_{i=1}^n f_{\alpha ii} = 0$.

引理 2 如果 $E(f) < \infty$, 那么, f 是常值映照.

证明 稳定性不等式意味着

$$\int_M \Big(\sum_{i,j=1}^n h_{ij}^2\Big)\varphi^2 \leqslant \int_M |\nabla\varphi|^2.$$

用 $\sqrt{e(f)}\varphi$ 代替 φ, 我们得到

$$\begin{aligned}
&\int_M \Big(\sum_{i,j=1}^n h_{ij}^2\Big)e(f)\varphi^2 \\
\leqslant &\int_M e(f)|\nabla\varphi|^2 + 2\int_M \sqrt{e(f)}\varphi\nabla\sqrt{e(f)}\cdot\nabla\varphi \\
&+\int_M \varphi^2|\nabla\sqrt{e(f)}|^2 \\
= &\int_M e(f)|\nabla\varphi|^2 - \frac{1}{2}\int_M \varphi^2\Delta e(f) + \int_M \varphi^2|\nabla\sqrt{e(f)}|^2.
\end{aligned}$$

在 (2.1) 中考虑到 $\bar{M}$ 的截面曲率非负以及 N 的截面曲率非正, 再由 Gauss 方程, 我们得到

$$\begin{aligned}
\Delta e(f) &\geqslant 2\sum_{\alpha,i,j} f_{\alpha ij}^2 - 2\sum_{\alpha,i}\Big(\sum_j h_{ij}f_{\alpha j}\Big)^2 \\
&\geqslant 2\sum_{\alpha,i,j} f_{\alpha ij}^2 - 2\Big(\sum_{i,j} h_{ij}^2\Big)e(f).
\end{aligned}$$

将这式代入前面不等式且整理后得到

$$\int_M \varphi^2\Big(\sum f_{\alpha ij}^2 - |\nabla\sqrt{e}|^2\Big) \leqslant \int_M e|\nabla\varphi|^2.$$

现在

$$|\nabla\sqrt{e}|^2 = \frac{\sum_j(\sum_{i,\alpha} f_{\alpha i}f_{\alpha ij})^2}{e},$$

所以,

$$\sum f_{\alpha ij}^2 - |\nabla\sqrt{e}|^2 = \frac{1}{2e}\sum_{j,i,k,\alpha,\beta}(f_{\alpha i}f_{\beta kj} - f_{\beta k}f_{\alpha ij})^2$$
$$\geqslant \frac{1}{2e}\sum_{j,i,\alpha}(f_{\alpha i}f_{\alpha jj} - f_{\alpha j}f_{\alpha ij})^2,$$

其中, 我们扔掉了 $k \neq j$ 以及 $\alpha \neq \beta$ 的项. 用 Schwartz 不等式, 我们得到

$$\sum f_{\alpha ij}^2 - |\nabla\sqrt{e}|^2 \geqslant \frac{1}{2nke}\sum_i\Big(\sum_{j,\alpha} f_{\alpha i}f_{\alpha jj} - \sum_{j,\alpha} f_{\alpha j}f_{\alpha ij}\Big)^2$$
$$= \frac{1}{2nke}\sum_i\Big(\sum_{j,\alpha} f_{\alpha j}f_{\alpha ji}\Big)^2 = \frac{1}{2nk}|\nabla\sqrt{e}|^2,$$

其中, 我们用了 $\sum_j f_{\alpha jj} = 0$ 以及 $f_{\alpha ij} = f_{\alpha ji}$. 所以, 我们有 $\int \varphi^2|\nabla\sqrt{e}|^2 \leqslant 2nk\int e|\varphi|^2$. 取 φ 如引理 1, 我们得到

$$\int_{B_R(x_0)}|\nabla\sqrt{e}|^2 \leqslant \frac{2nk}{R^2}E(f).$$

令 $R \to \infty$ 我们看到 e 在 M 上是常数. 考虑到引理 1 以及 $E(f) < \infty$ 的事实, 我们得到 $e(f) \equiv 0$. 从而 f 是常值映照. □

将 §1 的存在定理和引理 2 结合起来, 我们有下列结果.

定理 2 设 M 是具有非负曲率流形中完备非紧稳定的极小超曲面, N 是具有非正曲率的紧流形. 设 $f: M \to N$ 是具有有限能量 $E(f) < \infty$ 的光滑映照. 那么, f 在每个紧集中同伦于常值映照.

和 §2 中一样, 我们有下列推论.

推论 设 M 同定理 2. 设 D 是 M 中具光滑单连通边界的紧致区域. 那么, 不存在从 $\pi_1(D)$ 到具有非正曲率紧流形基本群的非平凡同态.

参考文献

[1] Eells, J. and Sampson, J. H., *Harmonic mappings of Riemannian manifolds*, Amer. J. Math. **86**, (1964), 109-160.

[2] Cheegers, J. and Gromoll, D., *On the structure of complete manifolds of non-negative curvature*, Ann. Math. **96**, (1972), 413-443.

[3] Cheegers, J. and Gromoll, D., *The splitting theorem for manifolds of non-negative Ricci curvature*, J. Diff. Geom. **6**, (1971), 119-128.

[4] R. Hamilton, *Harmonic Maps of Manifolds with Boundary*, Lecture notes, Mathematics, No. 471, Springer, Berlin, Heidelberg, New York (1975).

[5] Gromoll, D. and Meyer, W., *On complete open manifolds of positive curvature*, Ann. Math. **90**, (1969), 75-90.

[6] Milnor, J., *A note on curvature and fundamental group*, J. Diff. Geom. **2**, (1968), 1-7.

[7] Wolf, J., *Growth of finitely generated solvable groups and curvature of Riemannian manifolds*, J. Diff. Geom. **2**, (1968), 421-446.

[8] Yau, S. T., *Some function-theoretic properties of complete Riemannian manifold and their applications to geometry*, to appear in Indiana J. Math.

[9] Calabi, E., *On manifolds with non-negative Ricci curvature II*, Notices A.M.S. **22**, 1975, A205.

[10] Chern S. S., *Minimal submanifolds in a Riemannian manifold*, Mimeographed Lecture Notes, Univ. of Kansas, 1968.

[11] Schoen, R. and Yau, S. T., *Harmonic maps and topology of stable hypersurfaces and manifolds of nonnegative Ricci curvature*, Comm. Math. Helv. **39**(1976), 333-341.

第十三章　调和映照和超刚性[①]

本文通过研究从非紧型的秩 $\geqslant 2$ 的紧局部对称空间到非正曲率算子 Riemann 流形的调和映照, 证明这样的映照一定是全测地映照, 从而证明了 Margulis 的超刚性定理在余紧情形的一个几何推广. 技术上的工具是调和映照的 Matsushima 型的公式以及对称空间曲率张量的详尽研究.

引言

本文的主要结果是

定理 A　设 $\tilde{M} = G/K$ 是除了 $SO_0(p,1)/SO(p)\times SO(1), SU(p,1)/S(U(p)\times U(1))$ (用 [He; p.518] 中的语言) 的非紧型的不可约对称空间.

设 Γ 是 G 的余紧离散子群 (也称为余紧格). 设 $\tilde{N}$ 是完备单连通的具非正曲率算子的 Riemann 流形, 它的等距群为 $I(\tilde{N})$. 设 $\rho:\Gamma\to I(\tilde{N})$ 是同态, 并使 $\rho(\Gamma)$ 或者在 $\tilde{N}$ 的无穷远球上无不动点, 或者如果它有不动点, 它是一个全测地平坦子空间的中心化子. 那么, 存在一个全测地 ρ–等变映照 $f:\tilde{M}\to\tilde{N}$.

如果 $\tilde{N}$ 也是 (非紧型或欧氏型) 对称空间 G'/K', 那么, 关于 $\rho(\Gamma)$ 的条件意味着它是 G' 的可约子群.

关于 $\tilde{N}$ 的曲率条件可减弱, 请见下面引理 2 以后的注解.

① 本章为作者 Jürgen Jost 和丘成桐的论文.

相应于 $SO_0(p,1)/SO(p)\times SO(1), SU(p,1)/S(U(p)\times U(1))$ 的结果不一定成立, 因为这将意味着它们的紧致商的第一 Betti 数为零并有这类空间紧致商的第一 Betti 数不为零的反例. 但在 $SU(p,1)/S(U(p)\times U(1))$ 的情况, 可以得到多次调和 ρ–等变映照的存在性, 实质上这是萧荫堂 [S] 结果的特殊情形.

对 $Sp(p,1)/Sp(p)\times Sp(1)$ 以及双曲 Cayley 平面, 对应的结果是 Corlette 的定理 [C2]. 对 Hermite 对称空间, 结果是莫毅明等人的 [MSY].

定理的一个推论是

推论 B 设 $\tilde{M}=G/K$ 以及 Γ 同上. 设 H 是一个半单非紧且具平凡中心的李群, 设 $\rho:\Gamma\to H$ 是具 Zariski 稠密像的同态. 那么, ρ 可拓展成 G 到 H 的一个同态.

对 G/K 的秩 $\geqslant 2$ 的情形, 结果属于 Margulis [Mg1], 而对 $Sp(p,1)/Sp(p)\times Sp(1)$ 以及双曲 Cayley 平面的情形, 结果属于 Corlette.

运用 Gromov 和 Schoen 文章 [GS] 的构造, 我们的结果推广到非 Archimedes 的情况, 证明了

定理 C 设 $\tilde{M}=G/K$ 以及 Γ 如上.

设 $\rho:\Gamma\to SL(n,Q_p)$ 对某 $n\in N$ 和某素数 p 是同态. 那么, $\rho(\Gamma)$ 包含在 $SL(n,Q_p)$ 的一个紧致子群中.

对 G/K 的秩 $\geqslant 2$ 的情形, 结果还是属于 Margulis [Mg1], 对四元双曲空间和双曲 Cayley 平面情形, 结果属于 Gromov-Schoen [GS].

这个定理的结论对更一般的同态 ρ 仍然成立, 它将 Γ 映照到一个如 [GS] 的意义下的 F–连通复形的等距群.

现在让我们更进一步解释我们的结果如何用于非紧型的局部对称流形的刚性理论, 或等价地对单纯非紧代数群的格的刚性理论. 这个理论的基本问题是这样的格能否被形变, 或更一般地, 它是否能用不同的方式作用于对称空间.

对 $G=SL(2,\mathbb{R})\cong SO_0(2,1)$, 存在 G 的紧致商流形的连续族, 即给定亏格 $p\geqslant 2$ 的 Riemann 曲面族. 因此, 这种情形没有刚性结果. 但这是特殊情形.

第一个刚性结果由 Calabi-Vesentini [CV] 得到, 他们证明了除了 $SL(2,\mathbb{R})/SO(2)$ 的任何非紧型不可约 Hermite 对称空间的紧致商是无穷小刚性, 即局部刚性的. 他们说明了由 Kodaira 和 Spencer 理论导致的有关上同调群在所有这些情形都为零.

Mostow [Ms] 证明了非紧型不可约对称空间的紧致商的强刚性. 这意味着

任何两个格 Γ, Γ', 它们作为抽象群是同构的, 那么, 它们在同一个 G 中, 并且, 作为 G 的子群是同构的. 几何上, 这意味着商 $\Gamma\backslash G/K$ 和 $\Gamma'\backslash G/K$ 是等距的. 这里, 它们赋予来自对称空间 G/K 的 Riemann 度量. 对当前的讨论, 我们假定这些格作用在 G/K 上没有不动点, 即, 除了中心外的元素, 没有 Γ 中的元素有任何不动点. 那么, 商空间是 (局部对称) Riemann 流形. 这种对格所加的条件也称为无挠性, 并且知道任何格都具有有限指标的无挠子格. 所以, 这个假定并未给出严格的限制. Margulis [Mg1] 证明了超刚性, 如果 G/K 的秩 $\geqslant 2$. 这意味着, 如果 H 和 G 一样是单纯的非紧的代数群, 那么, 任何同态 $\rho:\Gamma\to H$ (Γ 同上) 能拓展成同态 $G\to H$, 只要 $\rho(\Gamma)$ 是 Zariski 稠密的, 或 $\rho(\Gamma)$ 包含在 H 的紧子群中, 如果 H 是某 $SL(n,Q_p)$ 的代数子群 (如果 H 定义在 $\mathbb{C}$ 上, 那么, 事实上两种情形都会发生, 但这里我们不感兴趣). Margulis 定理以及它们的证明在 Zimmer 的书 [Z] 中表达得很好. 我们也推荐 Margulis 的近期专著 [Mg2], 其中有更一般的结果.

正如我们已经指出的, 对四元双曲空间和双曲 Cayley 平面的紧致商空间, 在 Archimedes 情形的超刚性被 Corlette [C2] 所证明, 而在 p–dic 情形被 Gromov-Schoen 所证明 [GS].

Margulis 还证明了超刚性蕴涵了格的算术性.

我们的结果因而能理解为超刚性的几何推广, 由于我们不假定像流形是对称空间, 而只假定一个曲率条件(这对非紧型或欧氏性对称空间是自然满足的). 所以, 这类格可能实质上仅以一种方式作用于非正曲率的 Riemann 流形. 特别地, 任何到这类流形的等距群的同态是很有限的 (在这样的意义下, 我们也要提及 Spatzier-Zimmer 关于保持某种几何结构的格的作用的工作 [SZ]).

除了超刚性的这样推广, 本文的重要性还在于它对著名的 Margulis 超刚性定理提供了一个崭新的证明, 这个证明在概念上和 Mostow 以及 Margulis 的原创证明是完全不同的.

我们的证明用到调和映照, 现在就来讨论调和映照理论和格的刚性问题的关系.

先让我们回顾证明满足某曲率条件的 Riemann 流形上调和 1–形式消灭的 Bochner 方法. 设 M 是紧 Riemann 流形. 取测地法坐标系 $x^1,\cdots,x^m$, 使 Christoffel 记号不出现. 设

$$\Delta=\sum_{\alpha=1}^{m}\frac{\partial^2}{(\partial x^\alpha)^2}$$

是 Laplace 算子.

我们将 M 上的调和 1–形式看为到单位圆周的调和映照 $f: M \to S^1$. 那么, f 满足 Bochner 公式

$$\frac{1}{2}\Delta \sum_{\alpha} f_\alpha f_\alpha = \sum_{\alpha,\beta} f_{\alpha\beta} f_{\alpha\beta} + \sum_{\alpha,\beta} R_{\alpha\beta} f_\alpha f_\beta,$$

其中 f 的下标表示偏导数而 $(R_{\alpha\beta})_{\alpha,\beta=1,\cdots,m}$ 是 M 上的 Ricci 张量 (记号在下面再详细解释).

如果 M 是紧的, 那么, 上式左端积分为零, 从而右端积分也为零. 右端第一项是非负的, 如果我们再假定 M 有非负 Ricci 曲率, 那么, 右端的第二项也是非负的. 这两项必须都为零. 特别地,

$$f_{\alpha\beta} = 0,$$

调和 1–形式 df 也就是平行的. 如果进一步 Ricci 张量是正定的, 那么,

$$f_\alpha = 0,$$

调和 1–形式消灭, M 上的第一 Betti 数 $b_1(M)$ 也就为零.

这样的论证对负 Ricci 曲率的流形看来就得不到结论. 但是, Matsushima [M] 发现在非紧型对称空间中包含 $f_{\alpha\beta}$ 的项可抵消 Ricci 曲率项, 用这样的方法对秩 $\geqslant 2$ 的流形 $M = \Gamma \setminus G/K$, 仍然得到 $b_1(M) = 0$ (对非 Hermite 情形, 结果并不是由 Matsushima 自己得到的, 而是由 Kaneyuki-Nagano [KN] 所得到).

为讨论简单起见, 我们假定 $N = \tilde{N}/\rho(\Gamma)$ 也是一个紧 Riemann 流形, 因为这种情形足够揭示我们方法的思想. ρ 诱导了 $M \to N$ 映照的一个同伦类. 然后就要说明这个同伦类包含一个全测地映照. 为此, 自然首先按变分条件选取一个特别的代表, 然后说明在 M 和 N 的假定下它是全测地的. 我们选取的映照是调和映照. 在现在讨论的情形, 它的存在性由 Eells-Sampson [ES] 和 Al'ber [A1], [A2] 所证明. 它实质上也是唯一的, 结论仍然属于 Al'ber 且也属于 Hartman [Ha]. 这类映照的特征是在给定的同伦类中使能量的 L^2–模极小化.

如果 $f: M \to N$ 是调和的, 它满足 Bochner 型的公式

$$\frac{1}{2}\Delta \sum_{\alpha} \langle f_\alpha, f_\alpha \rangle = \sum_{\alpha,\beta} \langle f_{\alpha\beta}, f_{\alpha\beta} \rangle + \sum_{\alpha,\beta} R_{\alpha,\beta} \langle f_\alpha, f_\beta \rangle - \sum_{\alpha,\beta} \langle R(f_\alpha, f_\beta) f_\beta, f_\alpha \rangle$$

(上式中的记号后面解释), 其中 $R(\cdot,\cdot)$ 是 N 的曲率张量. 由于我们假定 N 有非正曲率, 右端第三项和第一项同号, 但是 Ricci 曲率项又给我们推导消灭定理造

成相当麻烦. 本文的主要技术成就在于这个“坏项” 仍然能被其他项抵消, 从而证明所考虑的情况下 $f_{\alpha\beta}$ 为零.

我们在下面引理 1 (§1) 中, 给出了 Matsushima 公式推广到相应的调和映照的情形的具体推导. 它还应该有更多的应用, 因为只要求出发流形是 Einstein 流形而不一定是局部对称空间的. 用其余的项来抵消 Ricci 曲率项由于像流形的曲率而变得比 Matsushima 的原来情形更难. 我们要估计相反方向的两项曲率项, 而这些估计在 M 到 M 的恒等映照时又要是最佳的. 为此, 我们要对局部对称的出发流形的曲率张量做更精细的估计, 这就要求分别考虑各种不同的情况, 最难的情形是 $SU(p,q)/S(U(p)\times U(q))$. 这些估计在 §3 进行. 定理在 §2 证明.

调和映照对这里研究情形的刚性问题的应用, 过去已有一些工作, 让我们对此予以引用.

萧荫堂 [S] 推导了 Kähler 流形间调和映照的 Bochner 型恒等式. 如果像流形有非正曲率, 这意味着映照的 Hessian 和出发流形的 Kähler 形式的乘积为零, 或换言之, 映照是多次调和映照的. 对非紧型 Hermite 对称空间的曲率张量的详尽研究使他得到这类流形的紧致商之间的调和同伦等价一定是全纯或反全纯的. 它也就是一个微分同胚. 再应用丘成桐的 Schwarz 引理的 Royden 形式 ([R][Y]), 就说明了映照是等距, 也就证明了 Hermite 情形的 Mostow 的刚性定理. 值得注意的是, 这里研究的情形中曲率项不是来自出发流形而来自像流形. Sampson [Sa] 发现了用于 Kähler 流形到 Riemann 流形的调和映照的另一个公式. 我们也要引用莫毅明在 Hermite 情形的关于 Archimedes 超刚性的工作.

Corlette [C2] 证明了调和映照的 Hessian 和像流形的任何平行形式的乘积为零, 只要像流形具有非正曲率. 对四元双曲空间或双曲 Cayley 平面的商流形, 他能证明 Hessian 本身为零, 即映照是全测地的. 这就给出了上面讨论的结果.

对 p–adic 刚性, 对应的调和映照理论在 Gromov 和 Schoen [GS] 的文章中展开. 这个理论使他们将上述结果从 Archimedes 情形推广到 p–adic 情形.

Gromov [G] 建议在对称空间中用 Hermite 对称空间的叶状结构, 从而使 Kähler 情形的萧荫堂–Sampson 方法适用. 肖–杨 [MSY] 的最近结果对流形 $SO(p,q)/SO(p)\times SO(q)$ 达到了目的, 对其他对称空间还有相应的结果.

在本文中, 我们限于研究局部不可约的局部对称空间. 超刚性对整体不可约对称空间也成立, 并且, 我们的方法原则上也适用.

调和映照方法解决刚性问题还没有完成:

首先, 迄今还不能导出实双曲空间紧致商的 Mostow 刚性定理. 其次, 对有限体积的非紧的空间的结果 (即对非一致格) 也还未完成.

问题在于证明有限能量的 ρ–等变映照的存在性. 做到了这点, 也就有调和映照, 这里的方法就继续适用. 对有限能量映照的存在性迄今仅有部分结果. 在 [JY1] [JY2] 中, 作者在两种情况下得到了有限能量映照, 并且, 这两种情形组合起来实际上得到了非一致格的大多数情形的超刚性. 第一种情形是秩为 1 的像, 更一般地, 具控制负曲率的情形. 第二种情形中出发流形的体积形式在尖点附近趋于零充分快, 从而能抵消那里的无界能量密度. 也许实际上总能做到这点. 除了在 [JY2] 中证明的对秩 $\geqslant 2$ 的 Hermite 对称空间, 对四元双曲空间和双曲 Cayley 平面的情形由 Corlette [C2] 所证明, 这种情形简单一点.

促成本文的研究计划开始于 1990 年春, 本文的第一作者正在哈佛大学访问. 同年 8 月, 在加州大学的洛杉矶分校进行的微分几何夏令研究所期间, 本研究取得了实质进展. 那时, 我们和 E. Calabi 讨论了我们的方法. 我们感谢他阐述了 Matsushima 计算方法的几何解释 (参见 [D]).

最近 (1992 年 2 月) 第二作者获悉萧荫堂也已经用 Matsushima 方法的一种推广方法得到了超刚性结果. 我们感谢萧荫堂教授, 他建议我们也写下自己的结果. 本文写成于我们两人同时访问台湾新竹的清华大学. 我们感谢数学系的同仁, 特别感谢系主任赖恒隆教授, 使我们的访问很愉快. 第一作者感谢德国国家研究基金, 第二作者感谢美国国家科学基金. 我们感谢 Sherry 为本文打字花费了很多时间.

记号约定

M 上的所有积分将关于体积形式进行.

我们使用局部坐标 x^α, $\alpha = 1, \cdots, m$. 在这些坐标中的曲率张量是 $R_{\alpha\beta\gamma\delta}$ 并且 Ricci 张量是

$$R_{\alpha\beta} = \sum_\beta R_{\alpha\beta\gamma\beta}.$$

在所有和式中, 希腊字母将从 1 到 m. 对一个映照 f, 我们用简化记号

$$f_\alpha := \frac{\partial}{\partial x^\alpha} f.$$

通篇文章中我们将用测地法坐标, 使我们能将相关上标自由下降. 在这样的坐标中 Laplace 算子是

$$\Delta = \sum_\alpha \frac{\partial^2}{(\partial x^\alpha)^2}.$$

而在流形 N 上, 我们将用不变记号. 在切丛 TN 中的逐点内积用记号 $\langle \cdot, \cdot \rangle$. N 上的曲率张量表示为 $R(\cdot, \cdot)$. 如果 $f : M \to N$ 是一个映照, 从 $f^{-1}TN$ 将继承

来自 TN 的度量. 在 $T^*M\otimes f^{-1}TN$ 上的度量用类似记号 $\langle\cdot,\cdot\rangle$. 我们用 $(\cdot,\cdot)$ 表示 $T^*M\otimes f^{-1}TN$ 中的 L^2–内积. ∇ 表示 $T^*M\otimes f^{-1}TN$ 中的 Levi-Civita 联络. 我们简化

$$\nabla_\gamma := \nabla_{\frac{\partial}{\partial x^\gamma}}.$$

§1. 调和映照的 Matsushima 型公式

让我们首先回顾调和映照的 Bochner 型公式

$$\frac{1}{2}\Delta\sum_\alpha\langle f_\alpha,f_\alpha\rangle=\sum_{\alpha\beta}\{\langle f_{\alpha\beta},f_{\alpha\beta}\rangle+R_{\alpha\beta}\langle f_\alpha,f_\beta\rangle-\langle R(f_\alpha,f_\beta)f_\beta,f_\alpha\rangle\}. \tag{1}$$

我们有

$$\sum(\nabla_\gamma\nabla_\delta-\nabla_\delta\nabla_\gamma)(f_\alpha dx^\alpha)=\sum_{\alpha\beta}(-R_{\beta\alpha\gamma\delta}f_\beta dx^\alpha)+\sum_\alpha R(f_\gamma,f_\delta)f_\alpha dx^\alpha. \tag{2}$$

从 (2) 得到

$$\begin{aligned}
&\sum_{\alpha,\beta,\gamma,\delta}\langle(\nabla_\gamma\nabla_\delta-\nabla_\delta\nabla_\gamma)f_\alpha dx^\alpha,(\nabla_\gamma\nabla_\delta-\nabla_\delta\nabla_\gamma)f_\beta dx^\beta\rangle\\
&\quad=\sum_{\alpha,\beta,\gamma,\delta,\eta}R_{\beta\alpha\gamma\delta}R_{\eta\alpha\gamma\delta}\langle f_\beta,f_\eta\rangle+\sum_{\alpha,\gamma,\delta}\langle R(f_\gamma,f_\delta)f_\alpha,R(f_\gamma,f_\delta)f_\alpha\rangle\\
&\qquad-\sum_{\alpha,\beta,\gamma,\delta}2R_{\alpha\beta\gamma\delta}\langle R(f_\gamma,f_\delta)f_\beta,f_\alpha\rangle,\\
&\sum_{\alpha,\beta,\gamma,\delta}\langle(\nabla_\gamma\nabla_\delta-\nabla_\delta\nabla_\gamma)f_\alpha dx^\alpha,(\nabla_\gamma\nabla_\delta-\nabla_\delta\nabla_\gamma)f_\beta dx^\beta\rangle\\
&\quad=\sum_{\alpha,\beta,\gamma,\delta,\eta}\langle-R_{\beta\alpha\gamma\delta}f_\beta dx^\alpha,(\nabla_\gamma\nabla_\delta-\nabla_\delta\nabla_\gamma)f_\eta dx^\eta\rangle\\
&\qquad+\sum_{\alpha,\beta,\gamma,\delta}\langle R(f_\gamma,f_\delta)f_\alpha dx^\alpha,(\nabla_\gamma\nabla_\delta-\nabla_\delta\nabla_\gamma)f_\beta dx^\beta\rangle\\
&\quad=2\sum_{\alpha,\beta,\gamma,\delta,\eta}\langle-R_{\beta\alpha\gamma\delta}f^\beta dx^\alpha,\nabla_\gamma\nabla_\delta f_\eta dx^\eta\rangle\\
&\qquad+\sum_{\alpha\gamma\delta}\langle R(f_\gamma,f_\delta)f_\alpha,R(f_\gamma,f_\delta)f_\alpha\rangle-\sum_{\alpha,\beta,\gamma,\delta}R_{\alpha\beta\gamma\delta}\langle R(f_\gamma,f_\delta)f_\beta,f_\alpha\rangle.
\end{aligned}\tag{3}$$

分部积分第一项, 我们得到

$$
\begin{aligned}
&= 2\int_M \sum_{\alpha\beta\gamma\delta} \langle \frac{\partial}{\partial\gamma}(R_{\beta\alpha\gamma\delta} f_\beta), f_{\alpha\delta}\rangle \\
&\quad + \int_M \sum_{\alpha\gamma\delta} \langle R(f_\gamma, f_\delta) f_\alpha, R(f_\gamma, f_\delta) f_\alpha\rangle \\
&\quad - \int_M \sum_{\alpha\beta\gamma\delta} R_{\alpha\beta\gamma\delta} \langle R(f_\gamma, f_\delta) f_\beta, f_\alpha\rangle.
\end{aligned}
$$

我们现在有

$$
\sum_\gamma \left\langle \frac{\partial}{\partial\gamma}(R_{\beta\alpha\gamma\delta} f_\beta), f_{\alpha\delta}\right\rangle = \sum_\gamma R_{\beta\alpha\gamma\delta}\langle f_{\beta\gamma}, f_{\alpha\delta}\rangle + \sum_\gamma R_{\beta\alpha\gamma\delta,\gamma}\langle f_\beta, f_{\alpha\delta}\rangle.
$$

对 Einstein 度量, 特别对局部对称空间, 第二项为零, 根据 Bianchi 恒等式

$$
\sum_\gamma R_{\beta\alpha\gamma\delta,\gamma} = \sum_\gamma (R_{\delta\gamma\alpha\gamma,\beta} - R_{\delta\gamma\beta\gamma,\alpha}).
$$

对 M 上的一个 Einstein 度量, 我们得到

$$
\begin{aligned}
&\int_M \sum_{\alpha\beta\gamma\delta} ((\nabla_\gamma\nabla_\delta - \nabla_\delta\nabla_\gamma) f_\alpha dx^\alpha, (\nabla_\gamma\nabla_\delta - \nabla_\delta\nabla_\gamma) f_\beta dx^\beta) \\
&= -2\int_M \sum_{\alpha\beta\gamma\delta} R_{\alpha\beta\gamma\delta}\langle f_{\alpha\delta}, f_{\beta\gamma}\rangle + \int_M \sum_{\alpha\gamma\delta}\langle R(f_\gamma, f_\delta) f_\alpha, R(f_\gamma, f_\delta) f_\alpha\rangle \\
&\quad - \int_M \sum_{\alpha\beta\gamma\delta} R_{\alpha\beta\gamma\delta}\langle R(f_\gamma, f_\delta) f_\beta, f_\alpha\rangle. \qquad (4)
\end{aligned}
$$

从 (1), (3), (4) 我们得到 Riemann 流形间的映照的 Matsushima 型公式.

引理 1 设 $f: M \to N$ 是 Riemann 流形间的调和映照, 其中 M 是紧致的 Einstein 流形. 那么, 对任何 $\lambda \in \mathbb{R}$ 有

$$
\begin{aligned}
&\lambda \int_M \sum_{\alpha\beta}\langle f_{\alpha\beta}, f_{\alpha\beta}\rangle + 2\int_M \sum_{\alpha\beta\gamma\delta} R_{\alpha\beta\gamma\delta}\langle f_{\alpha\delta}, f_{\beta\gamma}\rangle \\
&= -\lambda \int_M \sum_{\alpha\beta} R_{\alpha\beta}\langle f_\alpha, f_\beta\rangle - \int_M \sum_{\alpha\beta\gamma\delta\eta} R_{\alpha\beta\gamma\delta} R_{\eta\beta\gamma\delta}\langle f_\alpha, f_\eta\rangle \\
&\quad + \lambda \int_M \sum_{\alpha\beta}\langle R(f_\alpha, f_\beta) f_\beta, f_\alpha\rangle + \int_M \sum_{\alpha\beta\gamma\delta}\langle R(f_\gamma, f_\delta) f_\beta, f_\alpha\rangle. \qquad (5)
\end{aligned}
$$

§2. 非紧型局部对称空间的刚性定理

定理 1 设 $\tilde{M}=G/K$ 是秩 $\geqslant 2$ 的非紧型不可约对称空间. 设 Γ 是 G 的离散的余紧子群. 设 $\tilde{N}$ 是完备单连通非正曲率算子的 Riemann 流形, 它的等距变换群为 $I(\tilde{N})$. 设 $\rho:\Gamma\to I(\tilde{N})$ 是同态, 并且 $\rho(\Gamma)$ 或者在 $\tilde{N}$ 的无穷远球面上无不动点, 或者, 它的中心化子是全测地平坦子空间. 那么, 存在一个全测地的 ρ–等变映照

$$f:\tilde{M}\to\tilde{N}.$$

附注 关于 ρ 的条件可推广为 Labourie [L] 意义下的可约性. 为证明定理 1, 我们从一个 ρ–等变的调和映照

$$\rho:\tilde{M}\to\tilde{N}$$

开始. (当 Γ 和 $\rho(\Gamma)$ 都是无挠、余紧离散的时候, f 的存在性被 Eells-Sampson [ES] 和 Al'ber [A1], [A2] 所证明. 在更一般的情形被 Jost–丘 [JY3] 以及 Labourie [L] 所证明, 更早的还有 Diederich-Ohsawa [DO], Donaldson [Dn] 和 Corlette [C1] 等人的结果. 如果 $\tilde{N}$ 也是对称空间 G'/K', 关于 ρ 的条件意味着 $\rho(\Gamma)$ 是 G' 的可约子群. Labourie [L] 对 $\tilde{N}$ 定义了 $I(\tilde{N})$ 的可约子群的概念, 正如定理 1 中所用的, 如果 $\rho(\Gamma)$ 在他的意义下是可约的 [L], 存在性结果仍然成立.) 定理 1 也就从下列定理得到.

定理 2 设 $\tilde{M}$ 以及 $\tilde{N}$ 同定理 1, $\rho:\Gamma\to I(\tilde{N})$ 是同态. 那么, 任何 ρ–等变的调和映照

$$f:M\to N$$

是全测地映照.

定理 2 的证明将基于引理 1.

取 M 为 Γ 的基本域就可将引理 1 应用于定理 2 的情形. 引理 1 证明中的分部积分取决于 f 的 ρ–等变性. 然后, 要寻找适当的 λ, 使 (5) 式的左边是非负的, 或甚至是正的, 除非 $f_{\alpha\beta}=0$, 而同时它的右端是非正的. 这样, 我们要寻找 λ, 使

$$2\sum_{\alpha\beta\gamma\delta}R_{\alpha\beta\gamma\delta}\langle f_{\alpha\delta},f_{\beta\gamma}\rangle\geqslant-\lambda\langle f_{\alpha\beta},f_{\alpha\beta}\rangle,\tag{6}$$

$$\sum_{\alpha\beta\gamma\delta\eta}R_{\alpha\beta\gamma\delta}R_{\eta\beta\gamma\delta}\langle f_\alpha,f_\eta\rangle\geqslant-\lambda\sum_{\alpha\eta}R_{\alpha\eta}\langle f_\alpha,f_\eta\rangle,\tag{7}$$

$$\sum_{\alpha\beta\gamma\delta} R_{\alpha\beta\gamma\delta}\langle R(f_\gamma, f_\delta)f_\beta, f_\alpha\rangle \leqslant -\lambda\langle R(f_\alpha, f_\beta)f_\beta, f_\alpha\rangle. \tag{8}$$

正如 [M; §9],

$$\sum_{\alpha\beta\gamma\delta} R_{\alpha\beta\gamma\delta}\langle f_{\alpha\delta}, f_{\beta\gamma}\rangle \geqslant \lambda_1 \sum_{\alpha\beta}\langle f_{\alpha\beta}, f_{\alpha\beta}\rangle, \tag{9}$$

其中对 Hermite 情形, λ_1 由 Calabi-Vesentini [CV] 和 Borel [B] 所计算 (见 [M; §9] 中的表格), 其余情形由 Kaneyuki-Nagano 所计算 [KN].

设 $c_{\alpha\beta}^\lambda$ 为 M 的对称覆盖空间 $\tilde{M}$ 的结构常数, 即

$$[X_\alpha, X_\beta] = \sum_\lambda c_{\alpha\beta}^\lambda X_\lambda, \tag{10}$$

其中 $\tilde{M} = G/K$, 且对应的李代数分解为

$$\mathcal{G} = k \oplus p,$$

以及 p 的基 $X_1, \cdots, X_m$, k 的基 $X_{m+1}, \cdots, X_{m+k}$ 满足

$$\begin{aligned} &B(X_\alpha, X_\beta) = \delta_{\alpha\beta}, \qquad \alpha, \beta = 1, \cdots, m, \\ &B(X_\lambda, X_\mu) = -\delta_{\lambda\mu}, \quad \lambda, \mu = m+1, \cdots, m+k, \end{aligned} \tag{11}$$

这里 B 是 $\mathcal{G}$ 的 Killing 型. 在下文中, 这样的基称为 Killing 型的单位正交基.

$$\sum_{\beta,\lambda} c_{\alpha\beta}^\lambda c_{\gamma\beta}^\lambda = \frac{1}{2}\delta_{\alpha\gamma}, \tag{12}$$

并且

$$R_{\alpha\beta\gamma\delta} = -\sum_\lambda c_{\alpha\beta}^\lambda c_{\gamma\delta}^\lambda. \tag{13}$$

由于 $[p, p] \subset k$, 在前面公式中, λ 的变化范围仅为 $m+1, \cdots, k$, 而 $\alpha, \beta \in \{1, \cdots, m\}$. 特别地, 对 Ricci 张量, 我们有

$$R_{\alpha\beta} = -\frac{1}{2}\,\delta_{\alpha\beta}. \tag{14}$$

设

$$k = z \oplus k_1 \oplus \cdots \oplus k_l,$$

其中 z 是 k 的中心, 而 $k_1, \cdots, k_l$ 是单理想. 关于这个分解, 我们取 k 的基 (X_λ), 即每个 X_λ 包含在其中一个分量中. 那么, 对 $X_\lambda \in k_i$, $i = 1, \cdots, l$ 且 $0 < a_i < 1$,

$$\sum_{\alpha,\beta} c_{\alpha\beta}^\lambda c_{\alpha\beta}^\mu = a_i\delta_{\lambda\mu}. \tag{15}$$

对 $X_\lambda \in z$,

$$\sum_{\alpha,\beta} c^\lambda_{\alpha\beta} c^\mu_{\alpha\beta} = \delta_{\lambda\mu}. \tag{16}$$

为记号整齐起见, 我们有时令 $k_0 = z$; 那么, 在中心 $z \neq \{0\}$ 时, $a_0 = 1$; 当中心 z 为零时, $a_0 = 0$. 我们还令 $i = 0, \cdots, l$, 根据 (12) 有

$$\sum_{\beta, X_\lambda \in k_i} c^\lambda_{\alpha\beta} c^\lambda_{\eta\beta} = b_i \delta_{\alpha\eta} \tag{17}$$

且

$$\sum_{i=0}^{l} b_i = \frac{1}{2}. \tag{18}$$

我们计算

$$\begin{aligned} \sum_{\alpha\beta\gamma\delta\eta} R_{\alpha\beta\gamma\delta} R_{\eta\beta\gamma\delta} \langle f_\alpha, f_\eta \rangle &= \sum_{\alpha\beta\gamma\delta\eta} c^\lambda_{\alpha\beta} c^\lambda_{\gamma\delta} c^\mu_{\eta\beta} c^\mu_{\gamma\delta} \langle f_\alpha, f_\eta \rangle \\ &= \sum_{\alpha,i} a_i b_i \langle f_\alpha, f_\alpha \rangle = -2 \sum_i a_i b_i \sum_{\alpha\eta} R_{\alpha\eta} \langle f_\alpha, f_\eta \rangle, \end{aligned} \tag{19}$$

其中, 我们用到了 (14). 我们令

$$\mu = 2 \sum_{i=0}^{l} a_i b_i, \tag{20}$$

那么, 对 $\lambda = \mu$ 我们有等式 (7). 下一节将证明对 $\lambda = \mu$ 等式 (8) 仍然成立. 根据 Matsushima [M] 和 Kaneyuki-Nagano [KN] 的计算, 有

$$\mu > -2\lambda_1, \text{ 如果 } (G/K) \text{ 的秩} \geqslant 2, \tag{21}$$

$$\mu = -2\lambda_1, \text{ 如果 } (G/K) \text{ 的秩} = 1. \tag{22}$$

如果 G/K 的秩 $\geqslant 2$, 我们可在 (5) 式中取 λ 满足 $-\lambda_1 < \lambda < \mu$ 且从 (6), (7) 和 (8) 得出, 对所有 α, β,

$$f_{\alpha\beta} \equiv 0, \tag{23}$$

并且也有

$$\sum_{\alpha\beta} R_{\alpha\beta} \langle f_\alpha, f_\beta \rangle = \sum_{\alpha\beta} \langle R(f_\alpha, f_\beta) f_\beta, f_\alpha \rangle. \tag{24}$$

由于我们用测地法坐标, (23) 等价于 f 是全测地映照.

这就证明了定理 2.

下列是 Margulis [Mg1] 结果的一个应用.

推论 1 设 Γ 同定理 1; 设 H 是半单纯非紧具离散中心的李群, $\rho:\Gamma\to H$ 是具有 Zariski 稠密像的同态. 那么, ρ 能延拓为 G 到 H 的同态.

从定理 2 推导推论 1 是标准的.

如果 G/H 的秩为 1, 仍然得到 (9) 中的等号成立. 除非 G/H 是实双曲空间, 仍然能导出结果; 它们也将在下一节分别给出.

特别地, 可导出 Corlette 的定理:

定理 3 定理 1、定理 2 以及推论 1 的结果对 $G/H=Sp(p,1)/Sp(p)\times Sp(1)$ 以及双曲 Cayley 平面也成立.

我们的方法也适用于 p–adic 群的表示, 并可得到下列 Margulis [Mg1] 的结果:

定理 4 设 $\tilde{M}=G/K$ 以及 Γ 同定理 1. 设对某 $n\in\mathbb{N}$ 和某素数 p, $\rho:\Gamma\to SL(n,Q_p)$ 是同态. 那么, $\rho(\Gamma)$ 在 $SL(n,Q_p)$ 中有紧致闭包.

证明 设 X 是联系于 $SL(n,Q_p)$ 的 Bruhat-Tits 的欧氏建筑. 如 [GS] 文中所述, $SL(n,Q_p)$ 等距地作用于 X, 并且存在 ρ–等变映照

$$g:\tilde{M}\to X.$$

由于 $\rho(\Gamma)$ 或在无穷远处无不动点, 或是某全测地平坦空间的中心化, 那么, 如 [GS] 文中所证明的, 存在 ρ–等变的调和映照

$$f:\tilde{M}\to X,$$

并且, 这个调和映照具有足够的正则性以确保能应用引理 1 的 Bochner 型公式, 请见 [GS; §6]. 所以运用定理 2 的讨论, f 一定是全测地映照. 如 [GS; 定理 7.4 的证明] 中的观察, 任何这样的全测地映照是常值映照. 所以, 对某 $p\in X$, $f(\tilde{M})=p$. 这意味着 $\rho(\Gamma)$ 包含在 ρ 的迷向群 (紧致群) 中.

正如定理 3, 我们的方法又可应用于 $Sp(p,1)/Sp(p)\times Sp(1)$ 以及双曲 Cayley 平面, 从而证明 Gromov-Schoen 的定理 [GS]:

定理 5 定理 4 的结果对

$$G/K=Sp(p,1)/Sp(p)\times Sp(1)$$

以及双曲 Cayley 平面也成立.

定理 4 研究了到联系于 $SL(n,Q_p)$ 的欧氏建筑的调和映照. 对于到 F–联络复形 (定义见 [GS]) 的调和映照的更一般情形, 上述讨论也成立, 由此可证明到这类空间的 ρ–等变的调和映照是常值, 只要 G/K 以及 Γ 如同定理 1.

§3. 不同情形的讨论

这一节我们证明 (8) 对 $\lambda=\mu$ 成立, 其中 μ 由 (20) 所定义. 为此, 要分类进行讨论. 我们也要给出秩 1 对称空间的几种情形中 (5) 式的进一步推论.

先从一般观察开始. 令

$$P_{\alpha\beta\gamma\delta}=-\langle R(f_\alpha,f_\beta)f_\delta,f_\gamma\rangle,$$

其中 R 是 N 上的曲率张量. R 的性质蕴涵着

引理 2 $P_{\alpha\beta\gamma\delta}$ 满足

$$\begin{aligned}&P_{\alpha\beta\gamma\delta}=-P_{\beta\alpha\gamma\delta},\\&P_{\alpha\beta\gamma\delta}=P_{\gamma\delta\alpha\beta},\\&P_{\alpha\beta\gamma\delta}+P_{\alpha\gamma\delta\beta}+P_{\alpha\delta\beta\gamma}=0.\end{aligned}$$

如果 N 有非正曲率算子, 那么, P 在下列意义下是半正定的: 对所有 $\alpha,\beta,\gamma,\delta$,

$$2P_{\alpha\beta\gamma\delta}\leqslant P_{\alpha\beta\alpha\beta}+P_{\gamma\delta\gamma\delta}.$$

附注 引理 2 关于 P 的结论仅在于像流形曲率张量的性质, 而此性质是下文中用到的唯一性质. 所以, 代替 N 非正曲率的假定, 只要

$$-\langle R(f_\alpha,f_\beta)f_\delta,f_\gamma\rangle$$

具有引理 2 描述意义下的半正定性.

3.1 我们考虑 k 是单纯的情形.

对所有 λ, μ 以及 $0<a<1$, 我们有

$$\sum_{\alpha,\beta}c^{\lambda}_{\alpha\beta}c^{\mu}_{\alpha\beta}=a\delta_{\lambda\mu}.$$

(15) 现在变成

$$\sum_{\alpha\beta\gamma\delta\eta} R_{\alpha\beta\gamma\delta} R_{\eta\beta\gamma\delta} \langle f_\alpha, f_\eta \rangle = \sum_{\alpha\beta\gamma\delta} c_{\alpha\beta}^{\lambda} c_{\gamma\delta}^{\lambda} c_{\eta\beta}^{\mu} c_{\gamma\delta}^{\mu} \langle f_\alpha, f_\eta \rangle$$
$$= -a \sum_{\alpha,\eta} R_{\alpha\eta} \langle f_\alpha, f_\eta \rangle.$$

由于结构常数 $c_{\alpha\beta}^{\lambda}$ $(\lambda = m+1, \cdots, m+k)$ 逐点正交且平方模为 a, 从 Schwarz 不等式得到

$$-\sum_{\alpha\beta\gamma\delta} R_{\alpha\beta\gamma\delta} P_{\alpha\beta\gamma\delta} = \sum_{\alpha\beta\gamma\delta\lambda} c_{\alpha\beta}^{\lambda} c_{\gamma\delta}^{\lambda} P_{\alpha\beta\gamma\delta} \leqslant a \sum_{\alpha,\beta} P_{\alpha\beta\alpha\beta}.$$

这就是所要的估计.

3.2. 我们研究 k 不是单纯的, 但是它的导理想是单纯的情形. 那么,

$$k = z \oplus k_1,$$

其中 $k_1 = [k, k]$ 是单纯的, 并且中心 z 是 1 维的. 我们取基 X_λ 使

$$X_{m+1} \in z,$$
$$X_{m+2}, \cdots, X_{m+k} \in k_1,$$

并使矩阵 $\left(c_{\alpha\beta}^{m+1}\right)_{\alpha,\beta=1,\cdots,m}$ 有形式

$$\frac{1}{\sqrt{m}} \begin{pmatrix} 0 & 1 & & & 0 \\ -1 & 0 & & & \\ & & \ddots & & \\ & & & 0 & 1 \\ 0 & & & -1 & 0 \end{pmatrix}. \tag{25}$$

由于 $\mathrm{ad}_p X_{m+1}$ 是反对称的 (见 [M; §5]), 上述基是可以取到的. 我们计算得到

$$\sum_{\alpha,\cdots,\eta} R_{\alpha\beta\gamma\delta} R_{\eta\beta\gamma\delta} \langle f_\alpha, f_\eta \rangle = \sum_{\alpha,\cdots,\eta} c_{\alpha\beta}^{\lambda} c_{\gamma\delta}^{\lambda} c_{\eta\beta}^{\mu} c_{\gamma\delta}^{\mu} \langle f_\alpha, f_\eta \rangle$$
$$= \sum_{\alpha\beta\eta} \left(c_{\alpha\beta}^{m+1} c_{\eta\beta}^{m+1} + a_1 \sum_{i=2}^{k} c_{\alpha\beta}^{m+i} c_{\eta\beta}^{m+i} \right) \langle f_\alpha, f_\eta \rangle$$
$$= \sum_{\alpha\beta\eta} (1 - a_1) c_{\alpha\beta}^{m+1} c_{\eta\beta}^{m+1} \langle f_\alpha, f_\eta \rangle - \sum_{\alpha\eta} a_1 R_{\alpha\eta} \langle f_\alpha, f_\eta \rangle$$

$$
\begin{aligned}
&= -\Big(\frac{2}{m}(1-a_1)+a_1\Big)\sum_{\alpha,\eta} R_{\alpha\eta}\langle f_\alpha, f_\eta\rangle \\
&= \Big(\frac{1}{m}(1-a_1)+a_1/2\Big)\sum_{\alpha}\langle f_\alpha, f_\alpha\rangle.
\end{aligned}
$$

于是我们有

$$\mu = \frac{2}{m}(1-a_1)+a_1.$$

其次, 又由于 $a_1^{\frac{1}{2}}c_{\alpha\beta}^{m+1}, c_{\alpha\beta}^{m+2}, \cdots, c_{\alpha\beta}^{m+k}$ 是正交的且有相等的平方模 a_1,

$$
\begin{aligned}
-\sum_{\alpha,\cdots,\delta} R_{\alpha\beta\gamma\delta}P_{\alpha\beta\gamma\delta} &= \sum_{\alpha,\cdots,\delta} c_{\alpha\beta}^{\lambda}c_{\gamma\delta}^{\lambda}P_{\alpha\beta\gamma\delta} \\
&= \sum_{\alpha,\cdots,\delta}(1-a_1)c_{\alpha\beta}^{m+1}c_{\gamma\delta}^{m+1}P_{\alpha\beta\gamma\delta} + \sum_{\alpha,\cdots,\delta}\Big(a_1 c_{\alpha\beta}^{m+1}c_{\gamma\delta}^{m+1} + \sum_{i=2}^{k} c_{\alpha\beta}^{m+i}c_{\gamma\delta}^{m+i}\Big)P_{\alpha\beta\gamma\delta} \\
&\leqslant \sum_{\alpha,\cdots,\delta}(1-a_1)c_{\alpha\beta}^{m+1}c_{\gamma\delta}^{m+1}P_{\alpha\beta\gamma\delta} + \sum_{\alpha,\beta} a_1 P_{\alpha\beta\alpha\beta}.
\end{aligned}
$$

我们采取下列记号: 对 $\alpha = 1, \cdots, m$, 令

$$\alpha^* = \alpha - (-1)^\alpha.$$

那么,

$$
\begin{aligned}
\sum_{\alpha,\cdots,\delta} c_{\alpha\beta}^{m+1}c_{\gamma\delta}^{m+1}P_{\alpha\beta\gamma\delta} &= \frac{1}{m}\sum_{\alpha,\gamma} P_{\alpha\alpha^*\gamma\gamma^*} \qquad \text{根据 (25)} \\
&= \frac{1}{m}\sum_{\alpha,\gamma}(P_{\alpha\gamma\gamma^*\alpha^*} + P_{\alpha\gamma^*\alpha^*\gamma}) \qquad \text{根据 Bianchi 恒等式} \\
&\leqslant \frac{1}{2m}\sum_{\alpha,\gamma}(P_{\alpha\gamma\alpha\gamma} + P_{\alpha^*\gamma^*\alpha^*\gamma^*} + P_{\alpha\gamma^*\alpha\gamma^*} + P_{\alpha^*\gamma\alpha^*\gamma}) \\
&= \frac{2}{m}\sum_{\alpha,\beta} P_{\alpha\beta\alpha\beta}.
\end{aligned}
$$

合在一起, 得到

$$-\sum_{\alpha,\cdots,\delta} R_{\alpha\beta\gamma\delta}P_{\alpha\beta\gamma\delta} \leqslant \Big(\frac{2}{m}(1-a_1)+a_1\Big)\sum_{\alpha,\beta} P_{\alpha\beta\alpha\beta} = \mu\sum_{\alpha,\beta} P_{\alpha\beta\alpha\beta},$$

这就是所要的估计.

3.3. 我们研究 $SO_0(p,q)/(SO(p)\times SO(q))$ 的情形. 李代数 $so(p,q)$ 是型如

$$\begin{bmatrix} x' & y \\ y^t & x'' \end{bmatrix}$$

的矩阵的空间, 其中 x',x'' 分别是 $(p\times p)$ 和 $(q\times q)$ 的反对称矩阵, y 是任意 $(p\times q)$ 矩阵.

李代数 $so(p,q)$ 的 Killing 型为

$$B(M_1,M_2)=(p+q-2)\mathrm{Tr}(M_1M_2).$$

设 E^{xy} 是在 x 行与 y 列交叉处为 1 而其余均为零的矩阵. 令

$$X_{ij}=\frac{1}{\sqrt{2(p+q-2)}}(E^{ij}+E^{ji}),\qquad \text{对 } i=1,\cdots,p,\ j=p+1,\cdots,p+q,$$

$$X_{a'b'}=\frac{1}{\sqrt{2(p+q-2)}}\left(E^{a'b'}-E^{b'a'}\right),\qquad \text{对 } a',b'=1,\cdots,p,\ a'<b',$$

$$X_{a''b''}=\frac{1}{\sqrt{2(p+q-2)}}\left(E^{a''b''}-E^{b''a''}\right),\ \text{对 } a'',b''=p+1,\cdots,p+q,\ a''<b'',$$

这些矩阵构成下列意义下 B 的 “单位正交” 基,

$$\begin{aligned}
B(X_{ij},X_{kl})&=\delta_{ik}\delta_{jl},\\
B(X_{a'b'}X_{c'd'})&=-\delta_{a'c'}\delta_{b'd'},\\
B(X_{a''b''},X_{c''d''})&=-\delta_{a''c''}\delta_{b''d''},
\end{aligned}$$

而其他乘积都为零.

关于这组基, $so(p,q)$ 的结构常数是

$$\begin{aligned}
c_{ij,kl}^{a'b'}&=(p+q-2)\mathrm{Tr}([X_{ij},X_{kl}]X_{a'b'})\\
&=\frac{1}{\sqrt{2(p+q-2)}}\delta_{jl}(\delta_{a'k}\delta_{b'i}-\delta_{a'i}\delta_{b'k}),\\
c_{ij,kl}^{a''b''}&=\frac{1}{\sqrt{2(p+q-2)}}\delta_{ik}(\delta_{a''l}\delta_{b''j}-\delta_{a''j}\delta_{b''l}).
\end{aligned}$$

往下, 关于 i,k,m,r,v 作和将从 1 到 p, 而关于 j,l,n,s,w 作和将从 $p+1$ 到 q, 而关于 a',b' 则从 1 到 p, 关于 a'',b'' 则从 $p+1$ 到 q, 但限于 $a'<b'$, $a''<b''$.

我们算得

$$\sum_{ijkl} c_{ij,kl}^{a'b'} c_{ij,kl}^{d'e'} = \frac{q}{p+q-2}\delta_{a'd'}\delta_{b'e'},$$

$$\sum_{ijkl} c_{ij,kl}^{a''b''} c_{ij,kl}^{d''e''} = \frac{p}{p+q-2}\delta_{a''d''}\delta_{b''e''},$$

$$\sum_{ijkl} c_{ij,kl}^{a'b'} c_{ij,kl}^{d''e''} = 0,$$

$$\sum_{k,l,a'<b'} c_{ij,kl}^{a'b'} c_{mn,kl}^{a'b'} = \frac{p-1}{2(p+q-2)}\delta_{jn}\delta_{im},$$

$$\sum_{k,l,a''<b''} c_{ij,kl}^{a''b''} c_{mn,kl}^{a''b''} = \frac{q-1}{2(p+q-2)}\delta_{jn}\delta_{im}.$$

令

$$a_1 = \frac{q}{p+q-2}, \qquad a_2 = \frac{p}{p+q-2},$$
$$b_1 = \frac{p-1}{2(p+q-2)}, \qquad b_2 = \frac{q-1}{2(p+q-2)},$$

且注意到

$$b_1 + b_2 = \frac{1}{2}.$$

$SO_0(p,q)/(SO(p)\times SO(q))$ 的曲率张量为

$$R_{ij,kl,mn,rs} = -\Big(\sum_{a'<b'} c_{ij,kl}^{a'b'} c_{mn,rs}^{a'b'} + \sum_{a''<b''} c_{ij,kl}^{a''b''} c_{mn,rs}^{a''b''}\Big),$$

特别地, Ricci 张量为

$$R_{ij,kl} = -\frac{1}{2}\delta_{ik}\delta_{jl}.$$

我们记

$$f_{ij} = X_{ij}(f).$$

我们有

$$\sum_{klmnrs} R_{ij,kl,mn,rs} R_{vw,kl,mn,rs}\langle f_{ij}, f_{vw}\rangle = \frac{q(p-1)+p(q-1)}{2(p+q-2)^2}\sum_{i,j}\langle f_{ij}, f_{ij}\rangle$$
$$= -\frac{q(p-1)+p(q-1)}{2(p+q-2)^2}\sum_{ijvw} R_{ij,vw} f_{ij} f_{vw},$$

因此,

$$\mu := \frac{q(p-1)+p(q-1)}{2(p+q-2)^2} = 2a_1b_1 + 2a_2b_2,$$

$$\begin{aligned}
&\sum_{i,\cdots,s,a'<b'} c_{ij,kl}^{a'b'} c_{mn,rs}^{a'b'} P_{ij,kl,mn,rs} \\
&= \frac{1}{2(p+q-2)} \sum \delta_{jl}\delta_{ns}(\delta_{a'k}\delta_{b'i} - \delta_{a'i}\delta_{b'k})(\delta_{a'r}\delta_{b'm} - \delta_{a'm}\delta_{b'r}) \\
&= \frac{1}{2(p+q-2)} \sum \delta_{jl}\delta_{ns}(\delta_{kr}\delta_{im}(1-\delta_{ik}\delta_{mr}) - \delta_{km}\delta_{ir}(1-\delta_{ik}\delta_{mr})) \\
&= \frac{1}{2(p+q-2)} \sum (P_{ij,kj,in,kn} - P_{ij,kj,kn,in}) \\
&= \frac{1}{p+q-2} \sum_{ijkl} P_{ij,kj,il,kl},
\end{aligned}$$

并且

$$\sum_{i,\cdots,s,a''<b''} c_{ij,kl}^{a''b''} c_{mn,rs}^{a''b''} P_{ij,kl,mn,rs} = \frac{1}{p+q-2} \sum_{ijkl} P_{ij,il,kj,kl}.$$

根据 Bianchi 恒等式

$$P_{ij,kj,il,kl} = P_{ij,il,kj,kl} + P_{ij,kl,il,kj}.$$

现有

$$\sum_{ijkl} P_{ij,kl,il,kj} = \sum_{ijk} P_{ij,kj,ij,kj} - \sum_{ijl} P_{ij,il,ij,il} + \hat{P}_{ij,kl,il,kj},$$

并且

$$\hat{P}_{ij,kl,il,kj} = \sum_{i\neq k, j\neq l} P_{ij,kl,il,kj}.$$

从前面的公式, 我们得到, 对任何 $\lambda \in \mathbb{R}$,

$$\begin{aligned}
&-\sum_{i,\cdots,s} R_{ij,kl,mn,rs} P_{ij,kl,mn,rs} \\
&= \sum \left(c_{ij,kl}^{a'b'} c_{mn,rs}^{a'b'} + c_{ij,kl}^{a''b''} c_{mn,rs}^{a''b''} \right) P_{ij,kl,mn,rs} \\
&= \frac{1}{p+q-2} \Big(\sum P_{ij,kj,il,kl} + \sum P_{ij,il,kj,kl} \Big) \\
&= \frac{1}{p+q-2} \Big(\lambda \sum_{ijkl} P_{ij,kj,il,kl} + (2-\lambda) \sum_{ijkl} P_{ij,il,kj,kl} + \\
&\qquad (1-\lambda) \sum_{ijk} P_{ij,kj,ij,kj} - (1-\lambda) \sum_{ije} P_{ij,il,ij,il} + (1-\lambda) \hat{P}_{ij,kl,il,kj} \Big).
\end{aligned}$$

由于 $P_{ij,kl,mn,kl}$ 是半正定的,

$$\sum_{ijkl} P_{ij,kj,il,kl} \leqslant q \sum_{ijk} P_{ij,kj,ij,kj},$$
$$\sum_{ijkl} P_{ij,il,kj,kl} \leqslant p \sum_{ijl} P_{ij,il,ij,il},$$
$$\hat{P}_{ij,kl,il,kj} \leqslant \hat{P}_{ij,kl,ij,kl}.$$

对 $0 \leqslant \lambda \leqslant 2$, 我们得到

$$\begin{aligned} &-\sum R_{ij,kl,mn,rs} P_{ij,kl,mn,rs} \\ &\quad \leqslant \frac{1}{p+q-2}\Big((\lambda q + 1 - \lambda) \sum_{ijk} P_{ij,kj,ij,kj} + \\ &\qquad ((2-\lambda)p + \lambda - 1) \sum_{ijl} P_{ij,il,ij,il} + |1-\lambda| \hat{P}_{ij,kl,il,il}\Big). \end{aligned}$$

令

$$\lambda = 1 + \frac{p-q}{p+q-2}.$$

那么, $0 \leqslant \lambda \leqslant 2$, 并且,

$$\lambda q + (1-\lambda) = \frac{2pq-p-q}{(p+q-2)},$$
$$(2-\lambda)p + \lambda - 1 = \frac{2pq-p-q}{(p+q-2)},$$
$$|1-\lambda| \leqslant \frac{2pq-p-q}{(p+q-2)}.$$

我们得到

$$\begin{aligned} &-\sum R_{ij,kl,mn,rs} P_{ij,kl,mn,rs} \\ &\quad \leqslant \frac{2pq-p-q}{(p+q-2)^2}\Big(\sum_{ijk} P_{ij,kj,ij,kj} + \sum_{ijl} P_{ij,il,ij,il} + \hat{P}_{ij,kl,ij,kl}\Big) \\ &\quad = \mu \sum_{ijkl} P_{ij,kl,ij,kl}. \end{aligned}$$

这就是所要的估计.

在 $SO_0(p,q)/SO(p)\times SO(q)$ 的情形, (9) 中的等式仅意味着

$$\sum_{\alpha} f_{\alpha\alpha} = 0.$$

但是, 由于 f 是调和的, 这总能得到. 这种情形不能也并不期望得到进一步的结论.

3.4. 我们研究

$$SU(p,q)/S(U(p)\times U(q))$$

的情形. 李代数 $su(p,q)$ 是型如

$$\begin{bmatrix} A' & B \\ \overline{B}^t & A'' \end{bmatrix}$$

的矩阵的空间, 其中 A', A'' 分别是 $(p\times p)$ 以及 $(q\times q)$ 的反 Hermite 矩阵, 且 $\mathrm{Tr}(A'+A'')=0$ 而 B 是任意复矩阵.

$su(p,q)$ 的 Killing 型为

$$B(M_1,M_2)=2(p+q)\mathrm{Tr}(M_1M_2).$$

矩阵 E^{xy} 的定义同上.

令

$$Z:=\begin{pmatrix} qi &&&&& \\ & \ddots &&&& \\ && qi &&& \\ &&& -pi && \\ &&&& \ddots & \\ &&&&& -pi \end{pmatrix},$$

Z 生成 $s(u(p)\times u(q))$ 的中心. 对 $a',b'=1,\cdots,p, a'\neq b'$,

$$X_o:=\frac{1}{(p+q)\sqrt{2pq}}Z,$$

$$X_{a'b'}:=\frac{1}{2\sqrt{p+q}}\left(E^{a'b'}-E^{b'a'}\right),$$

$$Y_{a'b'}:=\frac{i}{2\sqrt{p+q}}\left(E^{a'b'}+E^{b'a'}\right).$$

对 $a'',b''=p+1,\cdots,p+q, a''\neq b''$, $X_{a''b''}, Y_{a''b''}$ 的定义是类似的. 对 $a'=1,\cdots,p-1$ 有

$$X_{a'}:=\frac{i}{\sqrt{2(p+q)}}\sqrt{\frac{a'}{a'+1}}\left(\frac{1}{a'}\sum_{c=1}^{a'}E^{cc}-E^{a'+1,a'+1}\right).$$

对 $a''=p+1,\cdots,p+q-1$, 类似地有 $X_{a''}$. 那么, 矩阵 $X_{a'}, X_{a'b}, Y_{a'b'}$ 构成 $su(p)$ 的单位正交基. 对 $i=1,\cdots,p$, $j=p+1,\cdots,p+q$,

$$X_{ij}=\frac{1}{2\sqrt{p+q}}(E^{ij}+E^{ji}),$$
$$Y_{ij}=\frac{i}{2\sqrt{p+q}}(E^{ij}-E^{ji}).$$

所有前面的矩阵一起构成 $su(p,q)$ 的单位正交基. 我们现在来计算关于这组基的结构常数. 带有 $^-$ 的指标将与 Y–矩阵相关, 否则与 X–矩阵相关. 这样,

$$c_{ij,\bar{k}\bar{l}}^{a'b'}=2(p+q)\mathrm{Tr}([X_{ij},Y_{kl}]X_{a'b'}).$$

我们得到

$$c_{ij,\bar{k}\bar{l}}^{a'b'}=\frac{1}{2\sqrt{p+q}}\delta_{jl}(\delta_{ib'}\delta_{ka'}-\delta_{ia'}\delta_{kb'})=c_{\bar{i}\bar{j},\bar{k}\bar{l}}^{a'b'},$$
$$c_{ij,kl}^{a''b''}=\frac{1}{2\sqrt{p+q}}\delta_{ik}(\delta_{jb''}\delta_{la''}-\delta_{ja''}\delta_{lb''})=c_{\bar{i}\bar{j},\bar{k}\bar{l}}^{a''b''},$$
$$c_{\bar{i}\bar{j},kl}^{\bar{a}'\bar{b}'}=\frac{-1}{2\sqrt{p+q}}\delta_{jl}(\delta_{kc'}\delta_{ib'}+\delta_{ia'}\delta_{kb'})=-c_{ij,\bar{k}\bar{l}}^{\bar{a}'\bar{b}'},$$
$$c_{\bar{i}\bar{j},kl}^{\bar{a}''\bar{b}''}=\frac{-1}{2\sqrt{p+q}}\delta_{ik}(\delta_{jb''}\delta_{la''}+\delta_{ja''}\delta_{lb''})=-c_{ij,\bar{k}\bar{l}}^{\bar{a}''\bar{b}''},$$
$$c_{\bar{i}\bar{j},kl}^{a'}=\frac{-1}{\sqrt{2(p+q)}}\sqrt{\frac{a'}{a'+1}}\delta_{jl}\left(\frac{1}{a'c}\sum_{c\leqslant a'}\delta_{ic}\delta_{kc}-\delta_{i,a'+1}\delta_{k,a'+1}\right)=-c_{ij,\bar{k}\bar{l}}^{a'},$$
$$\begin{aligned}c_{\bar{i}\bar{j},kl}^{a''}&=\frac{-1}{\sqrt{2(p+q)}}\sqrt{\frac{a''}{a''+1}}\delta_{ik}\left(\frac{1}{a''c}\sum_{c=p+1}^{a''}\delta_{jc}\delta_{lc}-\delta_{j,a''+1}\delta_{l,a''+1}\right),\\&=-c_{ij,\bar{k}\bar{l}}^{a''},\end{aligned}$$
$$c_{\bar{i}\bar{j},kl}^{0}=\frac{1}{\sqrt{2pq}}\delta_{ik}\delta_{jl}=-c_{ij,\bar{k}\bar{l}}^{0},$$

其余都为零.

往下, 关于 i,k 作和将从 1 到 p, 而关于 j,l 作和将从 $p+1$ 到 $p+q$, 而关于 a',b' 则从 1 到$p-1$ 且限于 $b'>a'$, 关于 a'',b'' 则从 $p+1$ 到 $p+q-1$, 但限 $b''>a''$. 对 $a'\neq b'$,

$$\sum_{ijkl}(c_{ij,kl}^{a'b'}c_{ij,kl}^{a'b'}+c_{\bar{i}\bar{j},\bar{k}\bar{l}}^{a'b'}c_{\bar{i}\bar{j},\bar{k}\bar{l}}^{a'b'})=\frac{q}{p+q}=:a_1,$$
$$\sum_{ijkl}(c_{ij,\bar{k}\bar{l}}^{a'}c_{ij,\bar{k}\bar{l}}^{a'}+c_{\bar{i}\bar{j},kl}^{a'}c_{\bar{i}\bar{j};kl}^{a'})=\frac{q}{p+q}=a_1,$$

对 $a'' \neq b''$,

$$\sum_{ijkl}(c^{a''b''}_{ij,kl}c^{a''b''}_{ij,kl} + c^{a''b''}_{\bar{i}\bar{j},\bar{k}\bar{l}}c^{a''b''}_{\bar{i}\bar{j},\bar{k}\bar{l}}) = \frac{p}{p+q} =: a_2,$$

$$\sum_{ijkl}(c^{a''}_{ij,\bar{k}\bar{l}}c^{a''}_{ij,\bar{k}\bar{l}} + c^{a''}_{\bar{i}\bar{j},kl}c^{a''}_{\bar{i}\bar{j},kl}) = \frac{p}{p+q} = a_2,$$

$$\sum_{ijkl}(c^{0}_{ij,\bar{k}\bar{l}}c^{0}_{ij,\bar{k}} + c^{0}_{\bar{i}\bar{j},kl}c^{0}_{\bar{i}\bar{j},kl}) = 1 =: a_0.$$

(最后的方程也可从一般的群导出, 因为 X_0 生成 $s(u(p)\times u(q))$ 的中心.) 并且,

$$\sum_{k,l,a'<b'}\left(c^{a'b'}_{ij,kl}c^{a'b'}_{mn,kl} + c^{\bar{a}'\bar{b}'}_{ij,\bar{k}\bar{l}}c^{\bar{a}'\bar{b}'}_{mn,\bar{k}\bar{l}} + c^{a'}_{ij,\bar{k}\bar{l}}c^{a'}_{mn,\bar{k}\bar{l}}\right)$$
$$= \frac{\delta_{jn}\delta_{im}}{2(p+q)}\frac{(p-1)(p+1)}{p} =: b_1,$$

$$\sum_{k,l,a''<b''}\left(c^{a''b''}_{ij,kl}c^{a''b''}_{mn,kl} + c^{\bar{a}''\bar{b}''}_{ij,\bar{k}\bar{l}}c^{\bar{a}''\bar{b}''}_{mn,\bar{k}\bar{l}} + c^{a''}_{ij,\bar{k}\bar{l}}c^{a''}_{mn,\bar{k}\bar{l}}\right)$$
$$= \frac{\delta_{jn}\delta_{im}}{2(p+q)}\frac{(q-1)(q+1)}{q} =: b_2,$$

$$\sum_{k,l}c^{0}_{ij,\bar{k}\bar{l}}c^{0}_{mn,\bar{k}\bar{l}} = \frac{\delta_{im}\delta_{jn}}{2pq} =: b_0.$$

那么,

$$2b_0 + 2b_1 + 2b_2 = 1,$$

这也可从一般的群导出.

$SU(p,q)/S(U(p)\times U(q))$ 的曲率张量分量被下式给出:

$$R_{ij,kl,mn,rs} = -\Big({}_a\sum_{a'<b'}c^{a'b'}_{ij,kl}c^{a'b'}_{mn,rs} +_a \sum_{a''<b''}c^{a''b''}_{ij,kl}c^{a''b''}_{mn,rs}\Big),$$

$$R_{ij,\bar{k}\bar{l},mn,\bar{r}\bar{s}} = -\Big(\sum_{a'}c^{a'}_{ij,\bar{k}\bar{l}}c^{a'}_{mn,\bar{r}\bar{s}} + \sum_{a''}c^{a''}_{ij,\bar{k}\bar{l}}c^{a''}_{mn,\bar{r}\bar{s}} + c^{0}_{ij,\bar{k}\bar{l}}c^{0}_{mn,\bar{r}\bar{s}}\Big)\ \text{等}.$$

根据 (19)

$$\sum_{\alpha,\cdots,\eta}R_{\alpha\beta\gamma\delta}R_{\eta\beta\gamma\delta}\langle f_\alpha, f_\eta\rangle = -(2a_0b_0 + 2a_1b_1 + 2a_2b_2)\sum_{\alpha,\eta}R_{\alpha\eta}\langle f_\alpha, f_\eta\rangle,$$

因而

$$\mu := 2a_0b_0 + 2a_1b_1 + 2a_2b_2 = \frac{2(1+pq)}{(p+q)^2}.$$

利用对称性, 我们得到

$$
\begin{aligned}
-RP = & \sum_{ijkl} 4c^0_{ij,\bar{k}\bar{l}} c^0_{mn,\bar{r}\bar{s}} P_{ij,\bar{k}\bar{l},mn,\bar{r}\bar{s}} \\
& + \Big\{ \sum_{ijkl,b'>a'} (c^{a'b'}_{ij,kl} c^{a'b'}_{mn,rs} P_{ij,kl,mn,rs} + c^{a'b'}_{\bar{i}\bar{j},\bar{k}\bar{l}} c^{a'b'}_{\bar{m}\bar{n},\bar{r}\bar{s}} P_{\bar{i}\bar{j},\bar{k}\bar{l},\bar{m}\bar{n},\bar{r}\bar{s}} \\
& + 2c^{a'b'}_{ij,kl} c^{a'b'}_{\bar{m}\bar{n},\bar{r}\bar{s}} P_{ij,kl,\bar{m}\bar{n},\bar{r}\bar{s}} + 4c^{\bar{a}'\bar{b}'}_{ij,\bar{k}\bar{l}} c^{\bar{a}'\bar{b}}_{mn,\bar{r}\bar{s}} P_{ij,\bar{k}\bar{l},mn,\bar{r}\bar{s}}) \\
& + \sum_{ijkl,a'} 4c^{a'}_{ij,\bar{k}\bar{l}} c^{a'}_{mn,\bar{r}\bar{s}} P_{ij,\bar{k}\bar{l},mn,\bar{r}\bar{s}} \Big\} + \Big\{ \sum_{ijkl,b''>a''} + \cdots \Big\} \\
=: & \ a_0\|P_0\| + a_1\|P_1\| + a_2\|P_2\|,
\end{aligned} \tag{26}
$$

这里, $\|P_0\|$ 是 P 到由 $c^0_{ij,\bar{k}\bar{l}}$ 张成的空间的投影的长度, 而 $\|P_1\|$ 是到被 $c^{a'b'}_{ij,kl}, \cdots$, $c^{a'}_{ij,\bar{k}\bar{l}}$ 张成空间的投影的长度, 对应将 a', b' 换成 a'', b'' 就类似得到 $\|P_2\|$. 那么,

$$
\sum_{ijkl} (P_{ij,kl,ij,kl} + P_{\bar{i}\bar{j},\bar{k}\bar{l},\bar{i}\bar{j},\bar{k}\bar{l}} + 2P_{ij,\bar{k}\bar{l},ij,\bar{k}\bar{l}}) = \|P\| = \|P_0\| + \|P_1\| + \|P_2\|, \tag{27}
$$

我们希望得到不等式

$$
-R \cdot P \leqslant \mu \|P\|, \tag{28}
$$

或等价地,

$$
\begin{aligned}
& a_0\|P_0\| + a_1\|P_1\| + a_2\|P_2\| \\
& \quad \leqslant (2b_0a_0 + 2b_1a_1 + 2b_2a_2)(\|P_0\| + \|P_1\| + \|P_2\|).
\end{aligned} \tag{29}
$$

我们已有

$$
\begin{aligned}
a_0 &= 1, \\
a_1 &= \frac{q}{p+q}, \\
a_2 &= \frac{p}{p+q}, \\
b_0 &= \frac{1}{2pq}, \\
b_1 &= \frac{1}{2(p+q)} \frac{(p-1)(p+1)}{p}, \\
b_2 &= \frac{1}{2(p+q)} \frac{(q-1)(q+1)}{q},
\end{aligned}
$$

不妨假设

$$q \geqslant p.$$

我们有

$$\begin{aligned}
a_0\|P_0\| &= \sum_{ijkl} 4c^0_{ij,\bar{k}\bar{l}} c^0_{mn,\bar{r}\bar{s}} P_{ij,\bar{k}\bar{l},mn,\bar{r}\bar{s}} = \frac{2}{pq}\sum_{ijkl} P_{ij,\bar{i}\bar{j},kl,\bar{k}\bar{l}},\\
\sum_{ijkl,b'>a'} & (c^{a'b'}_{ij,kl} c^{a'b'}_{mn,rs} P_{ij,kl,mn,rs} + \cdots + 4c^{\bar{a}'\bar{b}}_{ij,\bar{k}\bar{l}} c^{\bar{a}'\bar{b}}_{mn,\bar{r}\bar{s}} P_{ij,\bar{k}\bar{l},mn,\bar{r}\bar{s}})\\
&= \frac{1}{2(p+q)}\Big\{\sum_{ijkl}(P_{ij,kj,il,kl} + P_{\bar{i}\bar{j},\bar{k}\bar{j},\bar{i}\bar{l},\bar{k}\bar{l}} + 2P_{ij,kj,\bar{i}\bar{l},\bar{k}\bar{l}}\\
&\quad + 2P_{ij,\bar{k}\bar{j},il,\bar{k}\bar{l}} + 2P_{ij,\bar{k}\bar{j},kl,\bar{i}\bar{l}}) - 4\sum_{ijk} P_{ij,\bar{i}\bar{j},kj,\bar{k}\bar{j}}\Big\},\\
\sum_{ijkl} & 4c^{a'}_{ij,\bar{k}\bar{l}} c^{a'}_{mn,\bar{r}\bar{s}} P_{ij,\bar{k}\bar{l},mn,\bar{r}\bar{s}}\\
&= \frac{1}{2(p+q)}\Big\{4\sum_{ijk} P_{ij,\bar{i}\bar{j},kj,\bar{k}\bar{j}} - \frac{4}{p}\sum_{ijkl} P_{ij,\bar{i}\bar{j},kl,\bar{k}\bar{l}}\Big\},
\end{aligned} \tag{30}$$

所以,

$$\begin{aligned}
a_1\|P_1\| &= \frac{1}{2(p+q)}\Big(\sum_{ijkl}(P_{ij,kj,il,kl} + P_{\bar{i}\bar{j},\bar{k}\bar{j},\bar{i}\bar{l},\bar{k}\bar{l}}\\
&\quad + 2P_{ij,kj,\bar{i}\bar{l},\bar{k}\bar{l}} + 2P_{ij,\bar{k}\bar{j},il,\bar{k}\bar{l}} + 2P_{ij,\bar{k}\bar{j},kl,\bar{i}\bar{l}})\Big) - \frac{2}{p(p+q)}\sum_{ijkl} P_{ij,\bar{i}\bar{j},kl,\bar{k}\bar{l}}.
\end{aligned} \tag{31}$$

类似地,

$$\begin{aligned}
a_2\|P_2\| &= \frac{1}{2(p+q)}\sum_{ijkl}\Big(P_{ij,il,kj,kl} + P_{\bar{i}\bar{j},\bar{i}\bar{l},\bar{k}\bar{j},\bar{k}\bar{l}} + 2P_{ij,il,\bar{k}\bar{j},\bar{k}\bar{l}}\\
&\quad + 2P_{ij,\bar{i}\bar{l},kj,\bar{k}\bar{l}} + 2P_{ij,\bar{i}\bar{l},kl,\bar{k}\bar{j}}\Big) - \frac{2}{q(p+q)}\sum_{ijkl} P_{ij,\bar{i}\bar{j},kl,\bar{k}\bar{l}}.
\end{aligned} \tag{32}$$

特别地,

$$\begin{aligned}
&-R\cdot P = a_0\|P_0\| + a_1\|P_1\| + a_2\|P_2\|\\
&= \frac{1}{2(p+q)}\sum_{ijkl}\Big\{P_{ij,kj,il,kl} + P_{ij,il,kj,kl} + P_{\bar{i}\bar{j},\bar{k}\bar{j},\bar{i}\bar{l},\bar{k}\bar{l}} + P_{\bar{i}\bar{j},\bar{i}\bar{l},\bar{k}\bar{j},\bar{k}\bar{l}}\\
&\quad + 2P_{ij,kj,\bar{i}\bar{l},\bar{k}\bar{l}} + 2P_{ij,il,\bar{k}\bar{j},\bar{k}\bar{l}} + 2P_{ij,\bar{k}\bar{j},il,\bar{k}\bar{l}} + 2P_{ij,\bar{i}\bar{l},kj,\bar{k}\bar{l}}\\
&\quad + 2P_{ij,\bar{k}\bar{j},kl,\bar{i}\bar{l}} + 2P_{ij,\bar{i}\bar{l},kl,\bar{k}\bar{j}}\Big\}.
\end{aligned} \tag{33}$$

这个公式也可用分别由 $X_{a'}$ 以及 $X_{a''}$ 生成的 $su(p)$ 和 $su(q)$ 的 Cartan 子代数的根空间分解的方法得到.

我们已经有 $\mu=\frac{2(1+pq)}{(p+q)^2}$, 设 $\nu=\frac{1}{2(p+q)}$ 并且设

$$\begin{aligned}L_1(p)=\sum_{ijkl}\Big\{&P_{ij,kj,il,kl}+P_{ij,il,kj,kl}+P_{\bar{i}\bar{j},\bar{k}\bar{j},\bar{i}\bar{l},\bar{k}\bar{l}}+P_{\bar{i}\bar{j},\bar{i}\bar{l},\bar{k}\bar{j},\bar{k}\bar{l}}+2P_{ij,kj,\bar{i}\bar{l},\bar{k}\bar{l}}\\&+2P_{ij,il,\bar{k}\bar{j},\bar{k}\bar{l}}+2P_{ij,\bar{k}\bar{j},il,\bar{k}\bar{l}}+2P_{ij,\bar{i}\bar{l},kj,\bar{k}\bar{l}}+2P_{ij,\bar{k}\bar{j},kl,\bar{i}\bar{l}}+2P_{ij,\bar{i}\bar{l},kl,\bar{k}\bar{j}}\Big\},\\L_2(p)=\sum_{ijkl}\Big\{&P_{ij,kl,ij,kl}+P_{\bar{i}\bar{j},\bar{k}\bar{l},\bar{i}\bar{j},\bar{k}\bar{l}}+2P_{ij,\bar{k}\bar{l},ij,\bar{k}\bar{l}}\Big\}.\end{aligned}$$

这样, L_2 是所有截面曲率项的和. 对任何正定(半正定) 曲率张力 P, 我们必须证明

$$L_1(P)\leqslant\mu L_2(P),\tag{34}$$

或等价地, 对任何这样的 P 证明

$$L(P)=\mu L_2(P)-\nu L_1(P)\geqslant 0.$$

假定 L 在半正定曲率张量的凸锥 C_+ 和模 k 的曲率张量集合的交集上取极小值. 我们想证明这个极小值为零, 并且在对应于 M 的恒等映照的张量 P_0 处达到 (令 $k=$ 相应的 P_0 的模). 由于大多数分量为零, 如所有 i,j,k,l 都不同的分量, P_0 落在 C_+ 的边界上.

因为 L 是线性的, C_+ 是凸的, 只要说明 P_0 的任何不离开 C_+ 的变分将保持 L 非负. 为了验证这点, 我们来研究在 L_1 和 L_2 中各项变分的影响. 首先将蕴涵 (34) 的不等式列出来, 看来它们对恒等映照是比较精确的.

根据 Bianchi 恒等式以及正定性,

$$\begin{aligned}a_0\|P_0\|&=\frac{2}{pq}\sum_{ijkl}P_{ij,\bar{i}\bar{j},kl,\bar{k}\bar{l}}\\&=\frac{2}{pq}\Big(\sum_{ijkl}(P_{ij,kl,\bar{i}\bar{j},\bar{k}\bar{l}}+P_{ij,\bar{k}\bar{l},kl,\bar{i}\bar{j}})\Big)\\&\leqslant\frac{1}{pq}\sum_{ijkl}(P_{ij,kl,ij,kl}+P_{\bar{i}\bar{j},\bar{k}\bar{l},\bar{i}\bar{j},\bar{k}\bar{l}}+2P_{ij,\bar{k}\bar{l},ij,\bar{k}\bar{l}})\\&=\frac{1}{pq}\|P\|\\&=2b_0\|P\|,\end{aligned}\tag{35}$$

根据 Bianchi 恒等式,

$$
\begin{aligned}
P_{ij,kj,il,kl} &= P_{ij,il,kj,kl} + P_{ij,kl,il,kj},\\
P_{\overline{ij},\overline{kj},\overline{il},\overline{kl}} &= P_{\overline{ij},\overline{il},\overline{kj},\overline{kl}} + P_{\overline{ij},\overline{kl},\overline{il},\overline{kj}},\\
P_{ij,kj,\overline{il},\overline{kl}} &= P_{ij,\overline{il},kj,\overline{kl}} + P_{ij,\overline{kl},\overline{il},kj},\\
P_{ij,\overline{kj},il,\overline{kl}} &= P_{ij,il,\overline{kj},\overline{kl}} + P_{ij,\overline{kl},il,\overline{kj}},\\
P_{ij,\overline{kj},kl,\overline{il}} &= P_{ij,\overline{il},kl,\overline{kj}} + P_{ij,kl,\overline{kj},\overline{il}},
\end{aligned}
$$

所以, 对 $\lambda\in\mathbb{R}$,

$$
\begin{aligned}
&L_1(P)\\
&=\sum_{ijkl}\Big\{\lambda(P_{ij,kj,il,kl}+P_{\overline{ij},\overline{kj},\overline{il},\overline{kl}}+2P_{ij,kj,\overline{il},\overline{kl}}+2P_{ij,\overline{kj},il,\overline{kl}}+2P_{ij,\overline{kj},kl,\overline{il}})\\
&\quad+(2-\lambda)(P_{ij,il,kj,kl}+P_{\overline{ij},\overline{il},\overline{kj},\overline{kl}}+2P_{ij,il,\overline{kj},\overline{kl}}+2P_{ij,\overline{il},kj,\overline{kl}}+2P_{ij,\overline{il},kl,\overline{kj}})\Big\}\\
&\quad+(1-\lambda)\Big\{\sum_{ijk}P_{ij,kj,ij,kj}-\sum_{ijl}P_{ij,il,ij,il}+\sum_{i\neq k,j\neq l}P_{ij,kl,il,kj}\\
&\quad+2\sum_{ijk}P_{ij,\overline{kj},\overline{ij},kj}-2\sum_{ijk}P_{ij,\overline{il},ij,\overline{il}}+2\sum_{i\neq k,j\neq l}P_{ij,\overline{kl},\overline{il},kj}-2\sum_{i,j}P_{ij,\overline{il},\overline{il},ij}\\
&\quad+\sum_{ijk}P_{\overline{ij},\overline{kj},\overline{ij},\overline{kj}}-\sum_{ijl}P_{\overline{ij},\overline{il},\overline{ij},\overline{il}}+\sum_{i\neq k,j\neq l}P_{\overline{ij},\overline{kl},\overline{il},\overline{kj}}+2\sum_{ijl}P_{ij,\overline{il},il,\overline{ij}}\\
&\quad+2\sum_{ijk}P_{ij,\overline{kj},ij,\overline{kj}}-2\sum_{i,j}P_{ij,\overline{ij},ij,\overline{ij}}+2\sum_{i\neq k,j\neq l}P_{ij,\overline{kl},il,\overline{kj}}+2\sum_{ijl}P_{ij,il,\overline{ij},\overline{il}}\\
&\quad+2\sum_{ijk}P_{ij,kj,\overline{kj},\overline{ij}}+2\sum_{i\neq k,j\neq l}P_{ij,kl,\overline{kj},\overline{il}}\Big\}\\
&\quad=:\lambda L_1'(P)+(2-\lambda)L_1''(P)+(1-\lambda)L_1^r(P),
\end{aligned}
$$

再用 Bainchi 恒等式,

$$
\begin{aligned}
L_1^r(P)=&\sum_{ijk}P_{ij,kj,ij,kj}-\sum_{ijl}P_{ij,il,ij,il}+\sum_{ijk}P_{\overline{ij},\overline{kj},\overline{ij},\overline{kj}}-\sum_{ijl}P_{\overline{ij},\overline{il},\overline{ij},\overline{il}}\\
&+\sum_{ijk}2P_{ij,\overline{kj},ij,\overline{kj}}-\sum_{ijl}2P_{ij,\overline{il},ij,\overline{il}}+\sum_{i\neq k,j\neq l}\Big(P_{ij,kl,il,kj}+P_{\overline{ij},\overline{kl},\overline{il},\overline{kj}}\\
&+2P_{ij,\overline{kl},\overline{il},kj}+P_{ij,\overline{kl},il,\overline{kj}}+2P_{ij,kl,\overline{kj},\overline{il}}\Big),
\end{aligned}
$$

那么我们计算

$$
\begin{aligned}
a_0\|P_0\|+a_1\|P_1\|+a_2\|P_2\| &= a_0\|P_0\|+\lambda a_1\|P_1\|+(2-\lambda)a_2\|P_2\| \\
&+\Big(-\frac{2}{pq}+\frac{2\lambda p+2(2-\lambda)q}{pq(p+q)}\Big)\sum_{ijkl}P_{ij,\bar{i}\bar{j},kl,\bar{k}\bar{l}}+\frac{(1-\lambda)}{2(p+q)}L_1^r(P).
\end{aligned}\tag{36}
$$

令

$$
\lambda=\frac{2p}{p+q},
$$

那么, 根据 (35),

$$
\lambda a_1=(2-\lambda)a_1=\frac{2pq}{(p+q)^2}.\tag{37}
$$

综合起来,

$$
\begin{aligned}
R\cdot P\leqslant{}&\frac{2pq}{(p+q)^2}(\|P_0\|+\|P_1\|+\|P_2\|)\\
&+\frac{2}{(p+q)^2}\|P\|+\frac{4(p-q)^2}{pq(p+q)^2}\sum_{ijkl}P_{ij,\bar{i}\bar{j},kl,\bar{k}\bar{l}}+\frac{q-p}{2(p+q)^2}L_1^r(P).
\end{aligned}
$$

所以, 由 $\mu=\frac{2pq}{(p+q)^2}+\frac{2}{(p+q)^2}$, 估计

$$
RP\leqslant\mu\|P\|
$$

从下式得到

$$
\begin{aligned}
&\frac{4(p-q)^2}{pq(p+q)^2}\sum_{ijkl}P_{ij,\bar{i}\bar{j}kl,\bar{k}\bar{l}}+\frac{q-p}{2(p+q)^2}\Big\{\Big(\sum_{ijk}P_{ij,kj,ij,kj}-\sum_{ijl}P_{ij,il,ij,il}\\
&\quad+\sum_{ijk}P_{\bar{i}\bar{j},\bar{k}\bar{j},\bar{i}\bar{j},\bar{k}\bar{j}}-\sum_{ijl}P_{\bar{i}\bar{j},\bar{i}\bar{l},\bar{i}\bar{j},\bar{i}\bar{l}}+\sum_{ijk}2P_{ij,\bar{k}\bar{j},ij,\bar{k}\bar{j}}-\sum_{ijl}2P_{ij,\bar{i}\bar{l},ij,\bar{i}\bar{l}}\Big)\Big\}\\
&\quad+\sum_{i\neq k,j\neq l}(P_{ij,kl,il,kj}+P_{\bar{i}\bar{j},\bar{k}\bar{l},\bar{i}\bar{l},\bar{k}\bar{j}}+2P_{ij,\bar{k}\bar{l},\bar{i}\bar{l},kj}\\
&\qquad+2P_{ij,\bar{k}\bar{l},il,\bar{k}\bar{j}}+2P_{ij,kl,\bar{k}\bar{j},\bar{i}\bar{l}})\leqslant 0.
\end{aligned}\tag{38}
$$

这个不等式对恒等映照也是精确的.

因为

$$
\begin{aligned}
&2(2-\lambda)P_{ij,\bar{i}\bar{j},il,\bar{i}\bar{l}}+2\lambda P_{ij,\bar{i}\bar{j},kj,\bar{k}\bar{j}}+(1-\lambda)P_{ij,kj,ij,kj}-(1-\lambda)P_{ij,il,ij,il}\\
&\quad+(1-\lambda)P_{\bar{i}\bar{j},\bar{k}\bar{j},\bar{i}\bar{j},\bar{k}\bar{j}}-(1-\lambda)P_{\bar{i}\bar{j},\bar{i}\bar{l},\bar{i}\bar{j},\bar{i}\bar{l}}\\
&\quad+2(1-\lambda)P_{ij,\bar{k}\bar{j},ij,\bar{k}\bar{j}}-2(1-\lambda)P_{ij,\bar{i}\bar{l},ij,\bar{i}\bar{l}}\\
&\leqslant P_{ij,kj,ij,kj}+P_{\bar{i}\bar{j},\bar{k}\bar{j},\bar{i}\bar{j},\bar{k}\bar{j}}+2P_{ij,\bar{k}\bar{j},ij,\bar{k}\bar{j}}+P_{ij,il,ij,il}+P_{\bar{i}\bar{j},\bar{i}\bar{l},\bar{i}\bar{j},\bar{i}\bar{l}}+2P_{ij,\bar{i}\bar{l},ij,\bar{i}\bar{l}},
\end{aligned}
$$

(38) 也意味着

$$
\begin{aligned}
&\frac{4(p-q)^2}{pq(p+q)^2}\sum_{ijkl}P_{ij,\overline{ij},kl,\overline{kl}}\\
&\quad+\frac{q-p}{2(p+q)^2}\Big(\sum_{ijk}P_{ij,kj,ij,kj}+P_{\overline{ij},\overline{kj},\overline{ij},\overline{kl}}+2P_{ij,\overline{kj},ij,\overline{kj}}\\
&\quad+\sum_{ijl}P_{ij,il,ij,il}+P_{\overline{ij},\overline{il},\overline{ij},\overline{il}}+2P_{ij,\overline{il},ij,\overline{il}}\Big)\\
&\quad+\frac{q-p}{2(p+q)^2}\sum_{i\neq k,j\neq l}(P_{ij,kl,il,kj}+P_{\overline{ij},\overline{kl},\overline{il},\overline{kj}}\\
&\quad+2P_{ij,\overline{kl},\overline{il},kj}+2P_{ij,\overline{kl},il,\overline{kj}}+2P_{ij,kl,\overline{kj},\overline{il}})\\
&\quad-\frac{2p}{(p+q)^2}\sum_{ijk}P_{ij,\overline{ij},kj,\overline{kj}}-\frac{2q}{(p+q)^2}\sum_{ijk}P_{ij,\overline{il},ij,\overline{il}}\leqslant 0,
\end{aligned}
\tag{39}
$$

它对恒等映照也是精确的.

我们要证明的估计是

$$
\begin{aligned}
&\frac{1}{2(p+q)}\sum_{ijkl}\{P_{ij,kj,il,kl}+P_{ij,il,kj,kl}+P_{\overline{ij},\overline{kj},\overline{il},\overline{kl}}+P_{\overline{ij},\overline{il},\overline{kj},\overline{kl}}+2P_{ij,kj,\overline{il},\overline{kl}}\\
&\quad+2P_{ij,il,\overline{kj},\overline{kl}}+2P_{ij,\overline{kj},il,\overline{kl}}+2P_{ij,\overline{il},kj,\overline{kl}}+2P_{ij,\overline{kj},kl,\overline{il}}+2P_{ij,\overline{il},kl,\overline{kj}}\}\\
&\leqslant\frac{2(1+pq)}{(p+q)^2}\sum_{ijkl}(P_{ij,kl,ij,kl}+P_{\overline{ij},\overline{kl},\overline{ij},\overline{kl}}+2P_{ij,\overline{kl},ij,\overline{kl}}).
\end{aligned}
\tag{40}
$$

它从 (38) 或 (39) 得到.

所有这些估计对恒等映照都是精确的, 我们来证明关于恒等映照的张量 P_0 的所有不离开锥 C_+ 的变分至少保持三个不等式中的一个, 特别地, (40) 成立, 这就是所要的估计.

我们必须研究几种类型的变分:

i) 对 $i\neq k$, $j\neq l$, $|P_{ij,kj,il,kl}|$ 的递增性: 根据正定性,

$$
|P_{ij,kj,il,kl}|\leqslant\frac{1}{2}P_{ij,kj,ij,kj}+\frac{1}{2}P_{il,kl,il,kl}.
$$

由于它对恒等映照是精确的, 为了不离开锥 C_+, $|P_{ij,kj,il,kl}|$ 的增加必须和截面曲率项的增加相匹配, 由于 $\mu>\nu$, 而使 (40) 是严格的. 另一方面, 我们看到这样的项在 (38) 和 (39) 中不发生, 所以, 它们的增加不影响那些不等式. 这后一

观察对像 $P_{ij,\overline{kj},ij,\overline{kj}}$ $(i \neq k, j \neq l)$ 这样的项也成立. 用这种方式, 我们处理了含四个不同指标的所有项.

ii) 由于 $\mu > \nu$, $P_{ij,kj,ij,kj}$, $P_{ij,\overline{kj},ij,\overline{kj}}$ $(i \neq k)$ 等项的增加使 (40) 式右端比左端的增加更大. 所以, 这样的增加使 (40) 成为严格不等式.

iii) $P_{ij,kj,ij,kj}$, $P_{ij,\overline{kj},ij,\overline{kj}}$ $(i \neq k)$ 等项的增加使 (39) 为严格不等式.

iv) $P_{ij,kj,\overline{ij},\overline{kj}}$ 等项在 (40) 中不出现.

v) $P_{ij,\overline{ij},ij,\overline{ij}}$ 的增加使 (38) 为严格不等式.

vi) $P_{ij,\overline{ij},ij,\overline{ij}}$ 的增加使 (40) 为严格不等式.

我们现在已经处理了在 (40) 中出现的所有项. 这样 (40) 被证明了.

这是所要的估计.

对秩 1 对称空间, 即当 p 或 q 为 1 时, 我们来确定 (9) 中等号成立的情形.

下列结果是 [S] 的特殊情形, 但我们这里还推导它, 因为类似的推导将得到关于四元双曲空间或双曲 Cayley 平面的商空间的更强的结果.

推论 2 *从 $SU(p,q)/SU(p)\times SU(q)$ 的紧致商空间到非正曲率算子 Riemann 流形 N 的任何调和映照是多次调和的.*

正如 [C2] 文中所说明的, N 的曲率条件可减弱到 [S] 和 [C2] 中发生的那些情形. 我们要指出上述推论导致 Mostow 的对复双曲空间紧致商空间的刚性定理. 即, 如果像流形也是复双曲空间的一个商空间, 那么, 任何在某些点的秩至少为 3 的调和映照必是全纯或反全纯映照. 这是萧荫堂在 [S] 中研究的最简单的情形. 如果出发流形和像流形有相同的维数, 这样的映照如果又是同伦等价, 就一定是微分同胚, 并且丘成桐的 Schwarz 引理的 Royden 形式([R], [Y])就意味着这是一个等距映照.

推论 2 的证明

我们用全纯法坐标系 $z^1, \cdots, z^m$. 我们只要考虑 $p=1$ 或 $q=1$ 的情形, 否则映照是全测地的从而 Hessian 为零. 多次调和是更弱的条件, 对所有 α, β,

$$f_{\alpha\overline{\beta}} = 0 \tag{41}$$

(当然, $f_{\alpha\overline{\beta}} := \frac{\partial^2 f}{\partial z^\alpha \partial \overline{z}^\beta}$). 但是, 论证对所有 p 和 q 都成立. 现在, (9) 中$\lambda_1 < 0$ 而 M 的曲率张量当作用于形如 $f_{\alpha\overline{\beta}}$ 的张量时事实上是半正定的. 所以, 等式 (9) 蕴涵着 (41).

半正定性按我们的记号从下面可看出来. 令

$$Z_{ij} = \frac{1}{2}(X_{ij} + Y_{ij}), \quad Z_{\overline{ij}} = \frac{1}{2}(X_{ij} - Y_{ij}).$$

那么, 指标 $\underline{ij}$ 对应于 Z_{ij}, $\overline{ij}$ 对应于 $Z_{\overline{ij}}$. 我们必须计算

$$\begin{aligned} i^2 R_{\underline{ij},\overline{ij},\underline{kl},\overline{kl}} &< f_{\overline{ij},\underline{kl}} \\ &= -i^2 \sum_{\lambda} c^{\lambda}_{ij,\bar{i}\bar{j}} c^{\lambda}_{kl,\bar{k}\bar{l}} \langle f_{\overline{ij},\underline{kl}}, f_{ij,\overline{kl}} \rangle \\ &= \sum_{\lambda} c^{\lambda}_{ij,\bar{i}\bar{j}} c^{\lambda}_{kl,\bar{k}\bar{l}} \langle f_{\overline{ij},\underline{kl}}, f_{\underline{ij},\overline{kl}} \rangle. \end{aligned}$$

上述对结构常数的公式说明这个表达式总是非负的. 由于 $R_{\alpha\beta\gamma\delta}$ 当 α, δ 与 β, γ 交换时是对称的, 这就说明了半正定性.

附注 1) 也可在 (9) 中关于纯虚数的曲率张量项直接看出 $\lambda < 0$, 即

$$i^2 R_{\overline{ij},\underline{ij},\underline{kl},\overline{kl}} \langle f_{\underline{ij},\underline{kl}}, f_{\overline{ij},\overline{kl}} \rangle = -\sum_{\lambda} c^{\lambda}_{ij,\bar{i}\bar{j}} c^{\lambda}_{kl,\bar{k}\bar{l}} \langle f_{\underline{ij},\underline{kl}}, f_{\overline{ij},\overline{kl}} \rangle,$$

并且这总是非正的.

2) 推论 2 的证明以及前面关于 $SU(p,q)/SU(p) \times SU(q)$ 曲率张量的附注来自 Calabi-Vesentini [CV] 和 Borel [B].

3.5 对称空间 $Sp(p,q)/Sp(p) \times Sp(q)$ 和 $SU(p,q)/S(U(p) \times U(q))$ 相类似. 计算更为复杂, 概念简单一点, 这是由于 $Sp(p) \times Sp(q)$ 的中心是平凡的. 因此, 我们给一个证明的概要, 而将具体的计算留给读者.

我们将采用下列约定:

如果 i 是一个指标, 令

$$i^+ = i + p + q,$$

指标 a', b', i, k, m, r 都从 1 到 p, 而 j, l, n, s, a'', b'' 将从 $p+1$ 变到 q. $Sp(p,q)$ 的 Kiling 型为

$$B(A,B) = 2(p+q+1)\mathrm{Tr}(AB).$$

对 $Sp(p,q)$ 我们用下列基: 对 a, $b=a'$, b' 或 a'',b'',

$$X_a=\frac{1}{2\sqrt{p+q+1}}i(E^{aa}-E^{a^+a^+}),$$
$$X_{a^+}=\frac{1}{2\sqrt{p+q+1}}(E^{aa^+}-E^{a^+a}),$$
$$Y_{a^+}=\frac{i}{2\sqrt{p+q+1}}(E^{aa^+}+E^{a^+a}),$$
$$X_{ab}=\frac{1}{2\sqrt{2}\sqrt{p+q+1}}\Big((E^{ab}-E^{ba})+(E^{a^+b^+}-E^{b^+a^+})\Big),$$
$$Y_{ab}=\frac{1}{2\sqrt{2}\sqrt{p+q+1}}\Big(i(E^{ab}+E^{ba})-i(E^{a^+b^+}+E^{b^+a^+})\Big),$$
$$X_{ij}=\frac{1}{2\sqrt{2}\sqrt{p+q+1}}\Big((E^{ij}+E^{ji})-(E^{i^+j^+}+E^{j^+i^+})\Big),$$
$$Y_{ij}=\frac{1}{2\sqrt{2}\sqrt{p+q+1}}\Big(i(E^{ij}-E^{ji})+i(E^{i^+j^+}-E^{j^+i^+})\Big),$$
$$X_{ab^+}=\frac{1}{2\sqrt{2}\sqrt{p+q+1}}\Big((E^{ab^+}+E^{ba^+})-(E^{a^+b}+E^{b^+a})\Big),$$
$$Y_{ab^+}=\frac{1}{2\sqrt{2}\sqrt{p+q+1}}\Big(i(E^{ab^+}+E^{ba^+})+i(E^{a^+b}+E^{b^+a})\Big),$$
$$X_{ij^+}=\frac{1}{2\sqrt{2}\sqrt{p+q+1}}\Big((E^{ij^+}+E^{ji^+})+(E^{i^+j}+E^{j^+i})\Big),$$
$$Y_{ij^+}=\frac{1}{2\sqrt{2}\sqrt{p+q+1}}\Big(i(E^{ij^+}+E^{ji^+})-i(E^{i^+j}+E^{j^+i})\Big),$$

往下, 带有一个指标 a 的将对应于矩阵 Y. 例如

$$c^{\bar{a}\bar{b}}_{ij^+,\bar{k}\bar{l}^+}=2(p+q+1)\mathrm{Tr}([X_{ij^+},Y_{kl^+}]Y_{ab}).$$

再计算结构常数为

$$\begin{aligned}c^{a'}_{ij,\bar{k}\bar{l}}&=c^{a'}_{ij^+,\bar{k}\bar{l}^+}=-c^{a'^+}_{ij,kl^+}=c^{a'b'^+}_{\bar{i}\bar{j},\bar{k}\bar{l}^+}\\&=-c^{\bar{a}'^+}_{ij,\bar{k}\bar{l}}=c^{\bar{a}'^+}_{\bar{i}\bar{j},kl^+}=\frac{1}{2\sqrt{p+q+1}}\delta_{jl}\delta_{ia'}\delta_{ka'},\end{aligned}$$

$$c^{a'b'}_{ij,kl}=c^{a'b'}_{\bar{i}\bar{j},\bar{k}\bar{l}}=c^{a'b'}_{ij^+,kl^+}=c^{a'b'}_{\bar{i}\bar{j}^+,\bar{k}\bar{l}^+}=\frac{\delta_{jl}}{2\sqrt{2}\sqrt{p+q+1}}(\delta_{ka'}\delta_{ib'}-\delta_{ia'}\delta_{kb'}),$$

$$\begin{aligned}c^{\bar{a}'\bar{b}'}_{ij,\bar{k}\bar{l}}&=c^{\bar{a}'\bar{b}'}_{ij^+,\bar{k}\bar{l}}=-c^{a'b'^+}_{ij,kl^+}=c^{a'b'^+}_{\bar{i}\bar{j},\bar{k}\bar{l}^+}\\&=c^{\bar{a}'\bar{b}'^+}_{ij^+,\bar{k}\bar{l}}=-c^{\bar{a}'\bar{b}'^+}_{ij,\bar{k}\bar{l}^+}=\frac{\delta_{jl}}{2\sqrt{2}\sqrt{p+q+1}}(\delta_{ka}\delta_{ib}+\delta_{ia}\delta_{kb}).\end{aligned}$$

对 a'', b'' 的项可从 a', b' 的项中把 j, l 与 i, k 对换得到. 这里没有列出的项或者根据对称性与列出的项相等, 或者为零.

我们有

$$\sum_{\alpha,\beta} c_{\alpha,\beta}^{a'b'} c_{\alpha,\beta}^{d'e'} = \cdots = \sum_{\alpha,\beta} c_{\alpha,\beta}^{\bar{a}^{\gamma}\bar{b}^{\gamma\mp}} c_{\alpha,\beta}^{\bar{d}^{\gamma}\bar{e}^{\gamma\mp}} = \frac{q}{2(p+q+1)}\delta_{a'd'}\delta_{b'e'},$$

$$\sum_{\alpha,\beta} c_{\alpha,\beta}^{a'} c_{\alpha,\beta}^{d'} = \cdots = \frac{q}{2(p+q+1)}\delta_{a'd'},$$

从而有

$$a_1 = \frac{q}{2(p+q+1)}.$$

类似地

$$a_2 = \frac{p}{2(p+q+1)}.$$

同样,

$$b_1 = \frac{2p+1}{4(p+q+1)}, \quad b_2 = \frac{2q+1}{4(p+q+1)},$$

并且

$$\mu = 2a_1 b_1 + 2a_2 b_2 = \frac{4pq+p+q}{4(p+q+1)^2}.$$

然后计算

$$\begin{aligned}
&-\sum_{\alpha\beta\gamma\delta} R_{\alpha\beta\gamma\delta} P_{\alpha\beta\gamma\delta} \\
&= \frac{1}{4(p+q+1)} \sum_{ijkl} \{P_{ij,kj,il,kl} + \cdots + P_{ij^+,kl^+,il^+,kl^+} + \cdots \\
&\qquad + 2P_{ij^+,kl^+,i\bar{l}^+,k\bar{l}^+} + \cdots\} \\
&\quad + \frac{1}{4(p+q+1)} \sum_{ijkl} \{P_{ij,il,kj,kl} + \cdots + P_{ij^+,il^+,kj^+,kl^+} + \cdots \\
&\qquad + 2P_{ij^+,il^+,k\bar{j}^+,k\bar{l}^+} + \cdots\},
\end{aligned}$$

这和 $SU(p,q)$ 时的类型是一样的.

因而, 又和那里一样地利用 Bianchi 恒等式将第一个大括号中的项与第二个括号中的项相消. 由于这里没有中心, 论证在概念上更简单. 由于论证模式已清楚, 所以就略去具体细节.

对定理 3, 如在 3.4 节推论 2 的证明中所示, f 的如下类型的二阶导数均为零:

$$\begin{aligned}
&(X_{ij} + iY_{ij})\,(X_{ij} - iY_{ij})f, \\
&(X_{ij} + iY_{ij^+})\,(X_{ij} - iY_{ij^+})f, \\
&(X_{ij^+} + iY_{ij})\,(X_{ij^+} - iY_{ij})f, \\
&(X_{ij^+} + iY_{ij^+})\,(X_{ij^+} - iY_{ij^+})f.
\end{aligned}$$

[C2, §1] 中表示论的论证可用来得到 f 的 Hessian 为零如 [C2; 定理 3.3 的证明].

3.6 运用 3.1 节的论证以及 3.5 节最后的讨论可处理双曲 Cayley 平面的情形. 一旦和前面一样的论证推出了一部分二阶导数为零, 再用 [C2; §1] 的结果来得到所有二阶导数为零. 详细论证只要将上面描述的过程适当修改一下即可, 这里也就从略了.

3.7 还要证明的空间是 EII, EVI, EIX, FI, G (按 [He, p.518] 和 [B, p.316] 的术语). 对所有这些空间, k 是两个单理想的和

$$k = k_1 \oplus k_2 \text{ 且 } k_1 = su(2).$$

并且, k_1 在 p 上以 $su(2)$ 在 $\mathbb{C}^2$ 上的标准表示来作用(见 [B; p.316] 中的表格). 和 3.1 节中情形类似, 我们可取基 X_λ, 使

$$\begin{aligned}
&X_{m+1}, X_{m+2}, X_{m+3} \in z, \\
&X_{m+4}, \cdots, X_{m+k} \in k_2,
\end{aligned}$$

并使 $\mathrm{ad}_p X_{m+1}$, $\mathrm{ad}_p X_{m+2}$, $\mathrm{ad}_p X_{m+3}$ 用下列矩阵表示

$$\left(e^{m+1}_{\alpha\beta}\right)_{\alpha,\beta=1,\cdots,m} = \frac{c_1}{\sqrt{m}}\begin{pmatrix} 0 & 1 & & & 0 \\ -1 & 0 & & & \\ & & \ddots & & \\ & & & 0 & 1 \\ 0 & & & -1 & 0 \end{pmatrix},$$

$$\left(e_{\alpha\beta}^{m+2}\right)_{\alpha,\beta=1,\cdots,m}=\frac{c_1}{\sqrt{m}}\begin{pmatrix} i & 0 & & & 0 \\ 0 & -i & & & \\ & & \ddots & & \\ & & & i & 0 \\ 0 & & & 0 & -i \end{pmatrix},$$

$$\left(e_{\alpha\beta}^{m+3}\right)_{\alpha,\beta=1,\cdots,m}=\frac{c_1}{\sqrt{m}}\begin{pmatrix} 0 & i & & & 0 \\ i & 0 & & & \\ & & \ddots & & \\ & & & 0 & i \\ 0 & & & i & 0 \end{pmatrix},$$

其中 $c_1>0$. 我们有

$$\sum_{\alpha,\beta}c_{\alpha\beta}^{\lambda}c_{\alpha\beta}^{\mu}=-\mathrm{Tr}(\mathrm{ad}_pX_\lambda\mathrm{ad}_pX_\mu).$$

由于对 $\lambda,\mu=m+1,m+2,m+3,$

$$\begin{aligned}-S_{\lambda_p}&=\beta(X_\lambda,X_\mu)=\mathrm{Tr}(\mathrm{ad}_gX_\lambda\mathrm{ad}_gX_\mu)\\&=\mathrm{Tr}(\mathrm{ad}_kX_\lambda\mathrm{ad}_kX_\mu)+\mathrm{Tr}(\mathrm{ad}_pX_\lambda\mathrm{ad}_pX_\mu)\\&=\mathrm{Tr}(\mathrm{ad}_{su(z)}X_\lambda\mathrm{ad}_{su(z)}X_\mu)+\mathrm{Tr}(\mathrm{ad}_pX_\lambda\mathrm{ad}_pX_\mu),\end{aligned}$$

c_1 的值不难被确定.

并且, 在这一小节中所考虑的所有情形中不难验证, 从而有

$$a_1\geqslant a_2,$$

这里, a_i 是 g 的 Killing 型在 k_i 上的限制和 k_i 上 Killing 型的差(见 [M; p.318]). 如 3.1, 我们计算得到

$$\begin{aligned}\sum_{\alpha,\eta}R_{\alpha\beta\gamma\delta}R_{\eta\beta\gamma\delta}\langle f_\alpha,f_\eta\rangle&=\sum_{\alpha,\beta,\eta}\left(a_1\sum_{i=1}^{3}c_{\alpha\beta}^{m+i}c_{\eta\beta}^{m+i}+a_2\sum_{i=4}^{k}c_{\alpha\beta}^{m+i}c_{\eta\beta}^{m+i}\right)\langle f_\alpha,f_\eta\rangle\\&=\sum_{\alpha,\beta,\eta}(a_1-a_2)\sum_{i=1}^{3}c_{\alpha\beta}^{m+i}c_{\eta\beta}^{m+i}\langle f_\alpha,f_\eta\rangle-\sum_{\alpha,\eta}a_2R_{\alpha\eta}\langle f_\alpha,f_\eta\rangle\end{aligned}$$

$$= -\Big(\frac{6}{m}(a_1 - a_2) + a_2\Big) \sum_{\alpha,\eta} R_{\alpha\eta} \langle f_\alpha, f_\eta \rangle$$
$$= \Big(\frac{3}{m}(a_1 - a_2) + \frac{a_2}{2}\Big) \sum_{\alpha} \langle f_\alpha, f_\alpha \rangle.$$

这样, 我们有

$$\mu = \frac{6}{m}(a_1 - a_2) + a_2.$$

和 3.1 中一样,

$$-\sum_{\alpha,\cdots,\delta} R_{\alpha\beta\gamma\delta} P_{\alpha\beta\gamma\delta} \leqslant \sum_{\alpha,\cdots,\delta} (a_1 - a_2) \sum_{i=1}^{3} c_{\alpha\beta}^{m+i} c_{\gamma\delta}^{m+i} P_{\alpha\beta\gamma\delta} + \sum_{\alpha,\beta} a_2 P_{\alpha\beta\alpha\beta},$$

并且对 $i = 1, 2, 3$ 利用 Bianchi 恒等式,

$$\sum_{\alpha,\cdots,\delta} c_{\alpha\beta}^{m+i} c_{\gamma\delta}^{m+i} P_{\alpha\beta\gamma\delta} \leqslant \frac{2}{m} \sum_{\alpha,\beta} P_{\alpha\beta\alpha\beta}.$$

综合起来,

$$-\sum_{\alpha,\cdots,\delta} R_{\alpha\beta\gamma\delta} P_{\alpha\beta\gamma\delta} \leqslant \Big(\frac{6}{m}(a_1 - a_2) + a_2\Big) \sum_{\alpha,\beta} P_{\alpha\beta\alpha\beta} = \mu \sum_{\alpha,\beta} P_{\alpha\beta\alpha\beta}.$$

这就是所要的估计.

从不可约对称空间的分类(见 [He; p.516 和 p.518]) 可知, 前面讨论的情形 3.1—3.7 包括了这类空间的所有情形.

参考文献

[A1] S.I. Al'ber, *On n-dimensional problems in the calculus of variations in the large*, Sov. Math. Dokl., **5**(1964), 700-704.

[A2] S.I. Al'ber, *Spaces of mapping into a manifold with negative curvature*, Sov. Math. Dokl., **9**(1967), 6-9.

[B] A. Borel, *On the curvature tensor of the Hermitian symmetric manifolds*, Ann. Math., **71**(1960), 508-521.

[CV] E. Calabi and E. Vesentini, *On compact, locally symmetric Kähler manifolds*, Ann. Math., **71**(1960), 472-507.

[C1] K. Corlette, *Flat G-bundles with canonical metrics*, J. Diff. Geom., **28**(1988), 361-382.

[C2] K. Corlette, Archimedean superigidity and hyperbolic geometry, Ann. Math., **135**(1992), 165-182.

[DO] K. Diederich and T. Ohsawa, *Harmonic mappings and disk bundles over compact Kähler manifolds*, Publ. Res. Inst. Math. Sci. (Kyoto University), **21**(1985), 819-833.

[DZ] J. Dodziuk, *Vanishing theorems for square-integrable harmonic forms*, Proc. Indian Acad. Sc. (Math. Sc.), **90**(1981), 21-27.

[Dn] S. Donaldson, *Vanishing theorems for square-integrable harmonic forms*, Proc. London Math. Soc., **55**(1987), 127-131.

[ES] J. Eells and J. Sampson, *Harmonic mappings of Riemannian manifolds*, Amer. J. Math., **85**(1964), 109-160.

[G] M. Gromov, *The foliated Plateau problem* I, II, GAFA, **1**(1991).

[GS] M. Gromov and R. Schoen, *Harmonic maps into singular spaces and p-adic superrigidity for lattices in groups of rank one*, Publ. I.H.E.S., **76**(1992), 165-246.

[Ha] P. Hartman, *On homotopic harmonic maps*, Can. J. Math., **19**(1967), 673-687.

[He] S. Helgason, *Differential geometry, Lie groups and symmetric spaces*, Academic Press, 1978.

[JY1] J. Jost and S.T. Yau, *The strong rigidity of locally symmetric complex manifolds of rank one and finite volume*, Math. Ann., **271**(1985), 143-152.

[JY2] J. Jost and S.T. Yau, *On the rigidity of certain discrete groups and algebraic varieties*, Math. Ann., **278**(1987), 481-496.

[JY3] J. Jost and S.T. Yau, *Harmonic maps and group representations*, in: B. Lawson and K. Tenenblat(eds.), *Differential geometry and minimal submanifolds*, Longman Scientific, 1991.

[KN] S. Kaneyuki and T. Nagano, *On certain quadratic forms related to symmetric Riemannian spaces*, Osaka Math. J., **14**(1962), 241-252.

[L] F. Labourie, *Existence d' applications harmoniques tordues à valeurs dans les variétés à courbure négative.*

[Mg1] G.A. Margulis, *Discrete groups of motion of manifolds of nonpositive curvature*, AMS Transl., **190**(1977), 33-45.

[Mg2] G.A. Margulis, *Dircrete subgroups of semisimple Lie groups*, Springer, 1991.

[M] Y. Matsushima, *On the first Betti number of compact quotient spaces of higher-dimensional symmetric spaces*, Ann. Math., **75**(1962), 312-330.

[Mk1] N. Mok, *Aspects of Kähler geometry on arithmetic varieties*, Proc. Symp. Pure Math., **52**, part 21, 335-396.

[Ms] G. Mostow, *Strong rigidity of locally symmetric spaces*, Ann. Math. Studies, **78**, Princeton, 1973.

[MSY] N. Mok, Y.T. Siu and S.K. Yeung, *Geometric supperrigidity*, Inv. Math., **113(1)**(1993), 57-83.

[R] M. Royden, *The Ahlfors-Schwarz lemma in several complex variables*, Comment. Math. Heler, **5.5**(1980), 547-558.

[Sa] J. Sampson, *The complex analyticity of harmonic maps and the strong rigidity of compact Kähler manifolds*, Ann. Math., **112**(1980), 73-111.

[SZ] R. Spatzier and R. Zimmer, *Fundamental groups of negatively curved manifolds and actions of semisimple groups*, Top., **30**(1991), 591-601.

[Y] S.T. Yau, *A general Schwarz lemma for Kähler manifolds*, Amer. J. Math., **100**(1978), 197-203.

[Z] R. Zimmer, *Ergodic theory and semisimple groups*, Birkhäuer, 1984.

现代数学基础图书清单

序号	书号	书名	作者
1	9787040217179	代数和编码（第三版）	万哲先 编著
2	9787040221749	应用偏微分方程讲义	姜礼尚、孔德兴、陈志浩
3	9787040235975	实分析（第二版）	程民德、邓东皋、龙瑞麟 编著
4	9787040226171	高等概率论及其应用	胡迪鹤 著
5	9787040243079	线性代数与矩阵论（第二版）	许以超 编著
6	9787040244656	矩阵论	詹兴致
7	9787040244618	可靠性统计	茆诗松、汤银才、王玲玲 编著
8	9787040247503	泛函分析第二教程（第二版）	夏道行 等编著
9	9787040253177	无限维空间上的测度和积分 —— 抽象调和分析（第二版）	夏道行 著
10	9787040257724	奇异摄动问题中的渐近理论	倪明康、林武忠
11	9787040272611	整体微分几何初步（第三版）	沈一兵 编著
12	9787040263602	数论 I —— Fermat 的梦想和类域论	[日]加藤和也、黒川信重、斎藤毅 著
13	9787040263619	数论 II —— 岩泽理论和自守形式	[日]黒川信重、栗原将人、斎藤毅 著
14	9787040380408	微分方程与数学物理问题（中文校订版）	[瑞典]纳伊尔·伊布拉基莫夫 著
15	9787040274868	有限群表示论（第二版）	曹锡华、时俭益
16	9787040274318	实变函数论与泛函分析（上册，第二版修订本）	夏道行 等编著
17	9787040272482	实变函数论与泛函分析（下册，第二版修订本）	夏道行 等编著
18	9787040287073	现代极限理论及其在随机结构中的应用	苏淳、冯群强、刘杰 著
19	9787040304480	偏微分方程	孔德兴
20	9787040310696	几何与拓扑的概念导引	古志鸣 编著
21	9787040316117	控制论中的矩阵计算	徐树方 著
22	9787040316988	多项式代数	王东明 等编著
23	9787040319668	矩阵计算六讲	徐树方、钱江 著
24	9787040319583	变分学讲义	张恭庆 编著
25	9787040322811	现代极小曲面讲义	[巴西]F. Xavier、潮小李 编著
26	9787040327113	群表示论	丘维声 编著
27	9787040346756	可靠性数学引论（修订版）	曹晋华、程侃 著
28	9787040343113	复变函数专题选讲	余家荣、路见可 主编
29	9787040357387	次正常算子解析理论	夏道行
30	9787040348347	数论 —— 从同余的观点出发	蔡天新

续表

序号	书号	书名	作者
31	9 787040 362688 >	多复变函数论	萧荫堂、陈志华、钟家庆
32	9 787040 361681 >	工程数学的新方法	蒋耀林
33	9 787040 345254 >	现代芬斯勒几何初步	沈一兵、沈忠民
34	9 787040 364729 >	数论基础	潘承洞 著
35	9 787040 369502 >	Toeplitz 系统预处理方法	金小庆 著
36	9 787040 370379 >	索伯列夫空间	王明新
37	9 787040 372526 >	伽罗瓦理论 —— 天才的激情	章璞 著
38	9 787040 372663 >	李代数（第二版）	万哲先 编著
39	9 787040 386516 >	实分析中的反例	汪林
40	9 787040 388909 >	泛函分析中的反例	汪林
41	9 787040 373783 >	拓扑线性空间与算子谱理论	刘培德
42	9 787040 318456 >	旋量代数与李群、李代数	戴建生 著
43	9 787040 332605 >	格论导引	方捷
44	9 787040 395037 >	李群讲义	项武义、侯自新、孟道骥
45	9 787040 395020 >	古典几何学	项武义、王申怀、潘养廉
46	9 787040 404586 >	黎曼几何初步	伍鸿熙、沈纯理、虞言林
47	9 787040 410570 >	高等线性代数学	黎景辉、白正简、周国晖
48	9 787040 413052 >	实分析与泛函分析（续论）（上册）	匡继昌
49	9 787040 412857 >	实分析与泛函分析（续论）（下册）	匡继昌
50	9 787040 412239 >	微分动力系统	文兰
51	9 787040 413502 >	阶的估计基础	潘承洞、于秀源
52	9 787040 415131 >	非线性泛函分析（第三版）	郭大钧
53	9 787040 414080 >	代数学（上）（第二版）	莫宗坚、蓝以中、赵春来
54	9 787040 414202 >	代数学（下）（修订版）	莫宗坚、蓝以中、赵春来
55	9 787040 418736 >	代数编码与密码	许以超、马松雅 编著
56	9 787040 439137 >	数学分析中的问题和反例	汪林
57	9 787040 440485 >	椭圆型偏微分方程	刘宪高
58	9 787040 464832 >	代数数论	黎景辉
59	9 787040 456134 >	调和分析	林钦诚
60	9 787040 468625 >	紧黎曼曲面引论	伍鸿熙、吕以辇、陈志华
61	9 787040 476743 >	拟线性椭圆型方程的现代变分方法	沈尧天、王友军、李周欣

续表

序号	书号	书名	作者
62	9 787040 479263	非线性泛函分析	袁荣
63	9 787040 496369	现代调和分析及其应用讲义	苗长兴
64	9 787040 497595	拓扑空间与线性拓扑空间中的反例	汪林
65	9 787040 505498	Hilbert 空间上的广义逆算子与 Fredholm 算子	海国君、阿拉坦仓
66	9 787040 507249	基础代数学讲义	章璞、吴泉水
67.1	9 787040 507256	代数学方法（第一卷）基础架构	李文威
68	9 787040 522631	科学计算中的偏微分方程数值解法	张文生
69	9 787040 534597	非线性分析方法	张恭庆
70	9 787040 544893	旋量代数与李群、李代数（修订版）	戴建生
71	9 787040 548846	黎曼几何选讲	伍鸿熙、陈维桓
72	9 787040 550726	从三角形内角和谈起	虞言林
73	9 787040 563665	流形上的几何与分析	张伟平、冯惠涛
74	9 787040 562101	代数几何讲义	胥鸣伟
75	9 787040 580457	分形和现代分析引论	马力
76	9 787040 583915	微分动力系统（修订版）	文兰
77	9 787040 586534	无穷维 Hamilton 算子谱分析	阿拉坦仓、吴德玉、黄俊杰、侯国林
78	9 787040 587456	p 进数	冯克勤
79	9 787040 592269	调和映照讲义	丘成桐、孙理察

郑重声明